女装结构设计与制板

张莉萍
吴厚林 著

Womenswear
structural
design and
pattern
making

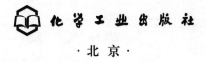
化学工业出版社
·北京·

内 容 简 介

本书系统、全面地介绍了女装造型技法、立体构成方法、平面构成方法，包括比例法、原型法和纸样法等，以及女装结构构成、样板设计方法的原理和结构变化规律及应用。书中以大量的适时款式应用实例来阐述女装结构设计原理和方法，并通过结构的剖析和变化来设计，加深对服装结构造型变化规律的认识，同时熟悉规范的样板制作技法。本书内容介绍由浅入深，通俗易懂，实用性、准确性和可操作性强，在女装结构设计与样板制作方面启发性强，灵活性好，拓展面宽。

本书既可供各类服装专业院校的师生学习，也可作为从事服装设计和服装产品开发的人士学习和培训的参考用书。

图书在版编目（CIP）数据

女装结构设计与制板 / 张莉萍，吴厚林著 .—北京：
化学工业出版社，2024.4
ISBN 978-7-122-45012-8

Ⅰ．①女… Ⅱ．①张…②吴… Ⅲ．①女服 - 结
构设计②女服 - 服装量裁 Ⅳ．①TS941.717

中国国家版本馆 CIP 数据核字（2024）第 022475 号

责任编辑：彭爱铭　张　彦　　　　　　　　文字编辑：张熙然　刘洋洋
责任校对：杜杏然　　　　　　　　　　　　装帧设计：孙　沁

出版发行：化学工业出版社（北京市东城区青年湖南街 13 号　邮政编码 100011）
印　　装：三河市双峰印刷装订有限公司
787mm×1092mm　1/16　印张 25$\frac{1}{2}$　字数 636 千字　2024 年 6 月北京第 1 版第 1 次印刷

购书咨询：010-64518888　　　　　　　　　　　售后服务：010-64518899
网　　址：http://www.cip.com.cn
凡购买本书，如有缺损质量问题，本社销售中心负责调换。

定　　价：128.00 元

前言

　　服装结构设计，是一门从造型艺术角度去研究与探讨人体结构与服装款式关系的学科。

　　服装结构其实主要是研究服装与人体之间的比例关系，以服装结构的形式阐述人体之间的相互作用。因此，服装结构设计不仅要使服装各部位之间互相配合和满足款式造型变化，同时要适应服装结构与人体之间的互动关系，是一项将立体视觉艺术展开成图形的过程，属于形象思维与逻辑思维间的立体造型技术内容。其工作范围包括：根据款型设计要求和服装效果图，在分析和了解穿着对象的生理、心理和所处环境特点以及掌握款型、面料、色彩服用特性和缝制工艺的基础上，通过立体或平面等方法做出服装结构制图、制定成衣规格、完成生产样板等设计。由此可知服装结构设计是服装设计的组成部分，既是款式设计的延伸和实现，又是工艺设计的依据和基础，更是服装生产过程的模板和标准，在服装设计过程中，起着承上启下的作用。

　　虽然我国的服饰文化历史悠久，现代服装产业的体量也已经非常巨大，但由于种种原因，服装教育和研究起步晚，底子薄，一直以来服装结构设计缺乏有效、准确的理论依据，从而使结构设计的严谨性受到影响。而现代服装的特点之一就是非常讲究立体效果，服装成型后，穿在人体上要适体合身，要能充分展现人体的形体和线条美感。随着经济的发展和生活水平的提高，人们对服装的审美意识和要求在不断提高，作为人的第二皮肤——服装已不仅仅是遮身蔽体、御寒保暖的物件，人们更加追求其深层次的舒适性、功效性和审美性，这就对服装结构与人体结构之间关系的研究提出了更高的要求。

　　随着生产技术的发展，人们已深刻地认识到在进行各种产品和工程设计时，决不能忽视人的因素，应把其和所要设计的产品视为一个统一的系统加以思考，才能使设计的产品发挥最佳的使用效果。服装结构设计和其他自然学科一样是在人类认识自然、改造自然的过程中产生和发展起来的，这种服装文化随着社会历史的进步和生产力水平的提高，也在不断地发展和变化。从毫无结构可言的缠绕披挂式的原始服装到款式多变的现代服装；由初始简单的拼接成型发展成更加精湛的缝制工艺；由粗糙简陋的廓形发展成严谨而适体的款式造型。人们对服装及其结构的认识，经历了一个漫长的由感性到理性的过程。在日常生活中，往往我们都有过这样的体会，同样一件上衣或裤子，款式造型和尺寸规格完全相同，有的工厂生产的式样很好，非常贴身，穿着舒适；有的工厂生产的效果却不尽如人意。造成这一现象的主要原因就是在于后者的结构设计不合理，不科学，没有按照具体人体的体型为科学依据进行细致的学习、分析和研究。以人为本是服装结构设计的基本原则。

　　总之，我国服装结构设计正处在打破服装制板旧体系，建立和完善新体系的非常阶段，服装制板技术正处于一个非常重要的发展上升阶段，服装结构设计技术体系的建立和完善尚需时日。在此时，技术混乱是难以避免的。特别是我们已经有了许许多多的教科书和服装结构设计相关书籍，其中所阐述的相近或者相异的结构设计方法各不相同，就算行业中的专家对其中细节的差异和变化也有点丈二和尚摸不着头脑，对结构设计的初学者而言更是无从下手。笔者在教学中发现一些学生由于缺乏实践，实际工作经验不足，被本来很简明却被复杂化了的公式、结构造型等搞得手足无措；而一些学生基本的知识都掌握了，在实际工作中还是制作不出规范、精确的样板；有的学生反复地学习各种结构设计方法，一个老师教一套方法，最后很多种方法混在一起，相互制约走了很大的弯路。那么哪种结构设计方法才是科学的、正确的呢？我们应该掌握哪种方法？笔者认为比例裁剪方法是传统的普遍使用方法，是大家常用而且一直在用的东西，不了解就难以了解中国服装的全局，就不知道别人在干什么，就没有横向可比性；学习服装原型，是打好服装基础、掌握服装与人体关系、确立服装基础造型的关键，是所有有志于学习服装设计者的首选；学习立体构成方法，能帮助大家更好地理解复杂的人体与服装结构之间的内在关系，细致而具体地研究人体结构比例是提高设计标准化程度的必要保证；而熟知服装工艺又是服装学习的另外一个重要基础，是正确把握板型细节、正确处理制板与缝制关系、提高设计质量的重要途径。所以，学习设计是多元性和综合性的有机结合，是一个可以不断提高和不断加强的过程，需要设计师们去不断地追求，在动态中学习，在动态中提高。

市面上已出版的结构设计类书通常只介绍单一的构成方法，而本书系统、全面地阐述了女装造型技法、立体构成方法、平面构成方法（包括比例法和原型法）等结构设计方法的原理和结构变化规律及应用技法。以"理论与实践"相结合为宗旨，解决学习和具体工作中的实际问题；详细阐述了各种结构设计技法的原理及操作规范和流程。图文并茂是本书的另一大特点，全书近700幅插图，结构制图图线符号统一、比例精确、标注规范完整，用图说话，配以简练的文字，让读者知其然，更能知其所以然。以大量实例来引导读者理解女装结构设计原理，并且通过结构的剖析和结构变化的应用设计，加深对服装结构造型变化规律的认识，使读者能举一反三，具备初步的设计能力，熟练掌握女装结构设计技法。

著　者

二〇二三年五月于杭州

目录

267 第九章
穿脱功能及部件设计

290 第十章
裙装

311 第十一章
裤装

第一章

绪 论

服装结构设计是服装设计专业的一门重要学科，也是服装生产过程中一个重要环节。它是一门研究以人为本的服装结构平面分解和立体构成规律的学科，其涉及人体工学、服装造型设计学、服装工艺学、服装卫生学、服装材料学、美学及数学等，是艺术与科技相互融合、理论和实践密切结合的实践性较强的学科。它以服装的平面展开形式——服装结构制图来揭示和阐述服装结构的内涵、各部位的相互关系以及功能性和装饰性的技术设计，分解与剖析服装构成的规律和方法。

服装结构设计是一项将立体视觉艺术转化成平面图形的技术，属于形象思维与逻辑思维相结合的立体造型技艺。其工作范围包括：根据服装效果图及款式设计要求，在分析和了解穿着对象的生理、心理和环境特点以及掌握款型、面料、色彩等服用特性的基础上，通过立体与平面等方法做出服装结构制图，制定服装规格，完成服装样板推档等技术设计内容。服装结构设计俗称服装裁剪、打板，在整个服装工程中起着承上启下的作用，既是款式造型设计的延伸和深化，又是工艺设计的准备和依据。它首先将服装造型设计所确定的立体廓形和细节局部造型分解成平面形态的衣片，揭示出构成服装的结构形态与量化吻合关系、内部结构及各衣片的组合关系，同时修正完善款式设计图中不可分解部分或概念性的造型结构，以及改正工艺、生产环节中不合理的结构处理，从而使服装造型臻于合理完美无瑕。另一方面结构设计又为裁剪、缝制等后续加工工程提供了成套的规格齐全、结构合理的系列样板，为部件的形态吻合以及各层材料的组合、配伍制定了工艺标准。

服装结构设计，在我国 20 世纪 50 年代以前，传承的是传统的定寸裁剪法，20 世纪 50 年代开始，在学习吸收西方裁剪技术的基础上推出了平面比例分配裁剪方法。这种方法，在当时还是比较先进的，也确实为传统的裁剪技术带来了革命性的变革，使服装结构从传统简单的直线型结构向符合当代审美标准的适体造型飞跃。但国内服装行业一直以来主要以师徒传承、经验积累的方式沿袭着传统的手工艺式技法，来维持着程式化的服装加工，缺乏理论方面的研究和探索，尚未形成较系统的、统一的理论体系，众多流派各种裁剪方法各执己见，更没有形成完善的基本板型体系。导致了服装造型呆板单一，缺乏变化，功能性、舒适性较差。且这种从经验到经验的落后方法与现代服装工业生产所要求的系列化、标准化、规范化以及服装产品时尚、多元、个性化的社会需求极不适应。与发达国家相比差距明显，如日本的原型、欧美的纸样，都有系统的理论和完善的技术操作规范。

进入 20 世纪 80 年代，随着服装专业被纳入高等教育的轨道、服装教学科研的深入开展，服装专业知识结构得到充实完善，理论和实践的严密、合理性得到深化。特别是 21 世纪以来，随着电子信息技术的应用与发展，服装工业技术的发展更是迅猛，如服装 CAD、非接触式三维人体数据的采集、三维样板设计系统、服装生产 CAM、自动裁床等新技术新设备的应用与普及。这一切都对服装结构设计的研究提出了更加严谨、规范、科学的要求，以体现当代服装设计的科学技术水平。

第一节　服装基本概念与术语

目前服装业所使用的服装技术用语主要有三大来源，首先是外来语，如来自英语或日语的谐音，如"克夫""补正"；其二是民间工艺俗语，如"劈门""戤势"，这些用语由于师承不同、方言的差异又往往同一概念用语不一，千差万别；再是其他工程技术用语的移植，如"轮廓线""领圈弧线"等。我国服装教育起步相对较晚，服装业的基础理论研究科研较薄弱，水平也参差不齐，作为基本理论的技术语言服装概念和术语，长期处于一种不系统、不统一、不规范的落后状况。因而，严重妨碍了服装技术的交流和基础理论的研究，制约了服装业的发展。

1985年轻工业部为改变服装用语的这种乱象，委托上海服装研究所汇编了《服装工业名词术语》，并由国家标准局审定，作为中华人民共和国的服装技术标准颁布。本节将以标准为参照，并做适当补充，收集为本书的技术标准用语。

一、服装基本概念

服装　服装可从两个方面解释：首先是同于"衣服""成衣"，在日常生活中使用广泛，是衣服的一种现代名词；其次是指人着装后的一种状态，如"服装美""服装设计"等，就是指这种状态的美。"衣服美"只是一种物的美，而"服装美"则包含着着装者，是指穿着者与衣服之间、与所处环境之间精神上的交流与统一，是这种谐调和统一体所表现出来的状态美感。

服饰　服饰一是指衣服上的装饰，如装饰品，服饰图案等；二是指服装及其装饰。

衣裳　指上体和下体衣装的总和，《说文解字》称："衣，依也，上曰衣，下曰裳。"

衣服　衣服一般与衣裳意思相同，古代有时还包括头上戴的帽子等。《释名·释衣服》称："凡服，上曰衣……下曰裳。"《毛诗注疏》云："服，谓冠弁衣裳也。"

成衣　成衣指近代出现的按标准号型成批量生产的成品衣服，这是相对于定制的衣服和自己制作的衣服而言，现在在市场中出售的衣服即为成衣。

时装　时装是一种流行的概念。就其词义本身，顾名思义，可理解为时兴的、时髦的、富有时代感的服装，是相对于历史服装和已定型于生活当中的服装形式而言的。时装至少包含三个不同概念：即mode、fashion、style。

mode，源自拉丁语modus，是方法、样式的意思。从词典上看，mode与fashion是同义词，但在设计师和服饰研究者眼里，两者是被分开使用的。在高级女装店中制作的流行的先驱作品才称作mode，作为新品发布的称为collection，投放市场后形成流行，即为fashion，经过一定时期的流行并以一定的型固定下来的称style。

与mode相似的还有vogue，这个词也有尝试的意思，在某种程度上，它是指那些比mode还要超前的最新的作品。

服装分类　服装分类方法有多种。

按性别可分为：女装、男装、中性装。

按生长期划分有：婴儿装、童装、青年装、老年装等。

按季节可以分为：春秋装、秋冬装、夏装、冬装等。

按着装功能分有：内衣、外套、上装、下装、套装、连身装（衣）等。

按款式类别分：衬衫、夹克、西服、背心、鱼尾裙等。

按服用材料划分：梭织服装、针织服装、棉麻服装、毛呢服装、（皮革）裘皮服装等。

按专业功能分：消防服、防化服、潜水服、宇航服等。

……

二、设计名词与术语

款式　款式即服装样式，主要指服装的外观形态和造型结构，是服装构成的要素，属造型艺术范畴。

造型　造型通常指服装的廓形，如 H 形、X 形、A 形等。

结构　结构是指服装造型的内在结构关系，即服装衣片的分割和组合关系，包括服装廓形与各衣片的形态及服装各层材料之间的组合配伍关系。

服装效果图　服装效果图，又称服装画，是设计师为表达服装设计构思以及体现穿着效果的一种绘画形式。一般着重体现款式的色彩、廓形、内部结构以及造型风格。

平面结构图　平面结构图是表达款式及各部件造型结构而绘制的素描线稿，着重表现廓形、内部结构和部件，要求形态比例准确，结构关系清晰。

服装结构设计　服装结构设计是依据服装款式、造型及功能设计要求，对构成服装的衣片各部件及各层材料的形态和相互组合关系做合理的规划和表达的过程。

样板　样板，又称纸样。是现代服装工业的专用语，含有"模板""标准"等意思，它最终目的是高效而准确地进行工业化生产。适用于制作样板的通常为韧性好的纸质材料，如牛皮纸、白卡纸或专用的样板纸等，也可用其他薄型片材，如 PVC 片、塑胶片、金属片等。

纸样　纸样是样板的别称，用于生产的工业纸样；用于定制的单件纸样；家庭制作的简易纸样；以及表示地域或集团区别的类型纸样，如日本原型纸样、法国纸样、欧美纸样等。另外，它又泛指纸质的样板。

板型　板型是指样板的某种风格样式特征、造型结构特点，通常是指一类样板，而非只是具体某件单一服装的样板。

工业样板　工业样板是指适用于批量化生产的样板，特指按系列规格设计制作的一系列生产样板。

……

三、技术名词与术语

基准线　基准线又称基础线，是指结构制图过程中首先需要设置的纵横向两条辅助线，它是制图时纵横方向测量的基准，习惯上纵向与面料经丝缕方向一致，横向与面料纬丝缕方向一致。如上衣结构制图中的前中线和底摆线。

辅助线　辅助线是指制图过程中为方便测量、绘制或标注而做的线条。

结构线　结构线是构成服装造型变化的内部和外部的所有构成线的总称，又称造型线。主要指服装廓形内的构成线，如胸围线、前中线、省道造型线等。

轮廓线　轮廓线是指构成服装外部廓形或服装部件的形态结构线。如领子轮廓线、衣摆线、侧缝线等。

分割造型线　分割造型线也称分割线，通常指为适合体型或装饰功能需要在衣片内部设置分割形成的造型线。如育克线、公主线等。

撇门　撇门，又称"劈门"，是指为适合胸部上方内倾的体型特征，而在衣片前中颈窝点设置的向内倾斜量。

肩斜度　指衣片肩部斜线的倾斜度。

BP 点　又称胸点、乳点，是英文 bust point 的缩写。

捆势　捆势是指裤后裆缝上段的倾斜度，这个倾斜度依据人体臀部的后翘程度设计。

起翘　起翘是指倾斜引起端角改变而做的调整处理。

开衩　开衩又称开气。开衩，是指为穿脱或活动功能需要而在服装相应部位设置的开口，分贯通式和半开式。如上衣的前门襟、裤腰口开衩、裙摆开衩、袖口开衩等。

门襟　门襟有两种含意，一是为穿脱及活动功能设计的开口的通称，即开衩；二是特指交叠式开衩的上层门襟。

里襟　里襟是指交叠式开衩的下层门襟。非交叠式开衩，又称对襟，左右对称不分门里襟。

搭门　搭门是指交叠式开衩上下层门里襟的重叠量。

止口　止口有两种含义，一是衣片轮廓经工艺处理的边缘，如门襟止口；二是各类开衩、开口的终端点，即止点，如裙摆衩止口、口袋的两端止口。

贴边　贴边是特指衣片轮廓边缘的工艺处理方法，即在衣片轮廓边缘相应部位正面或反面加贴一定宽度的条形面料；同时也指用于贴边的这种条形面料。

挂面　挂面特指上衣门里襟的贴边。

底摆　也叫下摆，指服装下部的边缘部位。如衣摆、裙摆。

袖窿　也叫袖孔，是衣身装袖子的部位。

褶　褶是指面料按一定规则进行折叠形成的各种外观皱褶形态。

聚褶　聚褶又称抽褶、细褶、碎褶，由面料抽（皱）缩形成的皱褶，是一种活褶。

省　省，又称省道，是特指按一定形态缝合的褶，俗称死褶。

裥　裥是一种活褶，指按一定规则折叠面料形成的可活动的褶皱。

缩率　缩率是指面料单位长度的收缩比率。

丝缕　丝缕是指梭织面料的经纬纱，经向纱称经丝缕或直丝缕；纬向纱称纬丝缕或横丝缕；非经纬方向通称斜丝缕，斜 45°方向称为正斜丝缕。

缝与缝份　缝又称缝合，是服装组合缝纫的通称，以所处部位不同命名，如前侧缝、后中（背）缝等。缝份是特指各种缝纫工艺中被缝合部分的量。因缝纫工艺技法、面料性能不同或牢度考量，所需要缝合的量也有所不同。

服装结构部位名称　服装结构制图的图线和部位的名称。

第二节　人体测量与规格设计

一、人体测量方式与要领

人体测量学是一门新兴学科，属人体工效学范畴，它是通过测量人体各部位尺寸来确定个体之间和群体之间在人体尺寸上的差别，用以研究人的形态特征，从而为各种工业设计和工程设计提供人体测量数据。服装设计中的人体测量，是指针对服装结构设计的要求主要对人体构造上的尺寸进行测量，即静态尺寸的测量，它是设计者对人体认识研究的过程，是正确把握人体体型特征的必要手段。测量方法分为定性测量和定量测量，即目测和运用工具仪器测量。前者是对人体结构形态、体型特征的观察与判断，后者是对人体结构各具体部位尺寸的测定。通过人体测量获得对人体体型特征正确、客观的认识，并使人体各部位的体型特征数字化。

人们常说的"量体裁衣"，量体就是人体测量，只有通过人体测量，掌握了人体相关部位的具体尺寸数据，进行服装结构设计才能使构成服装的各部位规格有可靠的依据，才能保证所设计的服装适合人体的体型特征，达到舒适美观的目的。人体测量的重要性还表现在它是服装生产中制定号型规格标准的基础，服装号型标准的制定建立在大量的人体测量的基础上。因此，人体测量是服装设计工作者的一项基本技能。

（一）定性测量

定性测量，即目测。通过对人体的正面、侧面进行仔细的观察，分析构成人体体型的骨骼、关节、肌肉、脂肪等基本要素与一般体型的共同点和特殊点，以判断体型特征。

体型特征首先区分正常体与非正常体，所谓正常体是指肢体完整，骨骼、关节、肌肉、脂肪等发育正常，体型匀称。否则为非正常体。

非正常体的形成因素主要有先天遗传、生长期、营养、病残、职业、生活习性等；非正常体的体型特征主要有消瘦、肥胖、肩斜、挺胸、驼背、凸肚、翘臀等。常见的非正常体，即特殊体型与符号见表1-1。

表1-1　常见非正常体及体型符号

特殊体型	主要体型特征	体型符号
高胸	乳房丰满，胸部高挺	
挺胸	后背比较平坦，前胸弧度明显，上身前倾，常仰视	
肉肚（凸肚）	凸肚位置较低，腹部、肚脐眼以下，易造成后仰	
驼背	前胸平坦甚至凹陷，后背弧度明显，常低头俯视	
扛肩	又称耸肩，肩平，肩斜度小于15°	
溜肩（坍肩）	肩斜度大于20°，又称斜肩、美人肩	
高低肩	肩不对称，一侧比另一侧肩斜，如左平右坍或左坍右平	
肥胖	脂肪丰满，身体厚度明显超厚，腰腹部特别肥壮者	
大腹驼背	属复合型体型，腰腹部脂肪堆积，背脊弯曲，肩膀丰厚	
挺胸大臀	属复合型体型，胸部丰满，腰臀脂肪堆积而肥厚	

生长期可分为婴儿、幼儿、儿童、少年、青年、中年、老年，一般青年期为正常体型。青年期前，主要是人体身高比例不协调，表现为头大身小，下肢短上身长，随着年龄增长，身体不断发育，下肢在全身的比例逐渐加大，至青年期头与身的比例大约为1：6.5。青年期后，则因各种因素可引起不同的体型变化。

女性乳房与服装结构造型设计密切相关，是女装结构设计的重要依据。女性乳房随年龄变化，少年期女性乳房尚未发育成熟，因而胸部较平坦；青春期女性乳房开始发育，使胸部逐渐隆起；至成年后，女性乳房非常丰满，胸部明显向前突起，乳房位置较高；中年后，随着乳房开始萎缩且下垂，则胸廓逐渐趋平。

（二）定量测量

定量测量就是运用适用的测量工具或仪器对人体各相关部位进行测量，以获得具体的尺寸数据。人体测量一般为静态净尺寸的测量，即被测量者只穿薄型的紧身衣接受测量。

平常测量工具有：测高仪、直尺、软尺等。

常用测量仪器有：角度计、可变式人体截面测量仪、莫尔体型描绘仪、三维人体测量系统等。

1. 人体测量基准点及基准线

人体是个复杂的立体，为便于测量，在人体上设定一些特殊点，作为测量的基准点，过某些点设置基准线。这对统一规范测量方法、确保测量数据的准确性十分重要。基准点的设定首先考虑人体测量的需要，同时考虑人体结构特征，以明显、易认定、易测量为原则。人体测量基准点、线的设置如图 1-1 所示。

（1）测量基准点

① 头顶点——头顶最高处，位于人体中心线上。

② 前额点——头部前额上部，位于人体中心线上。

③ 耳际点——耳根上端，发际处。

④ 后枕点——头部后枕骨外突点。

⑤ 颈椎点——第七节颈椎棘突点，又称后颈点，位于颈后人体中心线上。

⑥ 颈侧点——两侧颈根与肩斜转角处。

⑦ 肩端点——肩骨最外端棘突点。

⑧ 肘点——也称桡骨点，桡骨上端外凸点。

⑨ 腕点——也称茎突点，桡骨下端外凸点。

⑩ 虎口点——拇指与食指的分裂点。

⑪ 颈窝点——颈根前中凹陷处，位于人体中心线上。

⑫ 胸宽点——前胸与上臂分裂点。

⑬ 背宽点——后背与上臂分裂点。

⑭ 乳峰点——即 BP 点，胸部最丰满处乳头外凸点。

⑮ 侧腰点——腰部最细处两侧点。

⑯ 臀峰点——臀部最丰满处突出点。

⑰ 会阴点——两腿根部分裂处最下点，位于人体中心线上。

⑱ 膝点——膝盖骨中心点。

⑲ 外踝点——踝关节向外侧凸点。

⑳ 脚跟点——脚后跟与地面接触点。

（2）测量基准线

① 头围——过前额点、两侧耳际和后枕点围绕一圈。

② 颈围——头颈 1/2 处围绕一圈。

③ 颈根围线——过颈椎点、颈侧点和颈窝点的连线。

④ 腋窝围线——过肩端点、前胸宽点、后背宽点和腋窝底部的连线，又称臂根围。

⑤ 上臂围——上臂最丰满处围绕一圈。

⑥ 腕围——过茎突点围绕一圈。

⑦ 手掌围——过虎口在手掌最宽处围绕一圈。

⑧ 胸围线——胸部最丰满处，过 BP 点的水平围线。

⑨ 乳下围——乳房最低点胸部水平围线。

⑩ 腰围线——腰部最细处，过侧腰点的水平围线。

⑪ 臀围线——臀部最丰满处，过臀峰点的水平围线。

⑫ 横裆线——大腿根部，过会阴点的水平线。

⑬ 大腿围——大腿上端最丰满处水平围绕一圈。

⑭ 膝关节围线——膝关节处水平围线（中裆线）。

⑮ 小腿围——小腿部最大处水平围绕一圈。

⑯ 踝围线——过外踝点的水平围线。

⑰ 脚掌围——过脚跟点绕过脚背，在脚掌最大处围绕一圈。

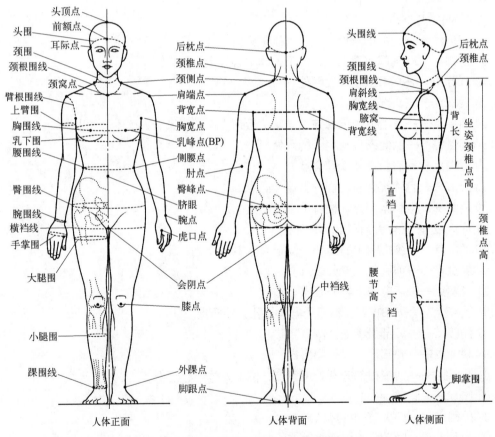

图 1-1　人体测量基准点和基准线

2. 测量要领

为保证人体测量尺寸的准确性，在统一规范测量基准点、线和测量方法的同时，还须注意测量时被测量者和测量的姿势、动作及方式。主要有如下几点：

① 被测量者一般取立姿，两腿并拢，抬头挺胸，呼吸自然，全身放松自然伸直；穿薄型紧身内衣，不能扎腰带。

② 测量者一般立于被测者侧旁或后面，切忌站立于被测者正面，给被测者造成心理压力而不自然，影响测量效果。

③ 测量过程中，可与被测者通过语言沟通，了解生活习性、穿着习惯及对规格的要求等相关信息，同时有助于营造轻松的测试氛围。

④ 手持软尺张力适度，不宜过紧或过松；测量围度时，基准点准确，围量松紧适度，既不脱落也不能有明显扎紧感；测量胸、腰、臀等围度时，软尺围量必须保持水平状。

3.测量部位名称及测量方法

（1）长度测量部位

① 身高——头顶点至地面的垂直距离。

② 颈椎点高——颈椎点至地面的垂直距离。

③ 背长——又称腰节长，颈椎点至腰围线的垂直距离。

④ 乳高——颈侧点至乳峰点的垂直距离。

⑤ 腰围高——腰围线至地面的垂直距离。

⑥ 股长——又称直（上）裆，腰围线至会阴点的垂直距离。

⑦ 腿长——又称下裆，会阴点至外踝点的垂直距离。

⑧ 全臂长——采用软尺测量，从肩端点过肘点测至茎突点的距离。

（2）宽度测量部位

① 肩宽——从一侧肩端点过颈椎点量至另一侧肩端点的距离。

② 胸宽——两前胸宽点的间距。

③ 背宽——两后背宽点的间距。

④ 乳距——即乳间距，两侧乳峰点的水平距离。

（3）围度测量部位

① 头围——过前额点、耳际点及后枕点围量一圈。

② 颈围——又称领围，在头颈二分之一处围量一圈。

③ 颈根围——沿颈根围线围量一圈。

④ 胸围——绕胸围线（胸部最丰满处）水平围量一圈。

⑤ 乳下围——乳房最低点胸部水平围量一圈。

⑥ 腰围——绕腰围线（腰部最细处）水平围量一圈。

⑦ 臀围——绕臀围线（臀部最丰满处）水平围量一圈。

其他设置有基准线的部位，可视实际需要沿相应部位的基准线围量获得该部位具体尺寸。

二、服装号型

《服装号型》又称服装统一号型，是由国家颁布的一种服装产品标准，它是服装工业化、规模化和标准化生产的规格依据，又为服装流通领域和消费者提供了可信而准确的销售标准和选购依据。

我国现行的服装号型标准是 GB/T 1335.1—2008、GB/T 1335.2—2008 以及 GB/T 1335.3—2008，该系列标准提供了以我国人体为依据的数据模型，这个数据模型采集了我国人体中与服装有密切关系的尺寸，基本上反映了我国人体的变化，具有较广泛的代表性。该系列标准适用的人群是指：在数量上占我国人口的绝大多数，在体型特征上是人体各部位发育正常的体型。特别高大或特别矮小的，过分瘦高或过分矮胖的，以及体型有缺陷的人，即非正常体型，不包括在服装号型所指的人体范围之内。

该系列标准适用于制定成批生产的成年男子、成年女子及婴幼儿童服装规格，本书主要介绍成年女子规格相关部分。尽管各种服装款式不同，放松量各不相同，但都是针对特定的人群设计的，该系列标准提供的人体数据模型是设计各种服装规格的依据，一旦确定了款式的基本放松量之后，在组成系列规格的时候，就可以遵循该系列标准所规定的有关标准设计。只有这样才能使服装系列规格设计更科学、合理、适应性强，才能更有利于生产和消费。

（一）号型定义

身高、胸围和腰围是人体的基本部位数据，也是最主要的部位数据，用这些部位的尺寸来推算其他各部位的尺寸，误差最小。

"号"指人体的身高，是设计服装长度的依据。人体的身高与颈椎点高、腰围高、全臂长等密切相关，它们随身高的增长而增长。

"型"指人体的胸围或腰围，是设计服装围度及宽度的依据。

（二）体型分类

体型分类是反映人体体型的特征，以胸围与腰围差分类，即胸围减腰围的差数。我国人体按四种体型分类，即 Y、A、B、C。各档体型的胸围腰围差范围及体型代号见表 1-2。

表1-2　人体体型分类及代号 单位：cm

体型分类代号	胸腰差范围	
	男子	女子
Y	22～17	24～19
A	16～12	18～14
B	11～7	13～9
C	6～2	8～4

（三）号型标志

服装号型系列标准规定，成品服装上必须标明号、型。号型标志方法：号、型之间用斜线分开，后接体型代号。例：160/84A（上装）、160/66A（下装）。

号型标志也可以说是规格代号。套装系列服装，上、下装必须分别标示号型标志。

（四）号型系列

把号和型进行有规则的分档组合排列即为号型系列。服装号型系列标准中规定身高以5cm分档；胸围以4cm分档；腰围以4cm或2cm分档，即可组成5·4系列、5·2系列。

（五）中间体型

根据大量实测的人体数据，通过计算求出均值，即为中间体型尺寸，它反映了我国成人各类体型的身高、胸围、腰围等部位的平均水平，具有一定的代表性。在设计服装规格时通常以中间体为中心，按一定的分档数，递增或递减组成规格系列。但中心号型是指在人体测量总数中占有最大比例的体型，国家设置的中间号型，是指全国范围而言，各个地区的人群体型情况会有所差别。所以，对中心号型的设置应根据销售区域的人群体型的实际情况而定，不宜照搬，但规格的系列不变。中间体型的号型设置见表 1-3。

表 1-3　中间体型号型设置　　　　　　　　　　　　　　　　　单位：cm

类别		体型分类			
		Y	A	B	C
男性	号	170	170	170	170
	型	88	88	92	96
女性	号	160	160	160	160
	型	84	84	88	88

（六）号型应用

号型的实际应用，对于个人来讲就是应知道自己属于哪一种体型，自己的身高和胸围（腰围）是否与号型设置的尺寸一致。如果一致就可对号入座，选择相应的号型；如不一致则应采用近距靠拢法选择。具体方法见表 1-4。考虑到穿着的个人习惯，某些矮胖或瘦长体型的人，也可选择大一档的号或型。

表 1-4　号型适用选择方法　　　　　　　　　　　　　　　　　单位：cm

身高	152.5	153～157	157.5	158～162	162.5	163～167	167.5	168～172	172.5……
选用号		155		160		165		170	175……
胸围	78	79～81	82	83～85	86	87～89	90	91～93	94……
选用型		80		84		88		92	96……

对企业来说，在选择和应用号型系列时应注意以下几点：

① 必须从标准规定的各系列中选用适合销售区域实际人群体型的号型系列。

② 无论选用哪个系列，必须考虑每个号型适应本地区的人口比例和市场需求情况，相应地安排生产数量。参考标准提供的各体型人体的比例和分体型、分地区的号型覆盖率设置号型，以最大限度地满足各类体型的实际需求。

③ 标准中规定的号型不够用时，虽然这部分人所占比例不大，但也可扩大号型设置范围，以满足消费者和实际需求。扩大号型范围时，应按各系列所规定的分档数和系列数进行。

（七）控制部位

控制部位是指在服装规格设计时作为依据的主要部位。长度有身高、颈椎点高、坐姿颈椎点高、腰围高、全臂长等；围度有胸围、腰围、颈围、臀围等。

服装规格中的衣长、胸围、领围、肩宽、袖长、裤长、腰围、臀围等，都可以依据控制部位的尺寸，考虑款式造型和服用功能的实际需要而适当的加放来制定。

女子各号型系列控制部位数值见表 1-5～表 1-8。

表 1-5　女子 5·4/5·2 Y 型系列控制部位数值　　　　　　　　　　单位：cm

部位	数值						
身高	145	150	155	160	165	170	175
颈椎点高	124.0	128.0	132.0	136.0	140.0	144.0	148.0
坐姿颈椎点高	56.5	58.5	60.5	62.5	64.5	66.5	68.5
全臂长	46.0	47.5	49.0	50.5	52.0	53.5	55.0
腰围高	89.0	92.0	95.0	98.0	101.0	104.0	107.0
胸围	72	76	80	84	88	92	96
颈围	31.0	31.8	32.6	33.4	34.2	35.0	35.8
总肩宽	37.0	38.0	39.0	40.0	41.0	42.0	43.0

续表

部位	数值													
腰围	50	52	54	56	58	60	62	64	66	68	70	72	74	76
臀围	77.4	79.2	81.0	82.8	84.6	86.4	88.2	90.0	91.8	93.6	95.4	97.2	99.0	100.8

表1-6 女子5·4/5·2 A型系列控制部位数值　　　　单位：cm

部位	数值																			
身高	145			150			155			160			165			170			175		
颈椎点高	124.0			128.0			132.0			136.0			140.0			144.0			148.0		
坐姿颈椎点高	56.5			58.5			60.5			62.5			64.5			66.5			68.5		
全臂长	46.0			47.5			49.0			50.5			52.0			53.5			55.0		
腰围高	89.0			92.0			95.0			98.0			101.0			104.0			107.0		
胸围	72			76			80			84			88			92			96		
颈围	31.2			32.0			32.8			33.6			34.4			35.2			36.0		
总肩宽	36.4			37.4			38.4			39.4			40.4			41.4			42.4		
腰围	54	56	58	58	60	62	62	64	66	66	68	70	70	72	74	74	76	78	78	80	82
臀围	77.4	79.2	81.0	81.0	82.8	84.6	84.6	86.4	88.2	88.2	90.0	91.8	91.8	93.6	95.4	95.4	97.2	99.0	99.0	100.8	102.6

表1-7 女子5·4/5·2 B型系列控制部位数值　　　　单位：cm

部位	数值																			
身高	145		150		155		160		165		170		175								
颈椎点高	124.5		128.5		132.5		136.5		140.5		144.5		148.5								
坐姿颈椎点高	57.0		59.0		61.0		63.0		65.0		67.0		69.0								
全臂长	46.0		47.5		49.0		50.5		52.0		53.5		55.0								
腰围高	89.0		92.0		95.0		98.0		101.0		104.0		107.0								
胸围	68		72		76		80		84		88		92		96		100		104		
颈围	30.6		31.4		32.2		33.0		33.8		34.6		35.4		36.2		37.0		37.8		
总肩宽	34.8		35.8		36.8		37.8		38.8		39.8		40.8		41.8		42.8		43.8		
腰围	56	58	60	62	64	66	68	70	72	74	76	78	80	82	84	86	88	90	92	94	
臀围	78.4	80.0	81.6	83.2	84.8	86.4	88.0	89.6	91.2	92.8	94.4	96.0	97.6	99.2	100.8	102.4	104.0	105.6	107.2	108.8	

表1-8 女子5·4/5·2 C型系列控制部位数值　　　　单位：cm

部位	数值																			
身高	145		150		155		160		165		170		175								
颈椎点高	124.5		128.5		132.5		136.5		140.5		144.5		148.5								
坐姿颈椎点高	57.0		59.0		61.0		63.0		65.0		67.0		69.0								
全臂长	46.0		47.5		49.0		50.5		52.0		53.5		55.0								
腰围高	89.0		92.0		95.0		98.0		101.0		104.0		107.0								
胸围	68		72		76		80		84		88		92		96		100		104		
颈围	30.8		31.6		32.4		33.2		34.0		34.8		35.6		36.4		37.2		38.0		
总肩宽	34.2		35.2		36.2		37.2		38.2		39.2		40.2		41.2		42.2		43.2		
腰围	60	62	64	66	68	70	72	74	76	78	80	82	84	86	88	90	92	94	96	98	
臀围	78.4	80.0	81.6	83.2	84.8	86.4	88.0	89.6	91.2	92.8	94.4	96.0	97.6	99.2	100.8	102.4	104.0	105.6	107.2	108.8	

（八）号型配置

服装企业必须根据选定的号型系列编制出产品的规格系列表，这是企业化批量生产的基本要求。产品规格的系列化设计，是生产技术管理的一项重要内容，产品的规格质量要通过生产技术管理来控制和保证。规格系列表中的号型，基本上要能满足销售区域人群90%以上人们的需要。往往不能或者不必全部完成规格系列表中的所有规格配置，而是选用其中一部分热销的号型进行生产。因此，在规格设计时，可根据规格系列表并结合实际情况编制生产需要的号型配置。号型配置的方式如下。

1. 号和型同步配置

号和型同步递增或递减配置。如：155/80、160/84、165/88……

2. 同号多型配置

同一号配置多个不同的型。如：160/80、160/84、160/88……

3. 多号同型配置

同一型配置多个不同的号。如：155/84、160/84、165/84……

（九）号型覆盖率

号型标准中的号型覆盖率的数值反映了各种号型的人体在一定范围人群中的比例。对组织生产和营销具有普遍的指导意义。

当我们了解了某一号型的人体在某区域人群中所占的比例，就可以依照这种比例进行该号型具体生产和营销数量的确定。

三、规格设计

服装规格设计，是在认识服装与人体关系基础上，采用定量化形式表现服装款式造型、服用功能、穿着对象的喜好和品牌风格等特征。其方法就是在人体测量数据的基础上进行加放获得服装成品规格，属技术设计内容。

（一）服装加放量

服装规格设计中的加放量主要是指围度的放松量，也称服装放松量。它由适应人体生理（活动需要）、心理（习惯爱好）、环境（穿着场合、气候条件）、产品品牌及服用材料等因素组成，是服装规格设计中最活跃的数据。

1. 加放量与人体生理

服装与人体间的空隙部分就是放松量，它是服装中满足人体活动需要的重要内容。首先以胸部活动需要放松量为例，经过静态和动态测量后可知：胸围的呼吸活动能使胸围变化3~5cm；当前屈、后伸运动时胸围变化4~6cm；如果进行激烈运动时还需要有回旋余地的放松量，因此胸围满足人体生理舒适的基本放松量为6~10cm。

其次因受性别、年龄、体态等因素的影响，所以在放松量与生理需要方面也存在着差异。从男女性别体态差异上看：男体身材魁梧，肩宽背厚，肌肉发达；女体肩窄背圆，全身脂肪层厚，体型具有较柔美的曲线，其活动量明显比男性小。

从年龄差异上看，人体生长规律可分为：儿童、青年、中年、老年几个阶段。如果以青年所需放松量为标准的话，那么，老年人由于生理上新陈代谢的缘故，其身体的灵活性比青年人要差，所以从穿着方便角度考虑，老年人的服装放松量宜大不宜小。

2. 加放量与人的心理

人的心理需求是通过生理来具体反映的。人们喜欢什么，需要什么并不是先天固有的，而是后天通过视觉、嗅觉、听觉、触觉和味觉等生理器官对物质的物理特性做出的反应。

人们对服装款式造型的需求，属于视觉心理需求的具体表现。服装款式的千变万化，以及所占空间的状态都与服装放松量有着密切的关系，具体与人们的习惯爱好、服装流行趋势以及人们的审美意识有关。

从人们的习惯爱好上看，人们的生活水平、文化素质、环境及区域不同，其对服装款式的喜好也是不同的。有些人喜欢穿宽松的服装，有些人则要求穿合体紧身的服装。这些都与服装放松量相关，需要设计者通过了解、研究穿着者的心理，掌握其习惯爱好特点进行设计。

从服装流行趋势上看，在现代社会中，流行现象已被人们普遍接受，并越来越重视。流行产生于人们心理上的追求，当一种服装流行长久后，人们会审美疲劳，产生厌倦情绪，需通过换新装恢复心理上的平衡，人们的这种求新心理，正是服装流行的动力。从服装演变史中可以看出服装的发展过程，即：松身披挂服式→松身服式→合体服式→松身服式→夸张型宽松服式。这种波浪式进程就是服装流行的轨迹，也是人们求新、求异心理的具体表现，这种变化都通过服装与人体间的空隙大小反映出来。

从审美意识上看，其范围更广，如胖体与瘦体的放松量问题，就是涉及视觉审美意识的内容。因为单从服装与人体间空隙来计算，二者圆周间空隙是相等的，其围度放松量应当是同等的。但从修饰体型、弥补体型缺陷出发，胖体与瘦体的放松量既不宜过大又不宜过少，这也是为了满足人们视觉心理上"形态美"的需要。

3. 加放量与环境

环境包括地理气候、穿着场合及社会经济条件等，它们也是服装放松量中不可忽视的重要环境因素。

从地理气候条件方面考量，由于地域的不同，人们在穿着方式及具体的款式造型上都表现出很大的差异。我国是一个地域宽广的国家，各地区的气候温差较大，所以在服装款式造型上有着各自明显不同的特点。在南方湿热地区，人们选用宽大、敞开式款式，将有利于空气对流，能达到防暑降温的目的；在北方寒冷地区，则选用宽大、关闭式的款式，以适应多层次穿着方式，满足防寒保暖的需要。以风衣、大衣为例，在南方冬季穿着时，穿在西装外即可；如果在北方冬季穿着时，需要穿在棉衣外才行。凡此种种，由于穿着条件的变化，直接涉及服装放松量大小的变化，需要我们从艺术性和实用性两方面去考量。

从穿着场合、穿着用途等方面考量，应根据劳动工作服、职业服、运动服、生活用服、礼服等服用功能和对象需要来设计放松量。因为，不同用途的服装，其穿着场合、条件都存在着一定的特殊性。例如：劳动工作服放松量宜大；职业服追求合体，其放松量不宜大；运动服要根据运动项目来确定其合体与松身度；生活用服装也一样，要分清用途和目的后才能确定具体的放松量。

从社会经济条件方面考量，凡经济发展慢，人民生活贫困或处于社会动荡时期，服饰就单调，服装就宽大无特色。随着经济的复苏、科学文化的发展，人民的经济收入明显增高，生活水平不断提高，这又会重新唤起了人们的爱美之心，追求个性化、多元化、百花齐放的审美情趣。对于服装结构设计者来说，面对流行趋势的挑战及科学技术的不断更新，掌握服装放松量的变化规律也越来越显得重要了。

4. 加放量与品牌风格

款式造型是服装品牌风格最明显的形式要素，造型所需的体积量主要是由放松量决定的。前卫、活泼浪漫风格的宽大服装款式，其加放量宜大；而典雅、端庄的服装造型，其加放量就不宜过大。不同的服装品牌，有着各自独特的风格特征，服装的加放量必须与造型风格相一致。

5. 加放量与面料

常用服装面料种类很多，不同类型的服装面料的织纹组织、弹性、悬垂性、热湿收缩性等各不相同，它们对服装放松量的影响也各不相同。针织面料及弹性好的面料，相对于无弹性的梭织面料加放量可视弹性率相应减少；厚实、硬挺的面料相对于轻薄、柔软的加放量宜适度增加；服装加放量与面料的热湿收缩率成正比，收缩率大则加放量也应做相应增加。

（二）服装规格加放量的种类与作用

服装规格加放量存在于服装的各个部位。由于它们在各部位的表现内容与形式上有着明显的差异，所以形成了各自不同的俗语名称。

在服装长度上的加放量，俗称"座势""余裕量"。如夹克衫登闩处、连衣裙装橡筋腰处、装克夫的袖口处等。座势在服装中有自由伸缩和调节的功能，它不仅表现在外表的造型中，而且也广泛地应用于夹里缝的自由伸缩与调节之中。

在服装宽度上的加放量，俗称"戤势"。它主要表现在前胸、后背与袖子部位的结合处。如果按净体尺寸制作服装的话，那么肯定无法活动，这时适当地加放空隙量后，在手臂下垂后则会产生自然隆起状的余量。

在服装围度上的加放量，俗称"放松量"。从上至下有领围、胸围、腰围、臀围、袖口、脚口等不同围度的放松量。它可以使服装围度部位适应人体活动需要，具有自由伸缩、调节的功能。

（三）成衣规格设计

成衣规格设计是以服装号型标准为依据，对各个控制部位规格尺寸的设定。设计的方法通常是以服装号型控制部位尺寸为依据，考虑服装款式造型、面料特点、服用功能、穿着对象的习惯爱好以及品牌风格特征等各方面因素，设定相应部位的加放量，为具体的服装产品设计出相应的加工数据和服装成品尺寸。

成衣规格是指符合人体尺寸、人体活动所需放松量和风格及个性特点加放量的总和，其中符合人体尺寸称为静态因素，为相对稳定的内容；其他通称为动态因素，属于变化范围较广的内容。即使是同一体型，由于穿着场合、用途、穿着者的个人喜好等因素不同，各品种的规格尺寸也是不相同的，具有鲜明的风格特征、产品规格的对应性和灵活适用性。因为服装除了实用功能外，还具有修饰体型、审美等功能。

成衣作为商品，规格设计也就是商品设计内容，必须考虑是否能够适应大多数人的穿着需要，这里"体和衣"完全是两种概念。首先，对于个别体型的特殊要求，不能作为成衣规格设计的依据，而只能作为一种参考数据。需要我们将人群中具有共性的体型特征作为研究对象，这就是强调成衣规格设计必须以服装号型标准为依据的主要原因。其次，成衣规格是根据具体产品的对象、服用功能等特点来设计。

在制定成衣规格时，除了严格执行号型标准外，为了使成衣规格有较强的通用性、兼容性，又不失个性特征。需要充分发挥技术设计内容并把握服装各部位的基本加放量，包括长度、围度、宽度等。因此，成衣规格的主要技术设计内容是根据动态因素的变化规律，使服装规格满足合体、舒适、审美等消费者对服装产品的需求。

第三节　服装结构设计方法

从服装构成中可知，服装是由面料依附着人体不规则曲面所构成的。就人体这个不规则的曲面几何体来看，本身并没有一种确定的函数关系，这在曲面展开理论中被称为不可展特性。可见，在服装结构设计中，如何正确地解决服装与人体间的从立体到平面、再从平面到立体的转换，采用何种方法才能最有效地实现款式设计的造型目的，还有待于人们不断地探索和创新。

样板设计方法，即服装结构设计方法，其过程就是服装样板的设计与制作。设计方法分为立体构成法和平面构成法。所谓立体构成法就是立体裁剪；平面构成法通常可分为：短寸法、比例构成法（也称比例分配法）、原型构成法和纸样法等。

一、立体构成法

立体裁剪，即立体构成，起源于哥特时期的欧洲。在这一时期，随着西方人文主义哲学和审美观的确立，在北方日耳曼窄衣文化的基础上逐渐形成了强调女性人体曲线的立体造型，这种造型从此成为西方女装的主体造型，并一直沿用到今天的高级时装制作。

立体裁剪是以人台（人体模型）或人体为基础的服装造型方法。形象的说法，就是将面料直接覆盖于人台或人体上进行构成造型的一种裁剪技法。其构成原理是从立体到立体，优点为：造型成功率高、塑造效果直观、服装适体性强。主要缺点：操作条件要求高、技术方法与技巧对最终结果影响极大，另外设计成本也比较高。

二、比例构成法

比例构成法，即平面比例分配法，就是以某些部位规格为基准设计一系列的比例计算公式，推算出服装各部位的规格尺寸，运用几何制图原理，绘制服装结构图。它的构成过程是从平面到立体。这种方法简单易学、结构严谨、造型得体。但经验性强、适体性差、款式变化不灵活、造型把握度极低，最致命的弱点是与人体的立体结构关联度差，无法体现以人为本的设计理念。目前，国内服装企业还是沿用平面比例构成法为主，特别是加工型服装企业更是如此。

三、原型构成法

原型构成法起源于日本，属于平面法。在日本影响最大的有两大流派，"登丽美"和"文化式"。由于其简单易学，变化灵活的特点，深受女装业内人士及广大业余爱好者的普遍欢迎，已成为国际上较流行的裁剪方法。所谓服装原型是根据个人的体型而预先裁制出的服装原型纸样，然后根据服装具体款式的造型和尺寸要求，在原型纸样的基础上通过适当的加放、推移变化，绘制出所需的服装裁剪图。该方法的构成原理是立体——平面——立体，其最大的优点是款式变化比较灵活、造型准确、适体性较强。而缺点主要是原型修正程序复杂、操作者技能与经验要求较高、造型变化较难把握。

四、纸样法

纸样法，又称基础纸样法，是综合了立体构成法、比例构成法、原型构成法及纸样辅助方法等，取长补短，创立的一种全新的样板设计方法。该方法以人体结构特征为依据，遵循服装结构构成和样板设计变化规律，设计基础纸样（板型），并建立基础纸样体系；根据服装款式造型的具体结构特征选用相应的基础（操作）纸样，运用纸样操作原理，通过对基础（操作）纸样进行必要的剪切、切分、旋转、拼合、闭合、移动、扩展、加放等操作，辅以适当的造型手段，改变纸样结构，进行款式造型设计，并按样板制作规范制作标准的服装样板。

该方法具备系统的理论体系以及完善的设计原理、设计方法、设计规律和制作规范。其技术核心——建立基础纸样体系，提高了板型的理想化（即标准化）程度，同时有助于提高样板设计工作效率和准确性。样板设计始终遵循从人体（原型）到基础纸样到服装样板的程序，即立体（人体）到平面到立体（服装）的过程，它的出发点和终结点都是立体，确保了样板设计的成功率和服装的适体性。纸样法虽属平面法范畴，但它主要以纸样操作替代传统的比例分配，摒弃了复杂的数据计算和经验性的定寸，融合了众多构成方法的长处，使设计造型更灵活、直观，更容易体现和把握款式设计意图。同时更能体现服装板型的风格特点，并使其相对稳定和延续，有利于品牌风格特征的形成和保持。

第四节　女装造型技法

女装造型技法是指女装款式造型设计的技术手段，就是根据女装款式的构成元素，遵循造型变化规律，进行女装款式的塑造和设计造型结构。就结构而言女装款式的主要构成元素有廓形、领、袖、门襟、袋，包括内部结构元素：褶、分割线、附加造型及衬里。领、袖、袋和门襟等属部件造型设计，将在第七、第八、第九章中讨论。本节主要阐述褶、分割线及轮廓等构成元素的造型技法。

一、施褶

褶，面料的折叠，是女装立体造型设计的一种最基本手段。一方面施褶可使平面的面料塑造出符合人体的立体服装形态；另一方面施褶又可在服装的表面和轮廓塑造出各种所需要的装饰性造型。

（一）褶的分类
按褶的适体塑造部位不同分为：胸褶、肩胛褶、腰（臀）褶等。

按褶的结构和面料折叠工艺方法不同分为：省（缝合褶）、塔克（缝缉褶）、裥（活褶）、聚褶（抽褶）等。

1.省

省，是指将衣片相应部位按一定的形状缝合起来，形成的折叠，故又称缝合褶。通常施于胸、腰、肩胛等人体凹凸反差明显部位的相应衣片部位上，以塑造适体效果。如上装的胸省、肩胛省，下装的腰省等。省的形态依据省所处位置相对应的人体结构形态来设计，根据省的造型形态区分有：锥形、弹头形（胖形）、埃菲尔塔形（瘦形）、弯月形（弧形）、枣核形（梭形）等，如图 1-2 所示。

2. 缝缉褶

它有两种形式，一种是直线缝缉，常以群组式出现，作为装饰造型，俗称塔克，通常施于前胸，如图1-3（a）所示；另一种是部分被缝缉，褶未缝缉部分可活动，并在外观上形成自由活动的活泼造型效果。通常施于裤子、裙子及上衣等各类女装上。褶的部分缝缉有三种形式：一端缝缉、中部缝缉和两端缝缉，如图1-3（b）、（c）、（d）所示。

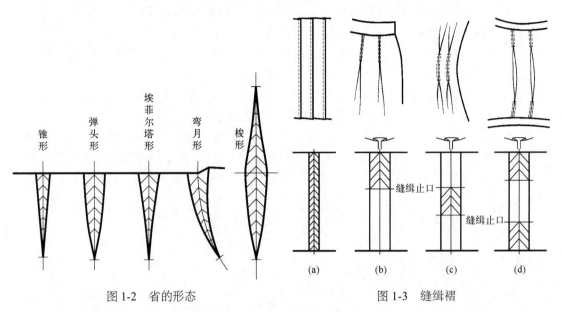

图1-2　省的形态　　　　　　　　　　图1-3　缝缉褶

3. 裥

裥，即褶裥。按一定规则（褶量、间隔、折叠方式和方向等）将面料部分折叠起来，在女装表面形成折叠纹，并可随走动变化、伸缩，故又称活褶、普利特褶。折叠形式通常有：单裥，如图1-4（a）所示；工字（暗、明）裥，也称双裥，如图1-4（b）、（c）所示；群组裥（百褶），方向可分为同向和相向，如图1-4（d）所示。褶裥的应用十分广，各类女装任何部位均可运用，活动功能、装饰效果明显。

4. 聚褶

通过皱缩、缩缝等工艺手段将面料某部分聚缩，形成细碎的皱褶，其外观自然活泼，也可称抽褶、碎褶、细褶等。常施于女装缝线及装饰部件上，如图1-5所示。

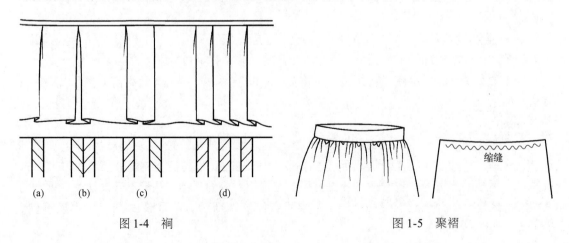

图1-4　裥　　　　　　　　　　图1-5　聚褶

（二）省（缝合褶）的基本结构与术语

1.省尖

褶量渐缩至消失点，一般的省有一个省尖，枣核形省有两个省尖。省尖通常指向人体膨凸点。

2.省根

即褶量，收省量，也称省大，通常指褶量最大处。

3.省边线

指省尖至省根部的两条边线，也称省道造型线。

4.省中线

指省根（褶量）中点至省尖的连线。

5.人字线

作为制图的规范标示线，特指缝缉褶（省）的标示符号，表示缝缉（折叠）部分。省的结构如图1-6所示。

（三）褶量的确定、定位和转移

1.褶量的确定

适体设置的褶，其褶量与人体部位形态的凹凸反差成正比，具体褶量视服装适体程度及款式造型设计的实际确定。非适体装饰需要的褶，视实际造型设计需要而定。

2.褶位设置

以适体塑造为目的设计的褶，以人体某一膨凸点为中心呈辐射状设置，如胸褶、肩胛褶、腰（臀）褶，其膨凸点为褶尖的指向点，即中心点。胸褶的指向点为乳峰（BP）点；肩胛褶指向肩胛骨外突点；腰（臀）褶指向臀峰。褶的命名原则：以褶根部所处衣片的轮廓线名称命名。如从肩斜线向BP点所施的褶，称作"肩褶"；位于袖窿线的褶称"袖窿褶"。胸褶定位如图1-7所示。

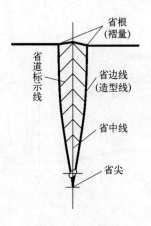

图1-6 省的结构

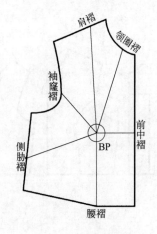

图1-7 胸褶的定位

3.褶的转移原理

一个适体设计的定量褶，可通过纸样的旋转、剪切、闭合等操作，将部分或全部褶量，在以褶尖指向点为中心呈辐射状定位的所有褶位之间相互转移，其立体塑造形态和适体程度保持不变。具体褶位的褶量与其褶根离褶尖的距离成正比。

二、分割

分割是女装设计造型的另一重要手段，面料剪切后再缝合形成的缝线称分割线。分割设计的目的主要有：一是适体功能需要，使女装结构更符合舒适、合体的功能要求，这类分割线的设置，注重人体结构特征，讲究与人体凹凸趋势的平衡关系，分割线和立体塑造在结构上达到和谐，相互吻合，使女装更舒适得体、造型美观；二是装饰需要，出于款式整体设计而设置的分割造型线，给人以需要的视觉效果，达到弥补穿着者的体型缺陷或审美装饰作用，这类分割线的设置注重形式美原则的应用和与整体设计的协调统一。另外，由于面料幅宽不足以某一裁片的整片裁制或出于节约考虑而设置的分割线，它是非设计所需要的，这类分割线分为可避免和不可避免，应以不影响或尽量少影响款式整体设计效果为原则。

分割线型是指分割线所呈现的外观形态，分割线的形态可分为：直线型、弧线型和复合型；方向有纵向、横向、斜向。直线型指分割线呈现直线形态，见图 1-8（a）；弧线型指呈现曲线形态的分割线，见图 1-8（b）；而复合型是指既有曲线形态又有直线形态的分割线，见图 1-8（c）。方向特征是指分割线与女装整体的方向关系。纵向分割线与女装长度方向呈平行状态；横向的与女装宽度方向一致；斜向是指有一定倾斜度的分割线。分割线的形态是女装款式设计风格的体现，更是女装款式变化的主要外观特征。

在服装设计中分割线设计应以结构为依托，以形式美为表现手段，多种形态结合，才能使设计出来的分割线显得优美，从而充分体现出其功能性与装饰性。通过对服装进行分割处理，可借助视错觉原理改善人体的形态，创造理想的比例和完美的造型，从而充分展现出人体美。

女装设计中典型的分割造型线有横向的育克分割线、纵向的公主分割线等。育克分割指位于胸宽、背宽及臀围线等部位的横向型的分割造型，是一种典型的横向分割线，可以是直线型或弧线型。通常上衣在胸围线以上胸宽、背宽部位，如图 1-8（d）、（e）所示；下装在臀围线以上部位设置分割。

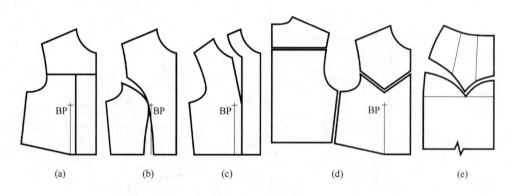

图 1-8　分割线形态

公主分割是指通过胸部的纵向型分割造型线，鉴于胸部的结构特点，适体造型的分割线多为弧线型，主要有两种造型，一是自肩线过胸部至衣摆的贯通式公主分割造型，如图 1-9（a）所示；二是自袖窿经胸部至衣摆的刀背式公主分割造型，如图 1-9（b）所示。适体造型为目的的分割实质上是基于胸褶位设计的，贯通式公主分割就是连通了肩褶与腰褶；刀片式公主分割是袖窿褶与腰褶相连而成的。分割设置定位通常以 BP 点为依据，分割线的形态应与胸部的立体结构相适应。BP 点作为设置分割的关键点，原则上应在 BP 点 0 ～ 2cm 范围内定位，合体要求高的偏离越小，宽松、宽大的女装可适当加大偏离度。

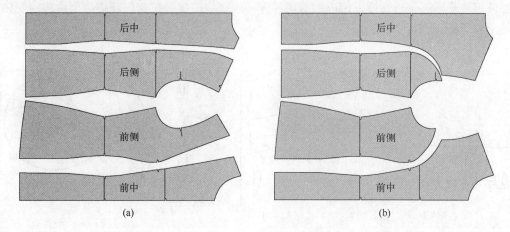

(a)　　　　　　　　　　　　　　　(b)

图 1-9　公主分割线

三、扩展与加放

扩展与加放是女装廓形常用的一种塑造手法。扩展或加放纸样的某一部分，增大服装容量，使其宽松，部分脱离人体的基本形，或产生一个额外的特殊造型，使女装整体廓形产生变化。扩展与加放是廓形设计的需要，主要目的在于装饰，也包括某些特殊活动功能的需要。扩展与加放的设计方法，通常是依据设计的具体需要，剪切或切分纸样，再扩展或直接加大，获得所需要的造型结构。

四、装饰造型

装饰造型，通常指构成女装基本元素之外的以装饰为目的的各种造型。其依附于女装上，起装饰衬托作用，非女装的基本功能。造型手法灵活多样，造型手段更具技术性，包括采用现代最新科技、新材料、新技术。从结构设计的角度来讨论装饰造型，常见的有饰边、环浪、膨松和附着造型等。

（一）饰边

饰边也称拉夫、木耳边（还包括各类机制花边），主要指装饰于女装上的条状装饰造型，其表面或边缘起波浪褶皱。饰边按结构可分为褶裥饰边和波浪饰边。褶裥饰边的一边施有规则的褶裥，如对褶、顺褶，或施以细密的聚褶，未缝缉的另一边就会形成波浪状形态，如图 1-10 所示。其结构比较简单，只要按设计要求确定饰边宽度、长度方向并加放褶量就行。

波浪饰边是指通过扇形展开形成的波浪状形态，它

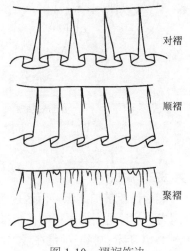

对褶

顺褶

聚褶

图 1-10　褶裥饰边

的波浪褶量的多少取决于展开的扇弧度大小，弧度与波浪的展开量成正比关系。规则的波浪造型，多为正圆弧结构，如图 1-11（a）所示；渐变或不规则的波浪造型，结构相对复杂，可通过波浪构成形态分析，设置相应的剪切展开，或螺旋扩展等技法，获得造型结构的变化，如图 1-11（b）所示。

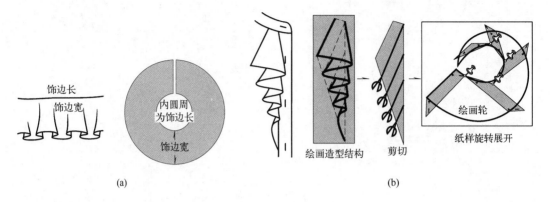

图 1-11　波浪饰边

（二）环浪

环浪是指由一组相对设置的褶裥，其悬垂褶纹形成的环形波浪造型。是一种典型的悬垂造型手法，装饰效果较强，环形波浪会随穿着者的活动产生自然随意的变形，给人以飘逸自然的感觉。常运用于女装的视觉中心，如领、胸、肩、腰等设计的力点上。如图 1-12 所示。

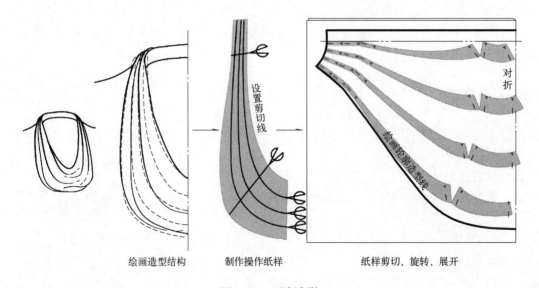

图 1-12　环浪造型

（三）膨松

膨松，即增加体积，但区别于服装整体宽松，特指局部增加体积的造型。造型手段主要分两类，一类是增加面料的松余量，使某局部自然膨出，形成立体感，如泡泡袖，气球裙等，如图 1-13 所示；另一类是在增加面料松余量的同时在其内部施加特殊的衬垫、填充或硬质材料，使塑造出某种稳定的造型，如婚纱礼服中膨松造型。

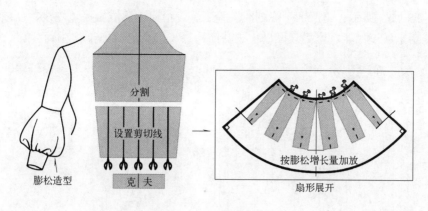

图 1-13　膨松造型

（四）附着造型

附着造型是指相对于服装整体结构而言的附加造型，附着于服装上的独立的装饰造型，或称装饰造型，但它是服装整体设计不可或缺的一部分，如女装上的装饰布花。这类造型与服装整体结构的关系不是很密切，甚至完全可以单独设计造型结构，成型后再缝制上去，但必须与服装的整体设计相协调。肩部的花、袖口的夸张造型都是独立的结构。

五、轮廓线造型

轮廓线即纸样制成线，是服装缝制的缝合标准和服装成型的造型线。轮廓线的形态直接表现为服装的外观造型，即廓形。轮廓线可分内部轮廓线和外轮廓线，内部轮廓也称内部结构线，主要指衣片内的部件、褶、分割等内部的造型线；外轮廓主要指衣片外缘的造型线。

（一）褶的轮廓

1. 省尖的描绘

特别是胸省，省尖的形态决定着胸部的造型。为塑造胸乳部圆浑丰满的外观效果，省尖离乳峰，即 BP 点 2cm 左右，在省尖约 1cm 范围内，须描画成埃菲尔塔形的省尖形状，缝制时省尖处不会起泡，穿着服帖，如图 1-14 所示。

2. 省边线的描绘

省边线又称省道造型线。省的形态如图 1-2 所示，根据省的造型设计，埃菲尔塔形省的边线应描成内凹的弧线形态，故又称瘦形省；弹头形省描画成外凸的弧线形态，故而称胖形省；弯月形和枣核形均为弧线形态；而锥形省绘成直线就可以了。

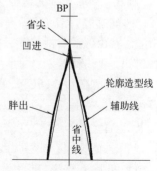

图 1-14　省尖形态

3. 各类褶的成型线的描绘

除缝合褶（省）的边线视不同的造型而描绘成不同的弧线外，其他各种褶的成型线原则上都描绘成直线，根据不同的折叠方法，运用相应的辅助线加以区分，或表示结构。缝缉褶如图 1-3 所示，褶裥如图 1-4 所示。

4. 施褶处的轮廓线描绘

施褶后，褶根处轮廓线会断开一段，如图 1-15（a）所示，因褶的折叠方式不同，所形成的轮廓也有所不同，在补画时应真实表现。具体方法就是先将纸样按褶的实际成型效果折叠，如图 1-15（b）所示；再用锥子或划线轮等工具，沿原轮廓线做拷贝划线，使纸样折叠的各层上都能留下线迹，然后展平纸样沿线迹补描轮廓线，如图 1-15（c）所示。

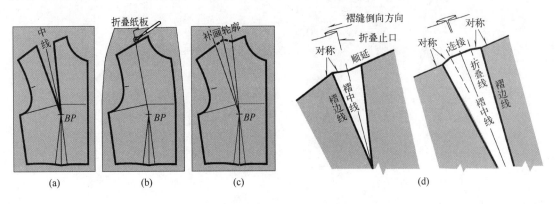

图 1-15　轮廓线补描方法

通过上述折叠方法，可以发现施褶处的轮廓变化规律。褶的折叠方式不同，主要体现在褶边线处的轮廓变化，作为折叠止点的褶边线，其所对应的两侧轮廓应相互对称，而与褶缝倒向方向相同一边的褶边线处的轮廓线则顺延。工字褶（对褶）实际上是由两个褶相对组成的，其折叠后的轮廓变化规律与单褶是一样的，即两边的褶边线均作为折叠止点，所对应的褶边线两侧轮廓相互对称，两折叠线之间直接连接。如图 1-15（d）所示。

（二）分割线的造型

适体分割线的造型形态与女装的适体性和外观造型有着密切的关系，造型时主要考虑分割线所处部位人体的结构形态，特别是胸乳部位的形态塑造。典型的公主线如贯通式，十分讲究与人体结构形态的吻合，前片形态大致为 BP 点以上稍凹进，BP 点部位成凸势，腰部形成凹势，腹部再稍胖出，形成一条凹凸有致十分优美的曲线；后片背部形态与人体背部微妙的凹凸形态相吻合，胸围线以下，腰部呈凹势，臀部稍胖出，整条造型线流畅。公主分割线造型，如图 1-9 所示。

（三）外轮廓线的造型

外轮廓线，上装主要有领圈弧线、肩斜线、袖窿弧线、侧缝线、底摆、后中（线）缝、前中线、袖山弧线、袖底缝、袖口弧线；下装主要有裤外侧缝、裤内侧（下裆）缝、窿门弧线、腰口线、脚口线等。

① 领圈弧线：领圈弧线造型以人体颈根结构形态为依据，前领圈弧为圆弧形态；后领圈弧线，颈侧三分之一段为圆弧状，后中段趋平，前后领圈弧线应接顺。

② 肩斜线：通常为直线。也可以绘成前凸后凹相匹配的弧线形态。

③ 袖窿弧线：袖窿弧线造型依据人体臂根结构形态，胸、背宽线以上部分呈凹势形态；以下为圆弧状形态。前片弧度大于后片，弧度与袖窿造型相关，与袖窿深成反比关系，袖窿越深其弧度越小，弧线趋直。前后拼合后的袖窿底部弧线造型可分为三种形态：圆弧状、顺弧状和三角状。

④ 侧缝线：侧缝线依据人体正视躯干部位两侧外轮廓形态造型。腰节线及以上部位呈凹势，而腰节以下臀围线部分呈凸势。

⑤ 底摆：视整体设计风格不同，底摆的造型有所不同。一般服装的前底摆呈圆弧形态，侧胁缝处稍起翘，形成外凸的弧形；而后片基本为直线。

⑥ 后中（线）缝：后片为整式时无中缝，后片分割缝造型以人体侧视躯干背部外轮廓形态为依据。背宽线处呈外凸形态，胸围线以下至腰节线以上呈凹势，再以下原则上顺直。

⑦ 前中线：通常为直线；若设置撇门后，前中线为弧线形态，胸围线以上呈凸势，以下为直线。

⑧ 袖山弧线：袖山弧线的造型依据也是臂根围的结构形态。前胸宽点至后背点的袖山弧线呈膨凸形态，而两侧下部弧线呈凹势，袖山弧线的凹凸弧度与袖山深成正比关系。

⑨ 袖底缝：以手臂形态为造型依据，原则上前侧袖底缝呈凹势，袖肘线处凹进量最大；后侧呈胖凸形态，袖肘线处凸量最大。宽松类单片袖通常设计成直线形态。

⑩ 袖口弧线：鉴于手臂自然前曲的形态。原则上袖口前侧呈凹势，而后侧呈凸势，呈波浪状形态。宽松类单片袖的袖口通常设计成直线形态。

⑪ 裤外侧缝：裤子外侧缝的造型的依据是人体正视腰节以下的两侧外轮廓形态。臀围线处呈膨凸形态，横裆线以下至中裆线呈凹势，中裆线以下为直线。裙子外侧缝通常依据廓形设计。

⑫ 裤内侧缝：裤子内侧缝，又称下裆缝。其造型依据是人体正视会阴点以下大腿内侧的外轮廓形态。中裆以上呈凹势，以下为直线。

⑬ 窿门弧线：窿门弧线又称裆弯弧线，依据人体臀部纵剖面的结构形态造型，这条弧线的形态与裤子该部位的适体性关系十分密切，特别是后裆的会阴部位的弧线形态，它决定着裤子穿着的舒适性。如果造型不准确，裤子穿着就会有不适感，甚至会影响外观效果。窿门分前后两部分，前窿门（前小裆）臀围线以上一般应呈胖凸形态，臀围线以下小裆为圆弧形态；后窿门（后裆）臀围线以上为斜线，以下后裆为圆弧形态，后裆外侧三分之一段趋平。

⑭ 腰口线：前片腰口通常为直线形，但施缝合褶（省）后，在施褶处宜做相应的处理；后片腰口因起翘和设置省道，均应做相应的处理，特别是腰口与后窿门斜线的拐角，应保持垂直状。

⑮ 脚口线：前后稍呈倾斜状，前中减短 0.5cm 左右，后中增长 0.5～1cm。

第五节　样板设计与制作规范

服装样板，是服装工业的专业术语，是一种生产技术标准。服装样板是设计者体现设计意图的媒介，更是服装从设计构思到加工成衣的重要技术条件。它最终目的就是有效而准确地进行加工生产，因此样板也就成了服装商业化和工业化生产的必要手段。在现代服装工业生产中，样板起着模具、图样和型板的作用，是排料画样裁剪和产品缝制过程中的技术依据，也是检验产品规格质量的直接衡量标准。

服装样板通常采用纸质材料制作，又称纸样，而纸样更多的是指供家庭自行制作商业化出售的薄纸型样板，或设计样稿，它通常没有企业化生产所用样板的规范化和标准化要求高，如美开乐纸样。

一、样板分类

① 根据服装加工方式分：用于企业化批量生产的工业样板、用于定制加工的单件样板及家庭制作使用的简易样板等。

② 按样板设计制作过程及用途分：服装原型、基础纸样、操作纸样、头样（母样板）、放码样板、裁剪样板；面样板、里子样板、衬样板、工艺样板及定型模板等。

③ 按有否加放缝份分：净（缝）样板和毛（缝）样板。

④ 按制作材料分：纸样板、塑胶（薄片）样板、金属（薄片）样板等。

二、样板制作规范

样板设计最终目的是制作出符合生产技术管理要求的样板。制作样板的材料通常是韧性好的专用样板纸、牛皮纸、拷贝纸等。某些工艺样板和定型模板可采用较耐磨的硬质材料制作，以避免磨损和变形，如：塑胶板材、金属薄片等。样板制作要求剪切顺直、光滑；纸质样板的边缘可涂刷胶水处理，以提高耐磨性。

样板是服装加工生产环节中的重要工艺标准，它的准确度和精密度直接影响着服装生产和服装产品的质量。因此样板的制作质量显得十分重要，为保证样板的准确度和精密度，样板的制作方法和过程都须遵守一些必要的规范，这些规范主要有以下几个方面。

（一）制图与样板标示符号

样板设计过程的结构设计图，即服装结构制图，它是一种工程制图，是服装工程技术的一个必不可少的部分，更是服装生产中必要的技术文件。作为工程图，它必须有通用的规范的"工程技术语言"，正确规范地绘制和阅读工程图是一名工程技术人员必备的基本素质。工程制图的技术语言属标准化范畴，由国家统一制定标准。鉴于服装工程技术的特点，服装结构制图远不及机械、建筑等工程制图的严谨和规范的要求高。另外，我国的服装科研、教育起步晚，技术规范相对滞后，一直以来尚未有统一规范的服装制图标准，以致服装科研、教育机构、相关书籍上的服装结构制图符号五花八门，各自为政，这种混乱现象对服装研究、教学和生产均十分不利，亟待统一和规范。

服装结构制图与样板，是服装造型设计的图纸化表现形式，需要有严谨规范的制图符号。样板是一种生产技术标准，更应规范化，需要有通用的标识符号，便于指导生产。在服装企业化生产中只有具有统一标准的图纸语言和规范，才能避免理解差异而造成误解，因此提高样板设计效率、准确性和权威性，严格样板标准尤显重要。

为此，笔者参照工程制图标准和规范，结合服装结构制图和生产工艺特点，为服装结构制图和样板制作做了技术规范。

1. 基本约定

① 尺制：结构制图与样板设计采用公制，以 cm 为基本单位。

② 比例：结构设计制图稿通常为 1：5，大样为 1：1。

③ 制图方向：左右为纵向，即对应于面料经向；左为下方，右为上方。因图纸排版所限，也可做调整。

④ 标注说明：文字采用仿宋体，数据采用阿拉伯数字。

⑤ 常用代号：原则上采用英文单词第一个字母的大写表示。净胸围（B）、净腰围（W）、净臀围（H）、颈根围（N）、总肩宽（S）、胸乳点（BP）、袖窿弧长（AH）、胸围线（BL）、腰节线（WL）、臀围线（HL）、前片（FRONT）、后片（BACK）。

⑥ 样板正反面：原则上将图线、标注、信息等标记于样板的正面，即有图线标记的一面为样板正面，对应于面料的正面。

2. 结构制图符号

为了便于生产和进行技术交流，对于服装结构制图的格式、图线、标注和纸样操作等表达方法，必须有一个统一的规定。图样中的书写字体原则上采用仿宋体，要求字体端正、笔画清楚、排列整齐、间隔均匀。主要图线、标注和纸样操作等符号，见表1-9。

表1-9 服装结构设计制图符号

符号名称	符号	标准	含义
轮廓线（制成线）		0.9mm	实线表示轮廓或制成线，虚线表示暗间轮廓
结构线（辅助线）		0.3mm	实线表示结构或辅助线，虚线表示暗间轮廓
对折线		0.9mm 0.3mm	表示对折或对称
翻折线		0.9mm 0.3mm	表示翻折
等分		0.3mm	表示等分及等分线
标距			表示两点间距，部位尺寸数据
直角（垂直）			表示直角或相互垂直
重叠			表示两部件轮廓部分相交叠
省（缝合褶）			表示缝合褶（省），人字标线表示缝合部分
裥（活褶）			表示活褶（裥），斜向标线表示折叠方向和方法
聚褶（抽褶）			表示该部分面料皱缩，或施聚褶
省略			表示纸样部分省略
等量			表示相同符号部分等量
纸样拼合			表示该部位在纸样上拼合
剪切			表示设置剪切线扩剪切方向
移动、加放			表示加放方向及加放量
旋转点			表示纸样旋转及旋转原点

3. 样板标示符号

样板标示符号主要分图线、丝缕、工艺等方面的标记与符号，见表 1-10。

表 1-10　服装样板制作符号

符号名称	符号	标准	含义
轮廓线（制成线）		0.9mm 0.3mm	实线表示轮廓或制成线，虚线表示暗间轮廓
对折线		0.9mm 0.3mm	表示对折或对称
翻折线		0.9mm 0.3mm	表示翻折或扣折
丝缕			表示直丝缕（经纱）方向
顺毛、花			表示顺毛（绒）、花方向
剪口			表示缝合对位标记
钻眼			表示省尖、袋口、部件、止口等的定位标记
折叠			表示褶裥折叠方法与方向
皱缩			表示皱缩、抽褶部位
归拢			表示熨烫归拢部位
拔开			表示熨烫拔开部位
纽眼、扣位			表示纽眼、纽扣定位
缉（止口）线			表示（沿止口）缉线

（二）缝线与缝份

缝线是服装制成线，即轮廓线，又称净缝线，是缝制成型的缝合标准线或轮廓线。

将衣料裁片缝合时，被缝去部分，称作缝份。在样板上须做明确的标示，即净缝（制成、轮廓）线、缝份线。

1. 缝线的组合关系

原则上相互组合关系的对应缝线长度须保持一致。但其中有一些缝线，因造型或工艺技巧的特殊要求，而有不同的组合要求。

（1）肩缝

由于肩背部的立体形态及前后的结构关系考虑，后片肩线应稍长于前片，一般为0.5～1cm，视肩缝线的长短和面料的厚薄以及体型特征而定。

（2）单片袖袖底缝

为使袖肘部适合手臂的自然形态和屈伸，通常后侧袖底缝线宜稍长于前侧。在袖后侧设置袖肘褶就是出于这一功能考虑。

（3）双片袖袖侧缝

为塑造肘部微曲的自然形态，袖小片前侧缝线宜稍长于袖大片前侧缝；而后侧缝是袖大片稍长于袖小片。

（4）袖山吃势

"吃势"是工艺术语，是指两层以上裁片组合时的松紧关系，即其中某层裁片比与其组合的另一层裁片稍松，则该层裁片含有"吃势"。为塑造装袖袖山头圆顺丰满的效果，装袖袖头部位须有吃势，即袖山缝线应长于袖窿缝线。吃势通常可因面料的厚薄、袖山的造型不同而有所不同，平装袖的吃势为2～3cm；礼服袖为3～5cm。

（5）"层势""里外容""窝势"

"层势"是指服装多层次部位的各层裁片之间的规格尺寸关系；"里外容"又称里外匀，是指止口部位以及部件的面里裁片间的相互包容关系；"窝势"是指形成自然卷曲窝状部位各层裁片间的规格尺寸关系。为使各层裁片相互服帖、止口平服或卷曲窝状自然，依据具体缝制工艺要求，各裁片缝线之间需要处理好"吃"与"赶"组合关系。所谓"赶"是相对于"吃"的一种工艺术语，即其中一层裁片比另一层裁片稍紧。通常面层、上层、外层裁片宜稍长、大或松于其相对应的里层、下层、内层裁片。

（6）其他

面料直丝缕缝线与横丝缕、斜丝缕缝线组合时，通常直丝缕缝线宜稍长一些。

2. 缝份加放

缝份，即被缝合的部分量。为使裁片缝制后，保持造型设计的原有形态，须在相应的缝线上加放所需缝合量——缝份。毛缝样板如图1-16所示。

加放缝份的方法，就是沿轮廓线（净缝线）平行加放所需缝合量。

缝份量的多少视面料特性、工艺缝制方法而定，即实际被缝去多少就加多少。原则上松散的、厚型面料裁片要比细密的、薄型面料缝份量稍多；另外，弧线轮廓处的缝份宜少不宜多。通常一般面料的内缝为0.6～0.8cm；外露缝1～1.5cm；底摆折边视具体设计宽度而定，一般为3～4cm。

相互组合的两条缝线加放缝份后，两端的缝头应做相应的处理。基本规律是：接近直角的缝头不做处理；非直角的缝头均应相应做直角处理。

组合缝头处理基本方法：以先缝合一边的缝份净缝线作顺延，与折角另一边缝份线相交，过交点作缝份线的直角。

折转型的缝线加放缝份后，非直角的折边缝份，以折边净缝线为对称轴做对称处理。

缝头处理如图1-17所示。

（三）标记

标记就是指标记于样板上的工艺标准符号。常见的标记有：剪口（刀眼）、钻眼、丝缕标线、顺毛（花）标线及其他必要的工艺缝制符号等。

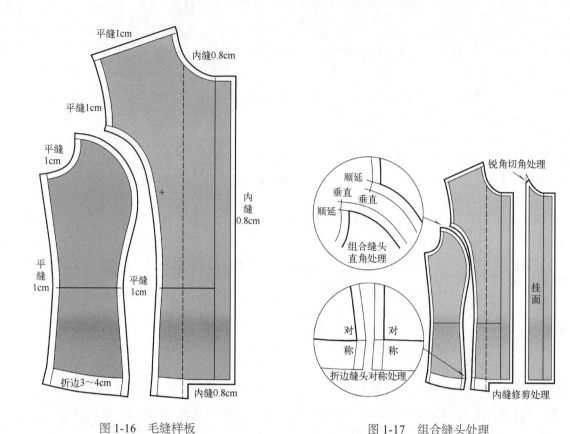

图 1-16　毛缝样板

图 1-17　组合缝头处理

1. 剪口

又称刀眼，通常是缝合对位标记。表示两裁片缝合时必须相对应吻合的位置，如省位剪口、中点剪口、缝份剪口等。剪口一般采用剪口钳剪成，剪口的形状常见有 V 字形和楔形。整片式袖子袖山对位标记的规定：在原后袖山对位剪口的上方 1cm 处再额外加一个剪口，表示为单片袖后侧。必要时相应的后衣片袖窿对位点也可以做双剪口，作为对应，以区别前片。

2. 钻眼（孔）

也称定位标记。表示裁片上的定位点，如口袋位钻眼、省尖位钻眼等。钻眼工具通常用

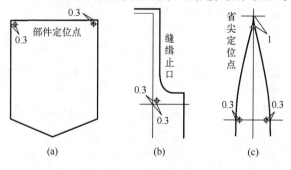

图 1-18　样板钻眼

锥子或钻眼（孔）机。为避免因锥子钻破面料而造成丝绺外露现象，通常钻眼位稍偏进实际定位点，以确保钻眼孔在缝份之内。譬如贴袋的定位点，其钻眼位在实际定位线以内 0.3cm 左右，如图 1-18（a）所示；缝缉、封口加固等定位，也宜在定位线（点）内 0.3cm 左右，如图 1-18（b）所示；省尖的钻眼位在省中线省尖以下 1cm 左右，如图 1-18（c）所示。

（四）样板信息

在样板上标注的有关样板的必要说明、注释等文字内容。主要信息有：样板名称、生产

编码、号型、规格、丝缕方向、裁片数、样板编码及样板审核章等。这些内容要求在纸样醒目位置清晰标示。标注样板信息便于样板的管理和使用，标注完整信息的服装样板，如图1-19所示。

① 服装名称：指具体样板所对应的服装名称。

② 生产编号：一组由企业根据生产管理需要编制的代码。如代码组成：年份码——产品类别码——产品系列码——款式码等（产品类别是指企业产品线的分类编码）。

③ 号型：样板所对应的服装号型，通常以统一号型标示。

④ 规格：样板所对应的服装的各部位规格。

⑤ 丝缕方向：指裁片面料的直丝缕方向。

⑥ 绒毛（纹样）方向：指裁片面料的绒毛（纹样、图案）倒顺方向。

⑦ 裁片数：指该片样板所需裁剪的片数。

⑧ 样板编码：一组由样板技术管理需要编制的代码，主要有样板类别、样板数量等内容。如编码组成：样板类别码——全套样板片数——具体某片样板在全套样板中的序号。样板类别是指样板分类的代码，如：净样板、毛样板（面料）、里子样板、衬样板等。

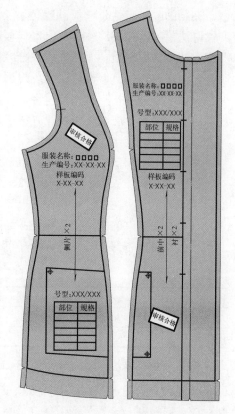

图1-19 样板信息示例

⑨ 说明：其他有关销售、生产、技术方面必要的说明内容。

原则上每片样板都应完整地标示上述信息，但在具体应用中，当某些裁片样板面积较小不足以标示完整信息时，其中丝缕方向、裁片数、规格及样板序号等内容必须标示。

所有样板都必须经生产技术部门严格审核，准确无误后加盖审核章。无审核章的样板视为禁用样板，不得投入生产。

三、面料的缩率与工艺损耗

（一）面料缩率

服装面料按织造技法分为梭织面料、针织面料、编织面料及非织造面料；按成分分为自然纤维、化学纤维、皮革等。自然纤维又可分为棉纤维、麻纤维、丝纤维和毛纤维四种；化学纤维分为人造纤维和合成纤维两大类；皮革可分为动物皮、人造革和合成革等。

服装织造面料各有不同特性，其中主要特性收缩效应，主要可分三类：纤维弹性恢复的自然收缩、纤维亲水性的吸湿溶胀收缩和纤维化学结构上的热收缩，即面料的自然收缩、湿收缩和热收缩。单位长度的收缩比率，称缩率。通常自然纤维面料湿收缩明显，自然收缩次之，热收缩较少，而化学纤维面料热收缩较大，自然收缩和湿收缩极少。一般条件下企业生产前都会对面料进行预收缩处理，并做面料主要特性的测试，获得准确的技术参数，作为服装生产的必备条件。

面料的收缩特性是样板设计必须考量的重要因素，在工业样板设计与制作中，应依据生产实际选用的面料收缩性参数，对样板的规格做相应的调整，即以设计文件提供的面料缩率对相应的规格做调整。面料收缩性分经向和纬向，梭织面料的经纬向缩率不相同，一般经向明显，而纬向较小，但也有例外。根据裁片所取面料经、纬丝缕方向相对应的规格进行缩率处理，如衣长、袖长、裤长等是经向，则以经向缩率处理；胸围、肩宽等围度和宽度方向的规格以纬向缩率处理。具体处理方法就是原样板相应部位的规格乘以（1+缩率），再依据经过处理后的规格设计制作生产样板。

案例：

设计规格：衣长 58cm，胸围 92cm，腰围 74cm，领围 38cm，肩宽 39cm，袖长 56cm，袖口 12cm。

设计文件提供的面料测试参数：经向缩率是 2%，纬向 0.8%。

样板规格按各部位对应经、纬方向，以原设计规格乘（1+缩率）做调整处理，见表 1-11。

表 1-11　女衬衫样板设计规格表　　　　　　　　　　　　　　单位：cm

规格	衣长	胸围	腰围	领围	肩宽	袖长	袖口
原设计规格	58	92	74	38	39	56	12
样板规格	59.2	92.7	74.6	38.8	39.3	57.1	12

主要部位的经纬方向明确通常易对应，而部件有不同的经、纬向选用时，应以实际选用面料的经纬方向确定。如领围，当领子选用经向面料时对应经向缩率；当领子选用纬向时，则对应纬向缩率；若领子选用斜向面料，就不需要做缩率调整了。某些规格较小的部位，也可不做调整处理。

（二）工艺损耗

面料的工艺损耗是指在缝制过程中，因面料经折叠、扣折、翻转、里外匀、层叠及圆弧造型等工艺处理，成型后外观规格减小的现象。

面料缝合后缝头因折转或折叠，会产生损耗现象，且随面料厚度增厚而更甚；边缘处理工艺中的里外匀，工艺要求面层止口应盖住里层止口 0.1cm 左右，如图 1-20（a）所示。以平行部位条件下讨论这类工艺的损耗现象，从工艺结构示意图中可见面、里层止口因翻转而缝头折转，止口折转产生的损耗随面料厚度增厚而显现；另外面层盖住里层止口，而里层缩进面层止口，则里层比面层所需更少的缝份量，即少了里外匀量。

针对此类现象，样板相对应的部位宜在原缝份的基础上加放相应的损耗量。损耗量处理方法：折转（包括平缝）、扣折止口，损耗量主要是因面料厚度产生，损耗量按［（0.5 ～ 0.7）× 面料厚度］估算，在实际应用中这类损耗无需另加，可在原缝份中借用，即减少原缝份量，如缝合厚型面料的平缝、扣折止口时适度减少原缝份量即可。里外匀止口损耗量面、里层不一致，样板相应部位的缝份宜加放适度的里外匀损耗量，损耗量按（里外匀量 + 面料厚度）估算；相对应的里层样板处理方法：薄型面料时可适度减少半个里外匀量的缝份量，而厚型面料则宜另加面料厚度。

在翻转和圆弧形造型的层叠部件上，因层叠造成里外面料层势，或里外层窝势，如图 1-20（b）所示。此类现象更多的是发生在部件上，损耗量与面料的厚度成正比。损耗计算参照前述方法。

另外针对厚型面料样板的缝份宜适度增加，特别是翻转、扣折部件宜加放一定的工艺损耗量。

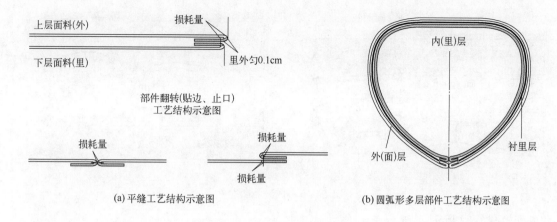

图 1-20　面料工艺损耗

上层面料(外)
损耗量
下层面料(里)
里外匀0.1cm

部件翻转(贴边、止口)
工艺结构示意图

损耗量
损耗量
损耗量

(a) 平缝工艺结构示意图

内(里)层
外(面)层
衬里层

(b) 圆弧形多层部件工艺结构示意图

四、里子样板配制

服装有单夹之分，单指单层服装，夹指双层有里子的服装。通常衬衫等多为单层服装，常选用薄型面料；而外套、礼服类服装应配里子、内衬制成多层夹服装。里子宜选用比面子面料更轻薄、柔软、滑爽的面料。原则上里子样板通过拷贝面样板制作，其样板制作流程及规范与面样板一样。

（一）配里子部位

大身面裁片通常设置有贴边、折边，这些部位无需再配里子，如衣身的门襟、领圈、袖口及底摆等贴边或折边部位。零部件一般也不配里子。

工艺简单的裙、裤装通常不配里子，精做的下装则大多需要配里子或内衬。

（二）里子缝份

里子面料多为薄型相对较松散，原则上缝份量相对应稍大些，另一方面为避免对面料层的牵扯宜适度加放伸缩缝份量，因此里子的组合缝部位缝份应大于相应面裁片缝份 0.2 ~ 0.5cm。

1. 伸缩缝的设置

伸缩缝的设置是为了避免对面料层的牵扯，同时对里子缝头也具有缓冲保护作用。在里子的缝合缝中设置伸缩缝，可分为三种类型：普通伸缩缝、后背伸缩缝和底摆伸缩缝。

（1）普通伸缩缝

指适用于一般缝份上设置的伸缩缝，基本设置方法：

① 里子缝份在原面子缝份量的基础上加 0.2 ~ 0.3cm 的伸缩缝份，如图 1-21（a）所示。

② 缝合时预留伸缩缝，按原缝份量缝合，如图 1-21（b）所示。

③ 缝合后，按原净缝线，即加放后的缝份量扣折熨烫缝头，如图 1-21（c）所示。

（2）后背伸缩缝

鉴于手臂前伸或大幅度活动对后背的拉伸，会造成对里子很大的拉扯力，为此需要在后背缝中专门设置特殊的伸缩缝以适应这种拉伸活动，后背伸缩缝设置的部位自后颈点（或后颈点下 4 ~ 5cm）至腰节线，设置方法：

① 里子后背缝腰节线至后颈点部位，按原面子缝份量再加 1 ~ 2cm 的伸缩缝份的标准

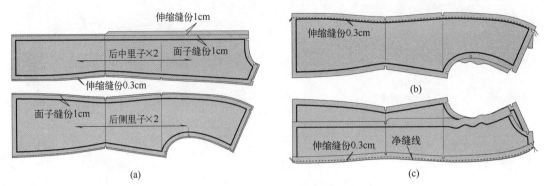

图 1-21　里子普通伸缩缝

加放，如图 1-22 所示。

　　② 缝合时预留伸缩缝。

　　③ 缝合后，按原净缝线扣折熨烫缝头。

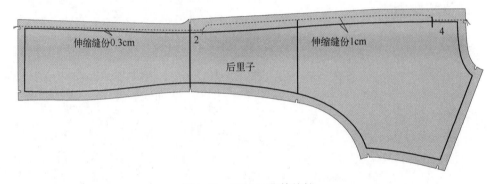

图 1-22　里子后背伸缩缝

（3）底摆伸缩缝

　　底摆，即服装的衣摆、裙摆，包括袖口、脚口等。底摆缝的面、里子处理工艺有两种方法：一种是面、里子缝合；另一种是底摆分离，面子与里子不缝合，各自做缘口处理再做局部固定。底摆伸缩缝设置，如图 1-23 所示。

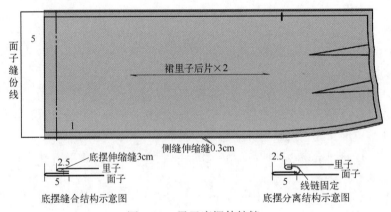

图 1-23　里子底摆伸缩缝

　　① 底摆缝合

　　底摆缝合，即面、里子底摆缝合在一起。面、里子缝合后相互拉扯，易出现面子吊起或里子坠露等现象。所以在长度方向需要设置伸缩缝，避免对面子的拉扯而起吊。伸缩缝份量与裁片长度和底摆折边缝份量相关，成正比关系，一般为 2 ~ 4cm。

②底摆分离

面、里子不缝合，底摆分离，里子底摆短于面子 2 ~ 3cm，缝份分别按工艺要求加放。面子和里子分别折边或卷边处理，在侧缝或分割缝位置，面子和里子的底摆折边缝头采用手缝针线链针法做联结固定。

2. 双片袖腋窝部位的缝份处理

双片袖，特别是西装等礼服袖，工艺设计通常会要求在袖窿底部（腋窝部位）固定缝头或加缝袖底档。当袖窿底部缝头被固定而缝合在一起时，造成袖里子因缝份固定相应部位无法伸缩，必定会向下传导引起拉扯袖口的现象。因此，针对双片袖袖山底部需要做特殊的缝份处理。缝头固定范围为袖窿前后对位点以下的圆弧底部 10 ~ 14cm 之间，袖窿底部缝头固定工艺结构，如图 1-24（a）所示。

从图中可见袖里子包覆整个缝头，所需缝份量约为袖窿缝份的三倍。所以，相对应的袖山底部缝份应大于袖窿缝份的三倍，如袖里子缝份1cm，则袖山底部的缝份为3cm。加放范围：自前对位点至后侧缝，双片袖袖山底部缝份加放，如图 1-24（b）所示。

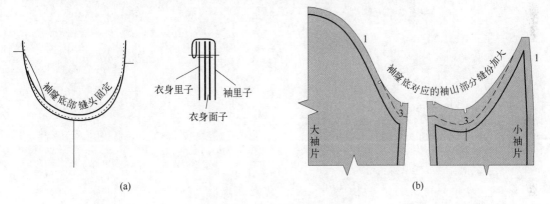

图 1-24　袖山底部缝份加放

（三）裙装里子

1. 直身裙类

直身裙，即西装裙、旗袍裙等直筒裙摆的裙子。这类裙子的里子样板按面样板直接拷贝制作，缝份加放可对照面子样板标准，裙摆直接缝合或分离均可。

2. A 字裙

A 字裙类底摆扩展，圆裙更是极端的扩展，如果里子随面子结构剪裁，则过多的里子垂坠于底摆，造成裙底摆因里子堆挤拉扯面子，或因过重使裙摆下垂，影响外观。因此，裙摆过于扩展时，里子的裙摆可做适度的缩减，或直接按直身裙造型结构处理，工艺上采用裙摆分离处理。

3. 特殊造型的长裙

所谓特殊造型的长裙是指晚礼服、婚纱设计中的长裙，这类裙子造型通常夸张、膨松、层叠，有必要配制特殊的内衬裙以获得和保持所需的造型。此时裙的里子就是内衬裙，又称内撑裙，它通常是独立的结构，且附有特殊的造型填充材料如鱼骨、硬纱等。

第二章

立体构成法

在服装发展史中，一般认为西方服装自哥特时期开始采用立体造型手法，而以中国为代表的东方则采用平面造型手法。实际上东、西方服装造型上的差异主要在于立体空间意识上，西方的空间意识是以主体——人、客体——宇宙空间为对立关系作为基础的，因此在服装的造型上视服装为自我躯体对空间的占据，出于这种具象的造型意识，由此产生了立体裁剪。而东方宇宙观强调天人合一，在艺术表达上追求意象，因此在服装造型上表现为一种抽象的空间形式，象征性地表达人与空间的协调统一关系，服装造型手法虽是平面的却也是立体性的。服装发展到今天，不能单纯地从东西方某一视角出发去理解服装造型和服装构成手法，而应该全面地认识和理解，那么现代立体裁剪就是在充分、科学地把握人体结构基础上出现的服装立体性造型手法。

立体裁剪在西方高级服装定制过程中得到了发展和完善，随着服装企业化生产的出现，需要一种标准尺寸的模型代替人体来完成某个号型服装的立体裁剪，于是就有了人体模型进行服装裁剪。现在立裁在世界服装业中被广泛应用，但由于服饰文化和服装造型手法习惯的差异，使立裁发展呈现多元趋势，形成了不同的流派和风格。欧洲国家一般注重直接在人体模型上进行三维立体裁剪，而日本、美国则流行立体与平面结合的方法。

立体裁剪即服装立体构成，它没有平面构成的大量数学计算，完全凭操作者的意匠与经验在模型上或人体上进行创作。我们可以设想，对一个球体进行分割，可获得弧面的纺锤形态切片。当分割份数较少时，被分割的纺锤形态切片弧面效果较强；而当分割份数较多时，被分割的纺锤形态切片所呈现的弧面效果相应减弱，足够多时几乎成平面的纺锤形态。可见任何立体造型都可以分解转变成相应的平面图形，同样某些平面图形又可以组合成相应立体造型，这就是立体构成原理。立体裁剪以实际应用方式分：纯立体，即完全通过立体构成服装；混合式，立体与平面混合应用；局部塑造，服装的局部造型，特别是部件运用立体构成。

服装的立体构成较之平面构成有很多优点：

① 立体构成的成功率高。立体构成是以人体为基础的，因此能很好地贴合人体结构特征，从而得到准确的平面展开形态。

② 立体构成的直观效果好。立体构成是在人体或人体模型上直接塑造，便于设计思想的充分发挥，并且还能直接呈现效果，便于及时修正、调整，这是平面构成无法企及的。

③ 立体构成更易解决复杂的造型。在强调艺术性、夸张手法的服装造型中，由于复杂的造型结构，运用平面构成很难实现，而采用立体构成就可以较为方便地直接塑造出来。

④ 立体构成易于树立立体造型观念。通过立体构成练习可以了解人体结构、立体构成与平面构成的相互转换关系，从而丰富设计者的空间想象力，加深对服装结构的造型原理的理解。

当然立体构成与平面构成相比，其不足也是明显的：首先是立体构成的操作条件要求高，费用成本也高，其中人台模型与真实人体的吻合性总是存在一定的偏差，不可能完全对应，另外立裁所用的替代用布（或坯布）与实际面料的厚薄、质感等关键特性也非轻易等同，则呈现的效果必然有所差距；其次是立体构成的操作手法和技巧对最终结果的准确性影响极大，而这种手法或技巧又不能通过定量的方式来获得，因此存在一定的随机性和局限性。

立体构成全过程，服装在人台上各部位的比例关系一目了然，设计师通过人体模型可以直接随心所欲地进行创意塑造。同时在操作各种实际面料过程中，设计师的灵感会因面料的垂感、弹性、光泽等特性得到新的启发和完善。即使采用平面构成方法设计时，人体模型也是不可或缺的检验工具和辅助手段。因此在现代服装生产中，单纯运用立体或平面的构成方法都是不科学的，只有把它们有机融合在一起，综合运用才能获得更高效、合理、准确的服装造型。

第一节　人台与立裁条件

立体裁剪所需的条件要求较高，合适的人台是首要的基本条件，其次是与服装设计创作实际要求相适应的替代面料（坯布），另外还有必要的裁剪工具、辅助材料等。

一、立体裁剪工具与材料

（一）工具

除标准的立裁人体模型外，主要为裁剪、打板类工具：裁剪刀、纱剪、直尺、软尺、锥子、手针、划粉、记号笔等；另外应该具备工作台、熨烫设备和缝纫机。

（二）材料

大头针、珠针；牛皮纸及样板纸、立裁替代用布、白坯布或面料；棉花、水刺棉；胶带、细色带、缝纫线等。

（三）整纬与丝缕标线

1. 整纬

整纬即丝缕归正，是立裁用布准备的必要环节。立裁代用布或坯布通常是梭织面料，特别是自然纤维的梭织布料，如棉布，因经纬纱受力不匀常常会出现纬斜。表现为一边的布角小于直角呈锐角状，而另一边的布角则大于直角呈钝角状。因此在立裁前必须对坯布进行校验，并对存在纬斜的面料进行丝缕归正处理，确保立裁坯布经纬丝缕保持垂直，这种处理工艺称整纬。整纬通常采用抻布的手法，通过外力使布料经纬丝缕归正，如图 2-1 所示。抻布手法的要领是抻扯的方向与经纬丝缕方向呈45°状，一只手先抓住纬斜呈钝角的一角，在布料正斜45°方向的边缘用另一只手抓住用力抻，力度以归正经纬丝缕为宜。原则上整块布料都需要以同一方向均匀抻。

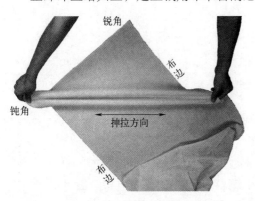

图 2-1　抻布手法

2. 丝缕标线

立裁专用坯布在纺织中经纬均间隔采用显色纱线，标示经纬丝缕，以方便立裁时辨认经纬丝缕。然而平常的立裁实践中通常是采用普通全棉平纹白坯布，这类坯布由于没有显色的经纬丝缕纱线，不易辨认经纬丝缕。因此，立裁前针对普通平纹坯布通常需要做经纬丝缕的标示，常用标示方法有抽纱线标示法、大头针刮痕法和记号笔标示法等。

（1）抽纱线标示法

在所裁取的立裁坯布上，分别用针尖挑取 1～2 根经纬丝缕纱线抽除，切记必须整根抽除，再用记号在抽纱后形成的线迹上画线标示。

（2）大头针刮痕法

一手拎住坯布边缘并保持稳定，另一手握住大头针，针尖顶住坯布顺着丝缕方向用力向下划，使坯布丝缕纱线上留下明显的划痕。

（3）记号笔标示法

记号笔标示，即直接用记号笔在坯上标示。此方法看似简便，但对操作者的技能要求很严苛，首先必须确保坯布的丝缕归正，保持垂直状，画线时严格对应丝缕纱线，不能有偏差。

（四）立裁用针技法

立裁操作中大头针的正确使用是必须掌握的技法之一。基本用针原则：直线部位间隔稍疏，曲弧部位宜密，承力部位需采用斜扎针固定。

1. 捏合别针

将两层面料捏合，挤出多余松量，大头针沿布料贴合处别针，大头针别合的针迹就是造型结构线的线迹。

2. 盖叠别针

上层面料先扣折，叠压于下层面料上，大头针沿扣折边缘别针固定，因别针方向不同分直针法、横针法和斜针法。

3. 拼接别针

面料幅面、长度不够，需要拼或接时，先将两块面料接合处重叠，大头针沿重叠边缘别合。

4. 藏针

如盖叠针法先叠合面料，沿扣折止口斜向刺透各层面料固定，表面仅露针尾。这种针法显示了造型缝合后的效果，其针迹所示就是造型结构线。

5. 扎针

大头针刺透面料扎入模型的用针方法，扎针常采用珠针，分直扎针和斜扎针。立裁专用人台无论直扎或斜扎针，均可视实际需要而定，而玻璃钢内芯的非专用人台则只能采用斜扎。

（五）立裁基本流程

① 人体模型选型，根据设计对象的人体测量数据和体型特征选用较相近似的号型模型。

② 选用立裁替代用布，原则上替代用布与真实面料的各项特性应基本相似，如厚薄、紧密度、挺括度、垂坠性、质感等。但国内立裁技术尚不普及，也无面料的代用布配售，通常都只能采用坯布，选用较多的即全棉白坯布，有细坯布、粗坯布和特厚型坯布。

③ 依据设计实际需要配备相关辅助材料，如衬、胸垫、裙撑等。

④ 人体模型修正，首先对所选用的模型与实际人体规格数据和体型特征存在偏差的部位做必要的修正；其次依据设计款式的造型规格需要，对人体模型做相应的调整。修正后的人体模型制作紧身衣包覆。

⑤ 人体模型标线，特别是修正后的模型，即紧身衣外就做结构标示线。主要有前后中线、颈根围及三围、肩线及袖窿线、前后公主线及 BP 点等。

⑥ 立裁操作，根据款式设计的实际需要预先取裁坯布，依大身（前后身）、袖子、领子及部件的顺序采用大头针别扎的技法在人体模型上进行立体造型操作。

⑦ 标示造型线，立体塑造定型后，沿扎别的针迹采用记号笔标示造型线即廓形线。

⑧ 拷贝制作样板，完成立裁做好标示线后，依序拆卸坯布并展平坯布，重新归正丝缕，采用纸板拷贝制作样板。

⑨ 试制样衣，运用立裁制作的样板裁剪面料，缝制样衣；缝制完成的样衣穿在人体模型上进行试样，与原设计图做全面的核对，对存在的偏差做必要的调整并做相应的修正标记，

为下次试样做准备；通过多次试样修正至最终定稿。

⑩ 制作规范标准的样板，完成。

二、人体模型

（一）人体模型分类

人体模型，又称人台，是立体构成最基本的必备条件。人体模型的品质直接影响着立体裁剪的工作质量，人体模型的规格尺寸、各部位尺寸及比例均应与实际人体特征相符合，且具有美感；模型质地软硬适度富有弹性，易于扎针。

人体模型可按多种方法进行分类。

按加放松量分：裸体模型、成衣模型。

按性别年龄分：成年女体模型、成年男体模型、童体模型等。

按功能形态分：上半身模型、下半身模型、全身模型、特殊体型模型及部位模型，如头部模型、手臂模型、胸部模型、腿模型等。如图2-2所示。

按国别分：法国人体模型、欧美人体模型、日本人体模型、中国人体模型等。

（二）人体模型的修正

人体模型通常是按正常体型标准制作的，缺少真实人体曲线的微妙变化，同时在实际运用时，所针对的服装设计具体对象，其体型特征并非完全一致。因此需要根据具体对象的体型特征要求，对人

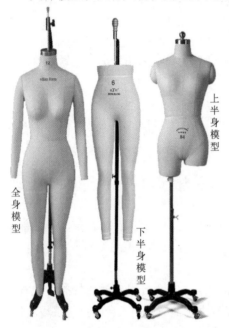

图 2-2　常用人体模型

体模型存在偏差的相应部位进行必要的修正。修正只能采用加衬垫层的方法，调整模型使其尽可能符合设计所需的体型特征。修正所用的材料通常有棉花、水刺棉、腈纶絮片等。出于服用功能需要时，如外套需要增加内容量时，可在人体模型外套一件具有较好弹性的厚型面料内衣。另外出于服装款式造型的特殊需要，也可对模型做局部的附加造型塑造，这时采用的手段和材料更多，如鱼骨、金属线材等，在本书中不做介绍。

人体模型修正部位一般是胸部、肩及肩胛部、背部、腰部、腹部、臀及胯部等。

1.胸部的修正

胸部的修正主要是为了表现乳胸部的整体美感，东方女性的乳房形态大都呈圆形隆起。模型的胸部就应依据具体个体的胸围尺寸以圆形自然隆起的特征来修正。通常采用胸垫等修正，选用胸垫的边缘要自然渐薄，避免铺垫不匀或形成阶梯。可先用合适的定型文胸杯作内衬，效果会更好，各类定型文胸如图2-3（a）所示。固定胸垫的方法采用大头针直扎或斜扎针，胸乳点可采用多层布条连接固定，如图2-3（b）所示。

2.肩部修正

平肩，或人体肩部有缺陷，或款式设计需要强调肩部的造型，都可对人体模型做修正。通常可选用现成的各种厚度及形态合适的肩垫，直接衬垫于模型肩部即可。较夸张的高度时需要多层肩垫，则可依次叠加，先采用直扎针固定垫底肩垫，如图2-4（a）所示；再叠加上

垫层至需要造型，如图 2-4（b）所示。

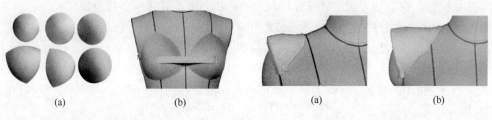

图 2-3　胸部的修正　　　　　　图 2-4　肩部的修正

3. 肩胛及背部修正

为强调肩胛背部的厚度，以增加体型的起伏变化，或人体肩胛左右不对称需要调整，修正时可采用三角形态的棉垫铺衬于肩胛部；背部可从颈部、肩部形成大三角形区域铺衬棉垫层。

4. 腰及胯部

当腰部、腹部、臀部及胯部形态不理想时，通常采用加衬垫层的方法进行修正。

（三）人体模型紧身衣制作

人体模型经过修正后，表面会有些不平整的现象，会给立裁操作造成不便，且可能影响效果。对修正后的人体模型外包覆一层坯布，即紧身衣，使模型表面平滑光洁，标线明显。

1. 人体模型及面料准备

面料准备：估计布料用量时，应考虑模型凹凸不平的情况，在纵横向均应预留余裕量；在裁取的布料上标示胸围线、中线。标示线必须与布料丝绺方向一致，即中线与直丝绺一致，胸围线与横丝绺一致。前后片相同。如图 2-5（a）所示。

人体模型准备：选用适用号型的人体模型，并做必要的修正。两乳峰点间采用布条连接，避免立裁操作时胸部塌陷。取直丝绺坯布折叠四层以上，成 1.5cm 左右宽的条状，用大头针直扎针法固定，要求布条绷紧。如图 2-5（b）所示。

2. 铺覆前片（可采用单侧制作）

① 将前片上部沿前中线向内剪 8～10cm，布料以中线、胸围线对齐铺覆于人体模型正面，采用直扎针在项窝点下及前腰处固定，如图 2-6（a）所示。

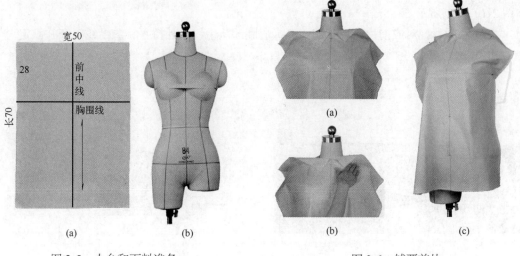

图 2-5　人台和面料准备　　　　　图 2-6　铺覆前片

② 捋平前胸部，在前胸部分别朝上向两侧顺势捋平面料，如图2-6（b）所示，在肩膀处采用斜扎针固定；在两胁分别使坯布标线与胸围标线对齐，并采用斜扎针固定。

③ 鉴于人体左右是对称的，立裁操作时可先做其中一侧，另一侧通过对称拷贝完成。修剪领圈，顺颈根围线，预留2cm缝份修剪，如图2-6（c）所示。

④ 捏合省量：腰省，将腰部多余裕量捋向公主线处，并沿公主线捏合，如图2-7（a）所示，采用捏合别针固定；袖窿省，将胸上部多余布料捋向袖窿方向，在胸宽点处捏合，并别针固定，如图2-7（b）所示。

⑤ 标示完成（轮廓）线，采用记号笔分别沿省的别针针迹两边描线，如图2-8（a）所示；沿人体模型标线描画领圈线、肩线、袖窿线、侧缝线，预留2cm修剪缝份修剪样片，如图2-8（b）所示。

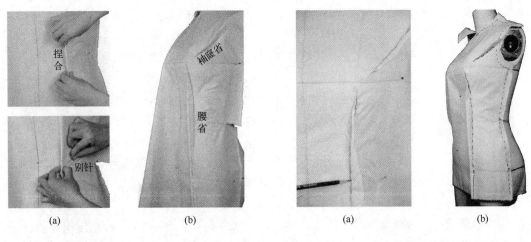

(a)　　　　　　(b)　　　　　　　　(a)　　　　　　(b)

图2-7　捏合省量　　　　　　　　　图2-8　描画轮廓线

⑥ 对称拷贝前片，拆卸前片并展平，沿前中线对折，采用水笔渗透法分别沿轮廓标示线点划，或在两层坯布之间垫入复印纸，采用滚轮沿轮廓线拷贝。如图2-9所示。

3.铺覆后片（可采用单侧制作）

① 将后片布料以中线、胸围线对齐铺覆于人体模型背面，后中线上采用直扎针固定，如图2-10（a）所示。

② 捋顺后背，对应前片在后片的同侧，肩胛部从中线向外捋平，胸围线对齐并固定，如图2-10（b）所示。

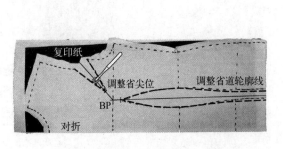

图2-9　对称拷贝

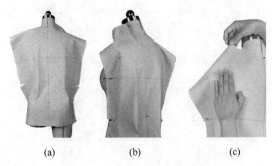

(a)　　　　(b)　　　　(c)

图2-10　铺覆并捋顺后片

③ 捏合省量：肩省，将肩背部多余布料捋向肩中部，捏合别针固定，沿肩线留 2cm 缝份修剪肩线，如图 2-10（c）所示；

④ 腰省，将腰部多余裕量捋向后公主线，捏合别针固定，如图 2-11（a）所示。

⑤ 修剪袖窿、捏合侧缝：沿袖窿线预留 1.5cm 缝份修剪；将前后片沿侧胁线捏合，采用别针固定，沿侧胁线留 2cm 缝份修剪。

⑥ 盖叠别合肩缝；分别沿别合针迹标示完成线。前后肩省、腰省、肩线、侧胁线等。如图 2-11（b）所示。

⑦ 对称拷贝后片，参照前片图 2-9 所示，完成后片对称拷贝操作。

4. 缝合前后片

完成立裁操作，前后片对称拷贝后，应做仔细的检验，若有左右偏差，可做适度的调整。完成调整后，沿完成线分别假缝省道、肩缝、一侧的侧缝，采用手针或平缝机缝合；熨烫省道和缝份，如图 2-12 所示。

5. 穿套紧身衣

将紧身衣穿套于人体模型上，调整各对应结构点和线，对齐并捋平顺，侧缝盖叠，采用手针缝合或盖叠藏针法固定。如图 2-13 所示。

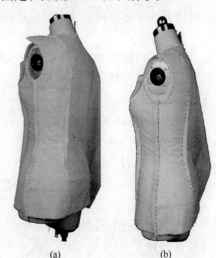

(a)　　　　(b)

图 2-11　后片操作

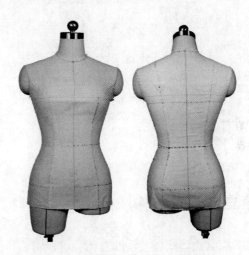

图 2-12　假缝前后片　　　　图 2-13　穿套紧身衣的人体模型

（四）人体模型标示线

人体模型标示线，也称结构线。设置标示线是立裁操作的必要准备，通过标示线标示出人体模型的结构特征，为服装结构与人体体型特征的准确对位和规范立裁操作以及获取准确的纸样提供基础保证。

人体模型标示线设置技法与步骤：

1. 前中线

以前颈（颈窝）点悬挂铅垂线，沿垂线粘贴标线。

2. 后中线

以后颈点悬挂铅垂线，沿垂线粘贴标线。

3. 前公主线

先设定 BP 点，侧颈点向下量 25cm，自中线向两侧分别量 9cm 做点。前公主线标线粘贴分别以肩线中点偏侧颈点 1～2cm 设为起点，自然通过 BP 点，稍偏向中线顺延至腰节线，再稍偏向外顺延至臀围线，最后垂直延伸至底部，注意两侧公主线的形态对称。

4. 后公主线

后公主线标线粘贴分别以肩线前公主线为起点，自然通过肩胛骨，稍偏向中线顺延至腰节线，再稍偏向外顺延至臀围线，最后垂直延伸至底部，注意两侧公主线的形态对称。

5. 肩线

在肩端分别确定两侧肩端点，连接侧颈点与肩端点粘贴标线。

6. 颈围线

颈根围一圈的标线，从人台的正面、侧面和后面观察颈根的形态和圆顺度，粘贴标线，注意前后左右，即前后颈点和左右侧颈点的弧顺。

7. 侧缝线

分别从两侧肩端点向下做垂线，从腋窝点向下顺直粘贴标线。

8. 胸围线

以 BP 点为基准，先用标杆在胸部一圈确定水平线，过 BP 点，沿水平线粘贴胸围标线。

9. 腰围线

自后颈点向下垂直量取腰节（背）长，为后腰点，以后腰点为基准采用标杆在腰部一圈确定水平线，沿水平线粘贴腰围标线。

10. 臀围线

在前中线上，自腰节线向下垂直量取 17～18cm 为臀围峰位，以此为基准用标杆在臀部一圈确定水平线，沿水平线粘贴臀围标线。

标示完整标线的人体模型如图 2-14 所示。

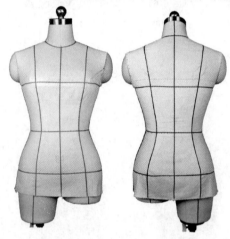

图 2-14　完整标线的人体模型

第二节　立体构成技法

服装立体构成技法即立体裁剪，主要指服装基本结构的构成方法，包括上衣、裙子、领子和袖子。服装基本结构又称服装基本型或原型，它的构成方法就是立体构成的基本原理，服装款式结构设计以此为基础，就能变化出既适合人体结构特征又符合审美要求的各类款式造型结构。

一、上衣原型构成

上衣原型是立体构成中最基本的构成技法。上衣原型以人体模型腰节以上部分为基准，适量加放基本松量，进行立体构成。

（一）裁取坯布

整理坯布，整纬并熨烫。裁取坯布规格：前片长 48～50cm，宽 30cm；后片长 46～

48cm，宽 28cm；标示基准线：纵向离布边缘 3cm 标示为中线，横向离布口 28cm 左右标示为胸围线，如图 2-15 所示。

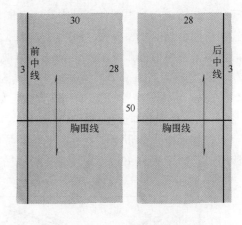

图 2-15　裁取坯布

（二）前衣片立体构成

① 将前片布料以中线、胸围线对齐铺覆于人体模型正面右侧，采用直扎针固定，如图 2-16（a）所示。

② 捋顺前片：顺领圈弧形修剪，在领圈上剪几个剪口；自中线向外捋平前胸上部面料，并使胸围标线与人体模型标线对齐，采用斜扎针固定。如图 2-16（b）所示。

③ 捏合省量：袖窿省，将胸部多余布料捋向袖窿胸宽点处，自胸宽点向 BP 点方向，采用捏合别针固定；腰省，将腰部多余裕量捋向公主线标线，采用捏合别针固定。如图 2-16（c）所示。

④ 预留放松量：在侧肋部采用捏合别针法预留 2cm 左右的前片基本（生理）放松量。如图 2-17（a）所示。

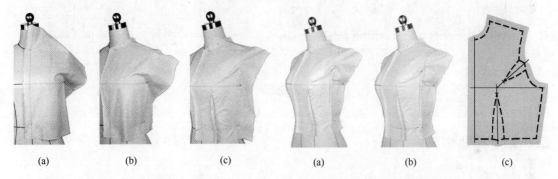

| (a) | (b) | (c) | | (a) | (b) | (c) |

图 2-16　前片操作　　　　　　　　　图 2-17　修剪缝份描画完成线

⑤ 描绘完成线：沿捏合针迹描画省道造型线；分别沿标示线描画领圈线、肩线、袖窿弧线、侧缝线，腰节线。沿标记线预留 1.5～2cm 修剪。如图 2-17（b）所示。

⑥ 整理前片，卸下前片并展平；以 BP 点为中心画省道中线，袖窿省省尖离 BP 点 3～4cm，腰省省尖离 BP 点 1～2cm；依据标记线重新描画造型线，如图 2-17（c）所示。

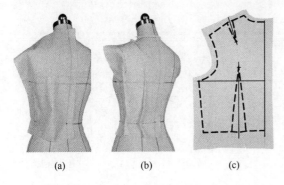

| (a) | (b) | (c) |

图 2-18　后片操作

（三）后衣片立体构成

① 将后片布料以中线、胸围线对齐铺覆于人体模型与前片对应侧的背面，采用直扎针固定，如图 2-18（a）所示。

② 捋顺后片：顺领圈弧形修剪，在领圈上剪几个剪口；自中线向外捋平后背上部面料，并使胸围标线与人体模型标线对齐，采用斜扎针固定。捏合省量：肩省，将后背部多余布料捋向肩中部，自肩向肩胛方向，采用捏合别针固定；腰省，将腰部余裕量捋

向公主线标线，采用捏合别针固定。在侧胁处捏合 2cm 左右预留后片基本（生理）放松量。分别沿标示线描画领圈线、肩线、袖窿弧线、侧缝线、腰节线。沿肩线加放 1.5 ～ 2cm 修剪，沿腋窝圈描绘袖窿弧线，加放 2cm 修剪袖窿。如图 2-18（b）所示。

③ 整理后片，卸下后片并展平；描画省道中线，肩省长 7 ～ 8cm，腰省省尖离胸围线上 4 ～ 5cm；依据标记线重新描画造型线，如图 2-18（c）所示。

（四）拷贝制作原型样板

在样板纸上拷贝复制衣片，制作成原型样板。纸板与衣片间夹复印纸，采用滚轮沿完成线拷贝，如图 2-19（a）所示，制作完成的原型样板，如图 2-19（b）所示。

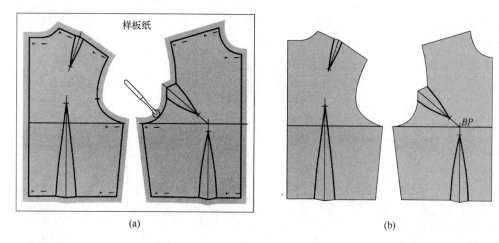

(a)　　　　　　　　　　　　　　(b)

图 2-19　制作原型样板

二、裙子原型构成

裙子原型也是立体构成中基本的构成技法。裙子原型以人体模型腰节以下部分为基准，适量加放基本松量，进行立体构成。

（一）裁取坯布

坯布裁取，前片长 70cm，宽 30cm；后片宽 28cm；标示基准线：纵向离布边缘 3cm 标示为中线，横向离布口 20cm 左右标示为臀围线，前后片分别如图 2-20（a）、（b）所示。

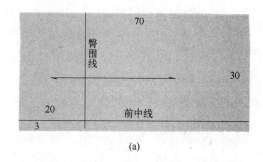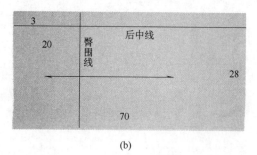

(a)　　　　　　　　　　　　　　(b)

图 2-20　裁取坯布

（二）前裙片立体构成

① 将前片布料以前中线、臀围线对齐铺覆于人体模型正面臀部右侧，采用直扎针固定，臀围线处将平裙片，外侧采用斜扎针固定，如图 2-21（a）所示。

② 将腰部多余布料分别聚拢在腰节线，三分等分处，如图 2-21（b）所示。

③ 捏合腰省：自腰节线向臀围线方向，分别捏合成两个省道，采用捏合别针固定。

④ 标记完成线：用记号笔标记省道造型线；沿模型标线标记腰节线和侧缝线，如图 2-21（c）所示。

（三）后裙片立体构成

① 将后片布料以后中线、臀围线对齐铺覆于人体模型臀部背面与前片对应侧，采用直扎针固定，臀围线处将平裙片，外侧采用斜扎针固定，如图 2-22（a）所示。

② 参照前片将腰部多余布料分别聚拢在腰节线，如图 2-22（b）所示。

③ 捏合腰省：自腰节线向臀围线方向，分别捏合成两个省道，采用捏合别针固定。

④ 标记完成线：用记号笔标记省道造型线；沿模型标线标记腰节线和侧缝线，如图 2-22（c）所示。

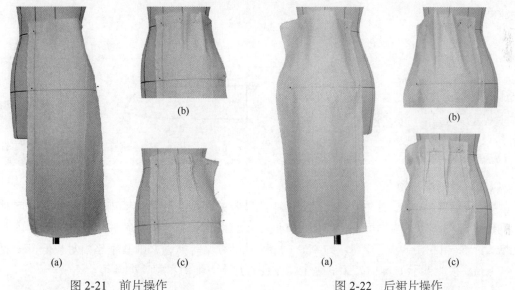

图 2-21　前片操作　　　　　　　　图 2-22　后裙片操作

（四）完成标示制作原型样板

完成立体构成操作后，拆卸前后裙片，并展开裙片修补完善标示线，在臀围线侧缝线处向外加放松量 1～2cm，重新描绘侧缝线。如图 2-23 所示。参照前述上衣原型样板制作方法，采用复印纸在纸板上拷贝复制裙片，制作裙子原型样板。

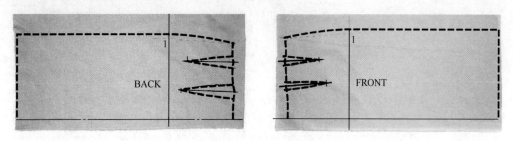

图 2-23　描画原型样板轮廓线

三、领子立体构成

领子是服装的基本部件，更是表现服装款式和风格特征的重要部件。领子造型款式变化丰富多样。领子按造型结构特征分，主要有立领、翻（扁）领和翻驳领。

（一）立领

立领，又称中式领，属关门领。它又是多种领型变化的基础结构，如衬衫领、制服领（企领）等。

① 坯布准备，立领坯布规格：长25cm，宽10cm；标示基准线：经向离边缘2cm左右标示领底参照线，横向离边缘2cm左右标示为领中线，如图2-24（a）所示。

② 在颈背部，坯布后中线对齐，沿人体模型颈根围标线铺覆，并扎针固定，弧弯处施剪口；前中适度起翘1cm，即坯布稍向下，以吻合头颈的形态；采用细色带标示领子上缘造型线；用记号笔标示领底弧线。如图2-24（b）所示。

③ 拆卸坯布并展平，调整描画轮廓造型线。如图2-24（c）所示。

④ 依轮廓线熨烫领子，采用扎针重新将领子绱装于模型颈部试样，如图2-24（d）所示。完成样板制作。

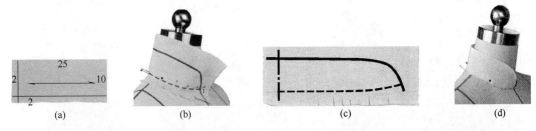

(a)　　　　　　　(b)　　　　　　　(c)　　　　　　　(d)

图 2-24　立领操作

（二）翻（扁）领

翻领，又称扁领。属关门领，是女装中最基本的领型。翻领的领座即领后中的高度对领子的造型起着决定性的作用，领座高，领底线呈直线状；领座低则领底线弧度增大，领面随之增大。普通翻领一般座较高，约4～6cm；娃娃领又称盆领，则其领座相对较低，一般为1～3cm。领座低于1cm时，领面完全摊叠在衣片上，如海军领、摊领等。

1. 普通翻领

① 坯布准备：翻领坯布长25cm以上，宽14cm以上。标示基准线长度方向离边缘3cm左右画直线标为领底参照线；宽度方向离边缘2cm左右标直线为后中线。后中部10cm段顺领弧底线走势预剪裁，并施剪口，如图2-25（a）所示。

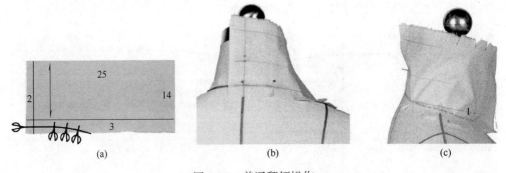

(a)　　　　　　　　(b)　　　　　　　　(c)

图 2-25　普通翻领操作

② 在颈背部，后中线对齐，沿人体模型颈根围标线铺覆，并扎针固定，如图 2-25（b）所示。

③ 自后颈三分之一处开始领底参照线渐渐向上偏离颈根围线至前领中部，偏离量约 1cm，顺势铺覆至前颈窝点，如图 2-25（c）所示。

④ 确定后中领座高度，翻折领子，并捋顺外翻领面，用色带确定领外缘造型线，如图 2-26（a）所示。

⑤ 标示完成线；拆卸坯布，展平；调整描画结构线，如图 2-26（b）所示。

⑥ 拷贝制作翻领样板；剪裁坯布制作试样，装于模型颈部，造型效果如图 2-26（c）所示。

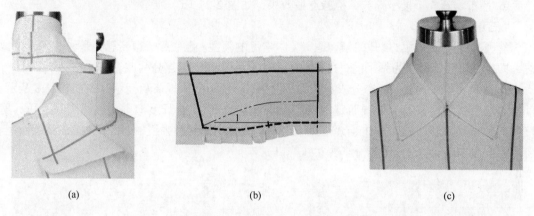

(a)　　　　　　　　　　(b)　　　　　　　　　　(c)

图 2-26　普通翻领结构与造型

2. 娃娃（盆）领

① 坯布准备：盆领需选用正斜面料，坯布规格长 25cm 左右，宽 20cm 以上。标示基准线长度方向二分之一处画直线标为领底参照线，向上 2cm 左右标记领座高；宽度方向离边缘 2cm 左右标直线为后中线。后中部 10cm 段顺领弧底线走势预剪裁，并施剪口，如图 2-27（a）所示。

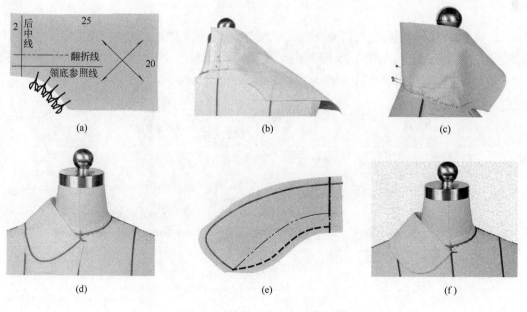

(a)　　　　　　　　(b)　　　　　　　　(c)

(d)　　　　　　　　(e)　　　　　　　　(f)

图 2-27　娃娃（盆）领立裁操作

② 在颈背部，后中线对齐，沿人体模型颈根围标线铺覆，并扎针固定，如图2-27（b）所示。

③ 自后颈点开始领底参照线渐渐向上偏离颈根围线至前领中部，偏离量视领面翻开量调整，领面翻开量越大，则偏离量也越大，呈圆弧形态；再顺势铺覆至前颈窝点，如图2-27（c）所示。

④ 自后中领座高翻折坏布，并挼顺前后外翻领面坏布，用色带确定领外缘造型线，如图2-27（d）所示。

⑤ 标记领底弧线；拆卸，展平坏布；调整描画造型结构线，制作样板，如图2-27（e）所示。

⑥ 坏布重新扎于模型颈部，检验造型效果，如图2-27（f）所示。

（三）翻驳领

翻驳领，又称驳领。属开门领，是女装中常见的领型。翻驳领，顾名思义是驳头翻开的意思，即门襟驳头外翻成为领子的一部分，领子由驳头和翻领两部分构成。

① 坏布准备：翻驳领坏布分衣身和领子两部分，坏布裁取规格及标示线，如图2-28所示。前衣身坏布长度视翻折点位置而定，宽度30cm以上，后衣身长度原则上过胸围线即可，宽度同前片。领子坏布长度方向标示领底参照线，宽度方向标示后中线，并标示领座高及领面宽。领底参照线10cm左右段作缝份修剪并施剪口。

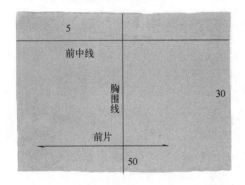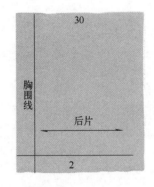

图2-28　坏布准备

② 前衣片基准标线分别与模型标线对齐，铺覆固定前衣片时，在前中线颈窝点处做撇门处理，撇门量1cm左右，如图2-29（a）所示。在人体模型与前片对应侧后背铺覆固定后衣片；修剪后领圈弧线，及前串口线；修剪肩缝线，采用盖叠针固定肩缝。

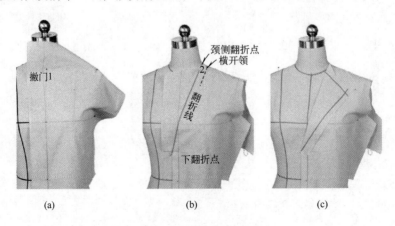

(a)　　　　　　　(b)　　　　　　　(c)

图2-29　铺覆固定前后衣片

③ 在门襟前中线设定翻折位，自布边缘横向剪切至翻折点，折叠搭门，扎针固定；设定横开领，自横开领点向内2cm（按后领座高减0.5cm估算）设为颈侧翻折点，采用细色带标示翻折线；自横开领颈侧点描画翻折线的平行线为前领圈线。如图2-29（b）所示。

④ 沿翻折线翻折前驳头部分坯布，并捋平，采用细色带标示驳头造型，如图2-29（c）所示。

⑤ 在后颈部、坯布中线、领底参照线分别与后中线、后领圈线对齐，并扎针固定。如图2-30（a）所示。

⑥ 沿后领圈弧线铺覆领子坯布，领底参照线自后领圈弧线三分之一处开始向上偏离，至肩线。如图2-30（b）所示。

⑦ 翻开驳头，领子坯布前部顺沿前领圈线铺覆，如图2-30（c）所示。

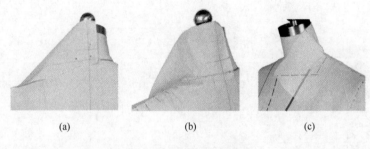

图2-30　领子坯布铺覆

⑧ 自后中依领座高翻折领子，领子外缘在肩缝处施剪口，使领子坯布服帖于肩部；驳头翻折，领子坯布盖叠于驳头上，顺沿前领圈线，调整领底参照线偏离量，使领子前部的翻折线方向与驳头翻折线方向相吻合，如图2-31（a）所示。

⑨ 驳头翻折并覆盖于领子上，捋顺驳头及坯布，采用细色带标示领子造型，如图2-31（b）所示。

⑩ 翻开驳头，拷贝串口线于领子坯布上，如图2-31（c）所示。

⑪ 将领子前部向上掀起，在坯布上标示串口线及领底线、驳头翻折线。如图2-32（a）所示。

⑫ 拆卸领子坯布，在工作台上展平领子，描绘完整领子轮廓线。如图2-32（b）所示。

⑬ 领子坯布沿完成线熨烫后，重新扎在模型上，检验立体造型效果。如图2-32（c）所示。

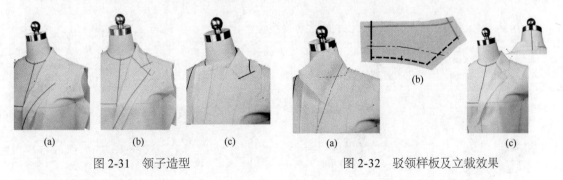

图2-31　领子造型　　　　　图2-32　驳领样板及立裁效果

四、袖子立体构成

袖子以其与衣片的结构关系分装袖和连袖。装袖即衣与袖结构完全独立，而连袖则袖子与衣身在结构上是相连的，连袖又以与衣身的连接方式不同可分全连身袖（包括中式连袖）、插裆连袖和插肩袖等。

（一）装袖

装袖结构分单片袖、双片袖。立体构成以单片袖示例。

① 裁取坯布，袖子坯布裁取规格：长度视袖长而定，宽度45cm以上；标示袖中线、袖肥线及袖底线。参考比例构成法原理，预先测量衣片袖窿弧线长，以袖窿弧长三分之一设定袖山，以袖窿弧长二分之一斜向测量设定袖肥大，如图2-33所示。

② 手臂模型装配于人体模型上，将袖子坯布的袖底缝采用别针扎合，套覆于手臂模型上，坯布袖中标线与手臂模型中线对齐，袖山顶与肩端点对齐，扎针固定。如图2-34（a）所示。

③ 自胸宽点至背宽点，沿袖窿标线圆顺折叠袖山，直扎针固定，注意袖山吃势均匀，造型圆顺饱满。如图2-34（b）所示。

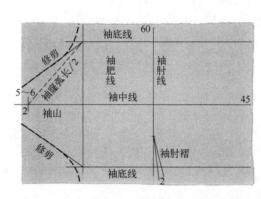

图2-33　坯布准备

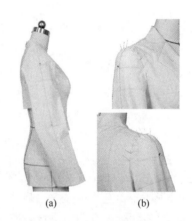

(a)　　(b)

图2-34　袖山造型

④ 拆卸袖子坯布和手臂模型；前侧袖山对位点与胸宽点对齐，袖肥大点与袖窿腋点对齐，沿袖窿底弧线描画接顺袖山弧线，如图2-35（a）所示。参照前侧描画接顺后侧袖山弧线。如图2-35（b）所示。

⑤ 拆卸袖片，在工作台上展平袖片调整绘画结构线，以袖口实际尺寸绘画袖底线。为适合手臂内屈的形态，可在单片（直）袖后侧设置袖肘褶作袖子的屈曲处理。如图2-36（a）所示。

⑥ 人体模型装上手臂，采用扎针假缝绱装袖子于模型上，检验造型效果。如图2-36（b）所示。

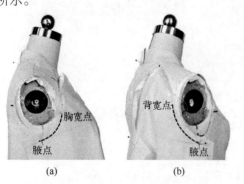

(a)　　　　(b)

图2-35　袖山底部结构造型

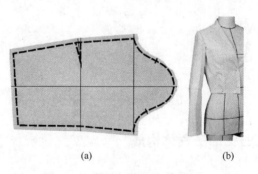

(a)　　　　　(b)

图2-36　装袖纸样和立裁效果

（二）插肩袖

插肩袖属连袖结构，其袖山与肩膀部分结构相连。插肩袖的造型结构可分整片式与双片式，双片式以袖中线分割而成，本书以整片式示例。

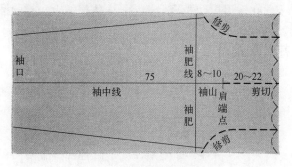

图 2-37　铺覆袖子坯布

① 裁取坯布：坯布长以袖长加肩线长确定，宽 45cm 以上；在插肩袖坯布上可预先设定袖肥、袖口及袖山规格尺寸，并做袖山部分预修剪处理；标示肩端点；沿中线剪切至肩端点。如图 2-37所示。

② 衣身部分操作：人台装上手臂模型，在前胸上部及肩部描绘插肩造型线，原则上自前胸宽、后背宽点至领圈线，向下顺接袖窿底部弧线；分别在前胸宽、后背宽稍向下设定前后分裂点。如图 2-38（a）所示。

③ 将袖子坯布沿袖底线扎针缝合，套覆于手臂模型上，坯布袖中标线与模型中线、肩端点对齐并捋顺，扎针固定。如图 2-38（b）所示。

④ 稍向上抬起手臂，呈一定斜度，手臂抬起的高度视功能设计需要而定，手臂斜度决定了手臂的活动幅度。抬起高度与手臂活动幅度成正比，即抬起高则倾斜度变小，袖山低，活动幅度大；反之倾斜度变大，袖山增高，则活动幅度受限。

⑤ 在前胸上部捋平坯布并固定，自分裂点沿衣片插肩造型线和肩线描画，如图 2-39（a）所示。

⑥ 后背部捋平袖子坯布并固定，自分裂点沿衣片插肩造型线和肩线描画，如图 2-39（b）所示。

⑦ 拆卸坯布与手臂，前侧袖山对位点与前分裂点对齐，袖底线袖肥点与袖窿腋点对齐，沿袖窿底弧线描画接顺插肩造型弧线，预留 1.5cm 缝份修剪。如图 2-39（c）所示。

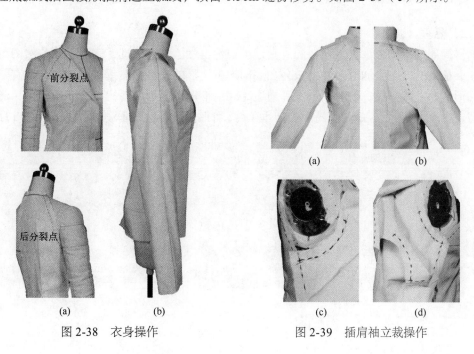

图 2-38　衣身操作　　　　图 2-39　插肩袖立裁操作

⑧ 参照前侧，描画接顺后侧插肩造型弧线，并修剪缝份。如图 2-39（d）所示。

⑨ 卸下坯布在工作台上展平，描画完整结构线，完成样板。

⑩ 采用扎针假缝重新装于人体模型上，检验插肩袖立裁造型效果。如图 2-40 所示。

五、立裁塑造技法

立体裁剪被形象地称为软雕塑，立裁塑造技法就是运用面料的各种特性并借助相应技法和辅助手段，实现服装廓形及局部的立体造型。

（一）聚褶、折叠

聚褶、折叠，即施褶，就是做各种折叠使面料形成不同的立体形态。褶可分为规则褶和不规则褶，规则的褶在大小、方向、间距上具有一定的规律，或均等，或渐变，或错落，而不规则褶的形态是随机形成的，是没有规律的。施褶在立体构成中是加放松量、膨松夸张造型的塑造手段和技法。聚褶又称抽褶，如图 2-41（a）所示。顺褶又称褶裥、百褶，如图 2-41（b）所示。

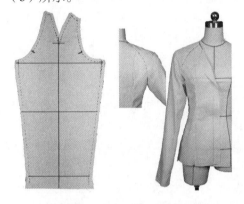

图 2-40　插肩袖样板和立裁效果

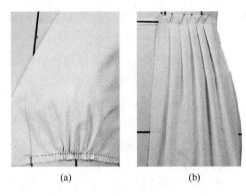

图 2-41　聚褶造型

（二）悬垂、波浪

面料局部的余裕松量，因面料的悬垂性可产生自然的悬坠纹理，表面形成自然的线条造型。波浪是指单向夸张加放余裕量，会在底部产生明显的波浪形悬垂皱纹，强调富有随意动感的廓形，如喇叭裙摆、荷叶领、木耳饰边等。扇形形态，下缘弧比上缘弧长的多，形成较大余裕，加之面料斜丝缕的伸长特性叠加垂坠性，可形成流动性悬垂波浪，如图 2-42（a）所示。

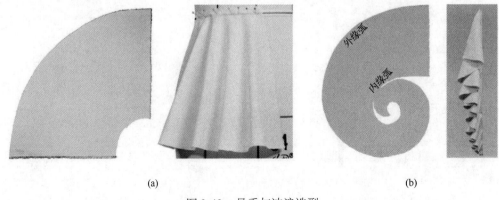

(a)　　　　　　　　　　　　　　　　　　(b)

图 2-42　悬垂与波浪造型

螺旋形态时，外缘弧成倍长于内缘弧，当以内缘拉平固定时，倍长的外缘即产生极大的余裕量，悬垂形成了行云流水般的波浪，如图2-42（b）所示。

（三）环浪

环浪是指具有环形垂荡褶皱的造型。当两端余裕量向中部悬垂，形成环形垂荡的随意褶皱，如环浪领。如图2-43所示。

（四）悬吊

面料自然悬垂的下缘部分，利用内衬等向内吊起的工艺方法，使底部产生聚集皱褶膨大的形态。如图2-44所示。

图2-43　环浪造型　　　　　　　　　图2-44　悬吊造型

（五）堆积

堆积是指通过多个不同方向对面料进行推挤，形成随意自然的立体皱褶效果。堆积形态可分为均匀、渐变、特定和不规则等。紧密的堆积给人以精致细密的效果，而疏散宽松的夸张堆积给人以舒展自然的视觉感受。为使造型效果自然，面料宜采用正斜丝缕。案例具体操作方法：坯布上缘设置褶裥形成较多横向松量，如图2-45（a）所示；第二排稍向下定位，向上推挤一定松量，并间隔扎针固定，形成纵向松量，如图2-45（b）所示；第三排再向下定位，参照上述方法推挤松量间隔扎针固定，如图2-45（c）所示；重复上述操作至所需位置。推挤松量视造型需要而定，间隔固定的位置宜上下错开而不应过于规则，使之造型更具随意性。如图2-45（d）所示。

(a)　　　　　　　　(b)　　　　　　　　(c)　　　　　　　　(d)

图2-45　堆积造型

（六）缠绕

缠绕就是运用一层或多层面料在人体局部绕缠，形成疏密随意、环形缠绕的皱褶纹理效果，立体感强。案例具体操作方法：先在前胸上部一侧设置聚褶并固定，过肩绕向后背，如图 2-46（a）所示；从后背横过前胸部绕回后背，如图 2-46（b）所示；再从后背绕回前胸；经前胸乳下，再绕至后背，在后背下部收尾于腰节线中，如图 2-46（c）所示。缠绕可形成特定方向不规则皱褶纹理，给人以强烈的视觉凝聚力。通常选用正斜丝绺面料效果更佳。

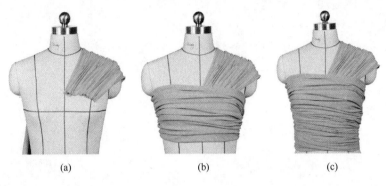

(a)　　　　　　　(b)　　　　　　　(c)

图 2-46　缠绕造型

（七）编结

编结是将面料按照一定的规律交替穿插，形成编结的外观效果。按照一定规则编结的中国结有丰富的内涵，如梅花结象征高雅、坚韧、吉祥；龟结象征长寿、积累等。如图 2-47 所示，先将面料按一定规则折叠成带状，在前胸部应用平纹织法，一上一下交织形成文胸造型。

图 2-47　编结造型

（八）撑垫、填充

撑垫是指在内部运用不同的衬、垫材料支撑以获得特殊造型效果的技法。如肩垫、胸衬、裙撑等。按衬垫材料不同可分为软质衬垫和硬质撑垫，如树脂衬、无纺衬、水刺棉、硬质纱及绡等为软质衬垫；而鱼骨、弹性钢丝则是硬质支撑材料。常见的裙撑，如图 2-48 所示。

填充是指运用棉絮或喷胶棉等膨松材料充填在面料内，获得夸张的局部造型，并使造型充实形态稳定，如图 2-49 所示。

图 2-48　裙撑　　　　　图 2-49　填充造型

（九）盘、贴、层叠与装饰

盘、贴、层叠等均为常见的装饰技法。盘是指面料按一定规则反复盘绕形成的花形造型；

贴是指拼贴、补贴技法进行的造型手段，通常结合绣、填充等综合运用。层叠是指将某一元素经缩放、变形等适当处理后，综合运用穿插、叠加、堆积等方式进行的立体装饰造型技法。

第三节　立体构成应用

一、女外套

外套，又称外衣，是女装设计的大类，风格设计分类很多，款式十分丰富，包含西服外套、牛仔外套、罩衫、夹克、铺棉外套、呢子大衣、披风、风衣、连帽外套、运动外套等。其中，经典的当属西装风格外套，文后以西服外套为应用案例。

款式特征：蟹钳型翻驳领，前后公主线分割，圆装袖；合体型廓形，如图 2-50 所示。

（一）准备

人台准备：依据穿着者的号型选择相应的人体模型，再视其体型特征结合服用功能设计要求等因素，针对性地对人体模型做必要的修正。

图 2-50　西服外套

坯布准备：坯布共分七块，规则及标示如图 2-51 所示。

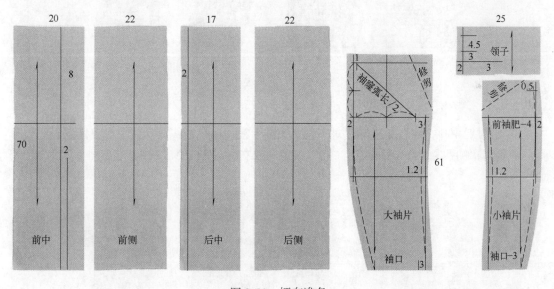

图 2-51　坯布准备

袖子可采用立平结合的方式，即先采用平面构成方法，设计袖子的袖山、袖肥、袖口及袖管的结构，仅留袖山部分运用立裁构成来造型袖山弧线。这样既可提高效率，更能准确把握袖山与袖肥的关系。

（二）衣身

1. 前片

① 坯布前中线标线对齐模型胸围线以下前中线，胸围标线对齐，胸上部颈窝点处处理撇

图 2-52　前中片操作

门 1cm 左右，扎针固定，如图 2-52（a）所示。

②确定搭门及翻折位；确定颈侧点再向内 2.5cm 为翻折点；画翻折线。如图 2-52（b）所示。

③沿翻折线翻折门襟，采用细色带标示驳头串口线及驳头造型。如图 2-53（a）所示。

④翻开驳头，采用细色带参照模型公主线，做前中片的公主线造型标示，并修剪缝份。如图 2-53（b）所示。

⑤铺覆前侧坯布，胸围标线对齐，公主线处留足 1.5cm 左右缝份，向上捋平胸及肩部；向下捋平腰及臀腹部，扎针固定。如图 2-53（c）所示。

⑥修剪前侧片公主线缝份；前中公主线扣折盖叠前侧片，采用别针固定；沿模型标线描画肩线、袖窿弧线，袖窿底可视实际需要下降 2cm 左右，侧胁加放宽松量 2cm 左右后，参照标线描画侧缝线。如图 2-53（d）所示。

图 2-53　前片操作

2. 后片

①铺覆后中片，坯布胸围标线对齐模型胸围标线，坯布中线背部以上对齐模型中线向下稍向外偏离，胸围线处偏 0.5cm 左右，腰节处 1.5cm 左右，捋平坯布并扎针固定，如图 2-54（a）所示。

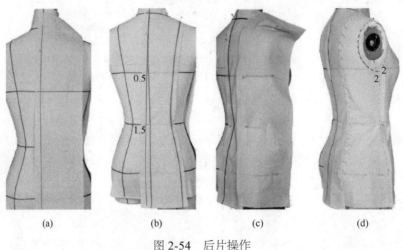

图 2-54　后片操作

② 沿后中标线用细色带标示后中线，沿标线标示后中片的公主线造型。如图2-54（b）所示。

③ 铺覆后侧片坯布，胸围标线对齐，公主线处留足1.5cm左右缝份，向上将平背及肩部，向下将平腰及臀部，扎针固定。如图2-54（c）所示。

④ 修剪后侧公主线缝份；后中公主线扣折盖叠后侧，采用别针固定。

⑤ 沿模型标线描画肩线、袖窿弧线，袖窿底与前片对应平齐，侧缝加放宽松量与前片一致，参照模型标线描画。如图2-54（d）所示。

（三）领子

参照图2-30、图2-31、图2-32，完成领子立裁操作。如图2-55（a）、（b）、（c）所示。拆卸领子，展平调整完成线，熨烫后重新装上，检验造型效果。如图2-55（d）所示。

（四）袖子

袖子为双片袖，又称礼服袖。礼服袖造型结构符合人体手臂的自然屈曲形态，袖子后侧设置分割线，分成大袖片和小袖片，前侧缝有一定弧度。袖中点稍向前偏，以适应手臂自然前倾。

① 大袖片后侧缝扣折，盖叠于小袖片后侧缝，别针缝合；前侧缝采用捏合针缝合。如图2-56（a）所示。

② 手臂装于模型上；假缝后的袖子套覆于手臂上，袖山顶及中线对齐，调整袖子倾斜度，扎针固定。如图2-56（b）所示。

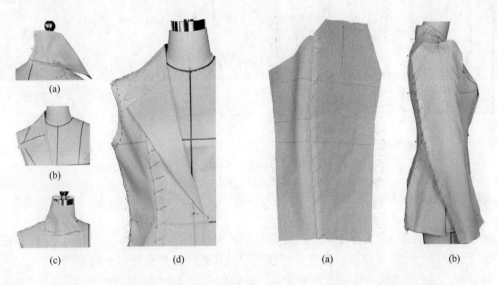

图2-55　领子操作和造型效果　　　　　图2-56　袖子操作

③ 自胸宽点至背宽点，沿袖窿标线圆顺折叠袖山，采用直扎针固定，注意袖山吃势均匀，袖头造型圆顺饱满；记号笔做完成线标示。如图2-57（a）所示。

④ 拆卸袖子及手臂模型；大袖片前侧袖山对位点与胸宽点对齐，小袖片袖山底与袖窿腋点对齐，沿袖窿底弧线描画接顺袖山弧线，如图2-57（b）所示。

⑤ 大袖片后侧缝与后背袖窿对位点对齐，小袖片袖山底与袖窿腋点对齐，沿袖窿弧线描画接顺完整小袖片袖底弧线。如图2-57（c）所示。

⑥ 卸下袖子和前后衣片，在工作台上展平，完整结构线标记；西服外套立裁完成的全部

裁片，如图 2-58 所示。

⑦ 重装上手臂模型，拷贝裁片样板，制作完整裁片，采用假缝衣身绱装袖子，穿套于模型上，检验造型效果。西服外套立体造型整体效果，如图 2-59 所示。

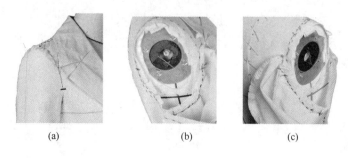

(a)　　　　　　　　　(b)　　　　　　　　　(c)

图 2-57　袖山造型及袖底

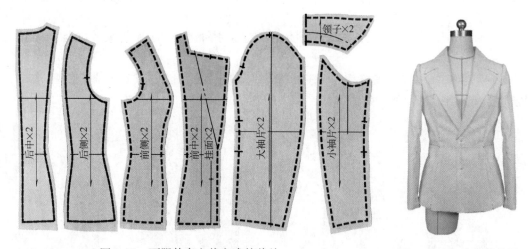

图 2-58　西服外套立裁完成的裁片　　　　　　　图 2-59　立裁整体效果

二、晚礼服（连衣裙）

晚礼服是指正式场合穿着的礼仪性服装，特指 20：00 以后穿用的正式礼服，又称夜礼服、晚宴服、舞会服。女士晚礼服设计造型特色鲜明，款式风格注重展示个性偏好，样式通常以连衣裙居多，故此对结构设计要求相对更高，立体构成技法在晚礼服的设计中运用比较普遍。

案例款式，如图 2-60 所示。款式特征：前胸上下各一斜向活褶，盖肩无袖，正常腰线，胯部对称三连环浪造型，环浪褶裥于前腹交叠，前椭圆后 V 形领，后中缝拉链开衩，后腰省道连分割至裙摆；领圈、袖口及裙摆边缘均为滚边工艺。

（一）准备

人台准备：按穿着者的号型选择相应号型的人体模型，依据设计造型要求结合其体型特征等因素，对人体模型做针对性地补正和改造。

坯布准备：坯布共分三块，衣片、裙片和后片。规格及标示如图 2-61 所示。

鉴于裙片上的环浪造型，在坯布上设置三组环浪造型的参考点以方便操作。

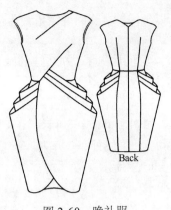

图 2-60　晚礼服

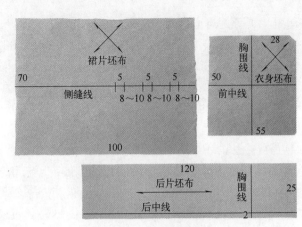

图 2-61　坯布准备

（二）衣身

① 坯布基准线分别对齐模型中线和胸围线，扎针固定，如图 2-62（a）所示。

② 左侧乳下自中线向外侧挦，顺势沿侧胸向上推，过中线至前胸右侧，将腰部及侧胸的余裕量全部推至此。如图 2-62（b）所示。

③ 沿模型标线描画领圈造型线、左侧肩线、袖窿造型线及侧缝线，采用细色带标示；折叠右侧的余裕量，在肩颈侧设置朝向左侧 BP 点的活褶。如图 2-62（c）所示。

④ 将右侧袖窿处的余裕量向下挦，经乳下顺势推向左侧，在左侧乳下腰线设置朝向右侧 BP 点的活褶；沿标线描画右侧肩线、袖窿线、侧缝线及腰节线，细色带标示标记。如图 2-62（d）所示。

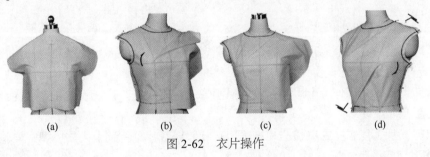

(a)　　　　(b)　　　　(c)　　　　(d)

图 2-62　衣片操作

（三）裙片

① 铺覆裙片坯布，在右侧腰节线，坯布标线与侧缝线对齐，前后腰线铺覆至前后公主线，并扎针固定，在坯布侧缝标线第一参照点 *a* 处直扎针固定。如图 2-63（a）所示。

② 后侧腰节公主线点折叠设置活褶裥；一只手提起坯布第二参照点 *b*，另一只手在前左侧乳下活褶位设置褶裥。如图 2-63（b）所示。

③ 视环浪形态调整褶裥量和折叠方向，扎针固定；在坯布第三参照点 *c* 处直扎针固定。如图 2-63（c）所示。

④ 参照前述操作方法，依序完成其余的

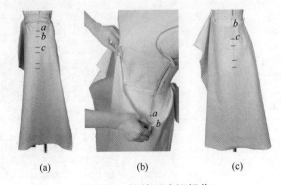

(a)　　　　(b)　　　　(c)

图 2-63　裙片环浪褶操作

环浪造型。如图 2-64（a）所示。

⑤ 自腰节后侧公主线点向下描画裙片后部造型，过臀峰以下保持顺直，并采用细色带标示。如图 2-64（b）所示。

⑥ 自前腰节左侧公主线点描画裙片前部至底摆的造型，细色带标示。如图 2-64（c）所示。

（四）后片

① 铺覆后片，坯布基准线分别与模型中线和胸围线对齐。如图 2-65（a）所示。

② 采用细色带标示 V 字形后领圈造型线；腰节松量聚集于公主线处，自肩胛下部沿公主标线用细色带标示后片省道造型线顺延至裙底摆。如图 2-65（b）所示。

③ 沿模型标线采用细色带标示后肩线、袖窿弧线及侧缝线。

④ 捏合后腰省量，采用别针固定，如图 2-65（c）所示。

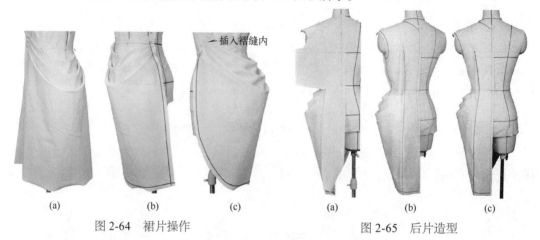

图 2-64　裙片操作

图 2-65　后片造型

⑤ 肩缝、侧缝、腰节线采用盖叠别针法固定；腰节线以下部分分割缝后片盖叠于裙片，别针法固定；完整全部标记。

⑥ 拆卸坯布，在工作台上展平，调整描画各裁片完成线。晚礼服立裁完成的全部裁片，如图 2-66 所示。

⑦ 整理裁片，复制左右完整裁片；采用别针假缝裁片重新装上人体模型，检验整体造型效果，如图 2-67 所示。

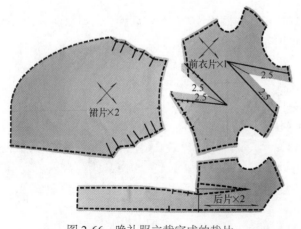

图 2-66　晚礼服立裁完成的裁片

图 2-67　晚礼服立裁造型效果

第三章

比例构成法

比例构成法即平面比例构成法，现代平面比例构成法首先考虑人体结构特征、款式造型、控制部位尺寸，结合服用功能及舒适要求，以某些部位规格为基准设计一系列的比例计算公式，推算出服装各细部的规格尺寸，运用几何制图原理，绘制服装结构图。

平面比例构成法属传统技法，在国内因流派众多而各有不同，主要有全胸度法、半胸度法、D式法、基本矩形法等。所谓胸度法就是以胸围规格为基准设计各细部的计算公式来求得各细部的规格尺寸，量取尺寸简单，通常只需胸围及长度规格。传统平面构成法，还有一种方法，即短寸法，它是运用实测获得的各部位尺寸，结合服装结构形态直接绘制服装结构制图。短寸法是最传统的方法，它量取尺寸时比胸度法细致复杂，则各部尺寸数据准确齐全，在结构设计时就比胸度法更直接准确，更符合人体穿着。但针对款式变化多、企业化大批量生产就显得繁复而不适应。

第一节　比例构成法原理

比例构成法技术的核心就是各部位的计算公式，传统比例构成法常见的有十分法、六分法、五分法等，各类计算方法不一而足，不尽统一。就工业化生产样板而言，不论什么样的计算公式，其关键在于计算出的各部位规格是否能适应推档放码的变化要求，是否与推档设计各号型放码的规格分档变化规律相一致。因此，各部位规格计算公式的设计，原则上应与各部位的分档数值相关联，使各部位的规格与号型分档变化规律相吻合，规格变化不致引起结构变形，同时也应考虑简便计算的原则。

一、计算公式构成

比例构成法计算公式构成：$\dfrac{部位分档数值}{关联部位分档数值} \times 关联部位规格 \pm 调节数值$

部位分档数值，控制部位的分档数值是统一号型标准规定的，各部位的分档数值，可比照关联控制部位分档数值和造型结构比例关系而定。

关联部位分档数值，是指作为计算某部位规格依据的参照部位。人体各部位的尺寸不是孤立的，而是存在相互关联的，如身高较高的人，其上肢、下肢、躯干等也会相应较长。但不同部位间的关联程度并不一样，有些部位间关联密切，而有些则较小。通常是选择相互关联度密切的部位，即相关联的部位其规格变化存在一定的比例关系。

◆ 袖窿深、前胸宽、后背宽、横开领、直开领，以胸围作为关联部位；横裆、后裆、小裆及中裆均以臀围作为关联部位。

◆ 胸围、腰围、臀围按其部位结构构成直接计算。

◆ 纵向部位以身高为关联部位；服装长度规格视具体款式造型设计而定。

◆ 调节数值是造型设计的范畴，它依据具体部位的造型设计需要，确定调节数值。

二、女装结构主要部位计算公式

（一）上装

1. 横开领与直开领

领圈的横开领、直开领依据颈根围规格尺寸计算。领圈形态为桃形椭圆，横开领相当于半径，则直开领相当于直径。依据半径与圆周的关系 $\dfrac{1}{2\pi}$，可计算出周长（领圈）每增长 1cm 半径增 0.16cm，直径增 0.32cm。在领圈结构中，前直开领并非全部直径；另外，依据颈项结构特征，纵向直开领比横开领尺寸变化宜少一些。所以，横开领宜适当增大些，直开领可相应减少些，统一调整为 0.2cm，即领圈每增加 1cm，横开领、直开领各增加 0.2cm，关联部位分档比值 $0.2/1=\dfrac{1}{5}$。横开领 $=\left[\dfrac{1}{5}\times 颈根围（N）-0.5（调节数值）\right]=\dfrac{N}{5}-0.5\text{cm}$；前直开领 $=\left[\dfrac{1}{5}\times 颈根围（N）+（调节数值）\right]=\dfrac{N}{5}\text{cm}$。

若颈根围规格未测量，也可通过胸围（B）关联规格计算。颈围分档数值 1cm，则横开领、直开领分档数值为 0.2cm，关联部位胸围分档 4cm，则部位分档比值 $\dfrac{0.2}{4}=\dfrac{1}{20}$，因此横开领 $=\dfrac{B}{20}+2.7（调节数值）\text{cm}$，前直开领 $=\dfrac{B}{20}+3.2（调节数值）\text{cm}$。

2. 袖窿深

袖窿深，后颈点至腋窝底（胸围线）的垂直距离。部位分档数值设计为 0.6cm，胸围分档为 4cm，$\dfrac{0.6}{4}=\dfrac{3}{20}\approx\dfrac{1}{7}$，则袖窿深 $=\left[\dfrac{1}{7}\times 胸围（B）+（8\sim 9）（调节数值）\right]=\dfrac{B}{7}+（8\sim 9）\text{cm}$。

3. 前胸宽

前胸宽，前中线至胸宽点的水平距离。部位分档数值设计为 0.6cm 左右，胸围分档为 4cm，$\dfrac{0.6}{4}=\dfrac{3}{20}\approx\dfrac{1}{7}$，则前胸宽 $=\left[\dfrac{1}{7}\times 胸围（B）+（3\sim 4）（调节数值）\right]=\dfrac{B}{7}+（3\sim 4）\text{cm}$。

4. 后背宽

后背宽，后中线至背宽点的水平距离。部位分档数值设计为 0.6cm 左右，胸围分档为 4cm，$\dfrac{0.6}{4}=\dfrac{3}{20}\approx\dfrac{1}{7}$，则后背宽 $=\left[\dfrac{1}{7}\times 胸围（B）+（4\sim 5）（调节数值）\right]=\dfrac{B}{7}+（4\sim 5）\text{cm}$，前胸宽后背宽一般差 $1\sim 1.5\text{cm}$。

5. 肩斜度

肩斜度，即衣片肩线的倾斜度，采用直角三角形邻边与对边的比值确定。根据三角原理，比值不变斜度也不会变，确保了肩斜度的相对稳定。成年女子的肩膀斜度比值一般为 5∶2，即颈侧（肩）点至肩端点的水平距离与其两点间的垂直距离比为 5∶2。

6. 胸凸量

胸凸量，即前片胸凸量，是前后腰节差的设计。胸凸量的概念是女性人体结构特征的体现，女性丰满的乳房，前胸部较为凸出，使前中成弧形曲线，长度明显增长，这种增长称作胸凸量，它与胸乳的丰满度成正比例关系，取决于服装造型胸腰围差的规格设计，可按 $\left[\dfrac{1}{8}\times(胸围-腰围)+1\right]$ 计算作为参考尺寸。另一方面，依据女性人体胸乳部的这一结构特征，在前后片胸围的分配上也应有相应偏差，即前片胸围大于后片的胸围，偏差量为 $0.5\sim 1\text{cm}$。

（二）下装

1. 直裆

直裆，腰口线至横裆线的距离。与腰围高部位关联，按 1/4 腰围高计算，腰围高通常与裤长规格相近，即可按裤长 1/4 估算。然而，实际在应用中多以臀围部分作关联，通常按臀围规格计算，部位分档数值设计为 0.8 ～ 0.9cm，臀围分档为 3.2 ～ 3.6cm，$\frac{0.9}{3.6}=\frac{1}{4}$，则直裆 $=\left[\frac{1}{4}\times 臀围（H）+1（调节数值）\right]=\frac{H}{4}+1\text{cm}$。

2. 小裆

小裆，前裤片小裆宽。部位分档数值设计为 0.18cm，臀围分档为 3.6cm，$\frac{0.18}{3.6}=\frac{1}{20}$，则直裆 $=\left[\frac{1}{20}\times 臀围（H）-0.5（调节数值）\right]=\frac{H}{20}-0.5\text{cm}$。

3. 后裆

后裆，后裤片的后裆宽。部位分档数值设计为 0.36cm，臀围分档为 3.6cm，$\frac{0.36}{3.6}=\frac{1}{10}$，则直裆 $=\left[\frac{1}{10}\times 臀围（H）-0.5（调节数值）\right]=\frac{H}{10}-0.5\text{cm}$。

4. 中裆

中裆，裤管中裆宽。部位分档数值设计为 0.8cm，臀围分档为 3.6cm，$\frac{0.8}{3.6}\approx\frac{1}{4}$，则前中裆 $=\left[\frac{1}{4}\times 臀围（H）-（3\sim 4）（调节数值）\right]=\frac{H}{4}-（3\sim 4）\text{cm}$；通常后中裆比前中裆大 4cm，即后中裆 $=\left[\frac{1}{4}\times 臀围（H）+0\sim 1（调节数值）\right]=\frac{H}{4}+（0\sim 1）\text{cm}$。

5. 捆势

捆势，后裤片后裆缝上段的倾斜度，以裤片后裆缝上段腰口后中点离烫迹线的距离确定倾斜度。后裆缝倾斜度与臀腰围差相关，计算公式：捆势 $=\dfrac{臀围}{2（臀围-腰围）}=\dfrac{H}{2(H-W)}$。

第二节　比例构成法女装基本结构设计

一、女装上衣基本结构设计

女上装以"四开身"衣身，一片式袖子为基本结构。按不同造型特征，分贴体、合体、宽松、宽大四类。

（一）合体型（贴体型）上衣结构

合体型特征为胸围加放适度，在 6 ～ 12cm；腰围加放在 4 ～ 10cm，胸腰差明显。而贴体型上衣造型通常面料宜富有弹性，胸、腰围加放量较小，一般为 0 ～ 4cm，视面料弹性而定。制图规格依据统一号型中间标准体控制部位规格设计，见表 3-1。

表 3-1　合体型上衣规格参考尺寸　　　　　　　　　单位：cm

部位	衣长	胸围	背长	腰围	颈根围	肩宽	袖长	BP 点
规格	64	94	38	76	37	39	56	25/18

1. 衣身结构设计

制图方法与步骤：

（1）衣身结构框架

如图 3-1 所示。

① 基准线：左右方向做直线为前中线，左侧下方做前中线的垂直线为衣长线，又称下平线。

② 后中线：沿下平线测量半胸围，做前中线的平行线为后中线。

③ 后颈点：自下平线沿后中线测量衣长做点，过点做垂线为后上平线。

④ 前上平线：自后上平线向上测量胸凸量 $=\dfrac{B-W}{8}+1=3.5\text{cm}$，做前中线的垂线。通常合体造型上衣胸凸量为 $3\sim 3.5\text{cm}$，贴体型上衣为 $3.5\sim 4\text{cm}$。

⑤ 胸围线：沿后中线自后颈点向下测量袖窿深 $=\dfrac{B}{7}+（8\sim 9）\text{cm}$，过点做垂线至前中线。

⑥ 腰（围）节线：沿后中线自后颈点向下测量背长，过点做平行线交于前中线。

⑦ 侧肋线：胸围线中点向后偏 $0.5\sim 1\text{cm}$，做垂线交胸围线至下平线。

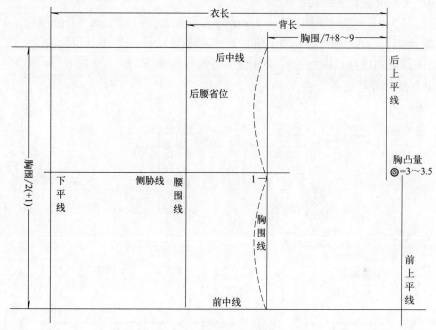

图 3-1　衣身结构框架

（2）前片衣身结构

如图 3-2 所示。

① 横开领：上平线自前中向内量横开领 $=\dfrac{N}{5}-0.5\text{cm}$，做点为颈侧点，过点做前中线的平行线。

② 直开领：沿前中线自上平线向下测量直开领 $=\dfrac{N}{5}\text{cm}$，做上平线的平行线。

③ 肩斜线：按肩斜比值 5 ∶ 2 做直角三角斜边，自颈侧（肩）点（横开领）向外量取 15cm，向下做上平线的垂线；垂线取量 6cm，做点连接颈侧（肩）点为肩斜线。

④ 肩宽：沿上平线自前中线向外测量 $\dfrac{肩宽}{2}-0.5\text{cm}$；过点做垂线交肩斜线，为肩端点；过点做上平线的平行线。

⑤ 胸宽：沿胸围线自前中线向内测量前胸宽 $=\dfrac{B}{7}+（3\sim 4）\text{cm}$，过点向上做垂线，与过肩端点的平行线相交。

⑥ 胸围大点：胸围线向上量取胸凸（胁省）量 3.5cm 做平行线，并相交于侧胁线为腋窝点。

⑦ 胸宽点：腋窝线以上胸宽垂线中点，向下取 2.5cm 做点，做点做垂线为前胸宽线。

⑧ BP 点：即胸乳点，前中线向内 9cm，离上平线 25cm，做点。

⑨ 侧腰点：腰节线上，自侧胁线向内 1～2cm 做点。

⑩ 腰省：为通底省，腰节省也可做枣核形省。自 BP 点做前中线的平行线，交腰节线至下平线为省中线；BP 点下 2cm 做点为上省尖；腰节线上，省中线两侧各 2cm 做点为腰省量（大）；腰节线下 12～14cm（为枣核形省省尖）处省量 2cm，平行至下平线。

⑪ 胁省：先连接侧腰点与胸围大点，此辅助线上三分之一处做点为省根点，省根点向上量取胁省（胸凸）量 3.5cm 做点为另一省根点，两省根点中点向 BP 点连直线为省中线；沿省中线离 BP 点 4cm 做点为省尖。

⑫ 底摆：前中下平线向下加 1.5～2cm；下平线侧胁线外加 2cm（补偿腰省量）。

⑬ 门襟：前中线向外加放搭门量（纽扣直径＋厚度）2cm，做平行线为门襟止口，上至领窝，下至下平线；门襟止口向内 5～6cm 做平行线为挂面。

⑭ 辅助线连接外轮廓各节点。

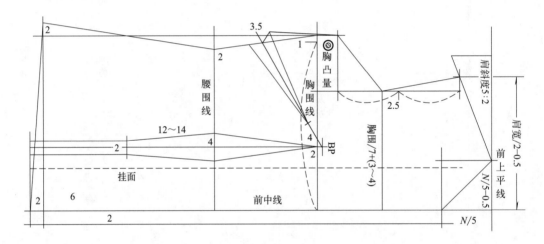

图 3-2　前片衣身结构

（3）后衣片衣身结构

如图 3-3 所示。

① 后横开领：自后颈点向内测量横开领 $=\dfrac{N}{5}-0.5\text{cm}$，过点向上做垂线，量取三分之一横开领，做点为颈侧（肩）点。

② 后肩宽：沿后上平线自后中线向内测量二分之一肩宽，过点向下做垂线。

③ 肩斜线：参照前片，颈侧（肩）点为顶点做直角三角形斜边，为肩斜线；肩斜线与肩宽垂线的交点为肩端点。

④ 后背宽：沿胸围线自后中线向内测量后背宽 $=\dfrac{B}{7}+(4～5)\text{cm}$，过点向上做垂线，与过肩端点的垂线相交。后背宽点：后背宽垂线中点，向下取 2.5cm 做点，过点做垂线交于后中线为背宽线。

⑤ 侧腰点：腰节线上，自侧胁线向内 2cm 做点。

⑥ 后腰省：后背宽线中点向 0.5cm 做点，过点做垂线交腰节线至下平线为省中线；省中线与胸围线交点为上省尖；腰节线上，省中线两侧各 1cm 做点为腰省量（大）；腰节线下 10 ~ 12cm 为下省尖。

⑦ 后肩省：肩斜线，离颈侧（肩）点 4 ~ 5cm 做点为省根点，向背宽线与腰省中线交点连直线，省长 7cm 做省尖点；省根点向外 1.5cm 为省量，做点为另一省根点，两省根点中点与省尖连线为肩省中线；肩端点向外加放省量 1.5cm。

⑧ 辅助线连接外轮廓各节点。

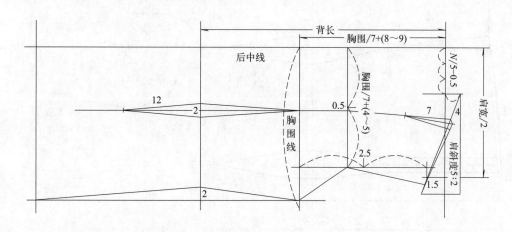

图 3-3　后衣片结构

（4）轮廓线

衣身轮廓线采用粗实线描绘，衣身结构制图，如图 3-4 所示。

① 前领圈弧线：颈侧（肩）点与领窝点辅助线中点做横开领与直开领交角的对角线，对角线三等分，过三分之一点做圆弧线连接颈侧（肩）点与领窝点，并顺接于止口线；挂面造型线采用粗虚线连接。直线连接颈肩点与肩端点。

② 前袖窿弧线：胸宽点与腋窝点辅助线中点做胸宽垂线与腋窝线交角的对角线，过对角线中点做圆弧线连接腋窝点与胸宽点，向上弧线顺接于肩端点。

③ 前侧缝：胁省省根处做内缝份向上折叠处理，直线连接；腰节线以下臀部处适度成胖势，并顺接侧腰部。

④ 前门襟：叠门翻折止口采用双点划线；纽扣位：第一档离领圈线 2cm，最底档离底摆按衣长 ×3/10 估算。中间各档均分。前底摆：向外胖势弧顺连接。

⑤ 后领圈弧线：先三等分横开领，自后颈点三分之一段平顺，再弧线顺接颈肩点。

⑥ 后肩线：肩省省根处做内缝份向内折叠处理，直线连接。

⑦ 后袖窿弧线：腋窝点与胸宽点辅助线三分之一点做胸宽垂线与胸围线交角的对角线，过对角线三分之一点做圆弧线连接腋窝点与胸宽点，向上弧线顺接于肩端点。

⑧ 后侧缝线：腰节线以上段成适度凹势，以下臀部处适度成胖势，并顺接侧腰部。

⑨ 后中线：点划线直线连接，表示后衣片中线对折。

⑩ 后底摆及省道造型线均粗实线连接。

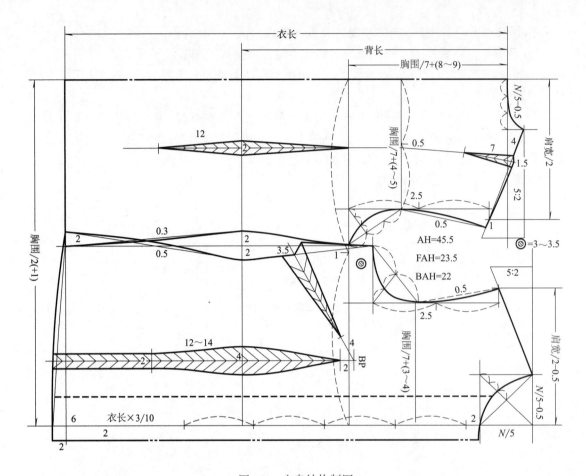

图 3-4　衣身结构制图

2. 袖子结构设计

袖子可分基本结构和变化结构。基本结构即直袖，又称一片袖；变化结构有施褶袖、分割袖和两片袖（礼服袖）等。袖子的袖山部分结构依据袖窿弧线尺寸设计。分别测量衣片前后袖窿弧线的长度，并记录尺寸数据：前袖窿弧长 FAH、后袖窿弧长 BAH；前后袖窿弧长相加为 AH。

制图方法与步骤如下。

（1）袖子基本结构

① 基准线：做纵向直线为袖中线；右侧上方做垂线为上平线。如图 3-5（a）所示。

② 袖长线：自上平线向下测量袖长，做垂线为袖长（口）线。

③ 袖肥线：自上平线向下测量袖山 $= \dfrac{AH}{3}$，做垂线为袖肥线。

④ 袖肘线：在袖中线上，袖长线与袖口线中点向下 2 ～ 3cm 处做垂线为袖肘线。

⑤ 前后袖肥大：先设定袖中线左侧为后，右侧为前。分别自袖山中点左右两侧斜向量取 BAH、FAH 至袖肥线相交点，并做辅助线连接，过两点做中线的平行线，为前后袖肥标线。

⑥ 袖口大：在袖口线上，先分别自两侧袖肥标线向内量取 $\dfrac{袖肥 - 袖口}{2}$，作点为袖口大，再连接于袖肥大为前后袖底线。

⑦ 袖口弧线：后侧袖口中点向外 0.5cm，前侧袖口点向内 0.5cm，做 S 形弧线。

⑧ 前侧袖山弧线：先分别四等分袖中线与袖肥大之间的袖肥线和上平线；连接袖肥线离袖肥大四分之一点与上平线离袖中线四分之一点；做此斜向辅助线与上平线交角的角平分线，取 1.2cm 左右做点，斜向辅助线与袖肥线交角的对角线中点做点；弧线连接袖中点、上角平分线点、斜向辅助线中点、下角平分线中点至袖肥大。

⑨ 后侧袖山弧线：先四等分袖中线与袖肥大之间的袖肥线，三等分袖中线与袖肥大之间的上平线；在袖肥线外四分之一段中点与上平线内三分之一点做辅助线；做此斜向辅助线与上平线交角的角平分线，取 1.5cm 左右作点；弧线接袖中点、上角平分线点、两斜向辅助线交点至袖肥大，斜向辅助线交点之下段凹进 0.5cm 左右。

⑩ 粗实线描绘轮廓线。直袖结构制图，如图 3-5（b）所示。

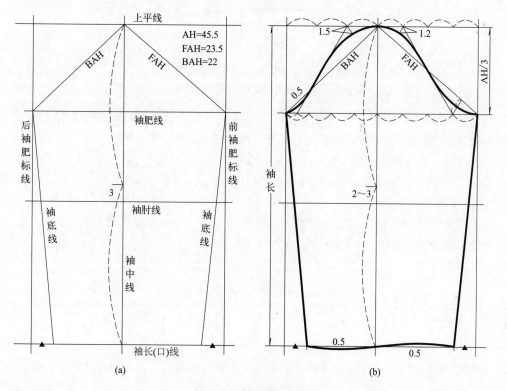

图 3-5　直袖结构制图

（2）礼服袖结构

礼服袖即双片袖。以直袖为基础，前后侧设置分割线，形成大小片。礼服袖结构制图，如图 3-6 所示。

① 前侧分割线设置：过前侧袖肥线四分之一处做垂线，向下交袖肘线至袖口线，向上延伸至袖山弧线。

② 后侧分割线设置：过后侧袖肥中点做垂线，向下交袖肘线至袖口线，向上延伸至袖山弧线。

③ 调整前袖山弧线：袖山弧线与分割线交点与袖肥线中点做点，为袖山弧线凹点。袖山顶部可视袖山造型需要做适度的吃势调整，即增加吃势量时可适度提高 0.5 ~ 1cm。

④ 分割切片拼合：前侧分割切片平移至后侧拼合；与后侧切片合成小袖片，另为大袖片。

⑤ 前侧缝线：袖肘线与分割线交点凹进 1.2cm 左右画弧线；袖口线处缩进 1cm。

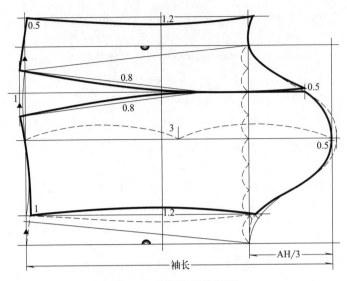

图 3-6　礼服袖结构制图

⑥ 后侧缝线：袖口线与分割线交点向外 1cm 做平行线；分割线两侧取原袖口大至袖肥标线等量分别做点；过点与分割线上袖肘线与袖肥线中点连接辅助线，辅助线中部凸 0.8cm 左右弧线画顺；小袖片上部撇 0.5cm，分别重新接顺袖山弧线和后侧缝弧线。

⑦ 袖口弧线：分别画顺小袖片和大袖片袖口弧线。

（二）宽松型上衣结构

宽松型上衣造型特征为胸围加放较大，一般在 14～20cm；腰围加放大于胸围，胸腰差趋缓，腰节设置适度省量，胸凸量设计为 2～2.5cm。

制图规格依据统一号型中间标准体控制部位规格设计，见表 3-2。

表 3-2　宽松型上衣规格参考尺寸　　　　　　　　　　　　　单位：cm

部位	衣长	胸围	背长	腰围	颈根围	肩宽	袖长	BP 点
规格	64	100	38.5	86	38	41	56	25.5/18.5

宽松型衣身结构制图方法及程序参照前述。袖子结构设计，依据衣身袖窿弧线尺寸设计袖山和袖肥规格，袖子结构设计及结构制图均可参照前述，在此不做赘述。宽松型衣身结构制图，如图 3-7 所示。

（三）宽大型上衣结构

宽大型上衣造型特征为胸围加放量大，一般在 24cm 以上，无胸腰差设计，通常腰部不设省量，甚至腰围大于胸围规格，胸凸量 0～1.5cm。

制图规格依据统一号型中间标准体控制部位规格设计，见表 3-3。

表 3-3　宽大型上衣规格参考尺寸　　　　　　　　　　　　　单位：cm

部位	衣长	胸围	背长	腰围	颈根围	肩宽	袖长	BP 点
规格	66	110	39	110	38	42	56	26/19

宽大型衣身结构制图方法及程序参照前述。袖子结构设计，依据衣身袖窿弧线尺寸设计袖山和袖肥，袖子结构设计及制图均可参照前述，在此不做赘述。宽大型衣身结构制图，如图 3-8 所示。

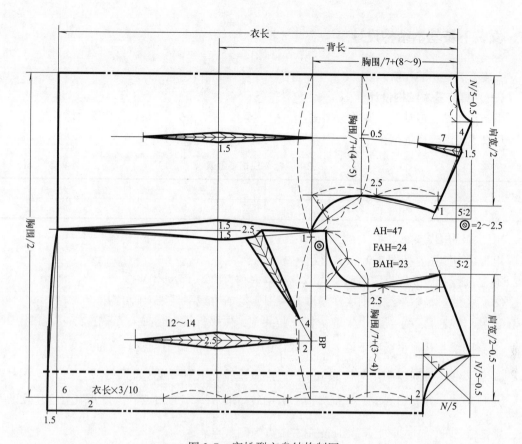

图 3-7　宽松型衣身结构制图

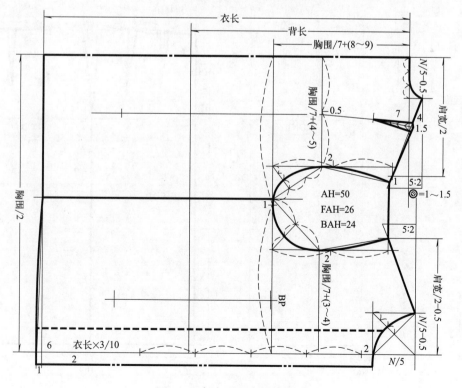

图 3-8　宽大型衣身结构制图

二、女装下装基本结构设计

女装下装分裙装和裤装。

（一）裙装基本结构设计

裙装基本结构设计为直裙（西装裙），裙长至膝关节下 5 ～ 10cm，装腰，腰头宽 4cm，腰口开衩。制图规格依据统一号型中间标准体控制部位规格设计，见表 3-4。

表 3-4　裙装规格参考表 单位：cm

部位	裙长	腰围	臀围
规格	75	66	96

制图方法与步骤如下。

裙装结构制图，如图 3-9（a）所示。

① 基准线：做纵向直线为前中线，左侧做垂线为裙长（下平）线。

② 后中线：沿下平线自前中线量取半臀围，做前中线平行线为后中线。

③ 腰口线：自下平线向上量取裙长 - 腰头宽，做平行线为腰口（上平）线。

④ 臀围线：从上平线向下取 $\left[\dfrac{2}{3}\times直裆\right]$（16 ～ 17cm）做平行线，即为臀围线。

⑤ 侧缝线：臀围线中点向后偏 1cm，过点做垂线交上下平线，即侧缝线。

⑥ 侧腰点：在腰口线上，分别自前、后中线量取 $\left[\dfrac{W}{4}\pm1\right]$ 做点，再将此点至侧缝段三等

分，靠侧缝三分之一点向上起翘 1cm 左右做点为侧腰点。

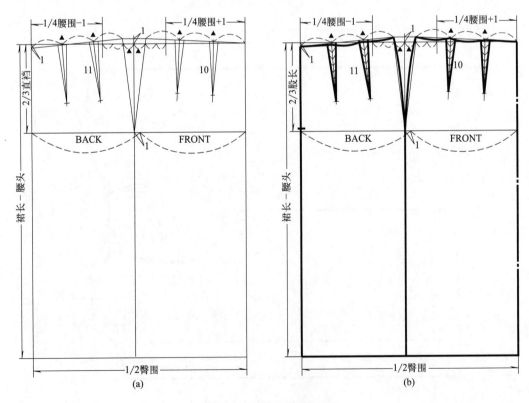

图 3-9　裙装结构制图

⑦ 腰口褶造型，前片设计为瘦形省，后片靠后中的为胖形省，靠后侧的为楔形省。如图 3-9（b）所示。

后片：后中线自上平线向下 1cm 做点，与侧腰点连辅助线，即后腰口线。

前片：前侧腰点与前中点连辅助线，即前腰口线。

前后腰口线分别三等分，过等分点做腰口线的垂线为腰省中线；褶量（省大）以三分之一臀腰差为准，省长前片 9 ~ 10cm，后片 10 ~ 11cm。

⑧ 腰口开衩：设计为后开，后中线腰口点至臀围线上 1 ~ 2cm，装拉链。

⑨ 裙摆：西装裙裙摆通常宜稍收口，即侧缝线向内收进 1 ~ 2cm。

⑩ 轮廓线：腰口线中部稍微凹进，形成弧线，省根部位轮廓做折叠处理；臀围线以上侧缝稍向外凸，弧线向下接顺至裙摆。

⑪ 裙摆开衩：裙摆可视款式设计后中开衩，通常开衩上止口不宜超过臀围线下 20cm。裙长过短则无需开衩。

（二）裤装基本结构设计

裤装基本结构设计为长西裤，裤长至踝关节下 5cm 左右，装腰，腰头宽 4cm，腰口前开衩。制图规格依据统一号型中间标准体控制部位规格设计，见表 3-5。

表 3-5 裤装规格参考表 单位：cm

部位	裤长	腰围	臀围	直裆	脚口
规格	102	68	96	25	20

1. 前裤片结构

制图方法与步骤，如图 3-10（a）所示。

① 基准线：做纵向直线为前侧线，左下方做垂线为裤口（下平）线。

② 腰口线：自下平线向上量取裤长 - 腰头宽，做平行线为腰口（上平）线。

③ 横裆线：从上平线向下取直裆$\left(\text{或直裆} = \dfrac{H}{4} + 1\text{cm}\right)$做平行线，即为横裆线。

④ 臀围线：三等分横裆线至上平线，三分之一处做平行线为臀围线。

⑤ 中裆线：从横裆线向下量取直裆 +（1 ~ 4）cm 做平行线，此为中裆线。中裆线可视具体款式设计要求不同而有所调整，通常喇叭裤及大腿围适体要求较高的裤子，中裆不宜过低，而较宽松类裤子中裆可适当降低些。

⑥ 臀围大：在横裆线上，自前侧缝线量取$\left[\dfrac{H}{4} - 1\right]$cm 做点，过点做垂线，即为前臀围大标线（前中线）。

⑦ 小裆宽：在横裆线上，自臀围大标线向外量取小裆 $= \dfrac{H}{20} -（0.5 ~ 1）$cm 做点。

⑧ 烫迹线：即挺缝线，在横裆线上，先自纵向基准线向内量取 0.5cm 做点，即横裆内撇点；过横裆内撇点与小裆宽点的中点做基准线的平行线，向上交臀围线至上平线，向下交中裆线至下平线。

⑨ 中裆大：在中裆线上，前中裆大 $= \dfrac{H}{4} -（3 ~ 4）$cm，以烫迹线为中点两边均分。

⑩ 脚口大：在脚口线上，前脚口大 $= \dfrac{脚口}{2} - 2$cm，以烫迹线为中点两边均分。

⑪ 腰口大：在腰口线上，自臀围大标线向内撇进 1cm 做前中点；纵向基准线向内撇进 1 ~ 2.5cm 做点为侧腰点。腰褶位：前腰口褶可有多种形式，即单褶或双褶，褶的折叠倒向

可以倒向侧缝，也可以倒向门襟，需根据不同的设计要求绘制相应的褶位、褶量。以单褶倒向侧缝折叠为例，褶位以烫迹线为准，一般褶量的三分之一处于烫迹线的门襟侧，三分之二在烫迹线的侧缝方向一侧。如果腰褶的折叠倒向门襟方向，则褶量的划分正好相反；褶量推算：

前臀围大 $-\left[\dfrac{W}{4}-1\right]-$ 内撇量（1+2.5）=3cm。

⑫ 小裆弧线：在前中线上，臀围线交点与小裆宽点连接辅助线，过点做对角线，对角线三分之一处为弧线凹点。

⑬ 绘画轮廓线：前中点至臀围线顺接小裆弧线为胖势弧线；外侧缝侧腰点、臀围线至横裆线为胖势弧线；内侧缝横裆线至中裆线为凹势弧线；中裆线至脚口为直线；脚口中点可适度凹进。如图 3-10（b）所示。

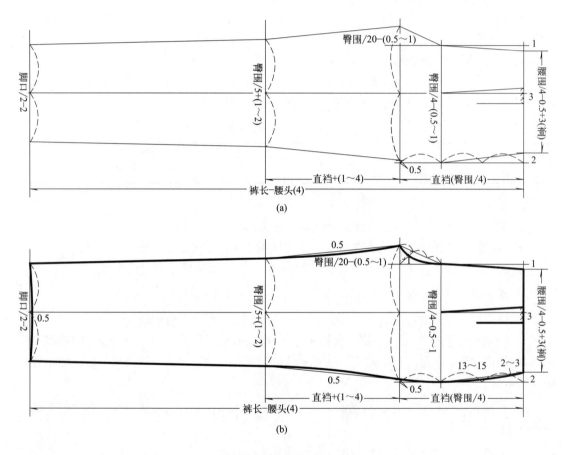

图 3-10　前裤片结构制图

2. 后裤片结构

制图方法与步骤，如图 3-11（a）所示。

① 以前片为基础制图。纵向基准线为烫迹线，拷贝前片各横向线及前臀围大标线（前中线）。

② 后裆：在横裆线上，自前中线向外量取后裆大 $=\dfrac{H}{10}-$（$0.5\sim 1$）cm；后裆大部分，自横裆线向下 1cm 做平行线为落裆线。

③ 后裆斜线：上腰口线上，自烫迹线向外量取捆势 $=\dfrac{H}{2(H-W)}$ 做点，过点与前中线与横裆线交点连接，为后裆斜线，并向上延伸后中起翘量。起翘量控制与后裆斜线的斜度相关，斜度大起翘量也随之增大，一般为 2～3.5cm，以后腰中点折角呈直角为准。

④ 臀围大：在臀围线上，自后裆斜线交点量取后臀围大 $=\dfrac{H}{4}+1$ 做点，做点做垂线交与上平线。

⑤ 中裆大：在中裆线上，前中裆大 +4，以烫迹线为中点两边均分。

⑥ 脚口大：在脚口线上，后脚口大 $=\dfrac{\text{脚口}}{2}+2\,\text{cm}$，以烫迹线为中点两边均分。

⑦ 腰口大：自后腰中点斜向测量后腰口大 $=\dfrac{W}{4}+1+$ 省量（3～4）cm 至腰口线，做点为侧腰点。侧腰点不应位于臀围大垂线以内，应稍偏出垂线外（限 1cm 以内）。

⑧ 后腰省：三等分后腰口线，过等分点做腰口线的垂线，为后腰省的中线，省长为 9～10cm。两省量可均分，或后中大于后侧。省量少时也可只设单个省，省位腰口线中点。

⑨ 后裆弧线：后裆宽外三分之一点和后裆斜线臀围线与横裆线三分之一点连接辅助线，过中点做后裆斜线与横裆线交角的对角线，以对角线中点为弧线凹点。

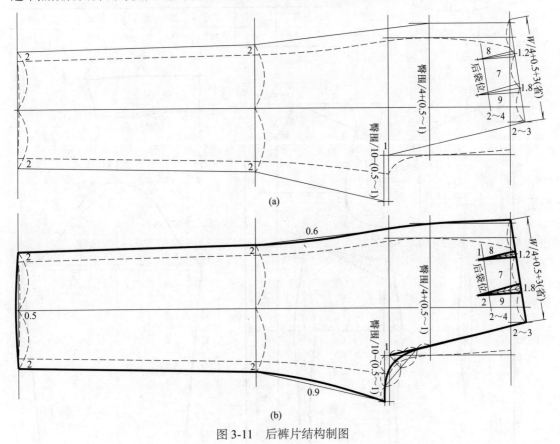

图 3-11　后裤片结构制图

⑩ 绘画轮廓线：外侧缝侧腰点、臀围线至横裆线为胖势弧线；横裆线至中裆线为凹势弧线；后裆至中裆为凹势弧线；中裆线至脚口线为直线；脚口中点可适度凸出。如图 3-11（b）所示。

⑪ 后袋位：后裤片腰口下可设计后袋，通常为挖袋。单嵌或双嵌挖袋，也可加袋盖，视实际需要设计。袋口大 = $\dfrac{H}{10}$ + （2～3）cm，袋口位腰口线下7cm左右，袋口中点位两省中点。

第三节　比例构成法结构设计应用案例

一、女衬衫结构设计

普通女衬衫，扁领，前开门襟五档纽扣，设置腰节省和胁省，长袖，袖口开衩装克夫。

图 3-12　普通女衬衫

此类结构在女装中较常见，然很多女装款式均可归类为衬衫，应用甚广，款式如图 3-12 所示。规格设计见表 3-6。

女装衬衫结构设计，如图 3-13 所示。结构制图参照合体型上衣基本结构制图方法和步骤。

表 3-6　女衬衫规格参考尺寸　　　　单位：cm

部位	衣长	胸围	背长	腰围	领围	肩宽	袖长	BP 点
规格	64	92	38	72	38	40	56	25/18

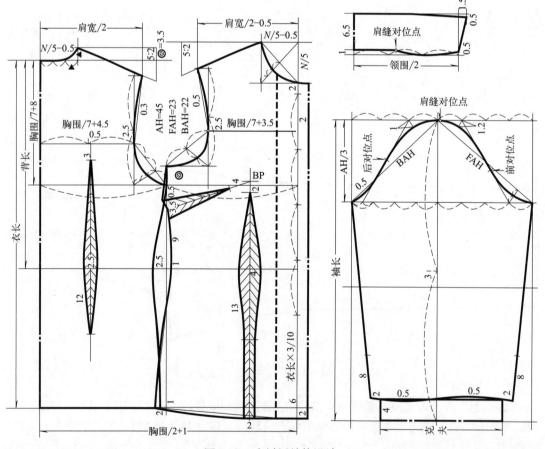

图 3-13　女衬衫结构设计

二、女套装结构设计

女套装，典型小西装款式。上衣为平驳领，公主线分割，两只有盖挖袋，礼服袖；下装为普通西裤，直插袋。款式如图 3-14 所示。规格设计见表 3-7。

表 3-7 女套装规格参考尺寸　　　　　　　　　　单位：cm

部位	衣长	胸围	背长	腰围	领围	肩宽	袖长	BP 点	裤长	腰围	臀围	脚口
规格	62	94	38	76	38	40	56	25/18	102	70	94	42

图 3-14 女套装

上衣衣身为三开身结构，下装参照西裤结构设计。女套装上衣结构设计如图 3-15 所示，女西裤结构设计如图 3-16 所示。

（一）上衣结构设计要点

① 基础框架：左右方向做直线为前中线，左侧下方做前中线的垂直线为衣长线（下平线）；沿下平线量取半胸围 +2，做前中线的平行线为后中线；自下平线沿后中线测量衣长做点，为后颈点，过点做垂线为后上平线；自后上平线向上测量胸凸量 $=\dfrac{B-W}{8}+1=3.5\text{cm}$，做前中线的垂线，为前上平线；沿后中线自后颈点向下测量袖窿深 $=\dfrac{B}{7}+(8\sim9)\text{cm}$，过点做垂线至前中线，为胸围线；自后颈点向下测量背长，过点做垂线交前中线为腰节线。

② 后片：横开领 $=\dfrac{B}{20}+3.5\text{cm}$，直开领 2cm；自后中线量取背宽 $=\dfrac{B}{7}+4.5\text{cm}$，做平行线交胸围线、腰围线至下平线，为后侧缝标线；腰围线至肩端点垂线中点下 2.5cm 为背宽点，背宽点至腰围线中点向外 1cm，做平行线为前侧缝标线；侧缝腰围线处收进 2cm，底摆收进 1cm；后中腰围线收进 2cm，平行至下平线，向上弧线连接后中线至背宽线以上；画顺领圈弧线，后颈点向下 1.5cm（领中宽 6.5- 领座高 2.5×2=1.5），离颈肩点 2.5 ～ 3cm 虚线绘画后领外缘造型线。

③ 前片：搭门 2cm，底摆前中加长 2cm，圆弧形造型，腰节线上 7cm 为第一档纽扣位，止口点为驳头翻折点；横开领 $=\dfrac{B}{20}+5\text{cm}$，直开领 8cm，离颈肩点 2cm（领座 -0.5）做点，过点与翻折点连接辅助线为驳领翻折线，以翻折线为参照在衣片设计绘画驳领造型线，驳头宽 8cm，驳角 3.5cm；BP 点外 2cm 做前中线的平行线交腰围线、腰节线至底摆，为公主分割线的标线，窿弧线胸宽点上 2.5cm 处为分割点，腰节线处收腰 3.5cm，绘画公主分割造型线；腋窝点胸（凸）褶量减小 1.5cm，纸样辅助法以 BP 点为中心做侧片腰围线以上分割线及袖窿弧线部分的转移。

④ 领子：以翻折线为对称轴，对称绘画驳头、驳角及领子前部造型线；过颈肩点做翻折线的平行线，以此平行线为边，以颈肩点为顶角做以后领圈弧长为长、领中宽为宽的矩形，矩形外侧宽边为领中线；矩形三分之一处剪切，旋转使矩形外侧宽边倾斜，外缘展开，以满足领子外缘肩缝对位点至领中线与后领外缘线等长，弧线画顺领底线。

⑤ 袖子：实测衣片袖窿弧线，对照礼服袖结构设计制图。

（二）西裤结构设计要点

西裤结构参照女裤装结构设计制图。

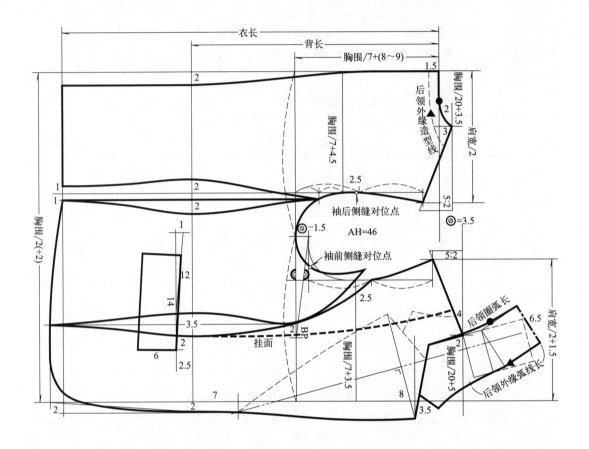

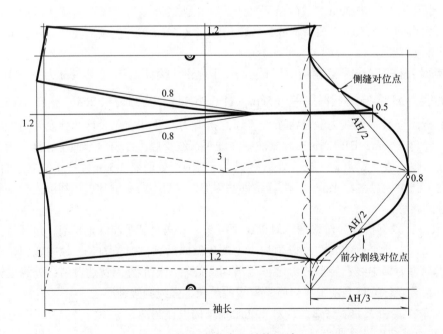

图 3-15　女套装上衣结构设计

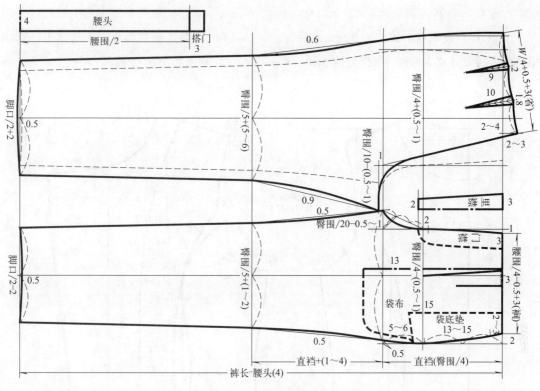

图 3-16　女西裤结构设计

三、女风衣结构设计

风衣与大衣结构类似，但风衣衣长通常宜过膝，长衣居多，而大衣长度变化相对较灵活，自一手长至踝关节都有。案例女风衣，立领，公主线连袖山分割，褶裥袖头，插袋，止口缉双线装饰，腰部系腰带。款式如图 3-17 所示。

规格设计见表 3-8。

表 3-8　女风衣规格参考尺寸　　　　单位：cm

部位	衣长	胸围	背长	领围	肩宽	袖长	袖口	BP 点
规格	84	96	38.5	40	41	58	13.5	26/19

女风衣结构设计为四开身，公主线分割，斜门襟止口，单片袖，袖头分割。

结构设计要点：

① 前片：胸凸量 2.5cm；横开领 $=\dfrac{N}{5}-0.5$cm，直开领 $=\dfrac{N}{5}$cm；肩端点加放肩垫 1cm；胸宽 $=\dfrac{B}{7}+3.5$cm；前中底摆加长 2cm；门襟造型上端搭门 10cm，下端 3cm，腰节处收进 1cm；纸样辅助法转移前片胸褶量：以 BP 点为中心，旋转侧片腰围线以上分割线及袖窿弧线部分，闭合侧胁胸褶量；腰节上 5cm 为下档纽扣，上档离驳头 2cm，中间各档均分，沿门襟止口

图 3-17　女风衣

定位；腰节线下 5cm 定插袋位。

② 后片：肩端点加放肩垫 0.5cm；后背宽 $=\dfrac{B}{7}+4.5\text{cm}$；公主分割袖窿起点与袖山分割线相吻合，腰节处收 2.5cm，底摆处放 5cm。衣身结构设计制图如图 3-18 所示。

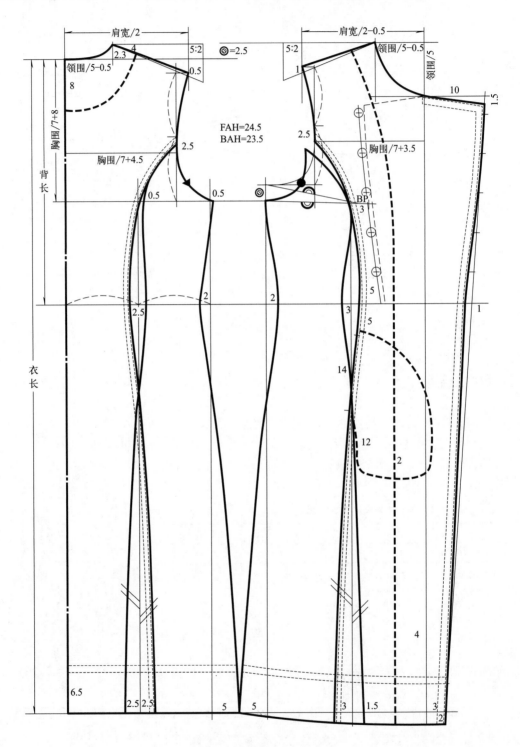

图 3-18　女风衣衣身结构设计

③ 袖片：参照单片袖结构先做基本结构设计；袖头褶裥加高4cm左右，重新绘画袖山弧线，并测算褶裥量，作褶裥定位；按前片袖窿分割点定位袖山分割线位，以袖山后侧分割线位对应调整衣片后袖窿分割线起点位。袖子结构设计制图如图3-19所示。

腰带宽8cm，长200cm以上；立领高6cm，领头圆弧造型。

此类服装通常需要配全身里子。

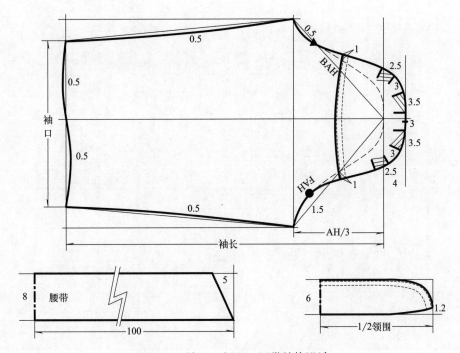

图 3-19　袖子、领子、腰带结构设计

第四章

原型构成法

原型出现在20世纪中期缝纫机问世以后，此时单量单裁已无法适应生产的需求，为适应工业化生产的需要，日本文化服装学院于1930年发明了第一代文化式女装原型。"所谓原型，是指各种变化应用之前的基本形式或形态（type，form，shape）。"日本文化式服装原型自20世纪80年代传入我国，因中日两国人体体型较为接近，以及原型构成法简便灵活的特点，深受广大业内人士的欢迎，被大中专服装类院校普遍运用于教学中，对我国服装教育的基础理论建设起到了积极的作用，并得到了社会的普遍认可和服装企业的推广应用。近几年来，日本东京文化服装学院的研究人员又根据现代人的体型变化及着装特征，对原有的文化式原型进行了改造推出了新一代——第八代文化式服装原型。服装原型构成法的科学性与应用性已成共识，无需再论。但是，任何理论和技术的应用都需要在长期的实践中不断深化和完善，服装原型也不例外。服装原型是基于人体基本型产生的，而服装的版型则是针对具体的服装款式设计的，两者之间在结构与形态上的差异，需要设计者做出准确的判断与处理，要掌握这种技能就必须对服装原型的构成原理有充分的理解和把握。

原型是原型构成法中的服装基本型，其实质是立体人体的二维平面基本形，这个基本形的获得不外乎两种方法，即立体构成法和平面构成法。所谓立体构成法就是通过立体裁剪的方式，直接获得人体的紧身衣片，经平面处理后得到服装原型（见第二章第二节）。而平面构成法是运用平面比例分配构成方法，依据胸围尺度设计的一系列特定的比例公式，进行结构的比例分配、定位，构成服装原型。日本原型结构就是以平面比例分配方法构成的。

日本服装原型按覆盖部位不同分上半身原型也称半身原型，下半身的则称裙原型，上肢部位称袖原型；按年龄和性别分儿童原型、成人女子原型和成人男子原型；按松量构成不同分紧身原型和松身原型，文化式原型为加了少量松量的半紧身原型。本章将以第八代文化式原型为基础作介绍。

第一节　文化式女装原型

原型裁剪法，在日本有文化式、登丽美式等多家流派，其中文化式对我国服装业影响最大，文化服装原型至今已发表了八个版本。文化服装第八版原型相比较先前的原型较合体，衣身合体，感觉不到明显的余量，特别是腰节线，基本上与人台的腰节线相重合。由于将胸省与腰省分开处理，胸部显得丰满、圆润，更适合衣身的分割造型设计。

（一）上半身原型结构制图

第八版文化式女装原型结构，主要根据胸围计算生成各部位数据。以"9号"规格尺寸示例，见表4-1。

表4-1　女装原型各部位规格表（JIS 9）　　　　　　　　　　　　　　单位：cm

项目	部位											
	胸围	身宽	A-胸围线	背宽	B-胸围线	前胸宽	$B/32$	前领宽	前领深	胸省	后领宽	后肩省
计算公式		$B/2+6$	$B/12+13.7$	$B/8+7.4$	$B/5+8.3$	$B/8+6.2$	$B/32$	$B/24+3.4=◎$	$◎+0.5$	$B/4-0.5$	$◎+0.2$	$B/32-0.8$
规格	83	47.5	20.6	17.8	24.9	16.6	2.6	6.9	7.4	18.3	7.0	1.8

1. 上半身原型结构框架绘制

制图方法与步骤，如图 4-1 所示。

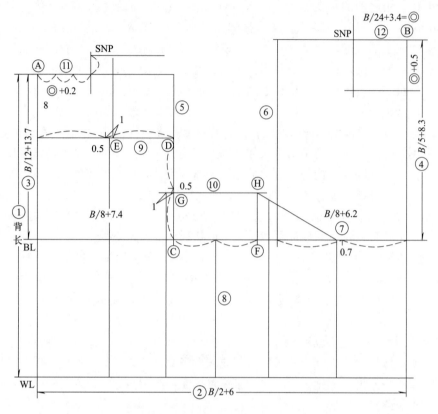

图 4-1　上半身原型结构框架

①设 A 点为后颈点，向下取背长。②自后中线取 $B/2+6$cm，做前中线。③自 A 点取 $B/12+13.7$cm，做 BL 线。④前中线上，自 BL 线取 $B/5+8.3$cm，做 B 点。⑤BL 线上，自后中线取 $B/8+7.4$cm 为 C 点，过点垂线为背宽直线。⑥自前中线取 $B/8+6.2$cm，做胸宽线。⑦前胸宽中点向外 0.7cm 做点为 BP 点。⑧自胸宽线取 $B/32$ 做 F 点；过 C 点至 F 点中点做垂线至 WL 线为侧缝线。⑨自 A 点取 8cm，作背宽横线，交背宽直线做 D 点，中点向外 1cm 做 E 点。⑩D 点至 WL 线中点向下 0.5cm 做 G 点，过点做垂线交于 H 点。⑪自 A 点取后领宽 $\circledcirc$ +0.2cm，过点向上做垂线，三分之一后领宽做点，为后颈肩点 SNP。⑫自 B 点向内取领宽 $B/24+3.4$cm= $\circledcirc$ 为前颈肩点 SNP，向下取领深 $\circledcirc$ +0.5cm 为颈窝点。

2. 上半身原型轮廓线绘制

制图方法，如图 4-2 所示。

前肩线：前颈肩点 22° 角的斜线，自胸宽线外 1.8 为肩端点，肩线长标为△。

后肩线及后肩省：后颈肩点 18° 角斜线，取△+$B/32-0.8$cm 为后肩端点，E 点垂线交点向外 1.5 做点，连接 E 点为省道线，再向外取肩省量 $B/32-0.8$cm，做点连接 E 点。

胸省：连接 H 点至 BP 点，以 BP 点为原点做 $B/4-2.50$ 夹角，以 H 点至 BP 点长度等长取两夹角线，为省道线。

省量分配：见表 4-2，总省量 =$B/2+6-(W/2+3)$cm。

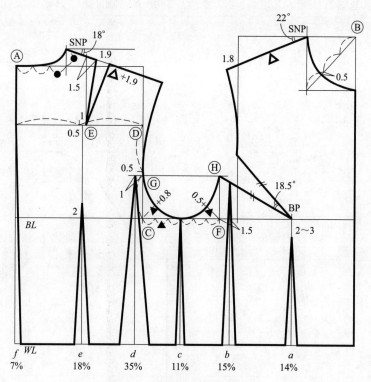

图 4-2　上半身原型结构制图

表 4-2　上半身原型的腰省分配表　　　　　　　　　单位：cm

总省量	f	e	d	c	b	a
100%	7%	18%	35%	11%	15%	14%
9	0.630	1.620	3.150	0.990	1.350	1.260
10	0.700	1.800	3.500	1.100	1.500	1.400
11	0.770	1.980	3.850	1.210	1.650	1.540
12	0.840	2.160	4.200	1.320	1.800	1.680
12.5	0.875	2.250	4.375	1.375	1.875	1.750
13	0.910	2.340	4.550	1.430	1.950	1.820
14	0.980	2.520	4.900	1.540	2.100	1.960
15	1.050	2.700	5.250	1.650	2.250	2.100

腰省设置：

b省：离 F 点 1.5cm 过点做垂线为省中线。

c省：侧缝线为省中线。

d省：离 G 点 1cm 做点为省尖点，过点做垂线为省中线。

e省：自 E 点向内 0.5cm，过点做垂线为省中线，省尖为 BL 线上 2cm。

f省：后中线为省道的中心线，省尖为背宽线交点。

（二）袖结构制图

将上半身原型胸省闭合，以前后肩端点折中位至 *BL* 线的高度为袖山设计的依据，以袖窿弧线作为袖山弧线的设计依据。

1. 袖原型结构框架绘制

制图方法与步骤，如图 4-3（a）所示。

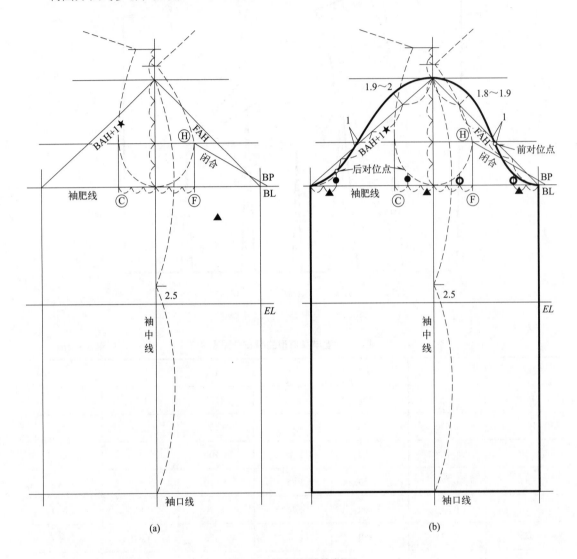

(a)   (b)

图 4-3 袖原型结构制图

2. 袖原型轮廓线绘制

袖子绘制，如图 4-3（b）所示。

（三）裙原型结构制图

裙原型以直筒裙结构为基础，腰省总量根据不同体型设定。臀部松量的确定可采取以净臀围尺寸为基准，加放 6 ～ 8cm。

制图方法与步骤，如图 4-4 所示。

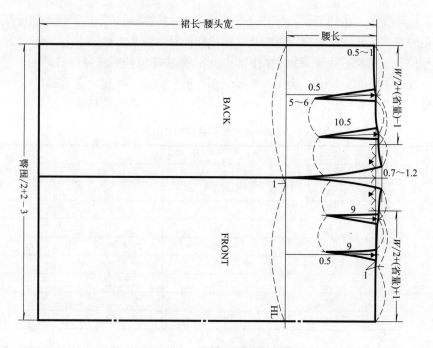

图 4-4　裙原型结构制图

第二节　女装标准原型

日本文化原型毕竟是基于日本女性而设计的，与我国女性体型特点或多或少存在一些差异。另外，在原型结构制图、裁剪制作的程序和习惯上也存在诸多的差异。因此，引进先进的技术和方法，不能全盘照抄，而应以"洋为中用"的科学态度，在学习研究的基础上，积极探索，不断实践，充分吸取其长处，为我所用，形成有自己鲜明特色并有所创新的方法。近年来，越来越多的专业人士在原型的研究方面进行着努力的探索，并取得了可喜的成绩，各种针对我国女性设计的原型常可见于相关专业刊物和书籍。这对推动我国的服装结构技术进步、服饰文化的研究和发展都将起到积极的作用。

众所周知，人的体型各不相同，甚至是同一人在不同年龄阶段，其体型变化也十分明显，极端的个体差异更是悬殊。所以每个人的服装原型也就不尽相同，体型改变原型也需跟着改变，故不存在统一的一成不变的服装原型，这就是原型具有的对应性和时效性。因此，具体个人的原型必须经过其本人当场试穿检验并修正后才能定型，称为修正原型或基准原型。

本书所介绍的女装标准原型是笔者在吸收日本文化式原型等其他构成方法的优点的基础上，结合我国女性体型特征和传统裁制习惯，总结出的适合我国女子体型的女装原型构成方法和原型制作技法，以国家统一号型中间标准体为规格设计依据，故称女装标准原型。

一、女装标准原型结构设计

女装标准原型结构设计以科学准确、适用简便为原则。"科学准确"就是原型结构设计应以人为本，与人体结构相适应，既符合人体的共性特征，也体现个性特点，能较准确表达绝大多数人的体型；"适用简便"首先是符合服装结构造型规律，其次就是适应服装款式造型结构变化的要求，原型结构构成方法及制作操作简单、应用方便。

女装标准原型结构采用平面比例构成法设计，采寸部位与服装号型系列标准规定的控制部位基本一致，主要有：胸围、腰围、臀围、颈根围、背长、肩宽、全臂长、BP 点及直裆等部位，规格以标准号型控制部位的尺寸设计，女装标准原型系列规格参考尺寸见表 4-3。

表 4-3　女装标准原型系列规格参考尺寸　　　　　　　　　　单位：cm

部位	号型			
	155/80A	160/84A	165/88A	170/92A
胸围（B）	80	84	88	92
腰围（W）	62	66	70	74
臀围（H）	86.4	90	93.6	97.2
颈根围（N）	36.2	37	37.8	38.6
背长	37	38	39	40
总肩宽	38	39	40	41
全臂长	48.5	50	52.5	55
BP 点	24/16.5	25/17	26/17.5	27/18
直裆	23.5	24.5	25.5	26.5

（一）主要部位的规格设计

胸围、腰围、臀围均采用服装统一号型系列标准规定尺寸和分档数值；

颈根围 = 颈围 +（3 ～ 4）cm，分档数值 0.8cm；

背长 = 颈椎点高 - 腰围高，分档数值 1cm；

BP 点，即乳峰点，中间标准体设计为乳高 25cm，乳间距 17cm，则表示为 25/17，乳高分档 1cm，乳间距分档 0.5cm；

直裆 = 坐姿颈椎点高 - 背长，分档数值 1cm；

原型基本松量：胸围 6 ～ 10cm。

（二）主要部位计算公式

前肩宽 = $\dfrac{1}{2}$ 总肩宽 -0.5cm；后肩宽 = $\dfrac{1}{2}$ 总肩宽。

袖窿深 = $\dfrac{B}{7}$+（9 ～ 10）cm ［或 $\dfrac{1}{2}$ 背长 +（2 ～ 4）cm］。

前胸宽 = $\dfrac{B}{7}$ +5cm；后背宽 = $\dfrac{B}{7}$ +6cm。

前颈宽（横开领）= $\dfrac{N}{5}$ -0.5cm；前颈深（直开领）= $\dfrac{N}{5}$ cm；后颈宽 = $\dfrac{N}{5}$ -0.5cm。

肩斜度 =5 ： 2，前后可做偏移性调整。

胸凸量 = $\dfrac{B-W}{8}$ +1cm（注：公式中 B、W 为净胸围、腰围规格）。

（三）女装标准原型结构制图

女装标准原型结构设计制图示例采用中间标准体型 160/84A 所列规格尺寸。

1. 女装标准原型衣身结构制图

制图方法与步骤，如图 4-5 所示。

① 先做一个矩形，以 ［$\dfrac{B}{2}$+4（放松量）cm］ 为宽、背长为长；并确定 AD 为上平线，BC

为腰围线，AB 为前中线，DC 为后中线。

② 后中线 DC 中点，向下取 2～4cm 或自 D 点向下量取袖窿深 $\left[\dfrac{B}{7}+(9\sim10)\text{cm}\right]$，过点做垂线交前中线，为胸围线。

③ 在胸围线中点向后偏 1cm，为腋窝点，过点做垂线交腰围线为侧缝线。

④ 从 A 点向内取 $\left[\dfrac{N}{5}-0.5\text{cm}\right]$，为前颈肩点，过点做垂线；从 A 点向下取直开领 $\left(\dfrac{N}{5}\right)$，为颈窝点，过点向内做垂线，两垂线相交形成领圈结构；自颈肩点向外取 15cm，过点向下做垂线，取 6cm，连接前颈肩点，为肩斜线。

⑤ 在前肩斜线上，自前中线垂直量取 $\left[\dfrac{1}{2}总肩宽-0.5\text{cm}\right]$，做点为肩端点，过点做上平线的平行线；在胸围线上自前中线向内量取胸宽 $\left[\dfrac{B}{7}+(3\sim4)\text{cm}\right]$，过点向上做垂线，相交于肩端点平行线；取中点下 2.5cm，为胸宽点。

⑥ 自上平线颈肩点向下量取乳高，自前中线向内量取 $\dfrac{1}{2}$ 乳间距，相交点即 BP 点，过点做前中线的平行线，为腰省中线；胸凸量按 $\left[\dfrac{B-W}{8}+1\text{cm}\right]$ 计算参考值，A 体型胸腰差范围为 14～18cm，加放生理松量后，取参考值 3～4cm，在 AB 延长线上，从 B 点向下量 3.5cm，过点做垂线与腰省中线相交。

⑦ 在上平线上，从 D 点向内取横开领 $\left[\dfrac{N}{5}-0.5\text{cm}\right]$，过点向上做垂线；三等分横开领，一等分标记为 ▲，垂线长取 ▲ 等量，为后颈肩点；过后颈肩点做上平线的平行线，取 15cm，过点向下做垂线，取 6cm，过点连接后颈肩点，为后肩斜线。

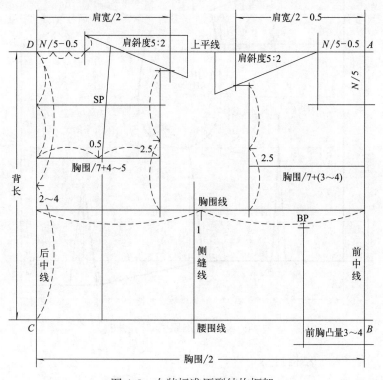

图 4-5　女装标准原型结构框架

⑧ 在后肩斜线上，自后中线垂直量取 $\left[\dfrac{1}{2}总肩宽\right]$，做点为肩端点，过点做上平线的平行线；在胸围线上，自后中线向内量取背宽 $\left[\dfrac{B}{7}+(4\sim5)\text{cm}\right]$，过点向上做垂线，相交于肩端点平行线；取中点下2.5cm，为背宽点，过点做平行线为背宽线。

⑨ 前片腰节设腰省4cm，省尖离 BP 点2cm；侧缝偏后2cm。

⑩ 前领圈弧线：颈肩点与颈窝点连接辅助线，辅助线中点做对角线，过对角线三分之一点画圆弧线。

⑪ 前袖窿弧线：胸宽点与腋窝点连接辅助线，辅助线中点做对角线，过对角线中点画圆弧线，弧线接顺至肩端点。

⑫ 后袖窿弧线：腋窝点与背宽点连接辅助线，辅助线三分之一点做对角线，过对角线三分之一中点画圆弧线，弧线接顺至肩端点。

⑬ 后中线上，后颈点至背宽线中点做垂线，为肩胛线；背宽线中点向背宽点偏0.5cm做点，过点向上与肩斜线离颈肩点4cm点连线为肩省位线；背宽线中点偏0.5cm点向下做垂线交胸围线、腰节线为后片腰褶褶位线。

⑭ 肩褶定位：在肩胛线上，与肩省位线交点，为肩褶中心点；离中心点2cm左右为褶尖点；肩胛线与袖窿弧线交点向下1cm为褶量，画省道标志。

⑮ 粗实线描画轮廓线，并完整制图标注。分别测量前后袖窿弧线 FAH、BAH。女装标准原型结构制图如图4-6所示。

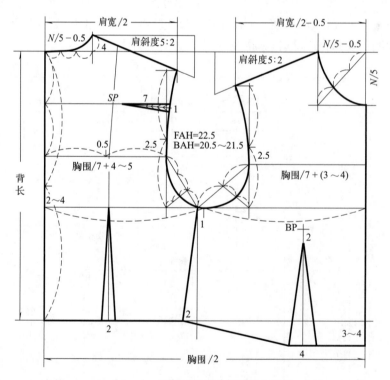

图4-6 女装标准原型结构制图

2. 女装标准原型袖子结构制图

袖子原型设计为单片式结构。采寸主要部位是袖长、手臂围和腕围。实际应用中，袖山与袖窿的匹配是袖子结构设计的关键，它直接关系着袖子造型结构的质量优劣。控制袖山弧长和袖窿弧长匹配的因素，袖子上是袖山、袖肥及袖山弧线，衣片上是袖窿深及袖窿弧线。传统比例构成法通常是由袖窿深、袖山、袖肥三个部位的计算公式来控制，因三个公式是相对独立的，并无关联，完全得靠经验调整，以致很难把握袖山弧长和袖窿弧长的相互匹配关系。吸收文化式原型构成法中以袖窿弧长（AH）作为设计袖山和袖肥规格依据的原理，袖山以袖窿弧长计算而得，袖肥大小是分别以前后袖窿弧长自袖顶点斜向量至袖肥线来确定。此法只要设计把握好袖山的规格，袖山弧长与袖窿弧长就基本相匹配。同时袖肥也就确定了，且袖山与袖肥的反比例关系构成了一种自动调节的机制，即袖山增大，袖肥就会相应减小，反之袖山减小时，袖肥就相应增大。然而，袖山与袖窿的关系调节变化时，袖山弧长却保持基本不变。因此，依据袖窿弧长设计袖子结构是一种科学又巧妙的好方法。

袖长为全臂长加放 4～5cm。原型设计时不考虑袖口规格，实际应用时再直接设计。袖子拼合后环形的袖山形似圆，另衣片拼合形成的袖窿也形似圆，则袖窿为圆周，袖山恰是它的直径，按圆周与直径的关系 $\dfrac{L}{\pi}$ 便可得出袖山 = $\dfrac{AH}{3}$。所以，袖山计算公式设计为 $\dfrac{AH}{3}$ ± 调节数值，其中调节数值为袖子造型设计需要而调整袖山与袖肥规格的变量。

袖子原型结构设计制图步骤：

① 做两条相互垂直的基准线，纵向为袖中线，横向为上平线，交点为袖顶点，也称袖山中点，袖中线下方（或右侧）为袖前侧，中线上方（或左侧）为袖后侧。

② 从上平线向下取袖长 55cm，做上平线的平行线为袖口线；二等分上平线和下平线，中点向下 2～3cm 做平行线为袖肘线。

③ 从上平线向下取袖山 $\left[\dfrac{AH}{3}\right]$，做平行线为袖肥线；分别从袖顶点斜向量取前后袖窿弧长 FAH、BAH 至袖肥线，并做辅助线，于袖肥线交点为袖肥大，过点做袖中线的平行线至袖口线，为袖肥标线。如图 4-7（a）所示。

④ 前侧袖山弧线：分别四等分前侧上平线和袖肥线，上平线离袖中四分之一点与袖肥线外四分之一点连辅助线；辅助线与上平线夹角的角平分线量取 1.2cm 左右做点，辅助线与袖肥线夹角的角平分线至 FAH 辅助线中点，弧线连接袖山中点、上对角线点、FAH 辅助线中点及下对角线中点。

⑤ 后侧袖山弧线：分别三等分后侧上平线和袖肥线，上平线离袖中线三分之一点与袖肥线外三分之一中点连接辅助线；辅助线与上平线夹角的角平分线量取 1.5cm 左右做点，弧线连接袖山中点、上对角线点、辅助线与 BAH 交点，交点至袖肥大弧线中部凹进 0.5cm 左右，注意袖山顶部前后弧线接顺。

⑥ 袖口弧线：袖口定位▲ = $\left[\dfrac{袖肥-袖口}{2}\right]$，袖口大前后两侧分别二等分，前侧中点向内凹进 0.5cm，后侧中点向外凸 0.5cm，弧线连接各点。

⑦ 用粗实线描绘轮廓线；并完整制图标注，如图 4-7（b）所示。

3. 裙原型结构制图

裙原型以直筒裙结构为基础，腰围松量 1～2cm，臀部松量加放 4～6cm。

制图方法与步骤，如图 4-8 所示。

① 以裙长 - 腰头宽为长，臀围 /2+ 松量（2～3cm）为宽做矩形；腰口线向下取 3/2 直裆（15～17cm），过点做垂线为臀围（HL）线；HL 线中点偏后 1cm（前后差），过点做垂线为侧缝线。

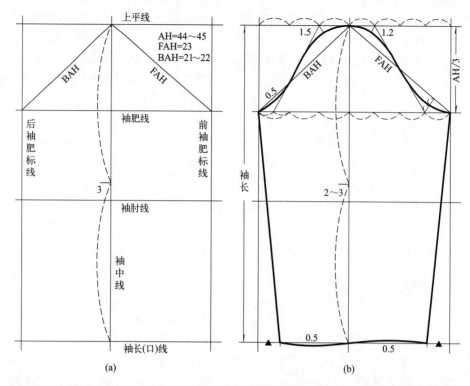

图 4-7 袖子原型结构制图

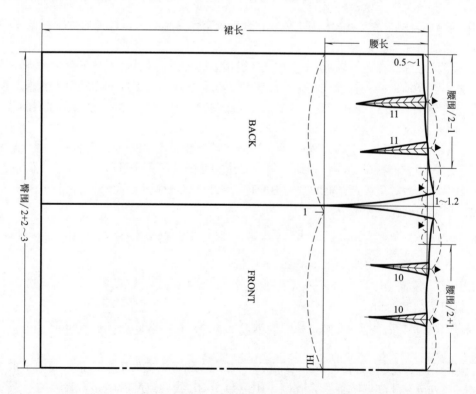

图 4-8 裙原型结构制图

② 后中线腰口线向下 0.5～1cm 做点为后中腰点；侧缝线向上 1～1.2cm 做腰口线的平行线，为侧腰点位置线。

③ 在腰口线上，分别自前中线取腰围 /4+1，自后中线取后腰围 /4-1 做点；此点至侧缝线三等分；三分之一等分量▲为腰口省量和侧缝撇除量。

④ 腰省位：腰口三等分，过等分点做垂线为省位中线，省量为▲等分量；前省长 9～10cm，后为 10～11cm。

⑤ 腰口线省根处轮廓线做折叠处理，侧缝臀围以上弧线画顺，前中线为对折线。

二、原型的修整与标准原型

原型修整就是拷贝原型纸样剪裁坯布，由真人或在人台上试穿，检验纸样的适体性，针对不吻合的部位进行必要的调整和修改，再相应修改原型纸样，最后制作成标准原型样板的过程。只有经过真人或人台试穿检验、修正程序，制作成的服装原型，称修正原型或标准原型，才能正式应用于结构设计。未经修整程序的原型，不是真正意义上的原型，特别是它不能称作某某人的原型，在高级定制中，原型的修整程序尤显重要。

成衣化生产中的原型通常是不需要做真人人体修正的，但有必要针对企业品牌定位客户群体型的特征做相应的调整。

（一）原型修整程序

1. 坯布准备

分别裁取两块长 50cm、宽 35cm 的坯布；归正经纬丝缕，并熨平；经向一侧离布口 3cm 左右抽去经丝缕一根，作经向标示线，即前或后中线；离坯布上口 27cm 处抽去纬丝缕一根，作纬向标示线，即胸围线。如图 4-9 所示。

2. 拷贝原型

将原型结构制图置于坯布上，前后中线与经向标示线对齐，胸围线与纬向标示线对齐；二层之间夹入复印纸，再用大头针扎别固定；利用划线轮沿原型轮廓线拷贝，包括内部结构线和 BP 点。如图 4-10 所示。

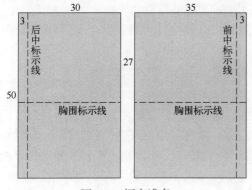

图 4-9　坯布准备

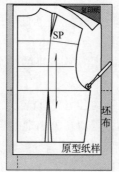

图 4-10　拷贝原型

3. 剪裁坯布

沿拷贝线加放缝份；沿缝份线剪裁多余部分，在领圈及袖窿弧弯处剪刀口，刀口以剪到净缝线为准，刀口密度视弧线弯度而定，弧度较大处刀口密度宜大。加放缝份量、裁剪如图 4-11 所示。

4. 假缝样衣

依据拷贝线用手针进行假缝，肩省和腰省采用绗针法缝合并压倒缝头；后片侧胁线和肩缝先扣折，再叠于前片相对应缝份上，采用绗针法缝合成单侧样衣。如图4-12所示。

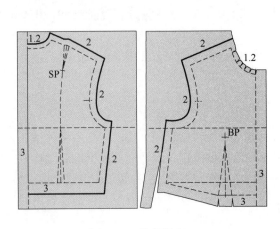

图 4-11　裁剪坯布　　　　　　　　　图 4-12　假缝样衣

也可以制作成左右整片式的完整样衣，则坯布宽度应取 65cm 以上，前后坯布对折，原型纸样中线与对折边平齐拷贝原型。

5. 试穿

将假缝好的样衣覆于真人或人台上，样衣前、后中线与人台前、后中标示线分别对齐；沿前、后中线用大头针扎别固定（真人试穿时，要求测试者穿薄型内衣，用彩色胶带标示前后中线，再采用双面胶带纸固定样衣的前后中线）。如图4-13（a）所示。

6. 检验调整

先在侧胁分别捏扎前后衣片的胸围松余量约 2cm；再在 BP 点以下至腰节方向，捏合全部松余量（胸褶量）；然后依序检验试穿好的样衣与人台的适体性。如图4-13（b）所示。

① 领圈：前、后颈点及颈肩点是否与颈部吻合。

② 肩背部：肩斜度是否适合；肩胛省是否服帖；肩宽是否吻合。

③ 袖窿：前胸宽点、后背宽点是否吻合；袖窿弧线与臂根（腋窝）是否吻合；底部是否适度。

④ 胸部：BP 点是否吻合。

⑤ 腰部：先捏合别针扎住胸乳下的松余量；核查前后腰节线的吻合情况。

7. 做修整标记

针对检验过程中的不吻合情况进行必要的调整。如肩端处有空隙，说明原型肩斜度过小，可采用捏合法消除空隙；若肩端处出现斜向链形绷纹，而颈肩点处存在空隙，则表示原型肩斜度过大，应先拆开原肩缝线，让肩缝展开，消除肩端的绷紧纹，再采用大头针重新别合肩缝，使肩部吻合。对所有经过调整的部位，采用彩色笔做相应的修整标记。标记要求精确清晰、部位准确。如图4-13（c）所示。

8. 复制标记、修改原型

卸下样衣，拆除全部缝线，展平样衣，核对原型纸样，分别在有修整标记的相应部位拷贝复制标记。针对修整标记，相应调整原型结构线，重新描绘轮廓线。确定标准原型结构制图，并完整标注。如图4-14所示。

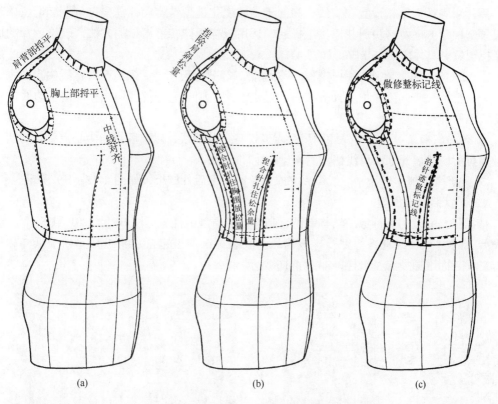

图 4-13　样衣试穿与修整

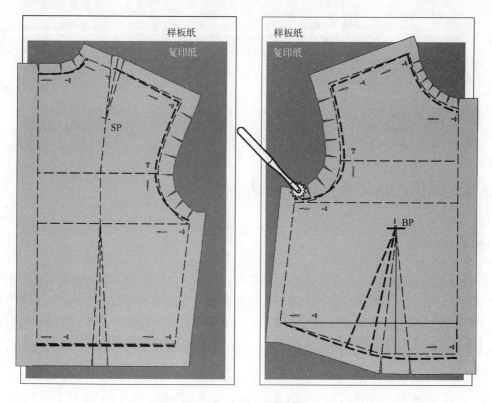

图 4-14　标准原型结构图

后片肩胛褶原结构设置在肩线，为便于款式变化造型结构设计需要，可做标记位调整，改设置于袖窿方向。拷贝剪裁原型纸样后，运用纸样操作转移褶量的方法，改设后片的肩胛褶量标记位。具体方法与步骤，如图4-15（a）所示。

① 设置剪切线：在纸样后中线上，做背长二等分标记；过后颈点至背宽线中点做垂线交于袖窿，袖窿交点向下量取1.5cm左右，过点连接肩胛点为褶位剪切线；原肩褶边线设置为剪切线至肩胛点。

② 转移肩褶量：分别自外缘向肩胛点剪切各条剪切线，以肩胛点为中心点旋转剪切片，使袖窿位剪切线展开，原肩线褶位的褶量完全闭合。

③ 重新拷贝制作后片原型纸样。完成的标准原型后片样板，如图4-15（b）所示。

（二）女装标准原型

依据修整完成的标准原型结构制图，制作标准原型纸样。标注BP点、SP点、褶位标记、胸宽点、背宽点及结构线等完整样板信息。女装标准原型包括衣身纸样、袖子纸样和裙子纸样。女装标准原型衣身纸样，如图4-16所示。

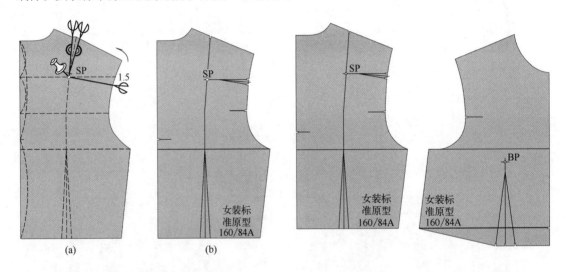

图4-15 设置肩胛省位 　　　图4-16 女装标准原型衣身纸样

第三节　原型构成法结构设计技法

一、腰节定位原理

胸凸量的概念是女性人体结构特征的体现，它与胸乳的丰满度成正比例关系，取决于服装造型胸腰差的设计，即随服装的胸腰差大小而变化。女装标准原型的胸凸量设计为3.5cm左右，适应服装胸腰围差为18～22cm范围，也即适合紧身、合体型的服装造型。而当服装宽松度增大，胸腰差减少，则相应的胸凸量也减少，可按$\left(\dfrac{胸围-腰围}{8}+1cm\right)$计算参考量。以原型胸凸量为基准，紧身和合体型服装，腰部较贴合身体，胸凸量宜取全量；随腰部宽松度加大，胸腰差变小，则胸凸量取值逐渐减小；至宽大的直腰身时，胸凸量减至最小值1cm左右，即可忽略。胸凸量通常加放在前片腰节线下，如图 4-17（a）所示。便于具体结构设计需要可将胸凸量转移至胸围线上腋窝部位，使前后衣片的腰围线处于同一水平线上。如图 4-17（b）所示。

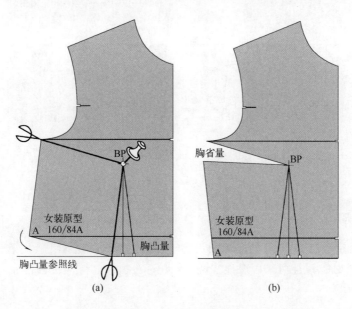

图 4-17　胸凸量加放位置

二、胸褶定位与转移原理

胸凸量是胸褶量的设计依据。女装胸褶量确定后，胸褶的定位以胸部乳凸点即 BP 点为中心，呈辐射状向衣片四周设置。胸褶量可在以 BP 点为旋转点，各方向褶位间相互转移，其胸凸造型效果不会改变。常见胸褶位设置有肋褶（横褶）、袖窿褶、肩褶、领圈褶、前中褶等，褶量转移分全部转移和部分转移。

1. 全部转移

在设置褶位点与 BP 点连接剪切线，如图 4-18（a）所示；自外向内剪切至 BP 点后，以 BP 点为中心旋转剪切片，使原褶位闭合，新设置褶位剪切处展开，即原褶量全部转移至新褶位。如图 4-18（b）所示。

2. 部分转移

即省量转移至两个以上的不同部位。方法是分多次转移操作，逐次分量转移至不同的部位。如图 4-19 所示。

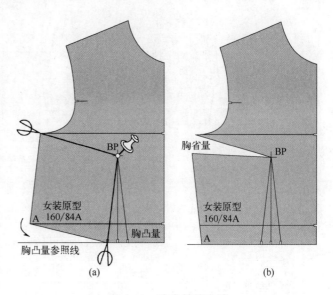

图 4-18　胸省转移方法

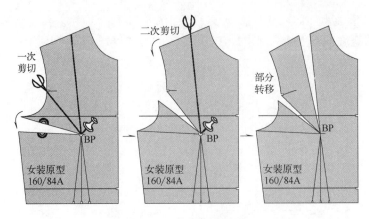

图 4-19　胸省部分转移

三、胸部适体造型设计原理

胸凸量是为服装胸部适体造型需要而设定的，即胸部适体造型设计的载体是胸凸量。服装胸部适体造型的结构设计可采用多种方法，如褶、分割线、撇门及融合等。

1. 胸褶（省道）

以胸凸量作为胸褶量设计省道或褶裥。如图 4-20（a）所示。

2. 分割线

前片可视款式需要设置分割线，运用褶量转移，将胸凸量包含在相应的分割线中。如图 4-20（b）所示。

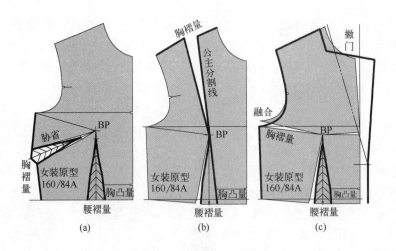

图 4-20　胸部适体造型设计

3. 撇门

有些领型，如驳领，通常可设计撇门，通过旋转法将部分胸凸量转移进撇门内。如图 4-20（c）所示。

4. 直接融合

针对胸褶量较小时，且较宽松的服装造型，一般在 1 ～ 1.5cm，可直接降低前片袖窿，将胸凸量融合进袖窿内。

四、造型结构设计原理

原型构成法造型结构设计的基本原理就是通过对原型主要结构点的重新定位，改变服装造型结构。主要的结构点（线）如下：

领圈部位：后颈点、颈肩点、颈窝点。

袖窿部位：肩端（宽）点、胸宽点、背宽点、袖窿深（腋窝点）、胸围线。

胸部：BP点。

腰节及以下：腰节线、侧腰点、前后下长、衣摆。

省道、分割线及口袋位的设置定位。

定位方法，采用坐标原理，即每个结构点都有相应的纵、横向移动量，而肩斜线例外，为保持肩斜度不变，颈肩点和肩端点只设宽度方向的变量，纵向依据颈肩点纵向的变量做肩斜的平行线来确定。如图 4-21 所示。

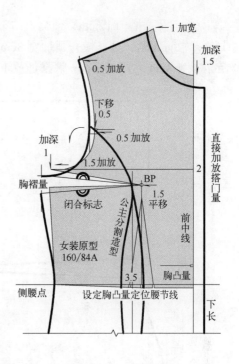

图 4-21　结构设计方法

第四节　原型构成法结构设计应用

一、衬衫结构设计

休闲衬衫，立领，前开门襟七档纽扣，方形胸袋，直腰身，长袖，袖口开衩装克夫，袖中设系带，系扎袖口，衣摆为圆弧造型。款式如图 4-22 所示。

（1）规格设计　见表 4-4。

<table>
<tr><th colspan="9">表 4-4　衬衫规格参考表　　　　单位：cm</th></tr>
<tr><td>部位</td><td>衣长</td><td>胸围</td><td>背长</td><td>领围</td><td>肩宽</td><td>袖长</td><td>克夫</td><td>BP点</td></tr>
<tr><td>规格</td><td>62</td><td>102</td><td>38</td><td>38</td><td>40</td><td>56</td><td>24</td><td>25/18</td></tr>
</table>

（2）结构分析　规格较宽松，两开身，直腰身，直袖。衬衫结构设计如图 4-23 所示。

（3）结构设计要点

① 基准线：纵向设置前中线，前中线垂线为腰节线；自前中线量取半胸围做平行线为后中线。

② 腰节线定位：原型样板前片前中平齐，腰节向上 1cm 左右放置，并固定；后片样板后中线与腰节线分别对齐放置并固定。

③ 后片：腰节线下 24cm 做衣长线；胸围线下移 1cm；后颈点向下 0.5cm，加宽 3cm；肩端点加宽 0.5cm，背宽点加放 0.5cm；底摆加放 1.5cm 左右，下平线向上 2cm 左右。

图 4-22　衬衫

④ 前片：搭门 1.5cm，颈窝点向下 3cm；第一档纽扣，驳头上 1.5cm，最下档下平线上 1cm，中间各档均分；横开领加宽 3cm；肩端点加宽 0.5cm，胸宽点加放 1cm，胸围线中点向后偏差 1cm 为侧缝标线；底摆加放 1.5cm 左右，前中加长 3cm。

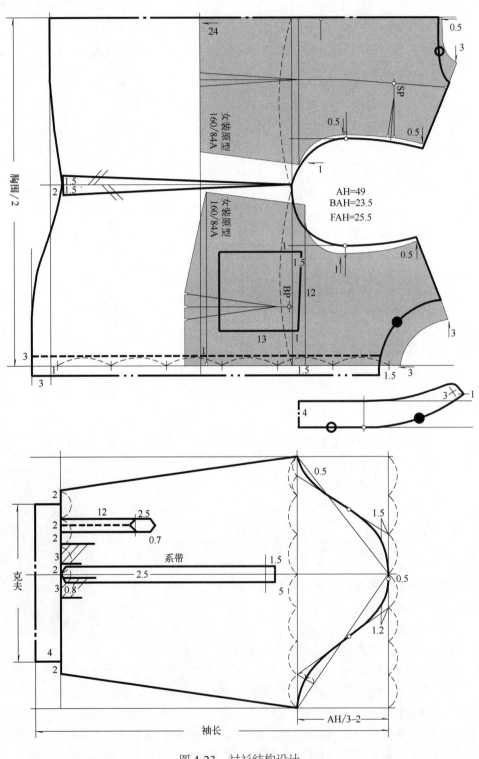

图 4-23　衬衫结构设计

⑤ 领子：立领后中高 4cm，后部平直，前端起翘 5cm 左右，前部领高 3cm，领底弧长与领圈弧长相吻合。

⑥ 袖子：分别实测前后片袖窿弧线，以袖窿弧长 AH 为依据设计袖山、袖肥，绘画袖山弧线；克夫对折双层，宽 4cm，袖口放抽褶量 4cm；袖肥减袖口大定位袖口，后侧袖口三分之一处设置开衩口位；袖中线袖肥线下 5cm 定位袖系带，系带宽 2.5cm，长至袖口。

二、套装结构设计

套装，上衣为领圈领，双重驳头造型，公主线分割，短袖；下装为低腰短裙。款式如图 4-24 所示。

（1）结构分析　上衣合体造型，四开身结构，前后自袖窿公主线分割，一粒扣，圆领圈，双重弧形驳头造型，三分短袖；下装为膝上短裙，低腰，无腰头结构，后腰口开衩。套装结构设计制图如图 4-25 所示。

（2）规格设计　见表 4-5。

表 4-5　套装规格参考表　　　　　单位：cm

部位	衣长	胸围	背长	肩宽	袖长	袖口	BP点	裙长	臀围	腰围
规格	56	92	38	39	17	32	25/18	50	94	76

（3）结构设计要点

① 基准线：纵向设置前中线，前中线垂线为腰节线；自前中线量取半胸围（加 4cm）做平行线为后中线。

图 4-24　女套装

② 腰节线定位：原型样板前片前中平齐，胸凸量向上 1cm 左右放置，将胸省量转移至腋点位，并固定；后片样板后中线与腰节线分别对齐放置并固定。

③ 后片：腰节线下 18cm 做下平线；后颈点向下 0.8cm，横开加宽 3cm；胸围加大 1cm，过点做侧缝标线；转移肩胛省量 1cm；后腰中点做垂线为公主分割标线，腰节处省量 2cm。

④ 前片：搭门 2cm，原型纸样腰节线为纽扣位，横开领放宽 3cm，颈窝点向内 4.5cm；颈窝点向下 4cm，重驳头上宽 4cm，下端宽 3cm；衣摆前中加长 4cm，侧缝加放 2cm；过腋点作侧缝标线，腰节收进 1.5cm；BP 点向内 2cm 为公主分割标线，腰节处省量 4cm，胸宽点向上 2cm 为公主线分割点；采用纸样辅助法转移腋点位胸省量进袖窿点分割线中。

⑤ 袖子：分别实测前后片袖窿弧线，以袖窿弧长 AH 为依据确定袖山、袖肥；袖长线与袖口线为基准线，袖山按 AH/3-2cm 计算；鉴于短袖，袖底线袖口侧宜加长 1cm 左右。

⑥ 裙子：采用裙子原型样板设计。低腰以原型前腰口向下 4cm 左右定位，后中腰点向下 0.5cm，侧腰点起翘 1.5cm；腰口贴边 5cm 左右；后中腰口开衩。

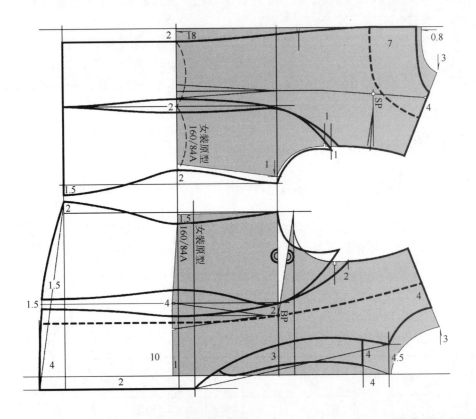

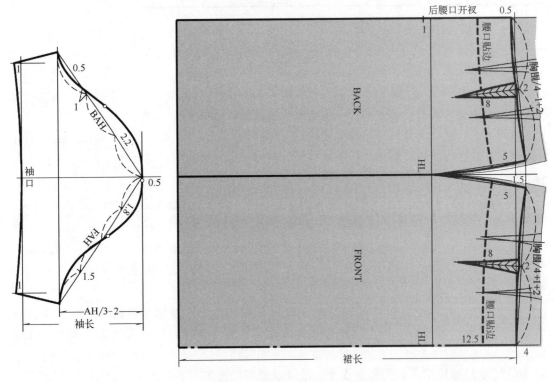

图 4-25　套装结构设计

三、大衣结构设计

大衣，企领，装饰肩裥，双排五档扣，双插袋，后背覆盖式育克，后中底摆开衩，腰节串扣式腰带，长袖，袖口裥加串扣带。款式如图 4-26 所示。

（1）规格设计　见表 4-6。

表 4-6　大衣规格参考表　　　　单位：cm

部位	衣长	胸围	背长	领围	肩宽	袖长	袖口	BP 点
规格	80	96	38	42	41	57	26	25/18

（2）结构分析　上衣为两开身结构，衣长至大腿中部，双排五档纽扣，企领，串扣式宽腰带，后中装饰腰带裥，后背覆盖式育克，居中纽扣装饰固定，后中底摆交叠式开衩，前片宽袋牙双插袋，双片袖长过虎口，袖口装饰裥，加串扣式袖裥带。大衣衣身结构设计制图如图 4-27 所示。

图 4-26　女大衣

（3）结构设计要点

① 基准线：纵向设置前中线，前中线垂线为腰节线；自前中线量取半胸围（加 12cm 左右）做平行线为后中线。

② 腰节线定位：原型样板前片前中平齐，胸凸量向上 1cm 左右放置，以 BP 点为中心旋转法作撇门操作，撇门量前颈窝点 1cm 左右，并固定；后片样板后中线对齐，离腰节线上 1cm 放置并固定。

③ 后片：腰节线下 42cm 做下平线；腋点下移 1cm 做胸围线；横开领加宽 1.5cm；肩端点、背宽点各加宽 1cm；胸围加大 2cm，过点做侧缝标线，腰节收进 2cm，底摆加放 4cm 左右；后中腰节线以下收进 2.5cm；后中背宽线下 3cm 与背宽点画育克造型线；腰带裥定位：腰节线下 3cm，离后中缝 2cm；侧腰带裥离侧缝线 4cm。

④ 前片：双排宽搭门 7cm，横开领放宽 1.5cm，颈窝点向下 1.5cm；肩端点加宽 1cm，胸宽点下移 1cm，加宽 0.5cm，腋点加放 1cm，过点做侧缝标线，腰节收进 2cm，底摆加放 5cm；底摆前中加长 2cm；第一档扣位离驳头上止口 2.5cm，离门襟止口 2cm，最下一档扣位离腰节线 15cm 左右，五档扣位均分，以中线为对称定双排扣位；腰带裥定位，腰节线下 3cm，离省位标线 1cm；插袋，袋位上止口离腰节线下 3cm，离胸宽点垂线 1.5cm，袋口 18cm，袋口中点与垂线相交，袋牙宽 3cm；袋布底宽 13cm 左右，深 10cm 左右。

⑤ 腰带：腰带宽 7cm，一端装带扣，尾端宝剑头形。腰围按 80cm 估算，尾端加 20cm；后中装饰裥两端宝剑头造型，中宽 3.5cm，两端宽 5cm，长 24cm。

⑥ 肩裥：肩裥长以肩线减 1cm 确定，宽 3.5cm。

⑦ 企领：底领高 6cm，领头起翘 1cm，倾斜 1.5cm，领底弧线与领圈弧线相吻合；领面后中高 8cm，领头起翘 3cm，领角倾斜 3cm，起翘 1cm。

⑧ 袖子：分别实测前后片袖窿弧线，以袖窿弧长 AH 为依据确定袖山、袖肥，依据袖长、袖口等规格制作直袖原型纸样；以袖原型设计双片袖结构；离袖口 6cm 定位袖口裥带；袖口裥带宽 3cm，长以袖口三倍估算。测算袖山吃势量，在袖山弧线与衣片袖窿弧线对应对位点做对位标记。如图 4-28 所示。

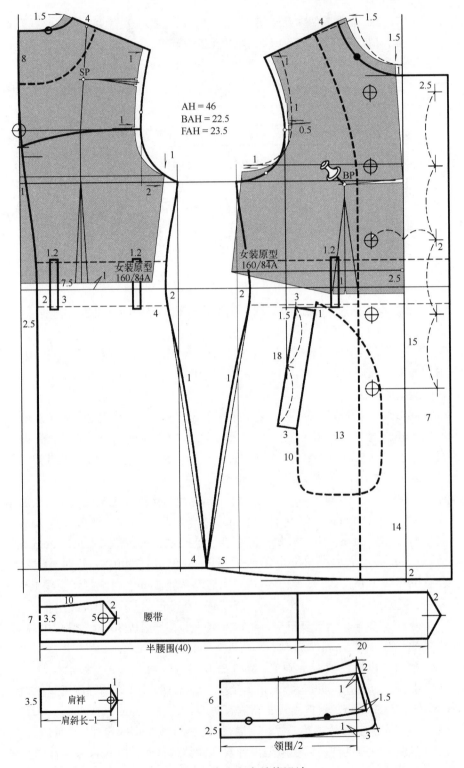

AH = 46
BAH = 22.5
FAH = 23.5

女装原型
160/84A

女装原型
160/84A

腰带

半腰围(40)

肩衩

肩斜长-1

领围/2

图 4-27　大衣衣身结构设计

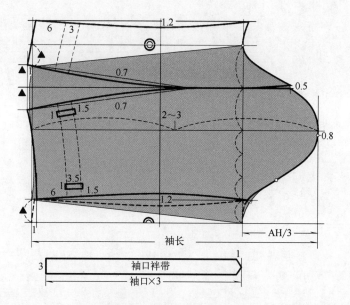

图 4-28 大衣袖子结构设计

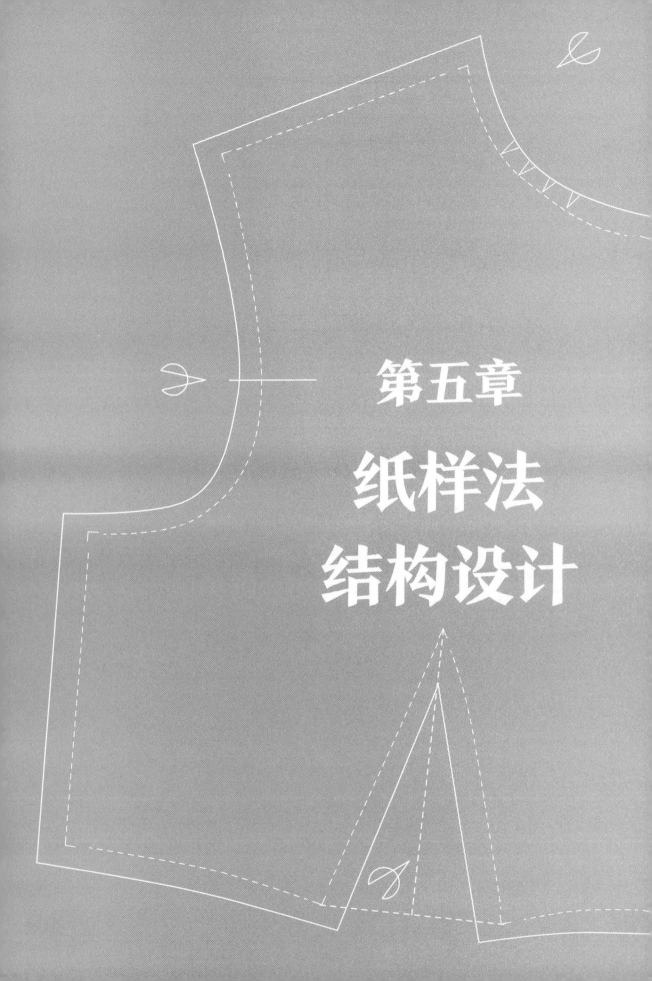

第五章

纸样法

结构设计

纸样法，又称基础纸样法，是一种综合了立体构成法、比例构成法、原型构成法及纸样辅助方法等，取长补短，创立的全新女装结构设计方法。该方法运用纸样操作原理，通过对基础（操作）纸样进行必要的剪切、切分、旋转、拼合、闭合、移动、扩展、加放等纸样操作，辅以适当的造型手段，改变纸样结构，进行女装款式造型结构设计，并按样板制作规范制作出准确的服装样板。本章主要阐述纸样法结构设计原理、基础纸样体系、基础纸样的设计与制作方法和规范，以及运用纸样法原理和方法设计女装结构与样板的基本规律、设计与制作技巧。

第一节　纸样法结构设计原理与基础纸样体系

任何事物都是遵循着其特定的规律存在，服装也不例外。女装款式虽多种多样，造型各异，但究其结构，不难发现它们都有各自的规律特征，并存在共性与个性的关系。其共性就是服装基本型，个性就是具体款式不同的造型结构特点。我们分析女装造型的内容量，即宽松度，可归纳为贴体、合体、宽松、宽大等几种特点；分解衣片结构，可归纳为"四开身"和"三开身"两大类；归纳袖子结构可分为装袖、连身袖、插肩袖等三大类；款式通常可分类为内衣（胸衣）、衬衫、夹克、外套、大衣（风衣）、裙装和裤装等。根据这些特征，结合女装款式造型规律，设计一系列的基础板型，组成女装基础纸样体系。以基础纸样作为造型基础，通过对基础（操作）纸样进行相应的旋转、剪切、切分、拼合、闭合、扩展、加放等操作，变化纸样结构，设计女装款式造型结构，按规范制作出各类准确的样板。

一、基础纸样规格系列设计

女装基础纸样规格系列设计以人体部位实际测量净尺寸或统一号型标准为基础，依据具体设计要求，考虑款式造型、面料特点、服用功能、穿着对象的习惯爱好以及品牌风格特征等各方面因素，设定相应部位的加放量，进行适当加放，设计各部位的成品规格。在成衣化生产实际应用中，基础纸样规格通常以中间标准体规格为准，具体加放参考尺寸见表5-1（针对表4-3"女装标准原型规格系列参考尺寸"设计）。

表 5-1　女装规格系列设计加放参考尺寸表　　　　　　　　　　　单位：cm

部位	造型				备注
	贴体	合体	宽松	宽大	
胸围	2～4	8～14	16～24	26～	①以净尺寸测量为基础加放。②下装腰围指裙子、裤子类的腰围规格
肩宽	0～1	1～3	4～6	6～	
腰围	0～4	4～10	18～26	大于胸围规格	
颈根围	0～1	1～2	2～3	4～	
背长	0	0.5	0.5～1	1～1.5	
下装腰围	0～1	1～3	4～		
直裆	0	0.5	1～2	2～4	
臀围	1～3	4～8	10～18	20～	
服用功能特征	贴身内衣、弹力健身衣类	内衣及薄型毛衣。适宜四季各类女装	中厚型毛衣。适宜秋、冬季各类女装	功能强，适宜冬季外套、大衣类女装	

二、女装基础纸样系列

纸样法结构设计中基础纸样的设计是成功的关键，依据女装款式的造型结构特征和服用功能特点，结合造型结构设计规律和具体实际，划分不同类别，设计基础纸样，组成系列化的女装基础纸样。通常可分成六大类，同时在具体应用中也可视实际需要进行分类，或针对性地设计独特款式的基础纸样。

女装基础纸样系列：

① 半身型基础纸样，腰节线以上的上衣基本结构。

② 衣身型基础纸样，"四开身"上衣的基本结构。

③ "三开身"上衣基础纸样，"三开身"上衣的基本结构。

④ 袖子基础纸样，各类装袖的基本结构。

⑤ 裙装基础纸样，西裙装的基本结构。

⑥ 裤装基础纸样，西裤的基本结构。

女装基础纸样体系的建立有助于提高样板设计效率，在实际应用时，只要准确分析具体女装款式的造型特征和结构特点，选择相应的基础纸样，以此为基础板型，进行款式变化结构设计与样板制作。简化了设计程序，造型设计的准确率和成功率也会显著提高。

女装基础纸样体系的建立有助于样板设计的规范化、标准化和信息化，符合现代企业化生产的实际管理要求，使女装造型结构设计更准确，样板制作更规范、更标准，女装成衣适体性、审美性更好，既保持板型风格稳定又不局限款式的个性化发挥，造型结构变化灵活随意。对提高女装设计、生产、技术管理的效能均具有积极的作用。

三、基础纸样设计

基础纸样的设计不应拘泥于哪种构成方法，应视实际需要以科学合理、简便为基本原则，不论平面构成法或立体构成法，还是平面构成法中的比例构成法或原型构成法，都可综合运用。

基础纸样通常采用牛皮纸或韧性较好的纸张制作，便于保存和拷贝。在实际应用时，宜采用韧性较好的薄型纸拷贝制作成操作纸样，便于多次变化设计操作。

基础纸样设计制作的基本程序：基础纸样规格系列设计→基础纸样结构设计→基础纸样制作→基础纸样试衣修改→标准基础纸样（基本板型）。

基础纸样的设计过程是一个不断完善的设计过程，在生产应用中，根据设计风格、品牌特色、生产营销、售后服务等各方面的实际反馈情况，有针对性地修改基础纸样（基本板型），逐步完善，最后才能形成独具特色的基础纸样——具有品牌风格特征的服装板型。

四、基础纸样应用

基础纸样应用原则：基础纸样的结构特征应与女装款式的具体结构特征相适应。

结构设计的技术手段：运用纸样法的基本原理和技法对基础纸样进行必要的结构变化操作，设计女装结构和制作样板。

设计过程中的基础纸样称为操作纸样，操作纸样可视实际需要全幅拷贝或部分拷贝基础纸样，针对结构复杂的设计，必要时可多次拷贝制作操作纸样或制作分步变化的操作纸样；某些结构简单与基础纸样结构相同或相似的女装款式，基础纸样也可以直接设计制作成样板。

第二节　基础纸样的设计与制作

女装基础纸样规格系列是依据女装款式造型规律及服用功能特点设计的。以女性中间标准体 160/84A 为准，参照表 1-6、表 4-3 和表 5-1 的规格尺寸，设计女装基础纸样规格系列尺寸，见表 5-2。

表 5-2　基础纸样规格系列尺寸表　　　　　　　　　　　　单位：cm

部位	造型				
	标准原型	贴体	合体	宽松	宽大
胸围	84+8	84+2	84+12	84+20	84+28
腰围	68+6	68+2	68+10	68+24	68+44
颈根围	37	37	38	39	40
总肩宽	39	38	40	42	44
胸凸量	3.5	4	3.5	2.5	1～1.5
背长	38	38	38.5	39	39
袖长	53	55	56	57	58
腰围	66+2	66+1	66+2	66+4	66+6
直裆	25	24.5	25	26	28
臀围	90+4	90+2	90+6	90+12	90+24
BP 点	25/17	25/17	25.5/18	26/19	26/20

表中各部位的规格仅作参考。胸凸量是依据胸腰围差而设计的，贴体设计时胸腰差最明显，胸凸量就大，随腰围宽松程度的增大而减小。背长、乳高的规格加放是考虑服装随内容量功能的增大，胸、背及肩部因衣物会有相应的增厚，而所需的必要加放量。

一、半身型基础纸样

所谓半身型是指腰节线以上的上衣结构，与服装原型的结构相似。半身型上衣纸样是基础纸样系列中最基本的纸样，通常分为贴体、合体、宽松和宽大四种。基础纸样的结构设计可运用多种方法，如原型构成法、比例构成法和立体构成法等。袖子纸样部分集中在后面袖子基础纸样设计中阐述，在此只做衣身部分纸样的阐述。

运用原型构成法示例半身型基础纸样的设计与制作。

1. 贴体型

适宜于贴体型女装结构的样板设计，胸围加放量相对较小，通常在 2～4cm。这类女装采用有较好弹性的面料设计时，视面料弹性特点成衣规格甚至可小于人体实测尺寸。

【设计与制作】

采用标准原型纸样，根据贴体型基础纸样的规格，在原型上的相应关键点进行调整。裁取 45cm×30cm 样板纸两块，离纸板边缘 2cm 左右，分别画直线为中线；原型纸样置于纸板上，前后中线分别与所画中线对齐，大头针固定，如图 5-1 所示。

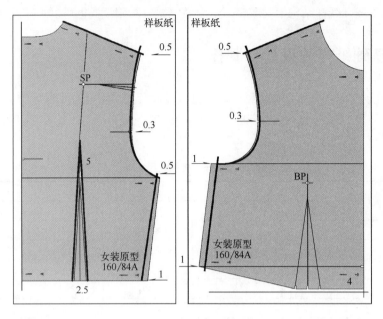

图 5-1　贴体型纸样结构

（1）前片

先沿肩斜画直线，以确定肩斜不变。肩端点向内缩进 0.5cm；胸宽点内缩进 0.3cm；胸围缩小 1cm；腰围缩进 1cm；自腰节线向下量取胸凸量 4cm。

（2）后片

先画肩斜线，以确定肩斜度不变。肩宽点内缩进 0.5cm，袖窿含肩胛褶 1.5cm，背宽点缩进 0.3cm，腰节省省尖上移 4～5cm，胸围缩小 0.5cm，腰围缩小 1cm，连接各点描绘轮廓线，沿轮廓线剪裁样板。

（3）胸褶位转移

自侧腋（腋窝）点向 BP 点设置褶位线，如图 5-2（a）所示。以 BP 点为旋转原点，用图钉固定，并拔去原纸板上的固定大头针；旋转前片原型纸样，逆时针旋转原型纸样，使侧腰点与腰节线平齐，将胸凸量形成的胸褶量转移至侧腋点，如图 5-2（b）所示；描画褶位线和轮廓线。沿轮廓线剪裁样板。

（4）设置腰褶

设置腰褶，按四等分分配腰围，可设置适度前后片偏差量。偏差 0.5cm，即前腰围 $=\dfrac{W}{4}+0.5=18$cm，设置腰褶 4cm；后腰围 $=\dfrac{W}{4}-0.5=17$cm，设置腰褶 2cm；分别描绘前后腰口线，完整轮廓线；在描绘轮廓线时，可在纸样与纸板间垫入复印纸，采用划线轮滚压拷贝。

（5）制作规范纸样

沿轮廓线剪裁样板纸，标注必要的符号标记，最后制作成规范的基础纸样，如图 5-3（a）所示。前片也可制作成闭合腋位胸褶的纸样，如图 5-3（b）所示。

2. 合体型

合体型纸样规格加放适度，适宜于各类女装的样板设计，适用性较强。

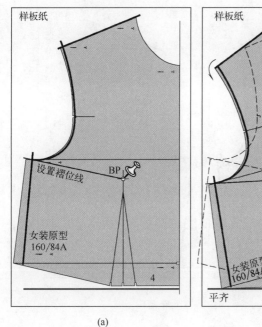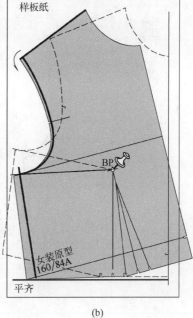

(a)　　　　　　　　　　　(b)

图 5-2　胸褶转移

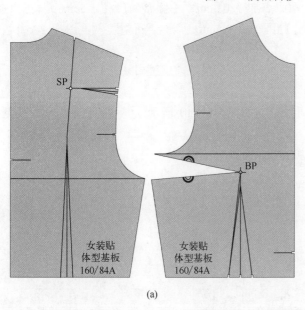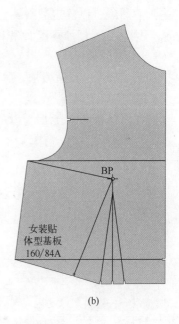

(a)　　　　　　　　　　　(b)

图 5-3　贴体型基础纸样

【设计与制作】

　　采用标准原型样板，根据合体型基础纸样的规格，在原型结构相应部位的关键点进行调整。如前所述方法将原型纸样固定于样板纸上，如图 5-4 所示。

（1）前片

　　先画肩斜线，以确定肩斜不变。颈肩点加宽 0.3cm；颈窝点加深 0.5cm；胸宽点加放 0.5cm，下移 0.3cm；袖窿深加深 1cm；胸围加大 0.5cm；胸凸量，腰节线向下 3.5cm 画前中线垂线；参照图 5-2 所示，转移胸褶于侧腋点。

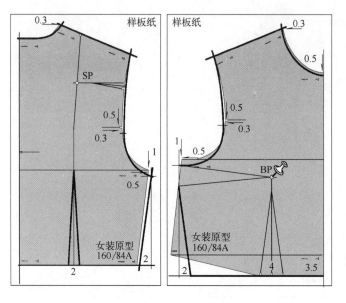

图 5-4　合体型纸样结构

（2）后片

先画肩斜线，以确定肩斜不变。颈肩点加宽 0.3cm；袖窿含肩胛褶 1.5cm；背宽点加放 0.5cm，下移 0.3cm；袖窿深加深 1cm；胸围加大 0.5cm。

（3）设置腰褶

依据腰围规格，设置腰褶；腰节收进 2cm；分别描绘前后腰口线，完整轮廓线。

（4）制作规范纸样

参照前述样板制作方法，完成基础纸样，如图 5-5（a）所示，前片闭合腋位胸褶的纸样，

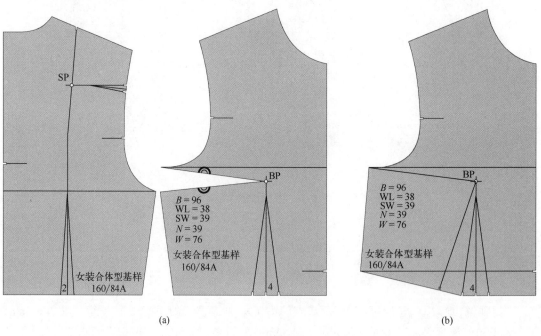

(a)　　　　　　　　　　　　　(b)

图 5-5　合体型基础纸样

如图 5-5（b）所示。

3. 宽松型

宽松型纸样围度加放较大，适宜宽松类女装款式的样板设计。考虑灵便的活动幅度，袖窿深规格可视具体实际做适当的调节；由于腰围宽松，胸腰差相对减小，胸凸量宜适当减小。

【设计与制作】

采用标准原型样板，根据宽松型基础纸样规格，在原型结构相应部位的关键点进行调整定位。如前述方法将原型纸样固定于样板纸上，如图 5-6 所示。

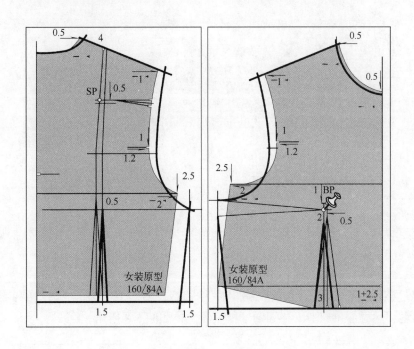

图 5-6　宽松型纸样结构

（1）前片

颈侧点加宽 0.5cm；颈窝点加深 0.5cm；肩端点加宽 1cm；胸宽点加放 1.2cm；胸宽线下移 1cm；袖窿加深 2.5cm；胸围加大 2cm；腰节线向下 3.5cm 做前中线的垂线，包含腰节加长 1cm，胸凸量 2.5cm；BP 点加宽 0.5cm，下移 1cm。参照图 5-2 所示，转移胸褶于腋窝点。

（2）后片

颈肩点加宽 0.5cm；肩端点加宽 1cm；背宽点加大 1.2cm；下移 1cm；袖窿加深 2.5cm；胸围加大 2cm；肩胛点下移 0.5cm，腰省标线侧移 0.5cm。袖窿含肩胛褶 1.5cm。

（3）设置腰褶

按四等分分配腰围，偏差 0.5cm；腰节收进 1.5cm；分别描绘前后腰口线，完整轮廓线。

（4）制作规范样板

制作完成的宽松型基础纸样，如图 5-7 所示。

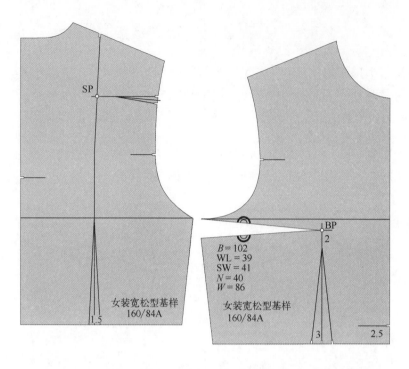

图 5-7　宽松型基础纸样

4.宽大型

宽大型纸样规格加放很大,腰部宽松,适宜宽大的外套和大衣款式的设计。通常胸凸量较少,袖窿较深,胸腰差趋缓,整体造型为箱形。

【设计与制作】

采用标准原型样板,根据宽大型基础纸样的规格,在原型结构相应部位的关键点进行调整定位。如前所述方法将原型纸样固定于样板纸上,如图5-8所示。

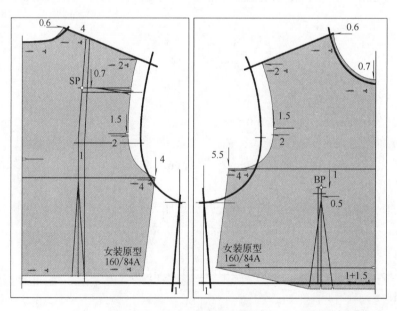

图 5-8　宽大型纸样结构

（1）前片

颈侧点加宽 0.6cm；颈窝点加深 0.7cm；肩端点加宽 2cm；胸宽点加宽 2cm，下移 1.5cm；袖窿加深 5.5cm；胸围加大 4cm；腰节线向下 2.5cm 做中线的垂线，其中背长加 1cm，胸凸量 1.5cm；BP 点加宽 0.5cm，下移 1cm；侧腰收进 1cm 左右。

（2）后片

后中线离标线 0.5cm，平行放置；颈侧点加宽 0.6cm；肩端点加宽 2cm；背宽点加大 2cm，下移 2cm；袖窿深加深 4cm；胸围放大 4～5cm；肩胛点下移 0.7cm；腰节褶标线向侧缝移 1cm。袖窿含肩胛褶 1cm；侧腰收进 1cm 左右。

（3）制作规范纸样

宽大型纸样胸凸量相对较小，直接在袖窿中融合，通常不再设计胸褶；一般也不设置腰褶，前后只设置腰褶位；侧腰点视具体款式造型需要可适度收进；保留肩胛褶位标志。分别描绘前后腰口线，完整轮廓线。按规范制作完成的基础纸样，如图 5-9 所示。

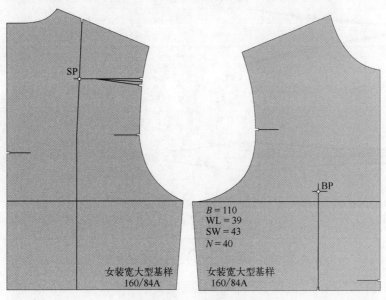

图 5-9　宽大型基础纸样

二、衣身型基础纸样设计

衣身型基础纸样的结构特征为四开身，衣长与通常上装衣长相仿。此类纸样适宜各种长度的女装款式样板设计，应用方便，适用性很强。衣身型基础纸样同样可以运用各种构成方法设计。

（一）运用半身型基础纸样设计制作

衣身型基础纸样结构实质上是由半身型上衣基础纸样加腰节以下部分构成。运用半身型基础纸样设计，即在其腰节线以下加下长部分，制作衣身型基础纸样。这一类纸样制作时，应先将胸褶量转移至腋点。贴体型和合体型的前腰褶可设计为通底式省道。

1. 贴体型

【设计与制作】

采用半身贴体型基础纸样设计，裁取尺寸 70cm×60cm 样板纸一张。在样板纸上先画三条基准线，离纸板纵向两边缘 3cm 左右分别做两条直线为中线，自右端向左量取 42cm 左右做横向基准线为腰节线；将合体型基础纸样置于纸板上，前片基础纸样胸褶量转移至腋点，纸样前后中线与纸板上的纵向基准线平齐，腰节线与横向基准线对齐，并用大头针固定纸样。如图 5-10 所示。

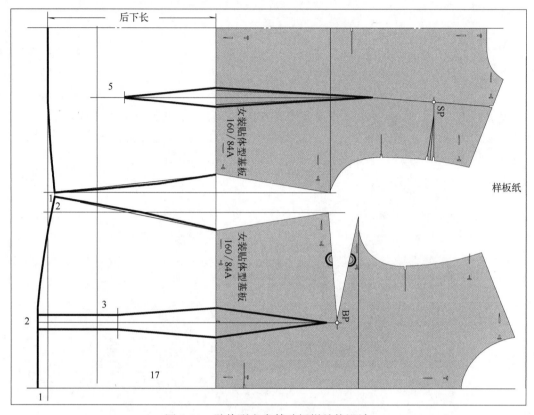

图 5-10　贴体型衣身基础纸样结构设计

① 后中线自腰节线向下量取下长 24cm 做垂线为下平（衣长）线；前中加长 1 ～ 2cm；腰节线向下量取下长 15 ～ 17cm 做平行线为臀围线。

② 分别延长前后片的腰褶中线分别过前后片胸围大（腋窝）点分别做中线的平行线至衣长线。前腰褶：通底式省道，腰节线处省量最大，渐收至臀围线上 3cm 左右，褶量缩小到 2cm，再平行通至衣摆。后腰褶：梭形省，省尖离臀围线上 4 ～ 5cm。

③ 底摆：前片下摆侧缝加大 2cm，起翘 1cm 左右，弧线画顺至前中线；后片底摆起翘 1cm，弧线画顺至后中线。

④ 侧缝：分别作辅助线连接前后片衣摆至侧腰点，臀围线至腰围线中部向外凸 0.3cm 左右，弧线描绘侧缝线。

⑤ 描绘轮廓线并完整标注，沿轮廓剪裁纸样。按规范制作衣身型基础纸样。如图 5-11 所示。

2. 合体型

采用合体型半身基础纸样，参照前述制作方法与步骤，完成的基础纸样，如图 5-12 所示。

3. 宽松型

采用宽松型半身基础纸样，参照前述制作方法与步骤，完成的基础纸样，如图 5-13 所示。

4. 宽大型

采用宽大型半身基础纸样，参照前述制作方法与步骤，完成的基础纸样，如图 5-14 所示。

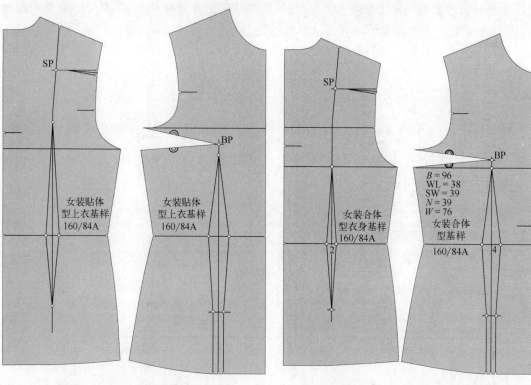

图 5-11　贴体型衣身基础纸样　　　　　　图 5-12　合体型衣身基础纸样

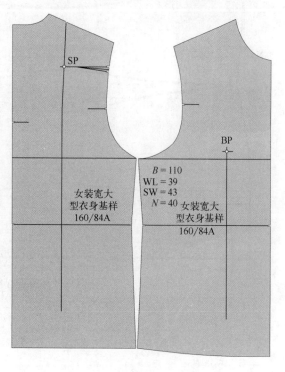

图 5-13　宽松型衣身基础纸样　　　　　　图 5-14　宽大型衣身基础纸样

（二）运用比例构成法设计

运用平面比例构成法设计衣身型基础纸样结构，参照女装标准原型结构构成方法，依据基础纸样系列的部位规格，见表5-2。依据比例构成法构成原理，袖窿、胸宽、背宽等以胸围作为相关联部位，直开领、横开领以颈根围为相关联部位，推算各部位的规格尺寸。所用尺寸规格均为成衣规格，如胸围规格采用经过加放松量后的成衣规格，各部位计算公式设计如下：

袖窿 $=\dfrac{B}{7}+9\mathrm{cm}$；前胸宽 $=\dfrac{B}{7}+（3\sim4）\mathrm{cm}$；后背宽 $=\dfrac{B}{7}+（4\sim5）\mathrm{cm}$；

横开领 $=\dfrac{N}{5}-（0.5\sim0.6）\mathrm{cm}$；前直开领 $=\dfrac{N}{5}\mathrm{cm}$；或按胸围规格推算：横开领 $=\dfrac{B}{20}+2.5\mathrm{cm}$；

前直开领 $=\dfrac{B}{20}+3.7\mathrm{cm}$；后直开领为后横开领/3－调节数值（0～0.5）cm；

肩斜比值为5：2；

前胸凸量，参考值为：合体型3～3.5cm、宽松型2～2.5cm、宽大型1～1.5cm。

贴体型、合体型前片设通底式腰节省，宽松型为梭形省；后片腰省为梭形省；后袖窿设置肩胛褶位，褶量为1.5cm左右，具体应视款式造型实际需要设计。

1. 贴体型

贴体型基础纸样结构制图，如图5-15所示。

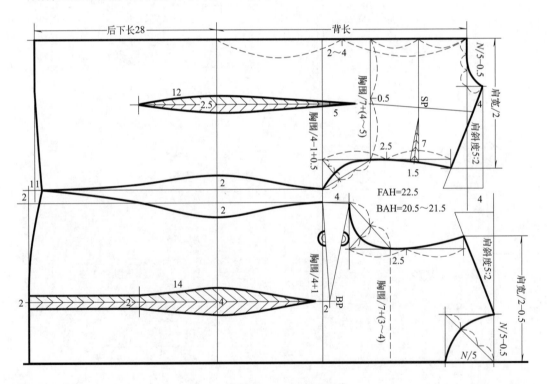

图5-15　贴体型基础纸样结构制图

2. 合体型

合体型基础纸样结构制图，如图5-16所示。

3. 宽松型

宽松型基础纸样结构制图，如图5-17所示。

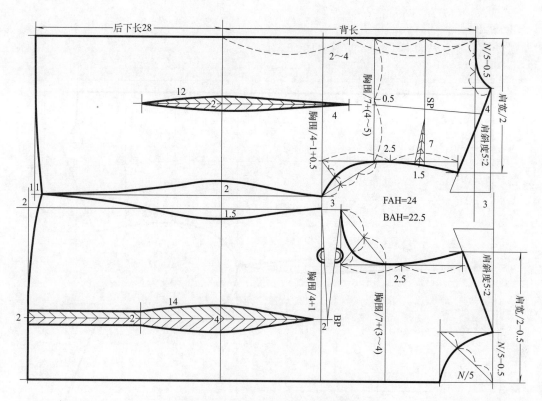

图 5-16　合体型基础纸样结构制图

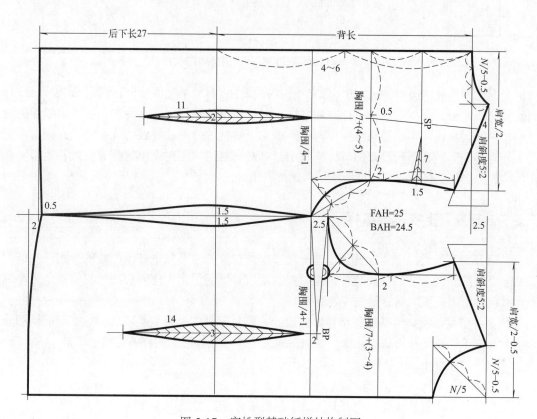

图 5-17　宽松型基础纸样结构制图

4. 宽大型

宽大型基础纸样结构制图，如图 5-18 所示。

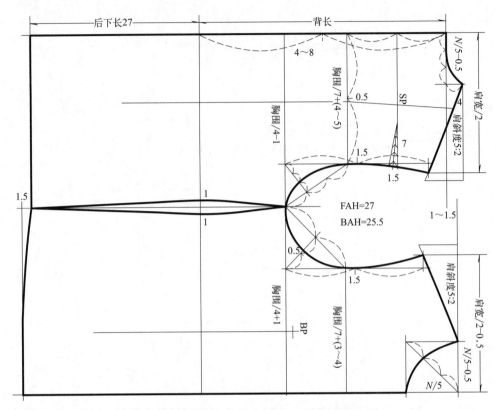

图 5-18 宽大型基础纸样结构制图

平面比例构成法虽属传统方法，但它结构构成简便，若规格把握准确，计算公式设计合理，则可以扬长避短，发挥其结构设计与裁剪样板一步到位的独特优势。特别是在基础纸样的设计制作中，运用比例构成法直接制作裁剪样板用于试样、修整，样板修改方便、直接，可提高工作效率。同时在结构设计的具体实践中，针对一些结构相对简单的普通款式，运用平面比例构成法更可直接设计制作样板或裁剪试样，十分简便。

三、"三开身"上衣基础纸样

"三开身"是对应于"四开身"的一种衣身结构。其主要特征在于侧缝的分割，侧缝线偏后至背宽线，通常在后中设置分割造型线，使后背部更适合人体背部的结构形态；侧肋部及前片仍然可以设置纵向分割线或省道。

以半身型基础纸样为基础做结构变化设计，可对应制作出各型基础纸样。袖子纸样部分以衣片袖窿弧线长尺寸为基本依据，参照后面袖子基础纸样配套制作各类袖子纸样。

【设计与制作】

1. 合体型

采用半身基础纸样设计"三开身"上衣基础纸样结构，以合体型基础纸样示例。

① 裁取 50cm×60cm 样板纸一块，分别离纸板直角边缘 5cm 左右，画两条直线，为前

中线和腰节线；半身型基础纸样前片置于纸板上，纸样前中线、腰节线分别与纸板前中线、腰节线对齐大头针固定；后片腰节线与纸板腰节线对齐，前后侧缝腋窝点预留 1～2cm，作为后片分割预留撤除量，以实际需要设定，如图 5-19 所示。

② 前片胸褶量转移到袖窿胸宽点：自胸宽点向 BP 点设置褶位线；沿此线剪切至 BP 点，以 BP 点为原点旋转袖窿底切片闭合侧胁原褶位。

③ 设置后中分割线：腰节线后中收进 2cm，连接后中线与肩胛点横线交点。

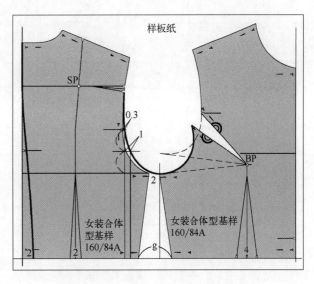

图 5-19　合体型"三开身"结构设计

④ 设置侧缝分割标线、重画袖窿底弧线：后背宽点加放 0.3cm 左右，过点做垂线至腰节线，向外量取戤势 1cm 左右做平行线为侧缝标线，绘画袖窿底部弧线，与原袖窿弧线接顺。

⑤ 沿轮廓线剪裁，按规范制作完成合体型"三开身"上衣基础纸样。设置腰褶位与褶量分配可有多种方案，视款式设计而定。

a. 前片设置腰褶，侧缝和后中分割。褶量分配：a 处 2cm，c 处 4～5cm，e 处 3～4cm。如图 5-20（a）所示。

b. 后片和前片分别设置腰褶，c、d 处设置分割线。褶量分配：a 处 2cm，b 处 2～3cm，c、d 处各 2～3cm，e 处 3～4cm。如图 5-20（b）所示。

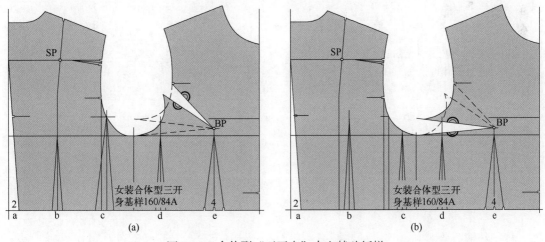

图 5-20　合体型"三开身"上衣基础纸样

2. 宽松型

参照合体型纸样设计方法，采用宽松型半身基础纸样设计"三开身"宽松型基础纸样结构，如图 5-21（a）所示。腰褶位设置与褶量分配视具体款式结构设计而定，如图 5-21（b）所示。

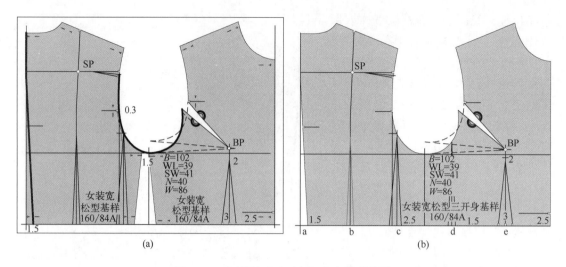

图 5-21　宽松型"三开身"上衣基础纸样

3. 宽大型

参照合体型纸样设计的操作方法，采用宽大型半身基础纸样设计"三开身"宽大型基础纸样结构。宽大型通常不设置腰褶，后中缝与侧缝处收褶量为 1 ～ 2cm，如图 5-22（a）所示。按规范制作完成的宽大型"三开身"基础纸样如图 5-22（b）所示。

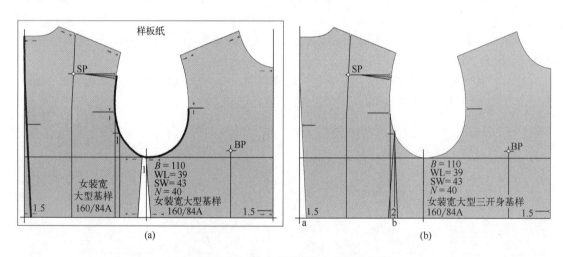

图 5-22　宽大型"三开身"上衣基础纸样

四、袖子基础纸样

袖子结构分为装袖、连身袖和插肩袖三大类，装袖又分单片袖、双片袖、礼服袖。袖子样板设计在实际应用中，连身袖、插肩袖都可通过装袖结构的相应变化获得。因此，装袖结构是袖子的基本结构。装袖的基本结构为单片袖，袖子整片式，又称直袖。袖山结构以衣片袖窿弧长为构成依据，采用软尺分别测量衣片前袖窿弧长 FAH 和后片袖窿弧长 BAH，相加为袖窿弧长 AH。袖子的关键部位袖山，采用 $\dfrac{AH}{3}$ ± 调节数值计算，依据袖子设计所要求的活动幅度，外观效果需要做相应的调节。

1. 单片（直）袖基础纸样

单片（直）袖结构设计与原型袖子结构相同，参照图 4-7 所示。袖窿弧长 AH 以衣片袖窿弧线实际测量确定，袖口按具体款式设计确定，如图 5-23 所示。

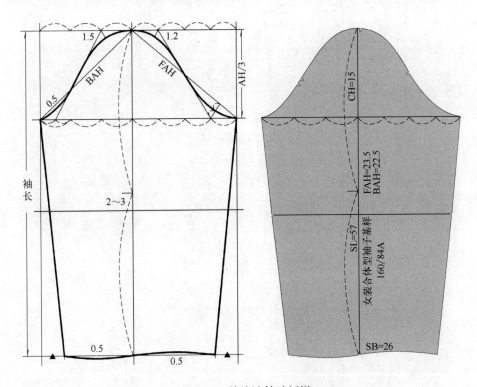

图 5-23　单片袖基础纸样

袖山弧线似抛物线，绘画时应注意前后侧弧线的协调和圆顺，特别是袖山部位的弧线形态与袖山头的造型有着密切关系。袖山弧线与袖窿弧线的对位点，通常以前胸宽点和后背宽点为对应点；为区别前后侧，后侧袖山弧线的对位点应做双剪口。

2. 双片袖基础纸样

以单袖基础纸样为基础，制作双片袖基础纸样。结构设计如图 5-24（a）所示。

① 在单片袖后袖肘二分之一处设置纵向分割线。

② 分别自袖口沿分割线、袖中线向上剪切至袖肘线，再剪切后袖肘线段。

③ 以分割线为中线，分别旋转剪切片，使剪切片对称旋转倾斜，原则上切片倾斜不宜超出袖肥标线。

④ 绘画分割后的袖后侧弧线，重新绘画袖底线和袖口线。

⑤ 分别标记袖底线的对位标记，标记方法：自袖口测量至离袖肘线 3～4cm 处标点，前后片取量相等；自袖肘线向上 3～4cm 处标点，则后片中段稍长，即为后袖肘吃势，吃势通常在 0.3～0.5cm 为宜。

⑥ 制作完成的双片袖基础纸样，如图 5-24（b）所示。

3. 礼服袖基础纸样

以单片袖纸样为基础，制作礼服袖基础纸样。结构设计如图 5-25（a）所示。

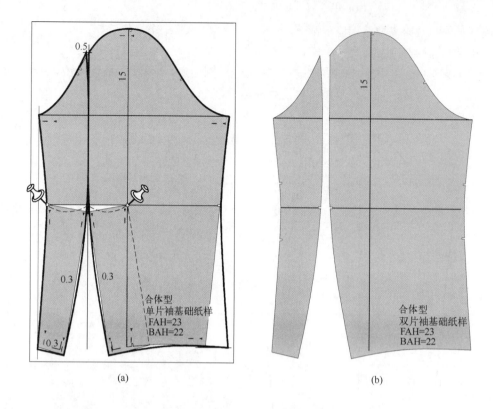

(a)

(b)

图 5-24　双片袖基础纸样

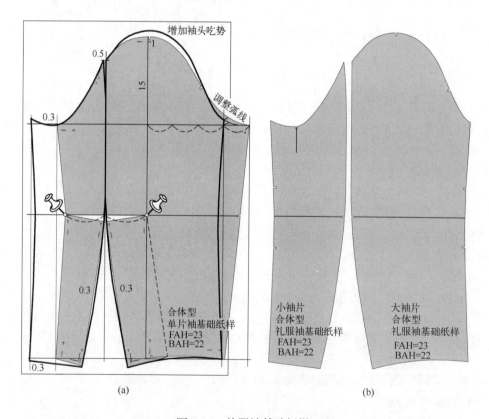

(a)

(b)

图 5-25　礼服袖基础纸样

① 分别在单片袖后袖肘二分之一处、前侧袖肥四分之一处设置纵向分割线。

② 后侧分割线：参照双片袖操作方法，完成剪切、旋转、绘画后侧造型线。

③ 前侧分割线：袖山弧线切点处调整降低袖山弧线；袖山中点向上增高 1cm 左右以增加袖头吃势量；重新画顺袖山弧线。

④ 复制前侧四分之一分割切片，移至后侧与后侧分割片拼合；在后袖山弧线分割线切点处，向后 0.5cm 做点；后袖底标线处袖山弧线向下 0.3cm 左右做点；绘画小袖片袖山弧线。

⑤ 分别绘画分割后的大袖片、小袖片后侧弧线。

⑥ 重新绘画袖底线和袖口线。

⑦ 参照双片袖分别标记袖底线的对位标记。自袖口测量至离袖肘线 3～4cm 处标点，大小袖片取量相等；自袖肘线向上 3～4cm 处标点。完成的礼服袖基础纸样，如图 5-25（b）所示。

五、裙装基础纸样

裙装以西装裙为基本结构设计，采用平面比例构成法，也称为裙子原型。规格采寸以臀围、腰围为主。净臀围松量加放 4cm 左右，腰围松量加放 1～2cm。标准长度一般在膝关节以下 5～10cm。

裙装按长度可分类为：超短裙（大腿二分之一以上）、短裙（膝关节以上 5cm 至大腿二分之一以下）、标准裙长、长裙（小腿以下至踝关节）、曳地裙（踝关节以下拖至地面）等。

裙装基本结构设计可参照比例构成法和原型构成法裙子结构制图，如图 3-9、图 4-8 所示。按规范制作的裙装基础纸样，如图 5-26 所示。

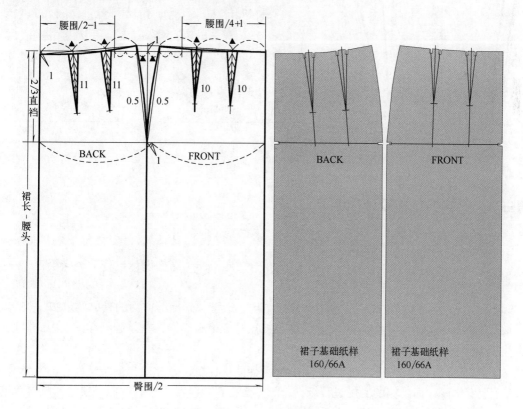

图 5-26　裙子基础纸样

六、裤装基础纸样

裤装基础纸样以西裤为基本结构设计，便于款式变化结构应用设计，裤装基础纸样中档以下省略。主要采寸部位一般为臀围、腰围、直档。西裤的容量特点以合体型和宽松型为主，合体型裤子净臀围松量加放在 4～6cm；净腰围加放 1～2cm。

裤长一般以踝关节下 3～6cm 为标准，可按人体高 65% 计算裤长的参考规格。裤子按长度分类有：短裤（膝关节以上）、中裤（膝关节以下至小腿以上）、中长裤（小腿以下至踝关节上 10cm 左右）及标准长裤等。

裤装基础纸样基本结构可运用比例构成法设计，参照第三章裤装基本结构设计，如图 3-10、图 3-11 所示，按规范制作的裤装基础纸样，如图 5-27 所示。

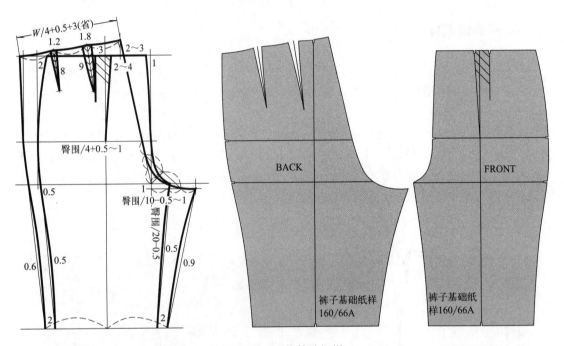

图 5-27　裤装基础纸样

第三节　纸样法结构设计程序

纸样法结构设计及样板制作的基本程序：

结构分析→选择基础纸样→制作操作纸样→纸样操作（结构设计过程）→描绘轮廓→加放缝份→制作样板→做标记→完整样板。

① 结构分析：解读款式设计意图，分析结构、造型、规格等方面的具体要求和特点。

② 选择基础纸样：根据结构特征、造型特点及规格等因素，在基础纸样体系中选择相适应的基础纸样。

③ 制作操作纸样：操作纸样也称可变化纸样或工作纸样，它是根据结构设计的具体情况便于造型变化设计而制作的变化过程纸样。通常直接拷贝基础纸样，或做必要的调整再拷贝，或拷贝局部，或结构变化过程中分步变化的再次拷贝制作，特别是结构复杂的造型部件，需

要多次的操作变化才能达到设计所需的造型效果。

④ 纸样操作（结构设计）：也就是造型结构变化设计，根据具体造型结构的需要，运用纸样设计原理对操作纸样进行必要的变化操作，获得设计款式的造型结构。

⑤ 描绘轮廓：在样板纸上，依照纸样操作变化设计出款式造型结构外轮廓线和内部结构造型线描绘样板轮廓线（净缝线）。

⑥ 加放缝份：沿描绘确定的样板轮廓（净缝）线，依据具体缝制工艺要求标准加放缝份。

⑦ 制作样板：根据样板制作要求，沿净缝（轮廓）线或缝份线剪裁纸板，制作各类样板。

⑧ 做标记：根据具体缝制工艺要求、样板标示符号标准在样板上标注必需的标记和信息。

⑨ 完整样板：按生产、技术要求完整制作各类样板，即面、里、衬等各类样板，并按样板制作规范标注完整的样板信息。

第四节　纸样操作原理

纸样法结构设计的基本方法：以基础纸样为基础，运用纸样法设计原理，对基础纸样进行剪切、切分、旋转、闭合、拼合、移动、扩展、重叠、加放等相应的操作，变化设计造型结构，制作女装样板。这是一种全新的女装结构与样板设计概念，它融合了立体、比例、原型及纸样辅助等众多构成法之长处，主要以纸样操作替代传统的几何绘制，摒弃复杂的数据计算和经验性的定寸，使设计造型更灵活、直观，更容易把握款式设计意图，体现女装造型的风格特点。

纸样操作是指对基础纸样（操作纸样）所施行的一些必要操作，使纸样的结构、形状产生变化，达到造型结构设计的目的。这些操作具有一定的规律和程序，作为纸样法结构设计变化的构成原理。

一、剪切

在操作纸样特定位置、方向设定剪切线，如图 5-28（a）所示。沿剪切线剪切纸样，但不能剪透，以能展开纸样剪切片为原则，如图 5-28（b）所示。

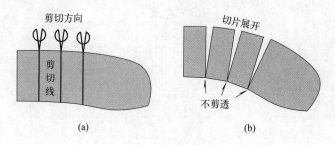

图 5-28　剪切

【操作方法】

① 根据设计需要在样板上设置剪切线。

② 按一定方向，沿剪切线剪切样板，但不能剪透样板，留 0.1cm 为宜。依据结构变化需要分别对切片做旋转操作，使切点处展开或重叠等。

二、切分

沿所设置的剪切线切分纸样，如图 5-29（a）所示。并完全分离纸样各剪切片，如图 5-29（b）所示。

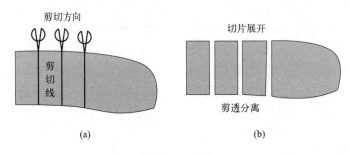

图 5-29　切分

【操作方法】

① 沿剪切线切分纸样，剪透分离纸样。

② 依据结构设计需要对切片进行操作。

三、拼合

拼合即纸样的拼接。纸样做切分后，其中一部分切片拼接到纸样另一部位上，以改变造型结构。

【操作方法】

① 根据设计需要在纸样特定部位设置分割线。如图 5-30（a）所示。

② 分别在纸样拼合对应部位的拼合线上标记拼合符号。

③ 制作样板时沿分割线切分，并依据拼合符号将切分部分拼合在相应部位，改变样板造型。通常在拼合部位应做必要的轮廓调整。如图 5-30（b）所示。

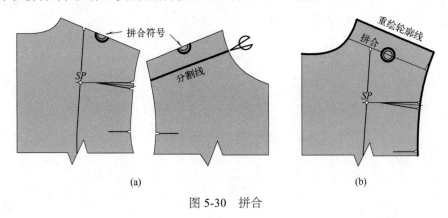

图 5-30　拼合

四、旋转

设定某一点为旋转点，旋转纸样，使纸样改变方向；也可通过旋转纸样或切片使各切片展开或重叠，以改变纸样结构获得新的造型。

【操作方法】

① 根据结构设计需要在操作纸样上设置剪切线，但不做剪切，通过旋转纸样展开切片。设定旋转点，用图钉固定旋转点。

② 在纸板上描画原纸样（第一切片）轮廓线。如图 5-31（a）所示。

③ 按设计需要的方向和旋转量，旋转纸样；拷贝描画第二切片轮廓线。如图 5-31（b）所示。

④ 依次旋转操作各切片，至最后切片，拷贝描画轮廓线。如图 5-31（c）所示。最后调整绘画完整轮廓造型线。

⑤ 根据结构设计需要在操作纸样上设置剪切线，并设定旋转点，沿剪切线剪切各切片；依次旋转各切片，并依据需要展开，固定切片，描绘完整轮廓线。如图 5-31（d）所示。

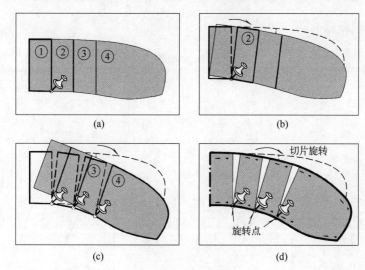

图 5-31　旋转

五、闭合

闭合主要运用于褶量的转移，可以有两种方法操作：剪切旋转法和纸样旋转法。

（一）剪切旋转法

【操作方法】

① 在纸板上固定操作纸样，在新施褶部位至 BP 点画剪切线。如图 5-32（a）所示。

② 沿剪切线剪切至 BP 点；以 BP 点为旋转点，旋转剪切片，这时新施褶位就被展开，也即原褶被部分闭合或完全闭合，其褶量部分或全部被转移至新褶位置。如图 5-32（b）所示。

③ 描画轮廓线。如图 5-32（c）所示。

（二）纸样旋转法

【操作方法】

① 在纸样新褶位画线连接 BP 点；描画固定部分纸样轮廓线。如图 5-33（a）所示。

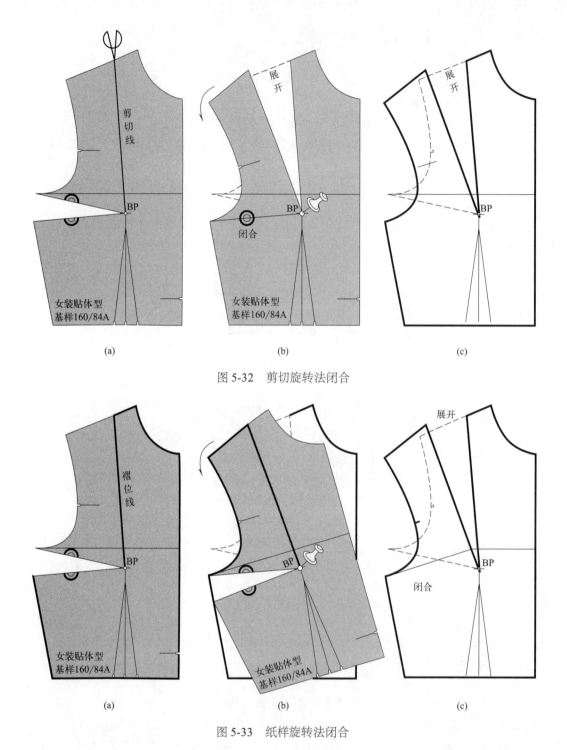

图 5-32　剪切旋转法闭合

图 5-33　纸样旋转法闭合

　　② 用图钉固定 BP 点，以 BP 点为旋转点，逆时针旋转纸样，随纸样旋转侧腋位褶量逐渐减少，至褶边线重合，褶量全部闭合，这时纸样的新褶位线随旋转移位，即新褶位处被展开，所展开的量就是从原褶位转移至新褶位的褶量，旋转转移的量视实际需要而定；描画转移部分的轮廓线。如图 5-33（b）所示。

　　③ 描画褶位轮廓线。如图 5-33（c）所示。

六、移动

移动，即移位，主要是针对某些部位、结构点的位置移动，如褶位的移动。因结构造型、比例或视觉上的因素，对某些部位、结构点的位置做必要的移动，重新定位。

【操作方法】

① 操作纸样置于纸板上，在纸样上画新褶位，描画纸样轮廓线。如图 5-34（a）所示。

② 平行移动纸样，使原褶中线与新褶位线重合，标示褶位及褶量。如图 5-34（b）所示。

③ 描画新褶位部分的轮廓线。如图 5-34（c）所示。

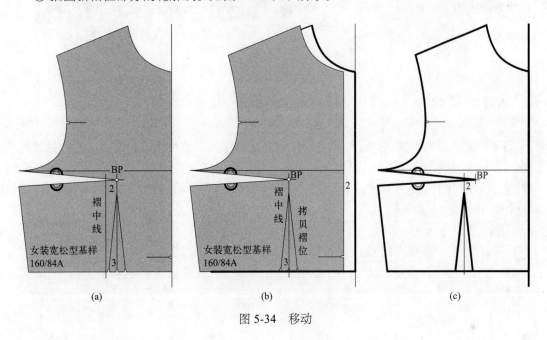

图 5-34　移动

七、扩展

将剪切或切分的纸样剪切片按一定规律展开、布排，以达到扩展的目的。扩展方式分平行扩展和扇形扩展。平行扩展操作就是平行展开布排剪切片。扇形扩展又分为两种形式，旋转扩展：按设定位置和方向剪切操作纸样后，旋转剪切片，使纸样扇形扩展；旋转平行扩展：旋转各切片，使纸样成扇形扩展后；再平行展开各切展片。

【操作方法】

① 平行扩展：根据设计需要在操作样板上设置剪切线；沿剪切线切分纸样。在纸板上画一条平行扩展基准线，按设计需要的扩展量，平行扩展布排剪切片并固定。如图 5-35（a）所示。

② 旋转扩展：根据设计需要在操作样板上设置剪切线，设定旋转点，沿剪切线剪切纸样；依次旋转展开各剪切片，展开造型所需要的量。如图 5-35（b）所示。

③ 旋转平行扩展：即旋转与平行结合的扩展方式。运用旋转扩展后，过旋转点画切展中心线，再过点做中心线的垂线为平行扩展基准线，依次平行扩展各切展片。如图 5-35（c）所示。

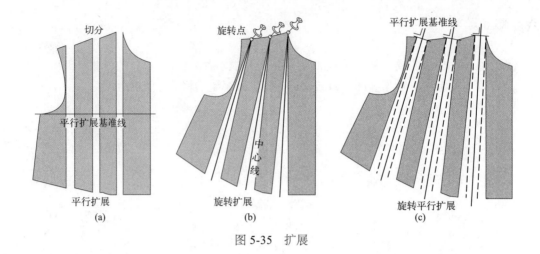

切分

平行扩展基准线

平行扩展

(a)

旋转点

旋转扩展

中心线

(b)

平行扩展基准线

旋转平行扩展

(c)

图 5-35　扩展

八、重叠

将剪切或切分的纸样剪切片按一定规律相重叠，以达到缩小或改变结构造型的目的。重叠方式分平行重叠和旋转重叠。平行重叠参照平行扩展操作，平行交叠布排剪切片，如图 5-36（a）所示；旋转重叠是按设定位置和方向剪切操作纸样后，通过旋转剪切片，使纸样剪切口重叠，如图 5-36（b）所示。

【操作方法】

① 据设计需要在操作样板上设置剪切线；沿剪切线剪切或切分纸样。

② 在纸板上按设计要求以一定的重叠量，平行重叠或旋转重叠，布排剪切片并固定。

③ 重新描绘扩展变形后的轮廓线。

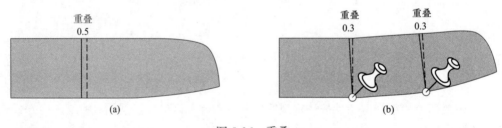

重叠
0.5

(a)

重叠
0.3

重叠
0.3

(b)

图 5-36　重叠

九、加放

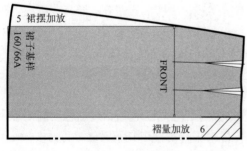

5　裙摆加放

裙子基样
160/66A

FRONT

褶量加放　6

图 5-37　加放

加放就是在操作纸样的相应部位直接加放扩大量，使纸样扩大。

【操作方法】

① 在纸板上固定操作纸样，根据设计需要在纸样的加放部位直接加大所需的量。如在裙摆单侧加放扩展量；在裙中直接平行加放褶裥量。如图 5-37 所示。

② 重新描绘轮廓线。

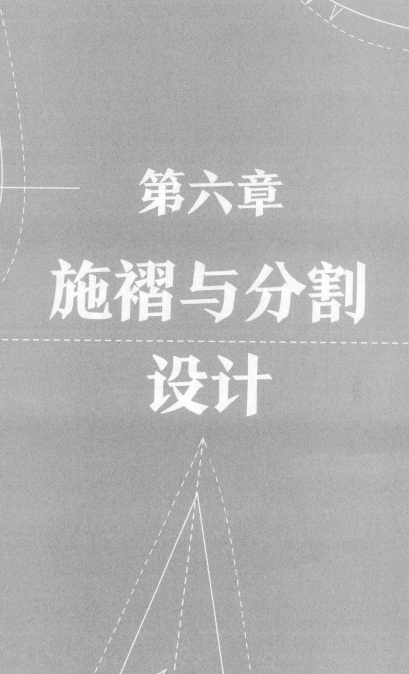

第六章

施褶与分割设计

人体是一个不规则的多曲面立体，特别是躯干部分，凹凸起伏明显。如胸部以双乳为特征呈膨凸形态，而腰部则呈凹状，腰节线以下又渐渐膨大，至臀围线达到最丰满圆浑。要适合这一立体结构形态，就必须在呈凹状的腰部相应的服装部位施以褶，譬如枣核形缝合褶，即缝去空离人体部分的余裕量，这样才能塑造腰部的凹进和胸部及臀部的膨凸，使平面的面料塑造出凹凸起伏的立体形态。人体主要的膨凸部位有胸部、臀部及肩胛，围绕这些膨凸部位，在服装上相应施胸褶、腰褶和肩胛褶来塑造立体造型。另一常用的适体塑造手法就是分割，根据人体结构特征，运用立体展开原理，设置分割，达到适体塑造的效果。以适体塑造为目的的分割通常与施褶综合设计，分割位的设置也常考虑施褶的定位，原则上分割设计后就可不再施褶，或尽量少施褶。

第一节　胸褶

定义：胸褶是为适合胸部形态塑造而设计的褶。
定位：以 BP 点为中心，向衣片轮廓四周呈辐射状设置胸褶位。
胸褶量：依据体型特征、款式造型需要而定。
设计形式：省（缝合褶）、缝缉褶、裥、聚褶等。

一、胸省

上衣前片的省主要是胸省，胸省对应的是胸部的膨凸，当省道位于衣片的不同边缘部位时，省道名称以其相对应部位命名。胸省的设计常见有单、双、群组及不对称等形式。省尖原则上应指向 BP 点，依据省位所处的轮廓线位置命名胸省名称。

（一）单省
指单个形式、单一部位设置的省道。这类省道褶量相对较大，它将胸、腰凹凸形成的全部褶量施于一处。单省设计如图 6-1 所示。

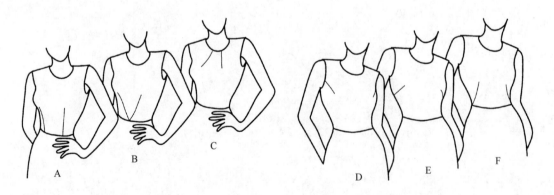

图 6-1　单省设计

1.设计 A
腰位省，施于腰节线的胸省。运用剪切、旋转、闭合原理操作。
【设计准备】
操作纸样制作：采用合体型基础纸样，复制前片，以 BP 点为旋转点，旋转闭合原腋窝位置的胸褶量，转移至腰节位与原腰节褶量合并，制作操作纸样。

样板纸准备：按实际需要裁取样板纸，前中无开缝，对折样板纸。

【设计与操作】

将操作纸样置于对折后的样板纸上，前中线与对折边平齐，并固定。如图 6-2（a）所示。

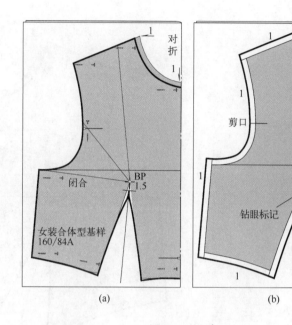

图 6-2 设计 A

过 BP 点引褶中线，离 BP 点 1～2cm 定省尖点。

① 省道造型：省尖 1cm 内描绘成埃菲尔塔形，描画胖形省道轮廓线。

② 领圈横开领、直开领各加大 1cm；描画领圈轮廓线。

③ 做 BP 点、省及袖窿对位点等标记。

【样板制作】

① 移去操作纸样，沿轮廓线按工艺设计需要加放缝份：领圈为内缝，加放 0.6～0.8cm，其他缝份为外缝，加放 1～1.2cm；用划线轮，做出纸板下层的轮廓线和缝份加放线。如图 6-2（b）所示。

② 沿缝份线剪裁纸板；用剪口钳在有标记位置做剪口标记；标注丝缕方向、省尖等必要标记及样板信息。完成的纸样，如图 6-3 所示。

2. 设计 B

前中腰省，腰节前中点向 BP 点设置的省道，呈 V 字形。运用剪切、旋转、闭合原理操作。

设计准备、样板制作，参照设计 A。

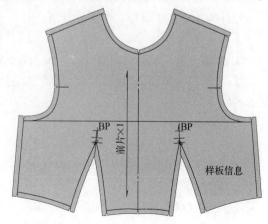

图 6-3 设计 A 样板

【操作要点】

① 自前中腰点至 BP 点设置剪切线，并沿剪切线剪切纸样，如图 6-4（a）所示。

② 旋转、闭合原腰褶量，全部转移至剪切线处；调整领圈；修整省道及腰线造型，如图 6-4（b）所示。

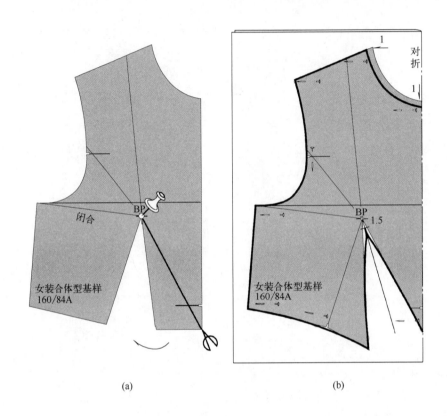

<table>
<tr><td>（a）</td><td>（b）</td></tr>
</table>

图 6-4　设计 B

3. 设计 C

前领圈省，省位于前领圈线中下部。运用剪切、旋转、闭合原理操作。

设计准备、样板制作，参照设计 A。

【操作要点】

① 领圈调整、领圈剪切线设置，如图 6-5（a）所示。

② 沿剪切线剪切、旋转、闭合原腰褶，全部褶量转移至领圈；调整省尖及省道造型，如图 6-5（b）所示。

4. 设计 D

袖窿省，省位于袖窿胸宽点处。运用剪切、旋转、闭合原理操作。

设计准备、样板制作，参照设计 A。

【操作要点】

① 自胸宽点向 BP 点设置剪切线。如图 6-6（a）所示。

② 沿剪切线剪切、旋转、闭合原腰褶，全部褶量转移至袖窿胸宽点；省道造型修整如图 6-6（b）所示。

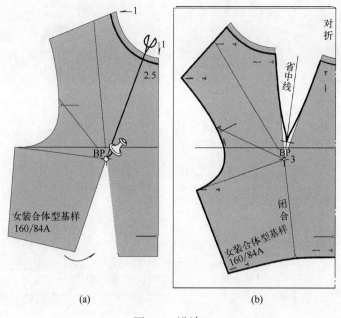

图 6-5　设计 C

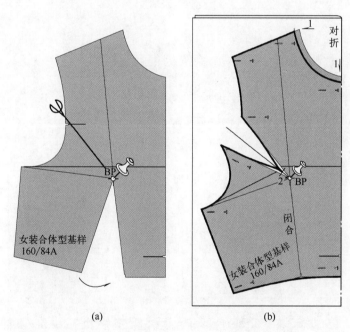

图 6-6　设计 D

5. 设计 E

侧缝省，又称横省，省位于侧肋缝。运用剪切、旋转、闭合原理操作。

设计准备、样板制作，参照设计 A。

【操作要点】

① 自侧肋中上部向 BP 点设置剪切线。如图 6-7（a）所示。

② 剪切、旋转，闭合原腰褶，全部褶量转移至侧肋；调整省尖及省道造型修整如图 6-7（b）所示。

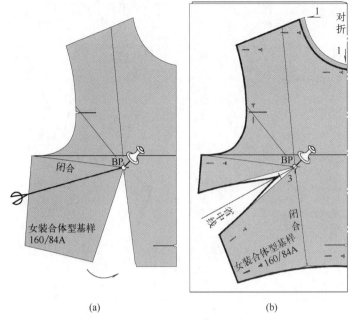

(a)   (b)

图 6-7   设计 E

6. 设计 F

侧腰省,省位于侧腰点。运用剪切、旋转、闭合原理设计操作。

设计准备、样板制作,参照设计 A。

【操作要点】

① 自侧腰点向 BP 点设置剪切线。如图 6-8(a)所示。

② 剪切、旋转,闭合原腰褶量,省道造型修整如图 6-8(b)所示。

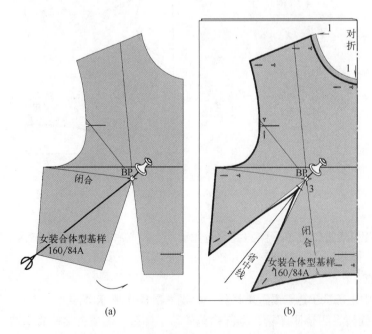

(a)   (b)

图 6-8   设计 F

（二）双省

指单个形式，在两个部位设置的省道。这类省的单个褶量相对较少，即纸样原腰节位的褶量、腋窝点上的胸褶量分两处设置。双省设计如图 6-9 所示。

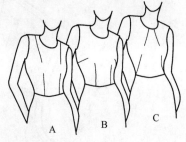

图 6-9 双省设计

1. 设计 A

在腰节与肩中部设置省道。运用剪切、旋转、闭合原理设计操作。

【设计准备】

操作纸样制作：采用合体型基础纸样，参照单省设计。

【设计与操作】

① 操作纸样自肩中部向 BP 点引剪切线，沿剪切线剪切至 BP 点，并以 BP 点为旋转点，旋转闭合原腋窝点位的胸褶量，使之转移至肩中部。如图 6-10（a）所示。

② 将操作纸样置于对折后的样板纸上，前中线与对折边平齐，并用大头针固定。

③ 在肩中部展开部位，过 BP 点引褶中线，离 BP 点 4～5cm 做省尖点；在腰节位，过 BP 点引褶中线，离 BP 点 2cm 左右做省尖点。如图 6-10（b）所示。

④ 领圈横开领、直开领各加大 1cm；描画完整轮廓线。

⑤ 省道造型：省尖 1cm 内描绘成埃菲尔塔形，描画胖形省道轮廓线；根据省的实际折叠效果，补画省根部分轮廓线。如图 6-11（a）所示。

⑥ 做 BP 点、省及袖窿对位点等标记。

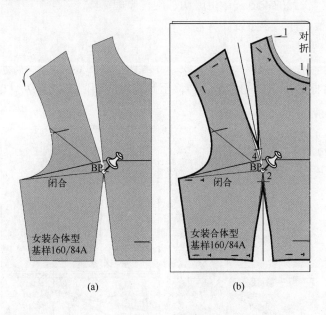

(a)　　　　　　　　　　(b)

图 6-10 设计 A

【样板制作】

移去操作纸样，沿轮廓线按工艺设计需要加放缝份：领圈为内缝，加放 0.6～0.8cm，其他缝份为外露缝，加放 1～1.2cm；用划线轮滚压出纸板下层的轮廓线和缝份加放线。做剪口标记；标注丝缕、省尖等必要标记及信息。完成的样板，如图 6-11（b）所示。

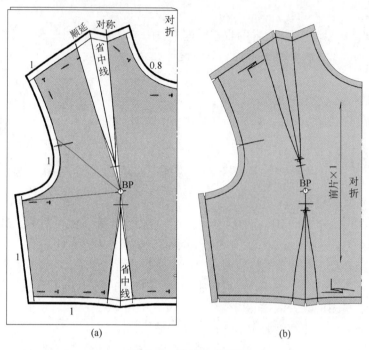

图 6-11 设计 A 样板

2. 设计 B

在腰节与侧肋缝设置的省道。运用剪切、旋转原理操作。

设计准备、样板制作，参照设计 A。

【操作要点】

① 自侧缝中部偏上点向 BP 点引剪切线，并剪切。如图 6-12（a）所示。

② 旋转，闭合原腋窝点位的褶量，转移至侧缝位。领圈、省道造型修整如图 6-12（b）所示。

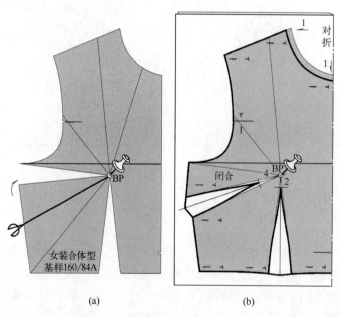

图 6-12 设计 B

3. 设计 C

领圈中点偏下处设置省道。运用剪切、旋转原理操作。

设计准备、样板制作，参照设计 A。

【操作要点】

① 调整领圈；自侧腰点向 BP 点引剪切线，自领圈中部偏下向 BP 点引剪切线。如图 6-13（a）所示。

② 分别剪切旋转剪切片，使原腋窝位、腰节位褶量分别转移至领圈和侧腰位。如图 6-13（b）所示。

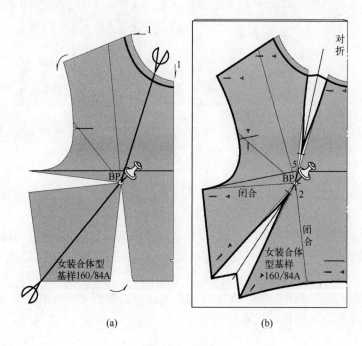

(a)   (b)

图 6-13　设计 C

（三）群组省

指在同一部位设置有两个以上省道的形式。省的群组形式有平行、辐射、等长、渐变等，群组省的褶量，原则上按省长不等分配。群组省设计，如图 6-14 所示。

1. 设计 A

在肩斜线设计群组省。运用剪切、旋转、闭合原理设计。

【设计准备】

参照单省设计。

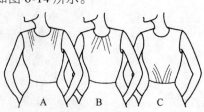

图 6-14　群组省设计

【设计操作】

① 在肩中部设置剪切线，肩中部与 BP 点连剪切线，两侧 2cm 左右分别做平行线；外侧平行线离 BP 点 4cm 拐向 BP 点，内侧平行线离 BP 点 8cm 处拐向 BP 点，如图 6-15（a）所示。

② 沿中间剪切线剪切至 BP 点，以 BP 点为旋转点，旋转切片，闭合腰褶，展开剪切位；连接内外侧剪切线折角点做辅助线为省尖参考线。如图 6-15（b）所示。

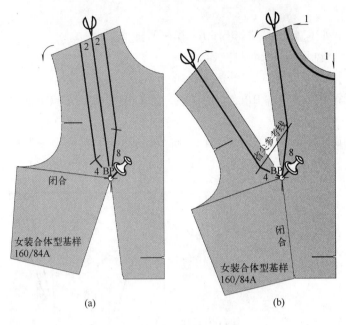

(a)　　　　　　　　　　　　　(b)

图 6-15　设计 A

　　③ 将操作纸样置于对折样板纸上，前中线与对折边平齐，并用大头针固定；领圈横开领、直开领分别加大 1cm，画领圈弧线。

　　④ 分别沿内外两侧剪切线剪切至 BP 点，旋转各剪切片，根据褶长与褶量成正比原理，按省长不等分配原褶位的褶量，外侧省长，褶量大，内侧省短则褶量少。如图 6-16（a）所示。

　　⑤ 在省尖参考线上定位各省尖。

　　⑥ 省道造型：省尖 1cm 内描绘成埃菲尔塔形，描画胖形省道轮廓线；根据省的实际折叠效果，补画省根部分轮廓线；描画轮廓线。

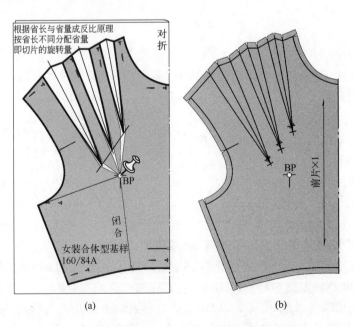

(a)　　　　　　　　　　　　　(b)

图 6-16　设计 A 样板

⑦ 做 BP 点、省及袖窿对位点等标记。

【样板制作】

参照前面所述程序，按规范制作样板。如图 6-16（b）所示。

2. 设计 B

在领圈线上设计三条群组省，且省长各不相同。运用剪切、旋转、闭合原理设计。

设计准备、样板制作，参照设计 A。

【操作要点】

① 领圈处理　参照设计 A；离颈窝 2cm 左右向 BP 点设置剪切线，沿剪切线剪切；旋转、闭合腋窝位、腰节位褶量，使其全部转移至领圈；在领圈展开位，过 BP 点引褶中线。剪切线设置如图 6-17（a）所示。

② 分别沿两侧剪切线剪切纸样。旋转各剪切片，根据褶长与褶量成正比原理分配各省褶量。如图 6-17（b）所示。

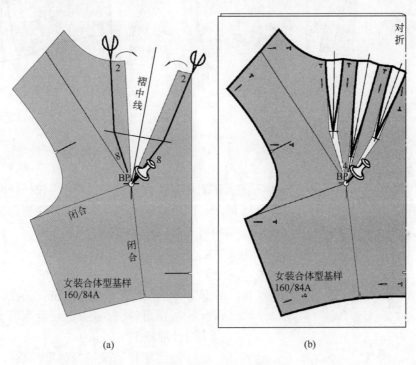

(a)　　　　　　　　　　　　　　(b)

图 6-17　设计 B

3. 设计 C

在腰节线前中部设计三条群组省，省道造型成弧弯型，群组省长渐变。运用剪切、旋转、闭合原理设计。

设计准备、样板制作，参照设计 A。

【操作要点】

① 旋转操作纸样，闭合腋窝位，褶量转移至腰节位，领圈造型参照设计 A。剪切线设置如图 6-18（a）所示。

② 沿中间剪切线剪切，旋转闭合腰节位，褶量转移至剪切口。如图 6-18（b）所示。

③ 旋转各剪切片，并分配褶量。省道造型修整，如图 6-18（c）所示。

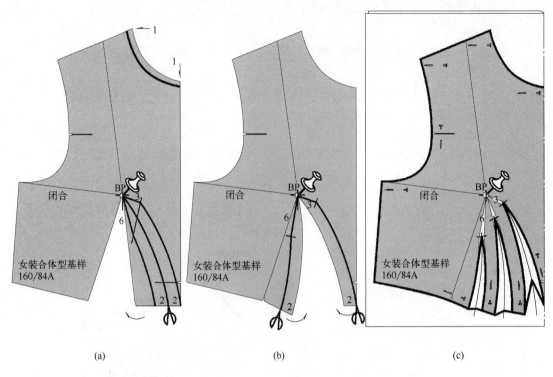

|(a)|(b)|(c)|

图 6-18　设计 C

（四）不对称省

指衣片设置的省道呈左右不对称形态。不对称省实为省的变化设计，设计示例如图 6-19 所示。因左右不对称，操作纸样应根据具体设计的结构特点对衣片左右做不同调整处理，再拼合为整片式。

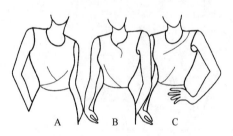

图 6-19　不对称省设计

1. 设计 A

该设计是由两腰节省移位变化而来，两省相交叉成 Y 形。运用剪切、旋转、闭合原理设计。

【设计准备】

操作纸样制作：采用合体型基础纸样，以 BP 点为旋转点，旋转闭合原腰节位褶量，使其全部转移至腋窝位与原胸褶量合并，对称复制前片，制作整片式操作纸样。

样板纸准备：按实际需要裁取样板纸，前中无开缝，在纸板中部画纵向参照线。

【设计与操作】

① 领圈横开领、直开领分别加大 1cm，画顺领圈弧线。如图 6-20 所示。

② 设置剪切线：自左侧腰点向右侧 BP 点引剪切线；此剪切线与前中线交点向左侧 BP 点引剪切线。

③ 将操作纸样置于样板纸上，前中线与纸板纵向参照线对齐，并用大头针固定。

④ 先自左侧腰点沿剪切线剪切至右侧 BP 点，再自前中沿剪切线剪切至左侧 BP 点；分别旋转各剪切片，使两侧原腋窝位闭合，褶量全部转移至展开处。如图 6-21 所示。

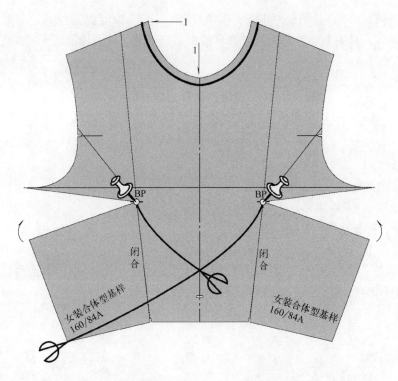

图 6-20　设计 A 操作纸样

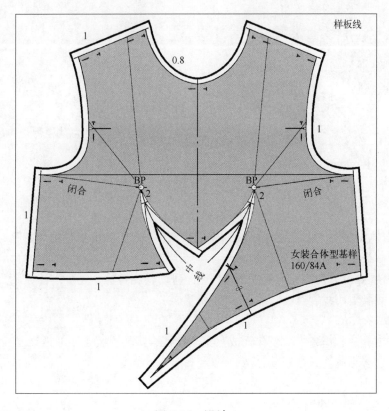

图 6-21　设计 A

⑤ 在展开处过 BP 点分别引褶中线；省尖离 BP 点 1 ~ 2cm 定位。

⑥ 省道造型：省尖 1cm 内描绘成埃菲尔塔形，描画胖形省道轮廓线；描画完整轮廓线。

【样板制作】

① 沿轮廓线按工艺设计需要加放缝份：领圈为内缝，加放 0.6 ~ 0.8cm，其他缝份为外缝，加放 1 ~ 1.2cm。

② 按规范制作完成样板。用剪口钳在有标记位置做剪口标记，尤其不要忽略前中心线处褶位标记；标注丝缕方向、BP 点、省尖点等必要标记及其他样板信息。如图 6-22 所示。

2. 设计 B

该设计是由侧腰省和颈窝省变化而来，颈窝省与领圈造型整体设计。运用剪切、旋转、闭合原理设计。

设计准备、样板制作，参照设计 A。

【操作要点】

① 调整领圈、绘画领圈造型线。沿左侧领圈弧线过前中线向右侧 BP 点引剪切线；自右侧腰点向左侧 BP 点引剪切线。如图 6-23 所示。

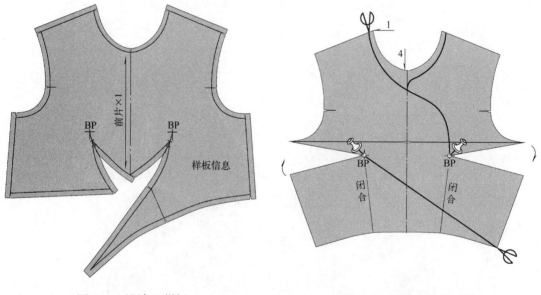

图 6-22　设计 A 样板　　　　　图 6-23　设计 B 操作纸样

② 剪裁右侧领圈；并沿左侧领圈线，剪切至右侧 BP 点，旋转、闭合右侧原腋窝位，胸褶褶量全部转移至前中领圈剪切线展开处。

③ 自右侧腰点沿剪切线剪切至左侧 BP 点，剪切、旋转片，闭合左侧原腋窝位褶裥，褶量全部转移至侧腰剪切线展开处。如图 6-24 所示。

3. 设计 C

该设计是由腰省和肩省换位变化而成。运用剪切、旋转、闭合原理设计。

设计准备、样板制作，参照设计 A。

【操作要点】

① 剪切线设置如图 6-25 所示。

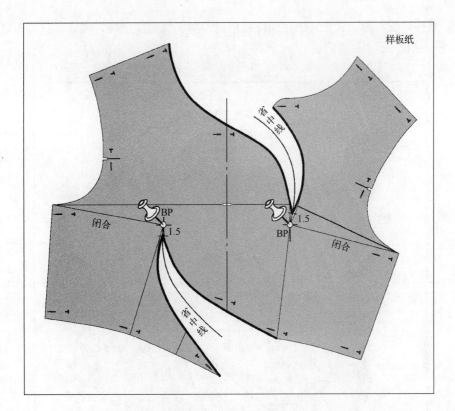

图 6-24　设计 B 纸样

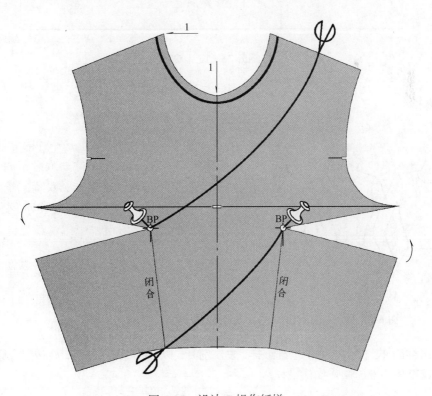

图 6-25　设计 C 操作纸样

② 绘画并剪裁领圈、放置、固定操作纸样；沿剪切线剪切纸样，闭合左右两侧原腋窝位褶量。如图 6-26 所示。

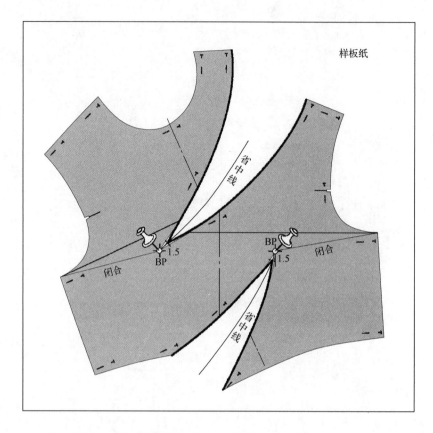

图 6-26　设计 C

二、缝缉褶

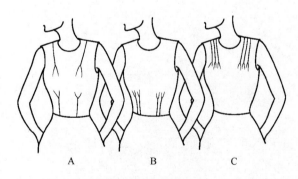

图 6-27　缝缉褶设计

缝缉褶实际上是一种部分缝合的褶，胸部缝缉褶的定位与胸省相同。设计形式同样可以是单一、双褶或群组造型，以对称设计居多。设计示例如图 6-27 所示。

1. 设计 A

在腰节、肩中部各设置单个一端缝缉的缝缉褶。运用剪切、旋转、闭合原理设计操作。

【设计准备】

操作纸样制作：采用合体型基础纸样，复制前片，以 BP 点为旋转点，旋转闭合原腋窝位，胸褶量转移至肩中部，制作操作纸样。

样板纸准备：按实际需要裁取样板纸，前中无开缝，对折样板纸。

【设计与操作】

① 操作纸样中线与纸板对折边平齐放置，并固定；横开领、直开领各加大 1cm；在肩中部褶位和腰节褶位，分别过 BP 点引褶中线；腰节褶离 BP 点 7cm 左右分别做褶的缝缉止点；肩褶离 BP 点 8cm 左右分别做褶的缝缉止点。如图 6-28（a）所示。

② 描画褶边线，腰节褶缝缉止点处分别加大 0.5cm；肩褶缝缉止点处加大 0.3cm。

③ 根据工字褶的折叠效果，折叠纸样法分别补画褶根部分轮廓线。

④ 做缝缉止点、褶根及袖窿对位点等标记。

【样板制作】

按规范完成样板制作。如图 6-28（b）所示。

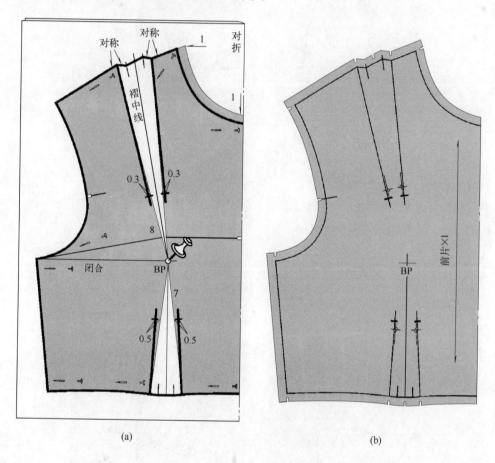

(a)   (b)

图 6-28　设计 A

2. 设计 B

在腰节位施双缝缉褶。运用剪切、旋转、闭合原理设计操作。

设计准备、样板制作，参照设计 A。

【操作要点】

① 剪切线设置如图 6-29（a）所示。

② 参照设计 A 放置、固定操作纸样。如图 6-29（b）所示。分别沿剪切线剪切、旋转切片，使两侧切片在褶中线上闭合。描画褶边线，补画褶根。

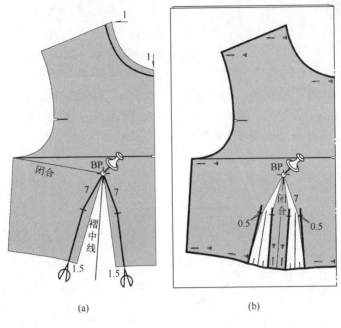

(a)　　　　　　　(b)

图 6-29　设计 B

3. 设计 C

在肩部设置三个一端缝缉的缝缉群组褶。运用剪切、旋转、闭合原理操作。

设计准备、样板制作，参照设计 A。

【操作要点】

① 全部转移至肩中部合并，制作操作纸样。剪切线设置如图 6-30（a）所示。

② 剪切、旋转剪切片，按省长不等分配原褶位的褶量。如图 6-30（b）所示。

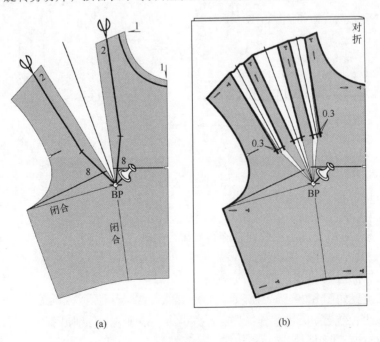

(a)　　　　　　　(b)

图 6-30　设计 C

三、聚褶

聚褶也称抽褶或碎褶，是一种细碎的皱褶形式，因其外观自然活泼的特点，常被应用于女装的胸褶设计中。设计示例如图6-31所示。

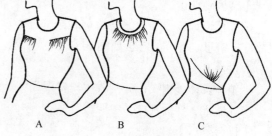

图6-31 聚褶

1. 设计A

该设计前胸为半分割式育克线，从中嵌入聚褶。运用剪切、旋转、闭合原理设计操作。

【设计准备】

操作纸样制作：采用合体型基础纸样，复制前片，以BP点为旋转点，旋转闭合原腰节位的褶量，转移至腋窝位合并，制作操作纸样。

样板纸准备：按实际需要裁取样板纸，前中无开缝，对折样板纸。

【设计与操作】

① 领圈横开领、直开领各加大1cm，描画领圈弧线；沿领圈线剪裁操作纸样。

② 设置剪切线：自BP点垂直向上引一条8cm剪切线；自胸宽点上2cm，过BP点上剪切线端点，离前中7cm，设置育克剪切线，离胸宽点2cm做聚褶止点标示。如图6-32（a）所示。

③ 将操作纸样置于样板纸上，前中线与纸板对折边平齐；先沿育克剪切线剪切至垂直剪切线交点，再沿垂直剪切线剪切至BP点，以BP点为旋转点，旋转剪切片，闭合原腋窝位褶量；用大头针固定。如图6-32（b）所示。

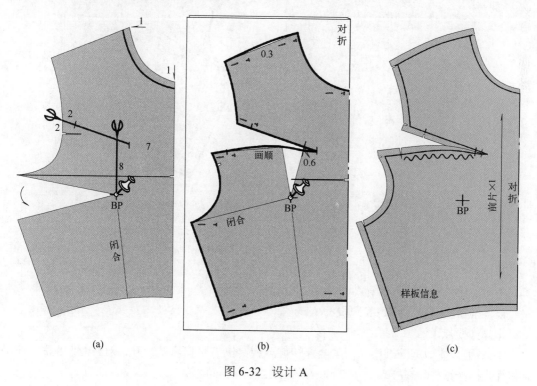

图6-32 设计A

④ 画顺展开部分轮廓线，在垂直剪切线与育克剪切线交点处的上下轮廓线确保有 0.6cm 左右的间隙，并做聚褶止点标示；肩斜线中部向上胖 0.3cm 左右，描画样板轮廓线。

⑤ 做聚褶止点及袖窿对位点等标记。

【样板制作】

按工艺设计需要加放缝份，剪裁纸样，做剪口标记，标注聚褶范围、丝绺方向等必要标记及样板信息。完成的样板如图 6-32（c）所示。

2. 设计 B

沿领圈设计分割线，分割线中设置聚褶。运用剪切、旋转、扩展原理设计操作。

设计准备、样板制作，参照设计 A。

【操作要点】

① 领圈调整及分割设置如图 6-33（a）所示。

② 衣片前中线上口离样板纸对折边 2cm 左右（加放褶量）。如图 6-33（b）所示。

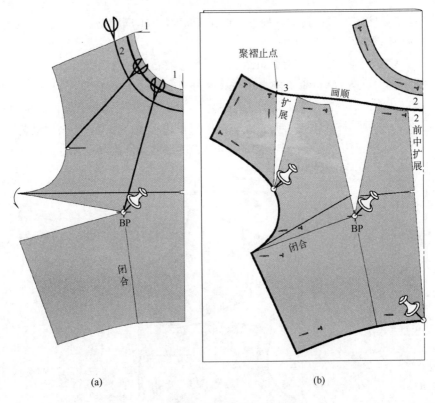

(a)   (b)

图 6-33　设计 B

3. 设计 C

不对称设计，左侧至右下斜向省道，右侧乳下设置聚褶。运用剪切、旋转、闭合原理设计。

设计准备、样板制作，参照设计 A。

【操作要点】

① 采用合体型基础纸样，褶量全部转移至腋窝位与原胸褶量合并，对称复制前片，制作成整片式操作纸样。在样板纸中部画一条直线为前中基准线。

② 调整领圈：自右侧腰点向左侧 BP 点引剪切线；此剪切线与右侧 BP 点垂直交点向上

至 BP 点引剪切线，剪切线两侧各 3cm 做点为聚褶止点，如图 6-34 所示。

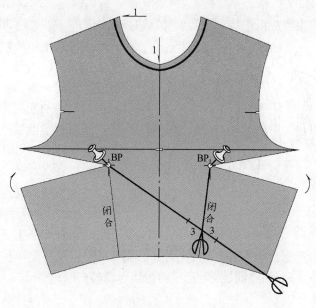

图 6-34　设计 C 操作纸样

③ 剪切、旋转各剪切片，闭合原腋窝位褶量。

④ 描画胖形省道轮廓线，画顺右侧乳下展开部分轮廓。按规范完成样板。如图 6-35 所示。

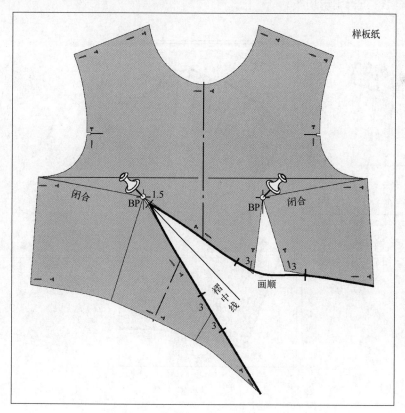

图 6-35　设计 C

四、裥

在胸褶设计中裥主要应用于较宽松的女装，以发挥裥的伸缩自然、飘逸动感的特点。设

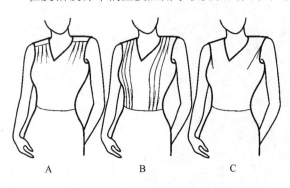

图 6-36　褶裥设计

计形式可以是单一裥或群组裥，定位与胸省相同。裥的特点是可活动，形态的稳定性相对较差，在面料上应选用定型性相对较好的面料，以保持裥的形态稳定。同时对于造型严谨的女装款式不宜运用。设计示例如图 6-36 所示。

1. 设计 A

肩线前移，设置群组裥。运用剪切、旋转、闭合、拼合原理设计操作。

【设计准备】

操作纸样制作：复制合体型基础纸样前片，腰褶量转移至腋窝位合并，制作操作纸样。

样板纸准备：按实际需要裁取样板纸，前中无开缝，对折样板纸。

【设计与操作】

① 领圈横开领、直开领各加大 1cm，描画领圈弧线。

② 设置分割线：离肩端点 3cm，离颈侧点 4cm 引分割线。如图 6-37（a）所示。

③ 设置剪切线：自肩部分割线中部至 BP 点引剪切线；剪切线两侧各 2.5cm 先平行过胸宽线后折转至 BP 点再引剪切线。

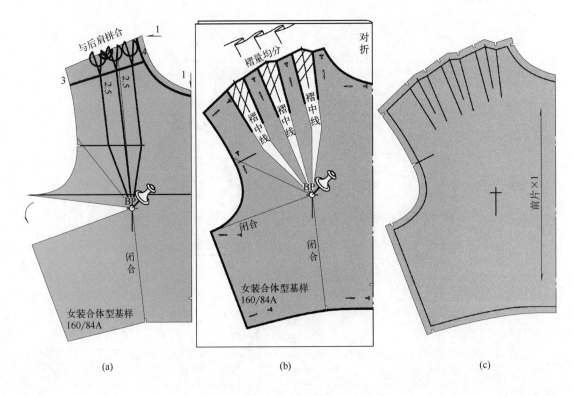

(a)　　　　　　　　(b)　　　　　　　　(c)

图 6-37　设计 A

④ 沿领圈线、分割线剪裁操作纸样；将操作纸样置于对折的样板纸上，中线与对折边平齐，大头针固定。如图6-37（b）所示。

⑤ 分别沿剪切线剪切至BP点，以BP点为旋转点，完全闭合腋下位褶量，在肩部展开范围均匀分布剪切片。

⑥ 画褶裥边线；折叠纸样法补画褶裥部分轮廓线；描画样板轮廓线；做裥位等对位标记。

【样板制作】

按规范参照前面所述程序完成样板制作。如图6-37（c）所示。

2. 设计B

该设计是从肩线至腰节贯通式的群组裥，并在胸部加放了适度的褶量。运用剪切、旋转、闭合、扩展原理操作。

设计准备、样板制作，参照设计A。

【操作要点】

① 参照设计A，制作操作纸样。领圈调整、剪切线设置如图6-38（a）所示。

② 沿剪切线剪切、旋转剪切片，在展开范围均匀分布切片。如图6-38（b）所示。

③ 过BP点做横向平行展开基准线；设3cm褶量，依序平行展开各切片。如图6-39所示。

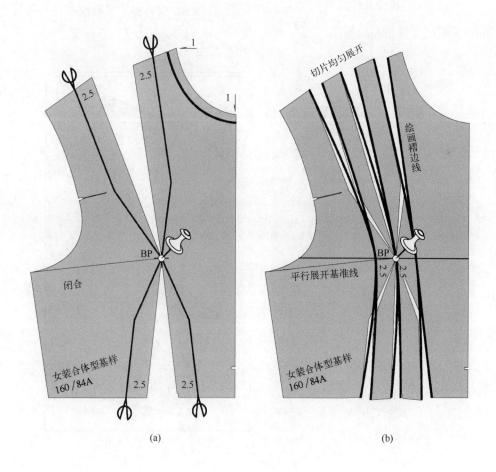

(a)   (b)

图6-38　设计B

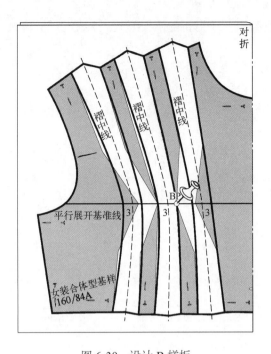

图 6-39　设计 B 样板

⑥ 按样板制作规范完成制作。

④ 画顺各褶裥边线；补画褶裥部分轮廓线。

⑤ 按规范完成样板制作。

3. 设计 C

肩端点盖肩式的褶裥。运用剪切、旋转、闭合原理设计操作。

设计准备、样板制作，参照设计 A。

【操作要点】

① 领圈调整；自肩端点至 BP 点引剪切线。如图 6-40（a）所示。

② 沿剪切线剪切至 BP 点，旋转剪切片，闭合腋窝位，褶量全部转移至肩端展开处。如图 6-40（b）所示。

③ 画顺褶裥边线；根据裥的实际折叠效果，折叠纸样法补画褶裥部分轮廓线。

④ 描画完整样板、轮廓线。

⑤ 做 BP 点、裥位及袖窿对位点等标记。

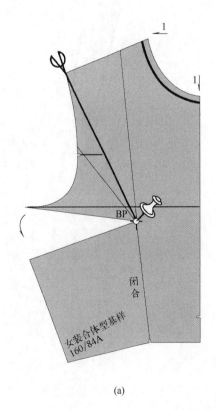

(a)

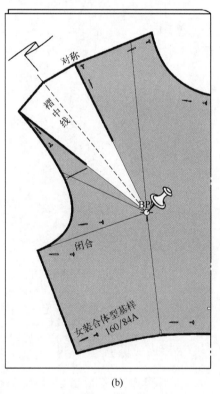

(b)

图 6-40　设计 C

第二节　肩胛褶

人体肩背部的肩胛呈膨凸形态，在全体服装造型中也需要做适体处理，因此在后片肩背部需施褶。褶的形态、结构等与胸褶设计相仿。肩胛褶的定位一般以肩胛外凸点为中心，呈辐射状，最常见的有肩斜线、领圈、袖窿等。设计示例如图 6-41 所示。

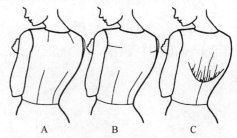

图 6-41　肩胛褶

1. 设计 A

施于领圈的肩胛省。采用合体型基础纸样设计，运用剪切、旋转原理操作。

【设计准备】

操作纸样制作：采用合体型基础纸样，复制后片，制作操作纸样。

样板纸准备：按实际需要裁取样板纸，后中无开缝，对折样板纸。

【设计与操作】

① 领圈横开领加大 1cm，直开领加深 0.5cm，画领圈弧线。如图 6-42（a）所示。

② 设置剪切线：基础纸样褶尖位下移 2～3cm 为肩胛点；自领圈线离颈侧点 3cm 左右向肩胛点引剪切线。

③ 沿领圈线剪裁操作纸样。

④ 将操作纸样置于对折样板纸上，后中线与对折边平齐，并用大头针固定。如图 6-42（b）所示。

⑤ 沿剪切线剪切至肩胛点，以肩胛点为旋转点，旋转剪切片，闭合原肩胛褶位，褶量转移至领圈展开处。

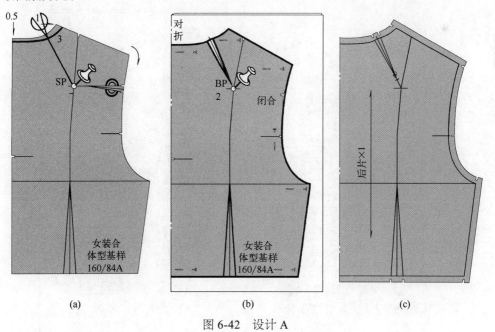

图 6-42　设计 A

⑥ 在展开处过肩胛点做省中线，离肩胛点 2cm 为省尖点。

⑦ 省道造型：省尖 1cm 内描绘成埃菲尔塔形，描画瘦形省道轮廓线；根据省的实际折

叠效果，补画省根部分轮廓线。

⑧ 描画完整样板轮廓线；做省及袖窿对位点等标记。

【样板制作】

按样板制作规范制作样板。如图 6-42（c）所示。

2. 设计 B

后袖窿肩胛省。运用剪切、旋转、闭合原理设计操作。

设计准备、样板制作，参照设计 A。

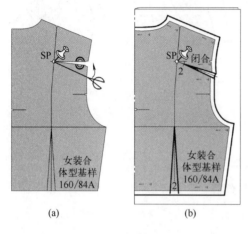

图 6-43　设计 B

【操作要点】

① 剪切线设置如图 6-43（a）所示。

② 参照设计 A 放置、固定操作纸样。如图 6-43（b）所示。

③ 调整省道，按规范完成样板。

3. 设计 C

此款为变化的肩胛褶，从后背向肩胛点设置弧形的聚褶，为强调效果额外增加了褶量。运用剪切、旋转、闭合、加放原理设计操作。

设计准备、样板制作，参照设计 A。

【操作要点】

① 领圈调整参照设计 A。自后中与胸围线交点向肩胛点引弧形剪切线，设置如图 6-44（a）所示。

② 以后颈点为旋转点，使后中胸围线处，展开 2 ～ 3cm，作为褶量增加量。如图 6-44（b）所示。

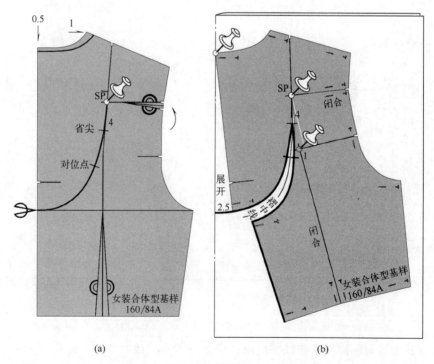

图 6-44　设计 C

③ 闭合原肩胛褶位，褶量转移至后中展开处。

④ 以腰节褶位线与背宽线交点为旋转点，闭合原腰节褶位的褶量，也转移至后中展开处。

⑤ 调整省道造型，描画样板轮廓线。

⑥ 加放缝份；做省、聚褶止点及袖窿对位点等标记，按规范制作完成样板。如图 6-45 所示。

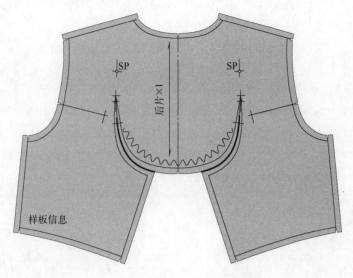

图 6-45　设计 C 样板

第三节　腰褶

腰褶是为塑造人体腰部、臀部结构形态而设置的褶量。根据人体的立体结构特征，腰部凹势是相对于胸部或臀部的膨凸而言的。在上衣设置的褶量我们称胸褶，而下装设置的褶量习惯称为腰褶。如图 6-46 所示是裙装常见的腰褶设计。

原则上腰褶的褶尖应指向臀部膨凸点，但臀部的膨凸不像胸部那样明显，不容易明确定位确定的膨凸点作为褶尖指向点。事实上臀部的膨凸是一个曲面形态，前腹部较平坦，后臀则相对明显些，就是两侧臀峰。因此腰褶的定位可设置一个或两个褶尖中心点。褶尖可以在臀围线上 4 ～ 5cm 范围，褶量也可视具体设计的不同需要重新分配。通常设置一个褶时以腰口中点定褶位，如图 6-47（a）所示；而两个褶时按腰口三等分确定，如图 6-47（b）所示。

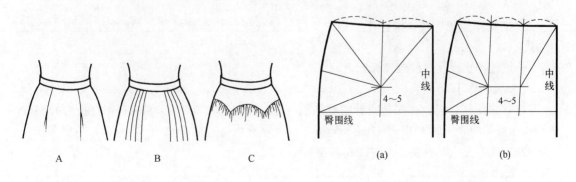

图 6-46　腰褶设计　　　　　　　图 6-47　腰褶尖中心点定位

1. 设计 A

单一工字缝缉褶设计。采用裙装基础纸样设计，运用剪切、旋转、扩展原理操作。

【设计准备】

操作纸样制作：采用裙装基础纸样，复制前后片（可按四分之一臀围，前后片无偏差制作），以外侧褶中线离臀围线上 2cm 左右为旋转点，旋转闭合外侧腰褶，消除褶量展开裙摆，按实际裙长制作操作纸样。

样板纸准备：按实际需要裁取样板纸，前中无开缝，对折样板纸。

【设计与操作】

① 以基础纸样内侧褶中线引剪切线至裙摆，过原褶尖点设置平行展开参照线；沿剪切线剪开切分，展开 4 ~ 6cm；过中点做褶中线，设置旋转点。如图 6-48（a）所示。

② 将操作纸样置于对折后的样板纸上，中线与对折边平齐，并固定。如图 6-48（b）所示。

③ 旋转展开：以设定的旋转点，旋转纸样，使裙摆以褶中线为中，扩展 8cm 左右。

④ 侧缝裙摆加放 2 ~ 3cm。

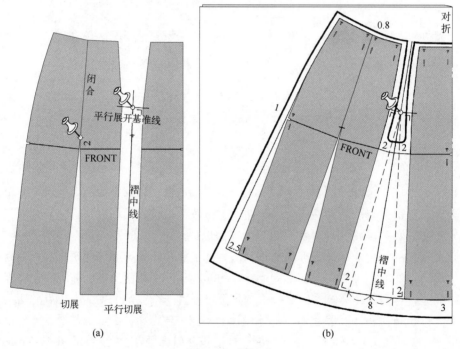

图 6-48　设计 A

⑤ 描画样板轮廓线：根据工字褶的实际折叠效果，补画褶裥部分轮廓线；描画完整轮廓线。

⑥ 做缝缉止点及对位点等标记。

【样板制作】

① 移去操作纸样，按工艺设计需要加放缝份：腰口加放 0.6 ~ 0.8cm；裙摆折边缝加放 2 ~ 4cm；其他缝份加放 1 ~ 1.2cm；缝缉止点处缝份 2cm 左右。

② 按规范完成样板制作，如图 6-49 所示。

2. 设计 B

顺褶群组设计，左右两侧均设置一组四个顺褶。运用切分、扩展原理设计操作。

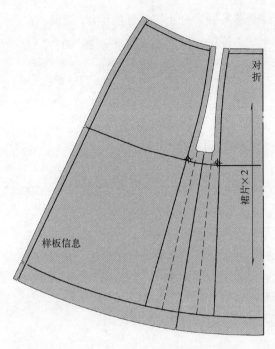

图 6-49　设计 A 样板

设计准备、样板制作，参照设计 A。

【操作要点】

① 设置剪切线，在剪切线上端，均分原腰褶量，并画褶边线。如图 6-50（a）所示。

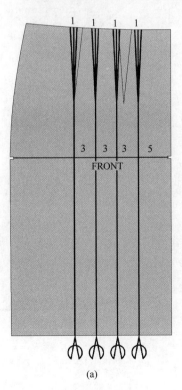

(a)

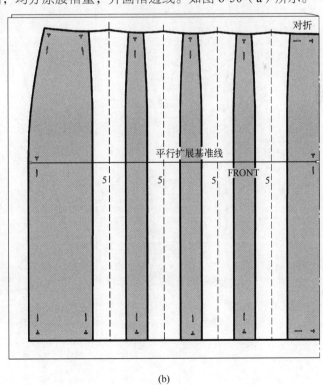

(b)

图 6-50　设计 B

② 以臀围线为平行扩展基准线，分别扩展各剪切片间距 5cm。

③ 画顺褶裥部分轮廓线；描画完整样板轮廓线，如图 6-50（b）所示。

④ 做裥位及对位点等标记，按规范完成样板制作。

3. 设计 C

横向腰褶的变形设计，腰褶与育克分割线融合，在分割线中设置聚褶形态。运用剪切、旋转、加放原理操作。

设计准备、样板制作，参照设计 A。

【操作要点】

① 过内侧褶尖点，臀围线上 3cm 左右为最低点，弧线绘画 W 形育克分割线。如图 6-51（a）所示。

② 旋转闭合内侧腰褶，消除褶量展开裙摆。

③ 沿分割线切分纸样；裙上片旋转闭合侧腰褶位，消除褶量。

④ 裙下片内侧褶位切分处平行展开 4cm；侧缝向外加放额外聚褶量。

⑤ 画顺裙下部分割后的轮廓线。如图 6-51（b）所示。

⑥ 作裥位及对位点等标记，按规范完成样板制作。

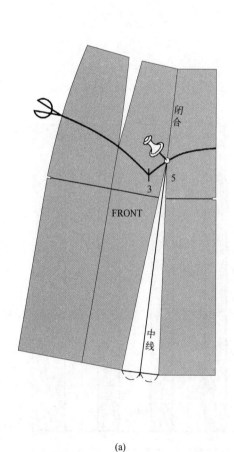

(a)

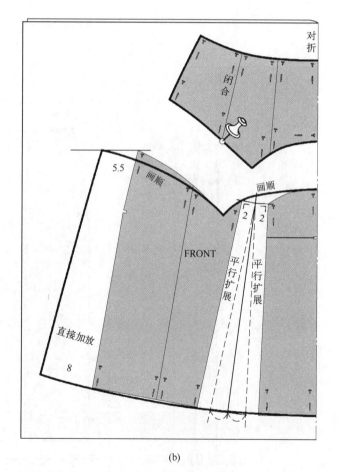

(b)

图 6-51　设计 C

第四节　分割设计

分割作为一种主要的适体塑造手段，同时也是装饰造型的有效途径，使女装更舒适得体、造型更美观。分割线的设置，注重人体结构特征，讲究与人体凹凸趋势的平衡关系，满足女装舒适、合体、审美的功能要求。

一、分割与施褶

分割与施褶目的主要是适体塑造，分割与褶的设置关系密切，相关褶位的褶相连接就可形成分割线，而分割线又可分解成相关联的多个褶。例如不同褶位的胸、腰位褶相连接可设计为分割造型线。

适体设计中，设计了分割造型线后，原则上就不宜再施褶。设计示例如图 6-52 所示。

1. 设计 A

从袖窿胸宽点向下设置纵向分割
线，因分割线偏离 BP 点较远，再设置
一个短胸省，形成 Y 型分割线，以提高
适体性。采用合体型基础纸样设计，运
用切分、剪切、旋转、移动原理操作。

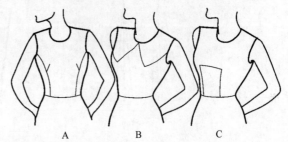

图 6-52　分割设计

【设计准备】

操作纸样制作：采用合体型基础纸
样，复制前片，旋转法闭合原腋窝位的
胸褶，转移至袖窿胸宽点位，制作操作纸样。

样板纸准备：按实际需要裁取样板纸，前中无开缝，对折样板纸。

【设计与操作】

① 移动腰节褶：过 BP 点内 5cm 左右做前中平行线，BP 点向下 4cm 左右定省位，连接 BP 点为省中线。如图 6-53（a）所示。

② 调整腰节褶量：原褶位减小为 2.5cm，分割线处 1.5cm。

③ 分割造型线：自袖窿胸宽点，过新胸省位，绘画分割造型线。

④ 横开领与直开领各增大 1cm 左右，重新画领圈弧线。

⑤ 剪裁分割线：沿省位线剪切至 BP 点；剪裁领圈、放置并固定操作纸样。如图 6-53（b）所示。

⑥ 侧片纸样，横向拉开以保证样板缝份加放所需，大头针固定分割纸样。

⑦ 以 BP 点为旋转点，分别旋转剪切片闭合原腰节褶位和袖窿褶位褶量，全部转移至小胸省处。

⑧ 展开处画省中线，省尖离 BP 点 1.5cm。省道造型：省尖 1cm 内描绘成埃菲尔塔形，描画胖形省道轮廓线；根据省道实际倒向，补画省根轮廓。

⑨ 画顺分割造型线；描画完整样板轮廓线；做省、分割线及袖窿对位标记。

【样板制作】

按照工艺要求加放缝份，注意分割线上端分别做直角补正。

按规范参照前面所述程序制作样板。如图 6-53（c）所示。

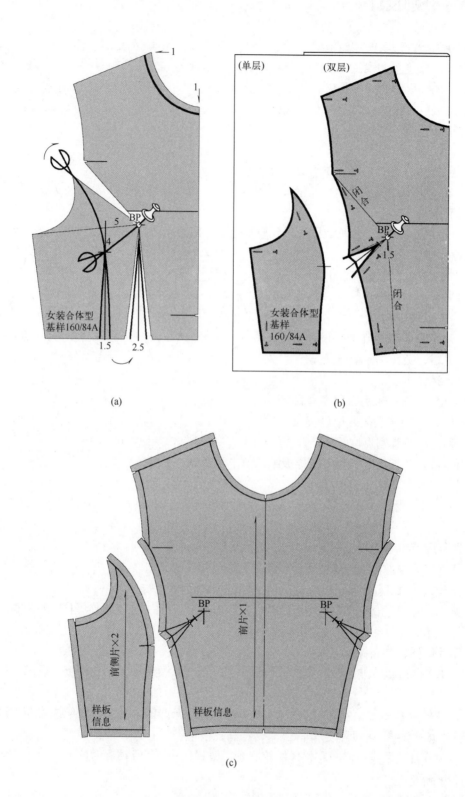

图 6-53　设计 A

2. 设计 B

该款为以袖窿褶与领窝褶位为基础的分割设计，形成 W 形的分割线。采用合体型基础纸样设计，运用切分、旋转、闭合原理操作。

设计准备、样板制作，参照设计 A。

【操作要点】

① 旋转闭合腰节褶位；分割线绘制如图 6-54（a）所示。

② 腋位褶量分别转移至颈窝点和袖窿；分离纸样，依据胸乳部形态特征绘画分割造型线。如图 6-54（b）所示。按规范完成样板。

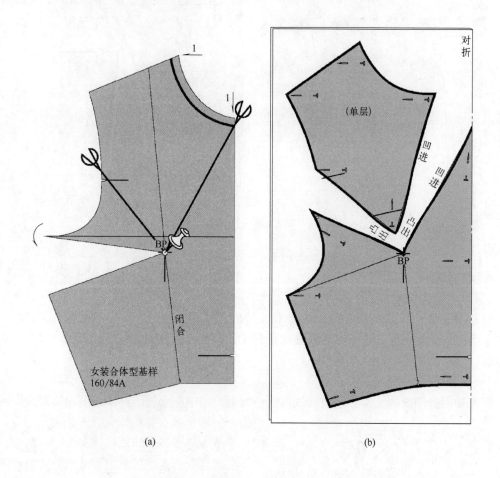

（a） （b）

图 6-54 设计 B

3. 设计 C

此款为单褶设计，两侧腰节褶过 BP 点横向连贯形成倒 U 形分割线。采用合体型基础纸样设计。

设计准备、样板制作，参照设计 A。

【操作要点】

① 自前中过 BP 点垂直分割线。如图 6-55（a）所示。

② 依据胸部形态特征绘画分割造型线。如图 6-55（b）所示。

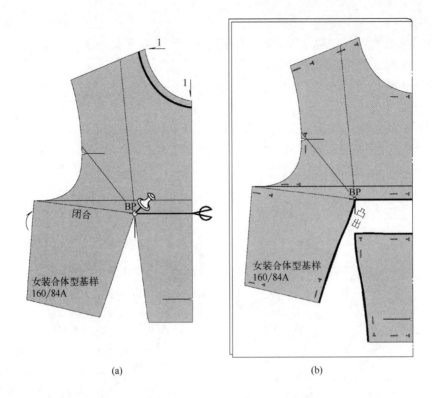

(a)　　　　　　　　　　　　(b)

图 6-55　设计 C

二、经典分割线

分割线位置的设置，主要依据人体结构，考虑人体凹凸趋势的平衡关系，满足女装舒适、合体、审美的功能要求。典型的分割设置有育克分割、公主分割，这类分割比较经典，在造型形态、分割位置都有一定的程式化。

（一）育克分割线

育克分割分割线的造型可以是直线型或曲线型，均应与女装的整体造型相协调，因而育克的分割常常是女装整体分割设计的一部分。横向分割位置与服装整体的比例关系十分密切，所以，在育克分割定位时应慎重考虑分割位设置与服装纵向相关部位之间的比例关系，通常可运用黄金分割比例关系做合理处理。育克分割设计示例如图 6-56 所示。

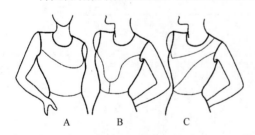

A　　　B　　　C

图 6-56　育克分割设计

1. 设计 A

两侧袖窿胸宽点过 BP 点的圆弧形育克分割造型设计，结构上它是两侧袖窿褶相连接形成的。采用合体型基础纸样设计，运用切分、旋转、闭合原理设计操作。

【设计准备】

操作纸样制作：采用合体型基础纸样，复制前片，制作操作纸样。

样板纸准备：按实际需要裁取样板纸，前中无开缝，对折样板纸。

【设计与操作】

① 领圈横开领、直开领各加大 1cm，画领圈弧线。如图 6-57（a）所示。

② 设置分割线：自袖窿胸宽点，过 BP 点，至前中线绘画圆弧；分割线可以适度偏离 BP 点 1～2cm，若偏离时应自分割线向 BP 点引剪切线。

③ 沿领圈线剪裁操作纸样；沿分割线切分纸样，再沿剪切线剪切至 BP 点，以 BP 点为旋转点，分别闭合腋窝位和腰节位的褶量。如图 6-57（b）所示。

④ 将操作纸样置于对折后的样板纸上，前中线与对折边平齐，并用大头针固定；上下切分部分，沿对折边拉开，预留足样板缝份加放量。

⑤ 依据胸乳部形态特征绘画分割造型线，特别是 BP 点处弧线稍凸出，画顺，并做缩缝符号标记；描画完整样板轮廓线；做分割线及袖窿对位标记。

【样板制作】

按工艺要求完成规范样板制作。如图 6-57（c）所示。

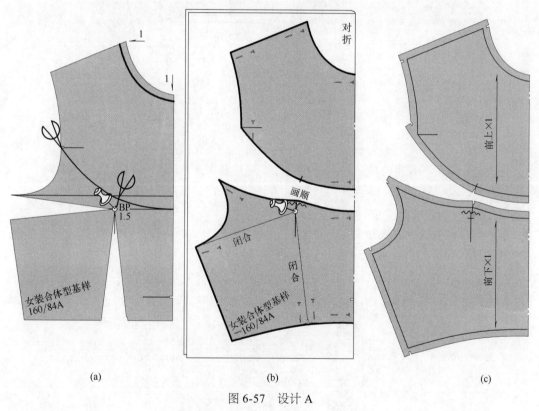

(a)　　　　　　　　(b)　　　　　　　　(c)

图 6-57　设计 A

2. 设计 B

该款式为育克分割变化设计，圆弧形育克向下延伸至乳根部，前中下部分割，形成郁金香造型。用合体型基础纸样设计。

设计准备、样板制作，参照设计 A。

【操作要点】

① 领圈造型、分割线绘制如图 6-58（a）所示。

② 切分纸样，分别闭合原腋窝和腰节褶位的褶量。如图 6-58（b）所示。

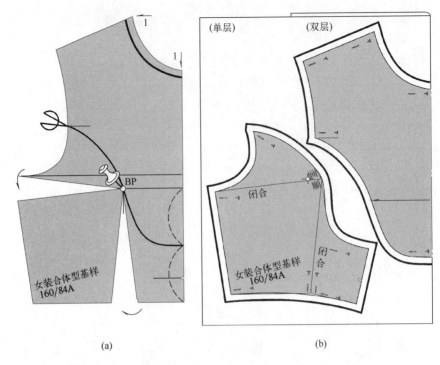

(a)　　　　　　　　　　　　　　　(b)

图 6-58　设计 B

3. 设计 C

　　该款整体上是斜向的不对称设计，上部是育克线的变化造型，下部是自右侧袖窿至左侧腰点的斜向分割线。采用合体型基础纸样设计，对称复制前片，制作整片式操作纸样。运用切分、旋转、闭合原理设计操作。

　　设计准备、样板制作，参照设计 A。

【操作要点】

①领圈造型参照设计 A。分割线设置如图 6-59 所示。

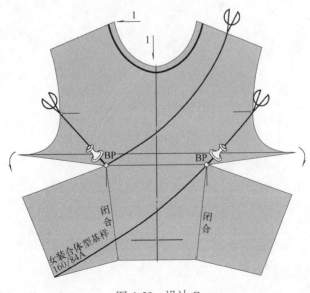

图 6-59　设计 C

② 分别沿分割线切分纸样，分别旋转各切分片，使原腋窝位闭合，褶量全部转移至袖窿展开处。

③ 按工艺设计需要加放缝份，按规范完成样板制作，如图 6-60 所示。

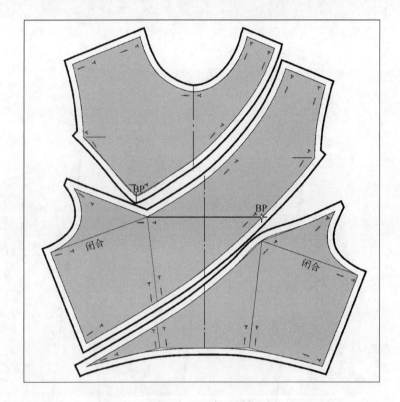

图 6-60　设计 C 样板

（二）公主分割线

上衣过胸部的纵向分割称为公主分割，是上衣典型的分割造型线，这类分割以弧线形态造型为主。公主分割设计示例如图 6-61 所示。

1. 设计 A

以肩褶和腰节褶位为基础设计的贯通式分割线。原则上这类分割线须过 BP 点，但视实际造型需要可稍偏离，偏离度与女装宽松程度成正比，较合体的偏离度宜少，而较宽松的可适度加大偏离，偏离度超过 2cm 以上时，原腰节褶位应先做褶位移动。

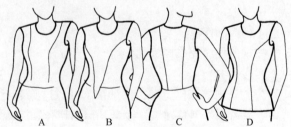

图 6-61　公主分割设计

【设计准备】

操作纸样制作：采用合体型基础纸样，复制前片，制作操作纸样。

样板纸准备：按实际需要裁取样板纸，前中无开缝，对折样板纸。

【设计与操作】

① 领圈横开领、直开领各加大 1cm，画领圈弧线。如图 6-62（a）所示。

② 设置分割线：自肩中部，过 BP 点，至腰节褶绘分割线。

③ 沿领圈线剪裁操作纸样；沿分割线自肩线向 BP 点切分纸样，以 BP 点为旋转点，完全闭合腋窝位，胸褶量转移至肩部；将操作纸样置于对折后的样板纸上，前中线与对折边平齐，侧切分片横向平行拉开，预留足够样板缝份加放量，并用大头针固定。如图 6-62（b）所示。

④ 依据胸乳部形态特征绘画分割造型线，BP 点处弧线稍凸出，而离 BP 点 6～8cm 处，弧线稍凹进，画顺。

⑤ 描画完整轮廓线；做分割线及袖窿对位标记。

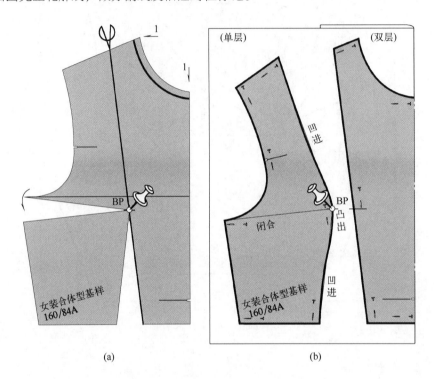

图 6-62　设计 A

【样板制作】

按规范程序完成样板制作。

2. 设计 B

公主分割的变化造型，自袖窿胸宽点过胸部至腰节，再向下延伸至腰节线下，形成 V 字造型。采用合体型基础纸样设计，运用切分、旋转、闭合原理设计。

设计准备、样板制作，参照设计 A。

【操作要点】

① 领圈处理参照设计 A。分割线设置如图 6-63（a）所示。

② 切分纸样，旋转袖窿切分部分，完全闭合腋窝位褶量。如图 6-63（b）所示。

3. 设计 C

后片的公主分割设计，自肩端点过肩胛至腰节，肩背部弧形造型。采用合体型基础纸样设计，运用切分、旋转闭合原理设计操作。

设计准备、样板制作，参照设计 A。

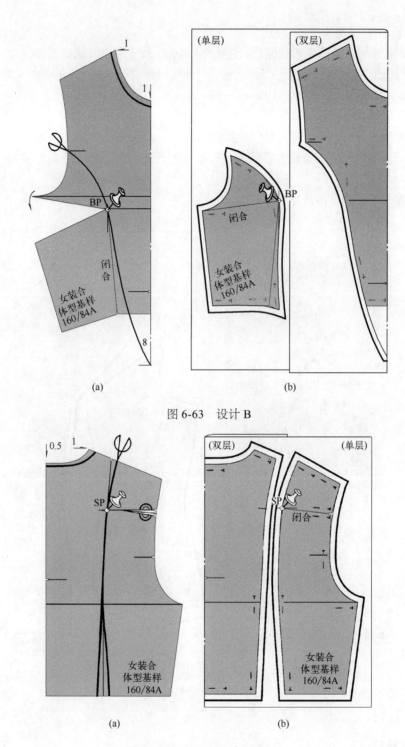

图 6-63　设计 B

图 6-64　设计 C

【操作要点】

① 领圈、公主造型线绘制如图 6-64（a）所示。

② 自肩中部设置分割线；过肩胛褶中心点至腰节褶位绘造型线；切分纸样；完全闭合原肩褶；如图 6-64（b）所示。

4. 设计 D

刀背形公主分割线的贯通式造型，分割至上衣底摆。采用合体型基础纸样设计，运用移动、切分、旋转、闭合原理设计。

设计准备、样板制作，参照设计 A。

【操作要点】

① 领圈参照设计 A；公主造型线绘制如图 6-65（a）所示。

② 完全闭合腋窝位，褶量转移至胸宽点分割线展开处；调整公主分割造型线。如图 6-65（b）所示。

③ 描画完整轮廓线；按规范制作样板。

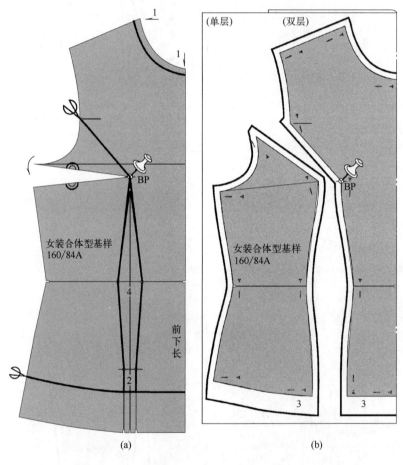

图 6-65　设计 D

三、自由分割线

分割线设计是女装艺术表现的重要手段，也是女装款式风格的主要表现形式。将女装适体塑造的省（褶）巧妙地融合于精心设计的分割线中，既达到了适体塑造的目的又丰富了女装款式造型变化，使服装的装饰线条与结构线条完美地结合，准确而精致地展现人体曲线。分割造型形成的结构线是女装的"中场灵魂"，它在支撑着外部轮廓线的同时，根据人体结构和运动机能的要求，使包裹人体的服装面料实现了从二维平面向三维立体转化的造型作用。另一方面分割线又充分体现了艺术创造中形式美的法则，对女装的造型和结构起着艺术点缀作用。

（一）自由分割线设置的规则

1. 分割线必须经过胸部、腰部、臀部的六大结构关键点

即前片两侧 BP 点、腰节与褶中线交点、臀围线与褶中线交点；后片两侧肩胛外凸点、腰节与褶边线交点、臀围线与褶中线交点。这些关键点是人体体表球面或双曲面的中心部位，也是褶位和褶尖的设置部位。分割经过六大关键点时可以有适度偏差，偏差的范围：胸部和腰部以关键点为圆心半径 2cm 左右圆周范围内；臀部关键点与褶尖点设置范围相同，即以臀围线以上 4～5cm，两个褶尖之间。偏差程度与女装的适体程度相关，适体要求高的偏差宜小，随宽松度的增大可以适度增大偏差量。

2. 分割不能交叉穿过施褶区域

施褶区域是指缝合褶被缝合区域，该区域范围内分割线只能与施褶方向保持平行，不能相交（过关键点的分割线可以是任何方向任何方式），但横断的分割例外，如腰节线分割。若有分割线需交叉穿过施褶区域，可先通过褶位转移，使分割设置部位的褶量转移至其他没有分割线经过的部位。

（二）分割线设计绘制步骤

1. 草绘分割线

根据款式设计分割线在轮廓线上的位置，在操作纸样上草绘分割线。分割线在轮廓线上的定位必须准确，分割线中部只需绘出形态趋势即可。

2. 褶位转移

依据分割不能交叉穿过施褶区域的规则，针对分割交叉穿过施褶区域的实际情况，相应进行褶位转移，使相关区域的褶量转移到无分割线区域。

3. 修正分割线

褶位转移后，修改调整草绘的分割线，最后准确绘画分割造型线。

（三）分割线造型设计实例

女装款式分割造型设计十分常见，案例设计款式如图 6-66 所示。

1. 设计 A

自由弧线型分割，不对称造型，分割线经过标准的关键点位，后背设置中缝，拉链至臀围线。采用合体型基础纸样、裙子基础纸样设计，运用切分、拼合、旋转、闭合原理设计。

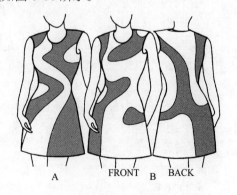

图 6-66　分割设计

【设计准备】

操作纸样制作：对称复制合体型基础纸样前片、裙子基础纸样，移动腰节褶位，合并褶量，褶位与衣片腰节褶中线对齐，上衣与裙子以腰节线对接，制作连衣裙整片式操作纸样。

样板纸准备：按实际需要裁取样板纸。

【设计与操作】

① 领圈横开领、直开领各加大 1cm，画领圈弧线。如图 6-67（a）所示。

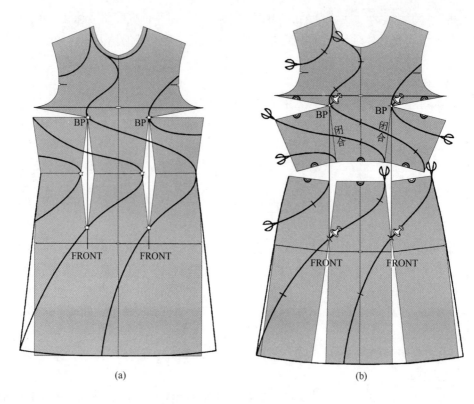

(a)   (b)

图 6-67　设计 A

② 遵循分割线设置规则，在操作纸样上草绘分割线。

③ 按腰节线，分离操作纸样，标示相互拼合部位。如图 6-67（b）所示。

④ 腰节褶位均有分割线穿过，以 BP 点为旋转点，分别旋转侧胁部分闭合腰节褶位，褶量转移至腋窝位；裙子部分闭合腰褶量，底摆两侧略加放，使裙底摆扩展。

⑤ 修改因旋转纸样引起的分割线变形。在纸样轮廓上或过关键点位的分割线不能修改，纸样内部的分割线均可调整修改。

⑥ 沿领圈线剪裁纸样；分别沿分割线切分纸样；分别闭合腋窝褶位和裙子腰褶位；拼合腰节位相对应分割片。

⑦ 在分割线上做对位标示，特别是弯曲部位需做对位标示。

⑧ 将操作纸样置于样板纸上，各分割片拉开分布，以预留足够样板缝份加放量。描绘轮廓线时注意闭合、拼合后 BP 点等部位的弧顺。如图 6-68 所示。

⑨ 样板丝缕的确定，原则上以较大面积样板的中心线，或以腰节线的垂线为准，该示例以前胸、腰部及裙片中线为直丝缕，相邻各裁片均与其平行确定。

⑩ 按规范完成样板制作。

后背结构设计按常规，不赘述。

2. 设计 B

自由弧线分割，不对称造型设计，腰节相对提高，分割设置前后相呼应，分割线均经过六大关键点位。采用合体型基础纸样、裙子基础纸样设计，运用切分、拼合、旋转、闭合原理操作。

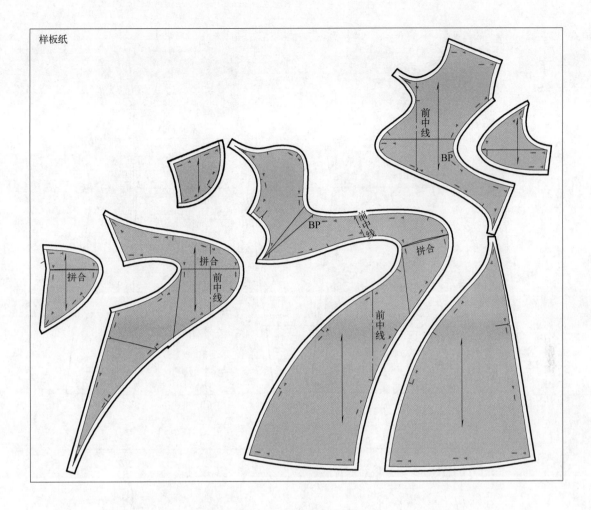

样板纸

图 6-68　设计 A 样板

【设计准备】

设计准备、样板制作，参照设计 A。

【操作要点】

① 腰节线上移 2cm 左右。领圈弧线，草绘分割设置，如图 6-69 所示。注意前后分割设置的呼应，特别是在肩缝、侧胁等轮廓线的分割位置必相互对应。

② 分别过裙片腰褶褶尖点向裙摆引剪切线；裙摆侧适度加放 5 ～ 6cm。

③ 参照前片草绘后片分割线设置，注意侧缝处前后分割线对应。

④ 分别以腰节线分离前后片操作纸样，在相互拼合部位做标示。

⑤ 在样板纸上分布分离后的操作纸样。如图 6-70 所示。

⑥ 根据分割设置情况，闭合两侧腋窝褶位，褶量转移至腰节褶位。

⑦ 裙子前后片分别闭合腰褶量，与衣片对应。

⑧ 修改因旋转纸样引起的分割线变形，最后确定分割线。纸样轮廓上、关键点的分割线定位不能修改，纸样内部分割线均可调整修改。

⑨ 沿领圈线剪裁纸样；在分割线上做对位点标示，特别是弯曲部位。

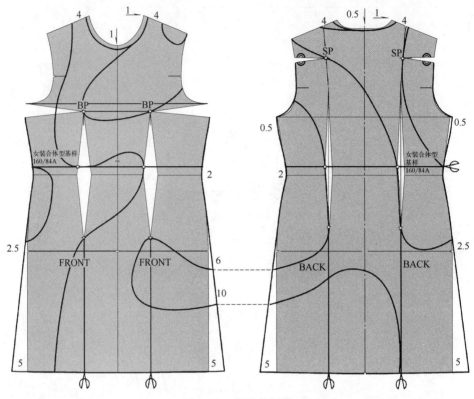

图 6-69　草绘分割线

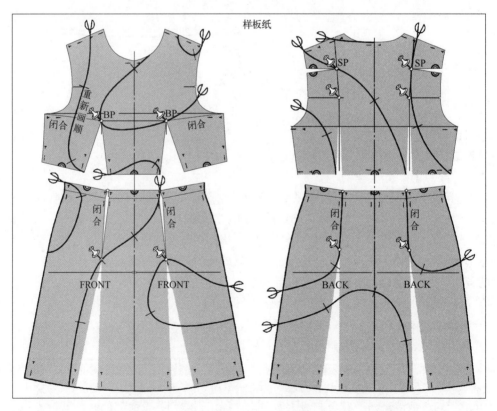

图 6-70　调整分割线

⑩ 操作纸样切分后置于样板纸上，各分割片拉开分布，以预留足够样板缝份加放量。描绘轮廓线时注意闭合、拼合后的顺接，轮廓弧顺。如图 6-71 所示。

⑪ 按规范完成样板制作。

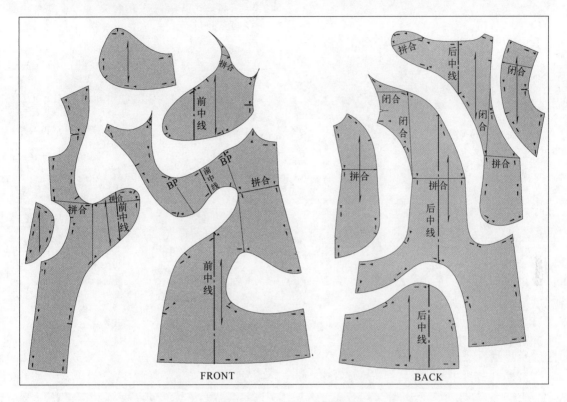

图 6-71　设计 B 净样板

第七章

领子设计

领子是女装的主要部件，处于视觉中心，而成为服装设计的主力点。领子是环绕包覆于颈项部位的服装部件。两端与门襟相联，联结处称驳头，或驳口，以驳头是否闭合，在结构上分为关门领和开门领两大类。领子外观形态可以是宽的、窄的、平摊的、高耸的、翻折的、企立的、贴颈的或掀开的等，领子外边缘可以有各种造型。根据领子外观形态和结构特点通常可划分为：领圈领、连身领、立领、企领、翻（扁）领、翻驳领、环浪领、帽领和特殊造型领等。

第一节　领圈领

领圈领，以领圈的形态作为领子的造型，它其实是一种无领结构造型，是一种特殊的领子形态。这类领子就是领圈线的造型，直接在衣片上变化设计各种造型的领圈线，设计的关键要素就是横开领和直开领的尺寸及领圈线的形态，当领圈围小于头围时必须结合开衩的设计。领圈领按领圈线形态可分为直线型、弧线型和复合型；领圈形态变化方向可分横向、纵向及不规则变化。常见领圈形态有椭圆形、蘑菇形、波浪形、方形、V字形、一字形、不对称造型等。

一、弧线型

弧线型领圈造型，通常有小椭圆领、大椭圆领、蘑菇领、一字领、波浪领等。依据不同的造型，设计横开领、直开领尺寸，变化领圈线的弧线形态。如图 7-1 所示。

图 7-1　弧线型

A、B、C 三款是因直开领不同的椭圆形造型；D 款是蘑菇形；E 款是大横开一字领；F款是波浪形领圈线造型。

前后片操作纸样以肩线对接，颈侧点对齐放置；依据设计需要确定横开领和直开领，绘画弧线型领圈造型线。如图 7-2 所示。

二、直线型

直线型领圈造型，通常有方领、V 字领等。主要是通过横、直开领的尺寸变化，设计领圈造型。如图 7-3 所示。

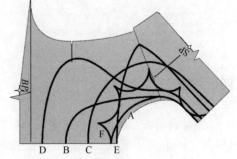

图 7-2　弧线型领圈造型结构图

前后片操作纸样以肩线对接，颈侧点对齐放置；依据设计需要确定横开领和直开领，绘画直线型领圈造型线，直线型主要体现在前片的领圈造型线。如图 7-4 所示。

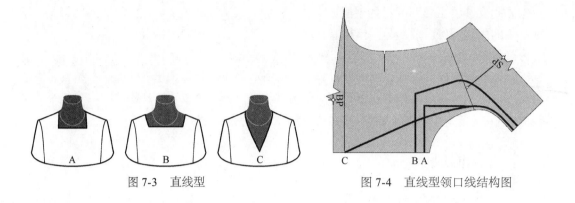

图 7-3　直线型　　　　　　　　　　图 7-4　直线型领口线结构图

三、复合型

所谓复合型是指直线型和弧线型的组合造型，多为一些几何形、仿生形态等，强调领圈线的造型，常见有不对称、不规则的造型设计。如图 7-5 所示。

设计 A：几何形态。

设计 B：逗号，趣味不对称造型。

设计 C：仿生叶片，不规则造型。

前后片操作纸样以肩线对接，颈侧点对齐放置，依据设计需要确定领子的横开领和直开领，绘画复合型各款式领圈造型线。绘制设计 B 的不规则造型样板时，前片需要制作整片式操作纸样。如图 7-6 所示。

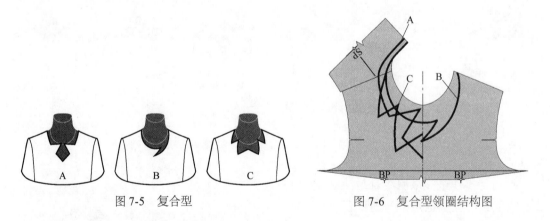

图 7-5　复合型　　　　　　　　　　图 7-6　复合型领圈结构图

四、镶贴型

镶贴领是指沿领圈有贴边或分割结构的造型设计，外观上看似独立的领子，但在结构上只是由沿领圈部位设置的环形贴边或分割线形成的造型。镶贴领设计如图 7-7 所示。

设计 A：椭圆形分割领圈，又称团领。也可运用沿领圈明贴边结构设计。

设计 B、设计 C：环形分割领圈，前中颈窝处留空，分割部分外观形似立领。

操作纸样前后片以肩线对接，颈侧点对齐放置；依据设计需要确定横开领和直开领，分别绘画各款弧线型领圈造型线以及分割造型线。如图 7-8 所示。

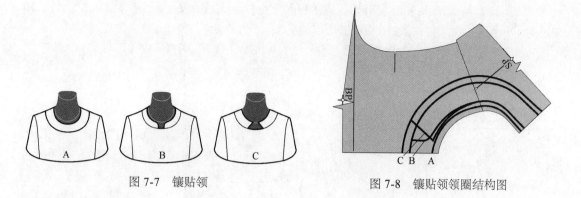

图 7-7　镶贴领

图 7-8　镶贴领领圈结构图

第二节　连身领

连身领，顾名思义就是领子与衣身相连的领子，连接方式分部分连身和完全连身。常见款式如图 7-9 所示。

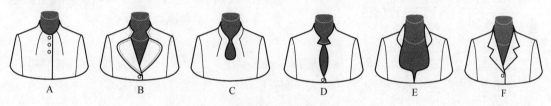

图 7-9　连身领

1. 设计 A

完全连身领造型，领子部分与前后衣片相连，即领子是从衣身延伸出来的。在前后片领圈均设置有省道，领圈省可以使领子更适合颈项，并增强领子的竖立效果。

【设计与操作】

① 后片：在操作纸样的领圈基础上绘制领子造型线；后领圈距颈侧点 3cm 左右向肩胛点引弧形剪切线，剪切线在领圈线切口处应保持垂直。如图 7-10 所示。

② 前片：前中搭门 2cm；前颈窝点向上 3cm；绘画前领圈造型线；领圈离前中线 4cm 处向 BP 点引弧形剪切线；剪切线在领圈线切口处应保持垂直。

③ 后片，从领圈沿剪切线剪切；以肩胛点为旋转点，旋转剪切片闭合原肩胛褶位；省尖离肩胛点 2 ～ 3cm，弧线画顺省道造型线。如图 7-11 所示。

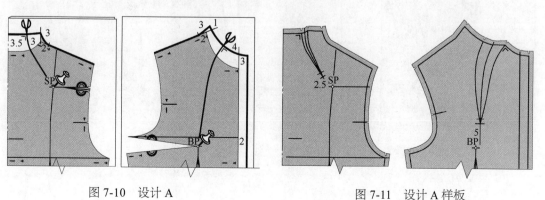

图 7-10　设计 A

图 7-11　设计 A 样板

④ 前片，从领圈沿剪切线剪切；以 BP 点为旋转点，旋转剪切片闭合原腋窝褶位；离 BP 点 4～5cm 定省尖，弧线画顺省道造型线。

⑤ 按常规完成样板制作程序。

2. 设计 B

完全连身领造型设计，门襟驳头翻折。

【设计与操作】

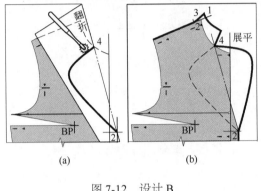

图 7-12　设计 B

① 前中线向外加叠门 2cm，确定门襟翻折点；领圈离颈窝点 4cm 左右向翻折点引直线为翻折线，沿线翻折样板纸；绘画驳头的造型线；用划线轮沿驳头造型线滚压拷贝。如图 7-12（a）所示。

② 展开样板纸；颈侧点加宽 2cm；过点量取 3cm，再起翘 1cm 为颈侧点；绘画前领圈造型线。如图 7-12（b）所示。

③ 参照设计 A 绘制后片领圈部分的结构造型。按常规完成样板制作。

3. 设计 C

部分连身结构，中式领造型，水滴形豁口式开衩设计。领圈中部设置省道，领子前部与前衣片相连，并延伸出领子后面部分，从领圈省位往后到整个后领圈部分是绱装式的结构。

【设计与操作】

① 在操作纸样前片领圈离颈窝点 5cm 左右向 BP 点引弧形剪切线。如图 7-13（a）所示。

② 离颈侧点 2cm 左右为领底线斜度，领中高 3cm，领驳头离前中 0.5cm，前中水滴造型下止点离胸围线上 4cm 左右，底部圆弧宽 3cm 左右，整体绘画领子及豁口的造型线。注意：领底弧线与领圈部分的组合关系，领底线及上口与中线保持垂直。

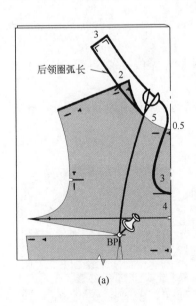
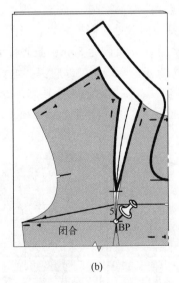
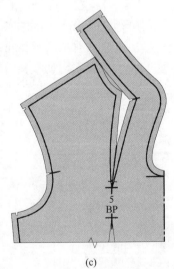

图 7-13　设计 C

③ 从领圈线向 BP 点剪切纸样；旋转切片闭合原腋窝位褶量，转移至剪切展开处，并固定纸样；省尖离 BP 点 4 ～ 5cm，画省道造型线。如图 7-13（b）所示。

④ 省道为剪开式，加放缝份，省尖做钻孔标记，按规范完成样板制作。如图 7-13（c）所示。

4. 设计 D

领子与前衣片相连，并延伸出领子后部。

【设计与操作】

① 自颈侧点做肩线的垂线，作为领子后部的领底线，该直线与肩线的夹角控制领子与颈项的贴合度，夹角越大越贴颈项，通常夹角不能小于直角；颈侧点至后中点与后片领圈弧线等长。如图 7-14 所示。

② 领子后中宽 3cm，前中搭门 2cm，绘画领子及门襟驳头的整体造型线，驳口 3cm。

③ 按常规完成样板制作程序。

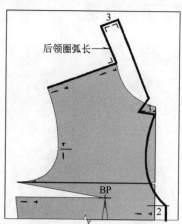

图 7-14　设计 D

5. 设计 E

外观看是翻领，前胸部敞开，高脚杯形造型。而从其结构上来分析，它与设计 D 类似，只是领子后部加宽使之翻折。

【设计与操作】

① 参照设计 D 做领底线，领中宽 5cm。

② 在胸围线上从前中向胸宽点下 2cm 画斜向参考线，离前中 1cm 做点；自 BP 点向距颈侧点 2cm 引翻折参考线，过颈窝点做前中线的垂线；依据参考线绘画圆弧形领头及胸部杯形领圈造型线。如图 7-15 所示。

③ 按规范完成样板制作。

6. 设计 F

该款是设计 D 的变化设计，前片门襟部分驳头翻折，似翻折驳领造型。

【设计与操作】

① 参照设计 D 作领底线，领中宽 2cm；搭门 2cm，确定翻折点；离颈侧点 2cm 向门襟翻折点引驳头翻折线。如图 7-16 所示。

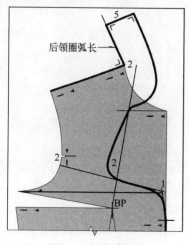

图 7-15　设计 E

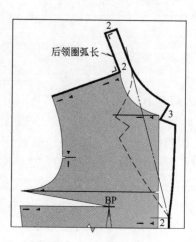

图 7-16　设计 F

② 参照设计 B 翻折样板纸绘画领子与驳头的造型线。

③ 按规范完成样板制作。

第三节　立领

立领是一种绱装式竖立领子，属关门领。它是基于中式领子的变化造型，立领环绕于颈项，一般服贴于颈项，呈内倾状，但也可以是稍离空，呈竖立状，或向外掀开，呈喇叭状。领子两端领头可以是圆形、方形、尖形及其他各种造型，也可以是不对称造型，或飘带式系扎。

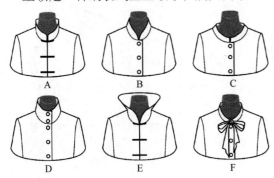

图 7-17　立领设计

常见立领款式如图 7-17 所示。

1. 设计 A

这是传统的中式立领，也是立领的基本造型结构。领底线较直，领子与颈侧稍离空，竖立。

【设计与操作】

以领高为宽，二分之一领围（领圈弧长）为长做矩形；矩形长三等分，左侧为领中，右侧为领头，下边长为领底线，领头端起翘 1cm 左右；领底前三分之一段画弧线，领头圆弧角造型；领头与领底线拐角宜保持垂直状。如图 7-18（a）所示。

【样板制作】

① 立领缝份：领底线为内缝一般加 0.6 ～ 0.8cm，其他为 1cm。

② 丝绺：通常以长度方向为直丝绺，即领围方向。如图 7-18（b）所示。

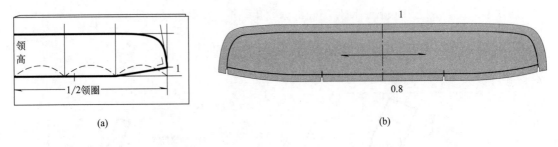

（a）　　　　　　　　　　　　　　　　　（b）

图 7-18　设计 A

2. 设计 B

典型立领，圆弧领角，领底线起翘较大成弧形，领子较贴合颈项，两侧呈内倾状。

【设计与操作】

① 依据图 7-18（a）制图方法制作领子操作纸样；在操作纸样上设置三条剪切线。注意：剪切线宜设置在领子三分之一处或肩线相对应位置。如图 7-19（a）所示。

② 从领子上口向领底线剪切；操作纸样置于对折样板纸上，后中对齐对折线，并固定；分别使领上口各剪切点处重叠 0.3 ～ 0.5cm，使领子上口缩短，增大领底线的起翘度，使其成为弧形，以塑造贴合颈项的效果；描绘领子上口轮廓线，领子后中高 4.5cm，领头圆弧画顺。

注意：领前中止口线与领底线应保持垂直状；领子上下止口线与后中线也应保持垂直状。如图 7-19（b）所示。

③ 参照设计 A，完成样板制作。

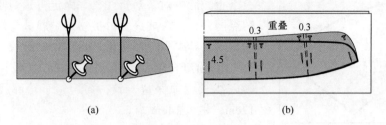

图 7-19　设计 B

3. 设计 C

方头立领，颈部较宽松，两侧较倾斜。

【设计与操作】

① 先增大领围尺寸，参照设计 B，制作操作纸样；设置两条剪切线。如图 7-20（a）所示。

② 分别剪切；操作纸样置于对折样板纸上，后中对齐对折线，并固定；使领上口各剪切点处重叠 0.5 ～ 0.8cm；绘画轮廓造型线；领前中止口线与领底线应呈垂直状。如图 7-20（b）所示。

③ 参照设计 A，完成样板制作。

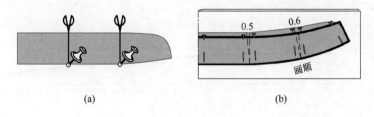

图 7-20　设计 C

4. 设计 D

筒式立领，领子较高，又称烟囱领，通常高为 7 ～ 10cm 或更高，有搭门设计。

【设计与操作】

① 参照设计 B，制作操作纸样、设置剪切线、剪切并重叠等操作。如图 7-21 所示。

② 操作纸样置于对折样板纸上，后中对齐对折线，并固定；领后中高 10cm；前中加叠门量 2cm，描绘领子轮廓线。注意：领子上下止口线与前后中线均应保持垂直状。

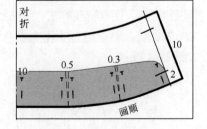

图 7-21　设计 D

③ 参照设计 A，完成样板制作。

5. 设计 E

外掀式立领造型设计，领子上口向外掀开成喇叭状。通常这类领子较高，领子外缘造型变化较多，甚至是较夸张的造型。

【设计与操作】

① 参照设计 B，制作领子操作纸样、设置剪切线。

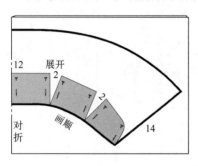

图 7-22　设计 E

② 从领子上口向领底线剪切；操作纸样置于对折样板纸上，后中对齐对折线，并固定；分别使领上口各剪切点展开，上口成扇弧形扩展，扩展量与领子掀开程度成正比，具体视设计而定。如图 7-22 所示。

③ 沿纸样边缘绘画领底弧线，弧线长度与原纸样领底线长度须保持一致；描绘领子轮廓线，领后中高 12cm，领角 14cm。

④ 参照设计 A，完成样板制作。

6. 设计 F

飘带式立领，领子前部连接飘带系扎。领子部分多为直式立领，飘带端部可以有各种造型，或方，或尖均可。

【设计与操作】

① 参照设计 B，按实际领高制作操作纸样；双对折样板纸，操作纸样后中、上口分别与对折边平齐，用大头针固定于纸板上；领后中高 3 ～ 4cm，领底与领上口平行画直线。如图 7-23 所示。

② 飘带部分：与领子顺接 10 ～ 15cm 段为平行延长，后渐增宽至末端最宽处 7cm 左右，飘带长 50 ～ 60cm；飘带端角宝剑头形，或尖或方视设计而定；领端向内 2cm 左右为绱装止口。

③ 参照设计 A，完成样板制作。

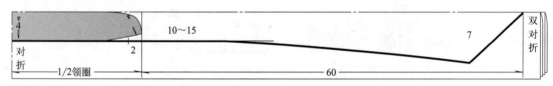

图 7-23　设计 F

第四节　企领

企领是一种翻折式立领，属关门领。在结构上分上下两部分，即上领和下领，也可称外翻领和底领，还有一些称法，如：上盘领和下盘领，外领和内领等。企领常应用于衬衫、制服、休闲类女装。领子造型变化主要在领角斜度及领尖，有尖的、圆的、方的等造型。常见款式如图 7-24 所示。

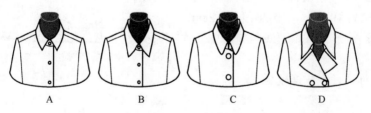

A　　　　　B　　　　　C　　　　　D

图 7-24　企领设计

1. 设计 A

衬衫式企领。下领高一般为 3~4cm，上领高为 4~5.5cm。领底线曲弧度小，较直，上领前部领尖窝势明显，以便领带系扎。下领两端有叠门，设置纽扣闭合领子。领尖变化较多，有方领、圆领、尖领等领角变化造型。

【设计与操作】

衬衫式企领基本结构设计，如图 7-25（a）所示。

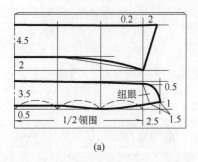
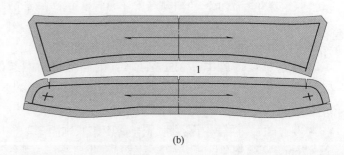

图 7-25　衬衫领

① 下领：后中高 3.5cm，起翘 0.5cm；二分之一领圈外加叠门 2.5cm 左右，叠门量与门襟搭门相适应，通常是门襟搭门量加 1cm 左右；前中领底线起翘 1cm 左右，上止口向下倾斜 0.5cm 左右，圆弧画顺领头造型。

② 上领：窝势 2cm 左右，领中比下领高 1~1.5cm；领角造型，尖领角倾斜 2cm 左右，小于 2cm 的成方领角，大于 3cm 为长尖角；领角视设计需要而定，领角长度与斜度成正比。

③ 轮廓：下领的领底线、上口线，及上领的上口线、外缘线均为弧线。

④ 纽扣位：下领搭门部分上下居中定位。

【样板制作】

对折样板纸，领中线与对折线对齐，大头针固定；周边缝份 1cm 左右。按规范完成样板制作程序。如图 7-25（b）所示。

2. 设计 B

休闲式衬衫领，设计 A 的变化造型。领底弧度稍大，外翻领较高，外领前部窝势不明显。

【设计与操作】

以设计 A 的企领基本结构制作操作纸样，利用操作纸样变化设计。

① 操作纸样：设计 A 的下领部分制作为操作纸样；三等分设置剪切线。如图 7-26(a)所示。

② 自领底沿剪切线剪切，分别展开 0.3cm 左右。如图 7-26（b）所示。

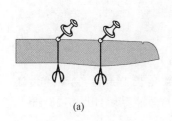
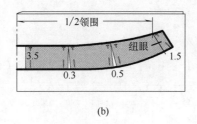
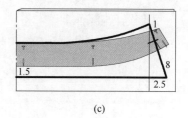

(a) (b) (c)

图 7-26　休闲衬衫领

③ 下领：后中线向后视实际需要加放领围；画顺领底线和领上口线，领头为方形。

④ 上领：领前中向上加 1cm 左右，领角斜 2.5cm，领长 8cm，后中高 5cm，即比下领高 1.5cm；绘轮廓造型线，领上口为弧线。如图 7-26（c）所示。

⑤ 参照设计 A，完成样板制作。

3. 设计 C

制服式企领。下领两端无叠门，采用风钩闭合，里襟端可加领舌。领角多为圆弧形，领尖一般长为 6～7cm，外翻领高为 4.5～6cm。领底线弧度较大，领子贴合颈项，外翻领前部稍有窝势。

【设计与操作】

① 底领：领后中高 3.5cm，半领围制图；前端起翘 2cm，前中高 3cm；领底线、上口线均为弧线，领底线与前中线宜保持垂直；里襟端画 1cm 宝剑头领舌。如图 7-27（a）所示。

② 上领：以底领为基础制图，后中比底领高 1.2～1.5cm，前端窝势 1cm 左右，领角长 6～7cm。圆弧领角，领外缘轮廓线、上止口线均为弧线造型。如图 7-27（b）所示。

③ 参照设计 A，完成样板制作。如图 7-27（c）所示。

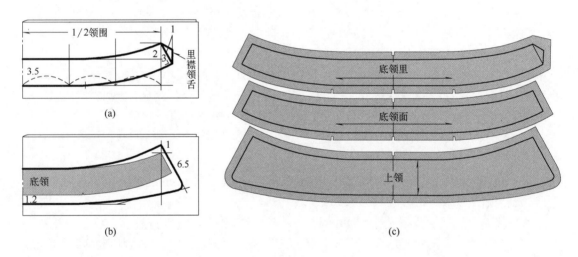

图 7-27　制服式企领

4. 设计 D

制服式企领的变化造型。领子相对较高，领角变化多，一改制服领的严谨造型，风格较休闲，多见于大衣、风衣。

【设计与操作】

利用制服式企领基本结构制作操作纸样。

① 底领：领后中高 4～6cm，前中高 3～5cm。如图 7-28（a）所示。

② 上领：后中比底领高 1.5～2cm，前端窝势 1cm 左右，领角长 10cm。尖领角，领下缘止口线、上口线均为弧线造型，注意后中线与领子轮廓线保持垂直状。如图 7-28（b）所示。

③ 参照设计 A，完成样板制作。

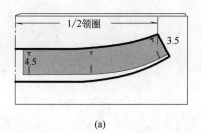

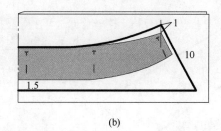

图 7-28　企领变化结构

第五节　翻（扁）领

　　翻领，领子翻折，下部形成领座，领前部完全翻开，属关门领，是女装中最常见领子之一。翻领又称扁领，依据领座的高低及翻折形成的领面外观效果可划分为：普通翻领、铜盆领、海军领、摊领、荷叶领等几种。常见的翻领造型款式如图 7-29 所示。领子外缘止口及领角可以有不同的造型设计，领子面料取材也比较灵活，可以是直丝缕、横丝缕或斜丝缕。若面料有条格或花纹，则可根据设计需要决定丝缕。后中是否需要拼合，依据领面所选的丝缕而定，采用斜丝缕时领子后中需要拼合，就会有缝线。

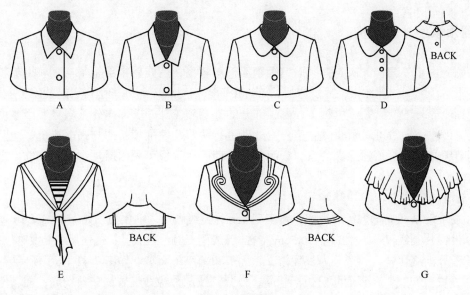

图 7-29　翻领

一、翻领基本结构

　　设计 A

　　普通翻领。领座相对较高，后中高一般为 3 ～ 4cm 或更高，翻折部分高一般为 4 ～ 5cm，领角及领子外缘轮廓可以有各种造型。这类领子应用十分广泛，适用于各类女装。

　　【设计与操作】

　　① 利用基础纸样前衣片领圈为依据设计，作为翻领的基本结构，如图 7-30（a）所示。

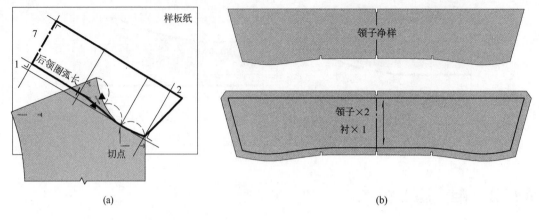

（a）

（b）

图 7-30　设计 A

②将基础纸样固定于样板纸上；以领圈弧线前三分之一点为切点，做切线，并做切点垂线。过前中颈窝点做切线的垂线，自此线向后量取前、后领圈弧线长（领围）做点，过点做切线的垂线为领后中线；后中起翘 1cm 左右，并做切线的平行线，交于肩斜线，弧线画顺领底线；领中宽 7cm，做后中线的垂线至领角，领角斜 2cm。

③完成的纸样如图 7-30（b）所示。该纸样可作为翻领变化设计的操作纸样。

二、翻领领座分割结构

翻领应用于外套、大衣类女装时，因领座相对较高，造成后中部领子与颈项空隙较大，显得不服帖，影响外观效果；另一方面，若选用面料相对较厚，领子翻折引起的层势差明显，结构上领座部分的内圈领（里领），翻领部分的外圈领（外领），内外领层势差因厚度增厚而加剧。因此，通常可对领面做领座分割处理进行调节，使翻领后部与颈项能更好地贴合，同时调节领座与外翻领的层势关系。领面分割处理后，领里可采用斜丝绸面料或选用专用领底呢制作。

【设计与操作】

①在基础纸样上画翻折效果线：领座高 3cm，弧线画至领前中点。如图 7-31（a）所示。

②设置分割线：后中翻折线下 0.5cm 左右，弧线画至领底线切点；在分割线上做对位标记。

③沿分割线切分，领子分为外翻领（领面）和领座（面）。如图 7-31（b）所示。

④设置剪切线：在领面两对位标记间，自分割线向外缘线设置两条剪切线；在领座肩线对位点和右侧中间位置各设置一条剪切线。

⑤对折样板纸，领中线与对折线平齐放置，并用大头针固定。如图 7-31（c）所示。

⑥领面：沿剪切线剪切至领外缘线，分别旋转剪切片，使剪切口处闭合 0.2 ～ 0.3cm，使领面上口缩短 0.3 ～ 0.5cm（闭合量视面料厚薄而定）；重新画顺领面轮廓线。

⑦领座：沿剪切线剪切至领底线，分别旋转剪切片，使剪切口处闭合 0.2 ～ 0.5cm，使领座上口缩短 0.5 ～ 0.8cm；重新画顺领座轮廓线。

【样板制作】

分割缝缝份 0.5cm，其他 0.8 ～ 1cm。按规范完成样板制作。如图 7-31（d）所示。

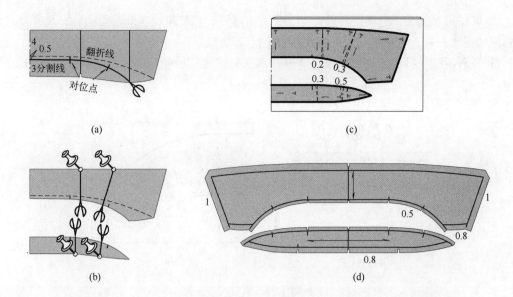

图 7-31　领座分割设计

三、翻领变化结构设计

1. 设计 B

低驳翻领设计，领子直开领较低。采用普通翻领的基础纸样设计。

【设计与操作】

① 在翻领基础纸样上设置剪切线。如图 7-32（a）所示。

② 切分纸样，横向平行扩展，满足领圈弧线长，在对折样板纸上排布剪切片，并用大头针固定。如图 7-32（b）所示。

③ 绘画领子造型线，领角长 6cm。

④ 按规范完成样板制作。

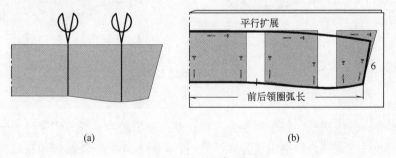

图 7-32　设计 B

2. 设计 C

铜盆领造型，盆型领座相对较低，领面翻折较高。领座高为 2 ~ 3cm，外翻领面高一般为 5 ~ 7cm 或更高，因形似铜盆而得名。领角及外缘轮廓可以有各种造型。

【设计与操作】

① 在基础纸样前中部设置三条剪切线（或更多条）。如图 7-33（a）所示。

② 剪切至领底线；分别旋转剪切片，领上口展开，展开量视实际需要而定，展开量与领底弧度成正比关系，随着领底弧度增大，领座相应降低。

③ 在对折样板纸上布置剪切纸样，并用大头针固定；绘画领子造型线。如图 7-33（b）所示。

④ 参照设计 A，按规范完成样板制作。

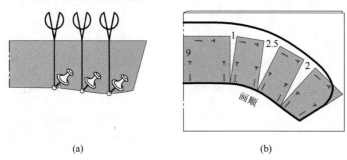

(a)   (b)

图 7-33　设计 C

3. 设计 D

双片式翻领，领子前后均设置有驳口，在两侧颈点形成领座，领座较低一般为 1 ~ 1.5 cm。常见为后开门襟设计，领子外缘轮廓可以有各种造型。

【设计与操作】

① 参照设计 C，设置三条剪切线。

② 沿剪切线剪切至领底线；分别旋转剪切片，肩线参考线位的剪切口闭合 1.5cm，其他两条剪切线剪切口展开，使领底线形态改变。

③ 在样板纸上布置剪切纸样；绘画领子造型线。如图 7-34（a）所示。

④ 参照设计 A，按规范完成样板制作。如图 7-34（b）所示。

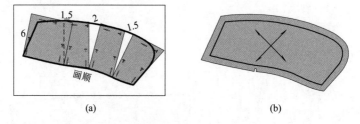

(a)   (b)

图 7-34　设计 D

4. 设计 E

传统海军领，领座极低，领子后背为方形，前部领面较窄，且与飘带连为一体。一般为套头式，可设嵌片式胸挡，胸挡设计为灵活开启，具开衩功能。外翻领面较宽，特别是在后背有较大的领面，前部直开领很低，形成 V 字形。领座一般为 1.5 ~ 2cm，领子外缘轮廓有各种造型。

【设计与操作】

① 领圈造型：横开领加宽 2cm，直开领低于胸宽线，V 形领圈造型；颈窝点下 5cm 做垂线为前胸挡上口。如图 7-35（a）所示。

② 沿领圈剪裁操作纸样；操作纸样置于对折后的样板纸上，对折边与后中线对齐，前后

片以颈侧点相对接，肩端点重叠 2cm 左右（重叠量与领座高度成正比），并固定。如图 7-35（b）所示。

③ 颈侧点偏 1～1.5cm 与前中直开领连翻折线；绘画领底线：后部沿衣片领圈线，前片下部以翻折线为对称轴向外画原领圈的对称弧线，接顺领底弧线；绘画前胸裆造型线。

④ 绘画领后背及前胸部的外缘造型线。按规范完成样板制作。如图 7-36 所示。

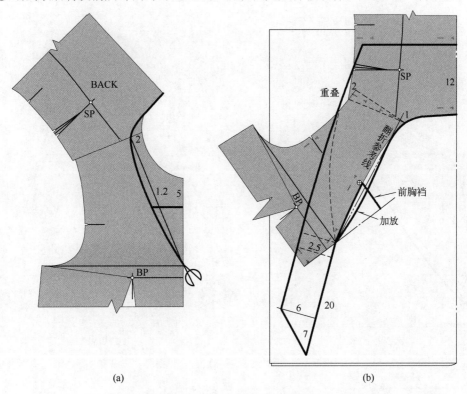

(a)　　　　　　　　　　　　　(b)

图 7-35　设计 E 结构制图

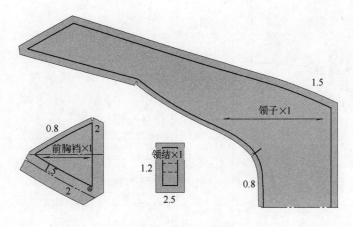

图 7-36　设计 E 样板

5. 设计 F

海军领变化造型，前胸直开领较低，交叠门襟，V 字领形，但弧度较大，领子前部祥云造型。利用衣片纸样设计。

【设计与操作】

① 参照设计 E 绘画领圈、剪裁、放置前后衣片，肩端点重叠 4cm。如图 7-37（a）所示。

② 颈侧点外 2cm 左右与翻折点连翻折线；参照设计 D 绘画领底线。

③ 领子造型：后中高 6.5cm，绘画领前部的外缘祥云造型。

④ 挂面及贴边：前片挂面宽 6cm 左右，依领圈画顺；后片沿领圈画贴边，4cm 宽。

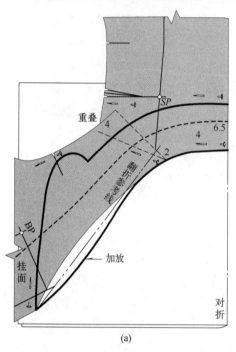

(a)

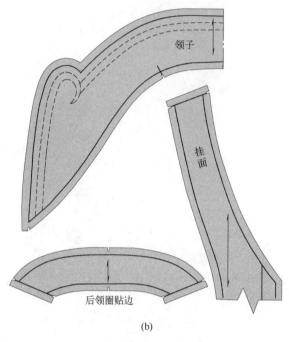

(b)

图 7-37　设计 F

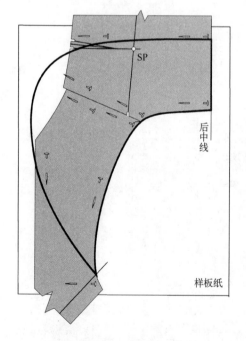

图 7-38　设计 G

【样板制作】

按规范完成样板制作。如图 7-37（b）所示。

6. 设计 G

荷叶领，是摊领的变化设计。摊领，顾名思义是指摊开的领子，无领座，领面完全平摊于衣片上。荷叶领领面较高，领子边缘有波浪状悬垂褶纹，形似荷叶而得名。

【设计与操作】

① 前后衣片操作纸样颈侧点对齐，肩线对接置于平铺纸板上，绘画领子造型线，并制作二次操作纸样。如图 7-38 所示。

② 延伸领子二次操作纸样后中线和肩线，相交点设置为波浪褶的波源；依据波浪褶设置位，自领外缘向波源方向设置剪切线。如图 7-39（a）所示。

③ 自领外缘向领底剪切；旋转切片、展开，展开量与波浪起伏效果成正比。如图 7-39（b）所示。

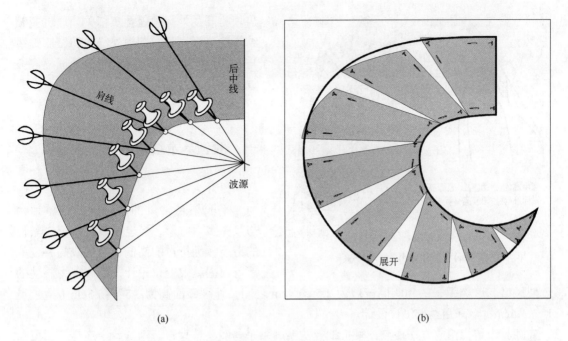

(a)   (b)

图 7-39　剪切展开

④ 画顺领圈线，绘画领子外缘造型线，按规范完成样板制作。

第六节　翻驳领

翻驳领，领子与门襟驳头部分翻折，属开门领，又称驳领、西服领。领子按领角与驳头的造型分类，通常有平（方）驳领（标准西服领）、戗驳领、蟹钳领、连驳领及其他造型等；按翻驳领翻折线形态分为直线型、折线型和弧线型。常见的驳领造型如图 7-40 所示。

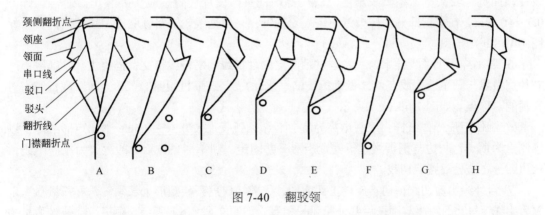

图 7-40　翻驳领

翻驳领结构相对复杂，造型严谨，十分注重外观效果，特别是领子及驳头与衣身的吻合服帖。翻驳领结构造型的构成方法十分重要，设计的关键在于领底弧线倾斜度的确定。翻驳领结构关系如图 7-41 所示，领子与驳头相连于串口线，一般翻领外缘止口后部覆盖过后领圈 1 ～ 1.5cm。领子及驳头与衣身是否服帖很大程度上取决于翻领外缘造型线与衣身的吻合度，

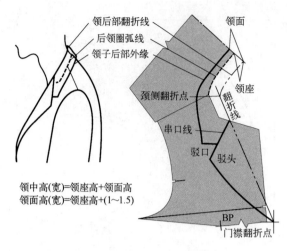

领中高(宽)=领座高+领面高
领面高(宽)=领座高+(1~1.5)

图 7-41 驳领结构关系示意图

与领座高及外翻领盖叠量相关。通过驳领结构的分析，可知翻领外缘线和领底弧线与衣片对应部位的吻合是调节处理领底弧线倾斜度的主要因素。

一、驳领基本结构

设计 A

平驳领是常见的西服领款式。领角与驳头多为方形，但也可以是圆形或其他的造型；翻折点的高低、串口线的斜度等都可根据款式变化设计，并表现为服装的造型风格。这类领子的领座高一般为 2.5 ～ 4cm 之间，外翻领面高为 3.5 ～ 5.5cm（覆盖量 1 ～ 1.5cm）。采用基础纸样设计。

翻驳领结构构成方法要点：翻折纸板法绘画领子与驳头造型；运用领后中高与后领圈弧长做矩形切展法确定领子倾斜度，调节翻领外缘线和领底弧线与衣片对应部位的吻合度。

【设计与操作】

① 撇胸设计：翻驳领属开门领，前胸宜作撇胸处理。在样板纸上先画一条直线为前中线，基础纸样前中线与纸板上的前中线对齐；用图钉固定 BP 点，并旋转基础纸样，使颈窝点离前中线 1cm 左右，大头针固定纸样。如图 7-42（a）所示。

② 横开领加宽 1.5cm，做点为颈侧点；门襟搭门 2cm，做前中线平行线为止口线。

③ 翻折点：与第一档扣位平齐，为门襟翻折点；从颈侧点向内 2cm 做点为颈侧翻折点，以（领座高 – 0.5cm）作为参考尺寸；用双点划线直线连接上下翻折点，即为驳领翻折线。

④ 翻折法绘领子与驳头造型线：沿翻折线向上翻折样板纸，并压平；绘画驳领造型线：领面宽、驳头宽、串口线斜度及驳口等均视具体设计而定，驳头外缘止口通常宜胖出 0.3 ～ 0.5cm。在翻折部分的样板纸下垫入复写纸，采用划线轮，沿领驳造型线滚压拷贝。如图 7-42（b）所示。

⑤ 展平样板纸，延伸串口线，与过颈侧点的翻折线的平行线相交；描绘衣片轮廓线；过衣片肩斜线与领子造型线交点 A 做翻折线的垂线，交于领子外缘止口线 A′，即以翻折线为对称轴的对称点。如图 7-43（a）所示。

⑥ 制作矩形操作纸样：以领中高为宽，后领圈弧长加长 0.3 ～ 0.5cm 制作矩形纸样；以颈侧点为顶点，长边与翻折线平行安置矩形，并固定，则矩形顶点相对的短边为领后中线；长边四分之一处设置剪切线。

⑦ 自外缘沿剪切线剪切；旋转上部剪切片，剪切口展开使矩形上部倾斜，展开量须满足领后中线至 A′ 的距离与领子后部外缘弧长相等。如图 7-43（b）所示。领子后部外缘弧长的测定：前后衣片以颈侧点对齐，肩线相对接，顺前片领子造型线画后片部分的领子翻折外缘造型线，注意领后中的覆盖量（领面高 – 领座高）要准确，测量领子翻折外缘线长即为领子后部外缘弧长。具体应用时可视面料的厚度适当加放层势，一般为 0.1 ～ 0.3cm，与面料厚度成正比。

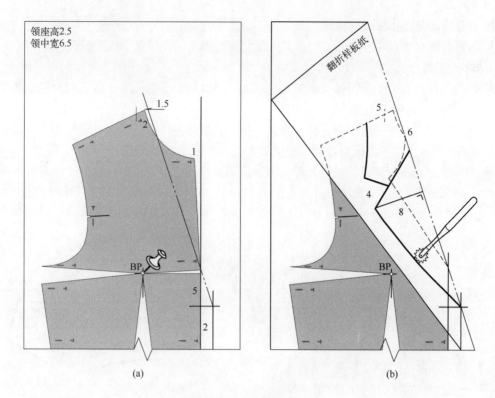

图 7-42　绘画驳领造型

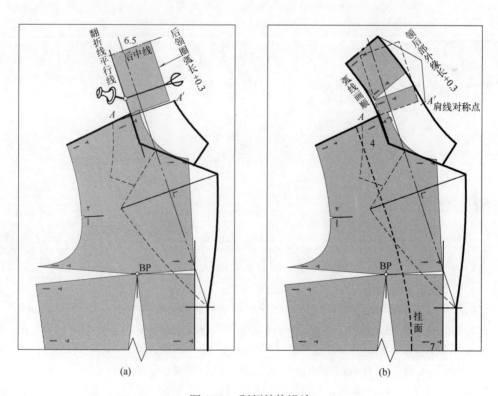

图 7-43　驳领结构设计

⑧ 画顺领底弧线和领子外缘造型线。

⑨ 挂面：离颈侧点 4 ～ 5cm，门襟部分宽为三倍以上的叠门量，弧线画顺。

【样板制作】

① 挂面：以衣片驳头及门襟轮廓绘制；驳头丝缕宜以驳头部分外止口方向为基准确定直丝缕方向。挂面毛样板，如图 7-44（a）所示。

② 领子：先制作领子净样板，作为操作纸样。若领面不作分割处理，与领里选用相同面料时，领子样板采用对折纸板制作，周边加放缝份，如图 7-44（b）所示。

③ 采用领底呢做领里时，按工艺要求做缝份调整，通常上下止口减 0.2cm 左右，领头两端减 0.3 ～ 0.5cm，串口线加放 0.5cm 左右，如图 7-44(c) 所示。领里（领底呢）样板，如图 7-44（d）所示。

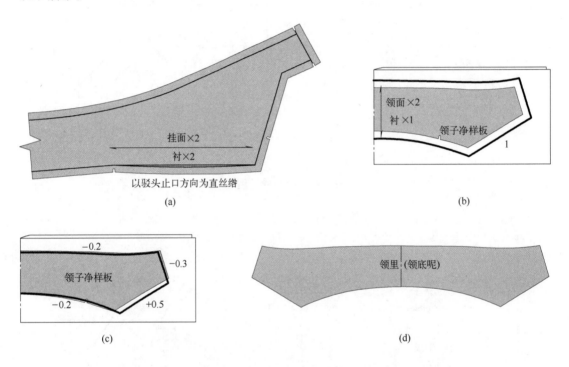

图 7-44　挂面及驳领样板

二、驳领领座分割结构

为使领子后部与颈项能很好地适合，提高颈侧与领子的服帖程度和外观效果，同时调节领座与领面的层势关系，宜做领面与领座的分割处理。

【设计与操作】

① 画翻折效果线：领座高 2.5cm，弧线绘顺领子翻折线，虚线所示。如图 7-45（a）所示。

② 设置分割线：翻折线下 0.5cm 左右，画平行弧线。

③ 设置领座剪切线：领座肩线位前 1 ～ 2cm 设置一条剪切线，领座肩线位后 2 ～ 3cm 设置一条剪切线；离前切线 1cm 左右设置对位点；沿分割线切分纸样。

④ 设置领面剪切线：参照领座剪切线位置设置；沿分割线切分纸样。如图 7-45（b）所示。

【样板制作】

① 对折样板纸，领子中线与对折线平齐放置，并固定；沿领面剪切线剪切至外缘止口线，分别旋转剪切片，切点处重叠 0.2cm 左右，使分割线缩短，画顺领面轮廓线。如图 7-45（c）所示。

② 沿领座剪切线剪切至领底线，分别旋转各切片，切点处重叠 0.3 ~ 0.4cm，使分割线缩短，重新画顺轮廓线。原则上领座分割线宜短于领面分割线 0.2 ~ 0.5cm。

③ 分割缝缝份 0.5cm，其他 0.8 ~ 1cm。按规范完成样板制作。如图 7-45（d）所示。

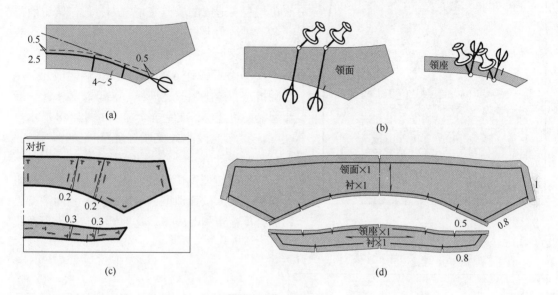

图 7-45　领座分割

三、驳领变化结构设计

1. 设计 B

戗驳领造型。戗驳领常搭配双排扣门襟，当然，并非双排扣门襟都是戗驳领，同样戗驳领也并非只应用于双排扣门襟，单排扣及其他门襟设计也都可以应用戗驳领。

【设计与操作】

① 参照设计 A 做撇胸处理。

② 确定翻折点：在腰节线附近或以下，双排扣叠门 4 ~ 8cm 视具体设计而定；参照设计 A 画驳领翻折线。如图 7-46 所示。

③ 纽扣定位：双排扣，离门襟止口 2cm 为第一排纽扣位，以前中线对称确定第二排扣位。可视设计需要设置非功能装饰扣，定位也相对灵活。

④ 参照设计 A，翻折法绘画驳领造型线，领面宽、驳头宽、串口线斜度及驳口造型等均视具体设计而定。

⑤ 参照设计 A 制作矩形纸样，并剪切、展开操作；画顺领底弧线和领子外缘止口线。

⑥ 参照设计 A，按规范要求完成样板制作。

2. 设计 C

领驳造型变化设计，圆驳头、长领头，驳口造型新型。在结构上与设计 A 基本相同。

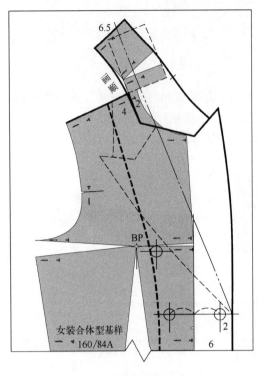

图 7-46　设计 B

【设计与操作】

① 参照设计 A 做撇胸处理，确定横开领、翻折点，翻折法绘制领驳造型线，领头长出驳口，驳头圆弧形。如图 7-47 所示。

② 参照设计 A 完成其余程序。

3. 设计 D

领驳造型变化设计，蟹钳式驳口造型，领角与驳头形成的驳口夹角较小，形似蟹钳而得名。在结构上与设计 A 基本相同。

【设计与操作】

① 参照设计 A 做撇胸处理，确定横开领、翻折点，绘画领驳造型线。尖形领角和驳头造型，夹角宜小，或完全合拢。如图 7-48 所示。

② 参照设计 A 完成其余程序。

4. 设计 E

领驳造型变化设计，圆形驳口造型，领角与驳头均为圆弧造型，领座较高，领面翻折更高，覆盖量相对较多。这种领子常用于外套及风衣类女装。

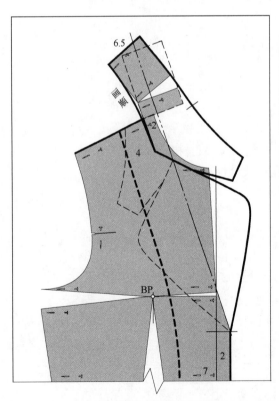

图 7-47　设计 C

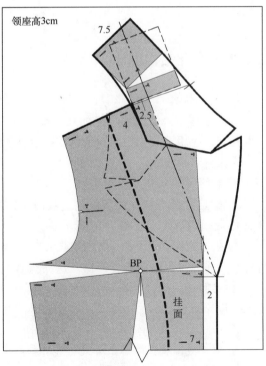

图 7-48　设计 D

【设计与操作】

① 参照设计 A 做撇胸处理,确定横开领、翻折点,绘领驳造型线。如图 7-49(a)所示。

② 参照设计 A 制作矩形纸样。因领面翻折相对较高,后领圈覆盖较多,领子后部外缘止口相对较长,矩形纸样剪切展开量也就相应较大。画顺领底弧线和领子外缘造型线。

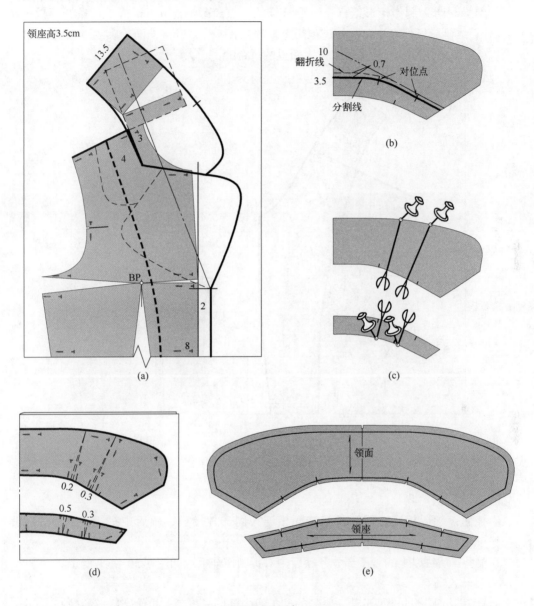

图 7-49　设计 E

③ 参照设计 A 做领面与领座的分割处理。设置分割线如图 7-49(b)所示。

④ 领面、领座分别设置剪切线,如图 7-49(c)所示。

⑤ 沿剪切线剪切、旋转重叠操作,调整分割线,重新绘画轮廓线,如图 7-49(d)所示。

⑥ 按规范要求完成样板制作。如图 7-49(e)所示。

5. 设计 F

领驳相连的造型设计,常见的有青果领、燕子领等。连驳设计,就是指驳头与领子相连,领面无串口线，领里子设置拼接缝。

【设计与操作】

① 参照设计 A 做撇胸处理、横开领，确定翻折点。如图 7-50（a）所示。

② 参照设计 A，依据造型设计翻折法绘画领驳造型线，领子与驳头造型线为同一条线。

③ 参照设计 A 制作矩形纸样；矩形纸样的顶点离颈侧点 0.4cm 左右放置，再做剪切、旋转操作；绘画领子外缘止口线；过颈侧点画顺领底弧线，顺接挂面轮廓线至衣摆。

④ 顺肩线延伸至领子外缘弧线作为领里的拼合缝。

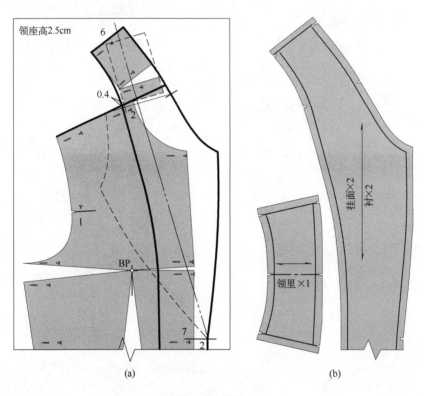

(a)   (b)

图 7-50　设计 F

【样板制作】

① 挂面：领驳相连，即领子与挂面相连为同一片样板，领后中拼缝，周边加放缝份 1cm。

② 领里：肩线以上的领子部分，领后中对折制作样板。如图 7-50（b）所示。

6. 设计 G

折线型翻折驳领的造型设计。驳领的翻折线中部形成折角，扩大了胸部的敞开，成棱形，领子与驳头同样可以有各种造型。

【设计与操作】

① 参照设计 A 做纸样倾斜撇胸处理，加宽横开领，确定翻折点。如图 7-51（a）所示。

② 折角翻折线：用双点划线绘画折转翻折线连接上下翻折点，折角角度、折角拐点位置视具体设计而定。

③ 对称法绘制驳头造型线：在纸样上绘画领子与驳头造型线，串口线原则上宜与折角拐点以下的翻折线垂直，并以翻折线为对称轴，对称复制驳头外缘造型线。

④ 过颈侧点做折角拐点以上段翻折线的平行线，再以上段翻折线为对称轴做对称平行线交串口线，向上与过颈侧点的垂线相交，此线为领底线的结构线；以折角拐点为对称点做串口线的对称线与过颈侧点的平行线相交，完成衣片领圈线，描绘衣片轮廓线。

⑤ 参照设计 A 制作矩形操作纸样，以颈侧点对称点为顶点，朝外放置矩形，并固定；剪切、旋转操作；画顺领底弧线和领子外缘止口线。

⑥ 挂面：离颈侧点 4 ~ 5cm，门襟部分宽为三倍以上的叠门量，领圈部保持平行弧线画顺。

【样板制作】

参照设计 A 完成规范样板制作。如图 7-51（b）所示。

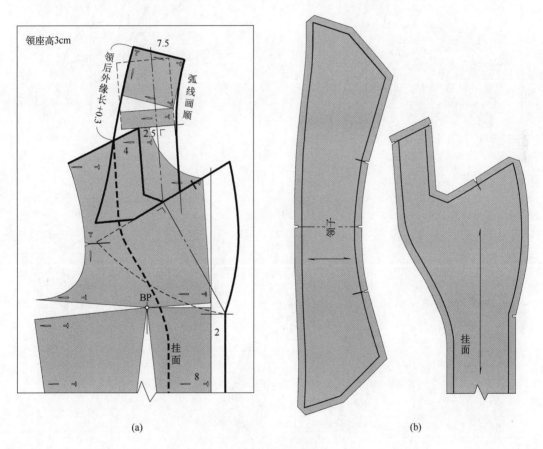

图 7-51　设计 G

7. 设计 H

弧线型翻折驳领的造型设计。驳领的翻折线为弧线形态，胸部的敞开有一定扩大，给人以胸乳丰满的性感之美，领子与驳头也可以有各种造型。

【设计与操作】

① 参照设计 A 做纸样倾斜撇胸处理，确定横开领，确定翻折点。如图 7-52（a）所示。

② 弧线翻折线：用双点划线弧线连接上下翻折点，弧度视具体设计而定。

③ 自颈侧点至门襟翻折点绘画前领圈弧线，弧线形态应与翻折线相似；绘画领驳头造型线；肩线端宽 4cm，翻折点以下三倍以上搭门量，画挂面。

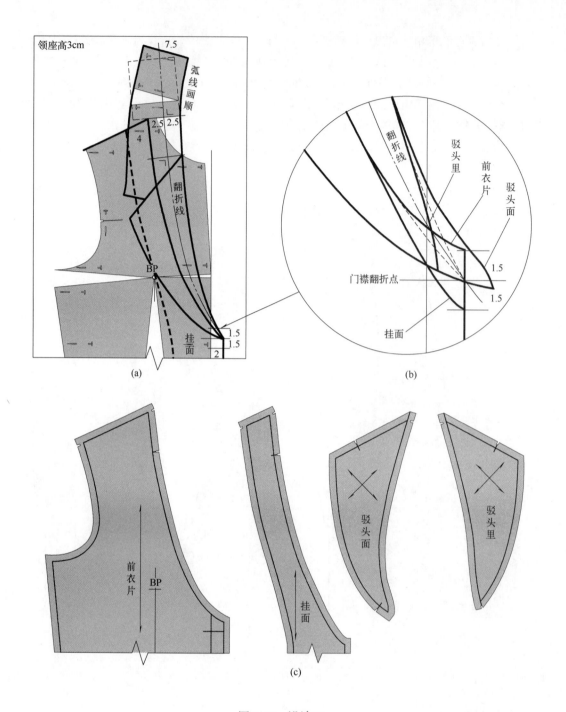

图 7-52　设计 H

　　④ 过颈侧点做翻折线的垂线，并做颈侧点的对称点；自颈侧点的对称点至门襟翻折点画弧线，为领底弧线。

　　⑤ 参照设计 A 制作矩形操作纸样，以颈侧点对称点为顶点，朝外放置矩形，并固定；剪切矩形，旋转切片，展开量以满足领子后部外缘弧长为准；接顺领底弧线和领子外缘造型线。

　　⑥ 因翻折点处分割缝份重叠，止口增厚影响翻折，且易露出分割缝，影响外观。为防止

这一现象，可通过调整面里分割缝的位置，即衣片和驳头里缝线与挂面和驳头面的缝线在近翻折点上下段错开缝份重叠，同时又可避免分割缝线外露。具体方法如图 7-52（b）所示。

⑦ 翻折点上下 2cm 左右做点，领圈线抬高并重新画顺，与之相缝合的驳头里轮廓线做调整，并对称画顺；挂面领圈线降低，重新画顺，与之相缝合的驳头分割线（领底弧线）及止口的轮廓线做调整，并对称画顺。

【样板制作】

由于驳头分割缝错开，驳头面、驳头里的形状不相同，样板须分片制作。鉴于弧线翻折，驳头部分宜选用正斜丝缕面料，翻折效果好。

参照设计 A，按规范完成样板制作。如图 7-52（c）所示。

第七节　环浪领

环浪领是指在领子部位施褶而形成环形波浪外观效果的领子造型。它实际上是一种连身领，通过在领圈相应的部位运用剪切、切分、旋转、扩展、加放等原理和造型技法，使领子部位富有充足的松余量，以产生环浪状的垂褶纹。形成的褶纹随意灵活，富有动感，可随

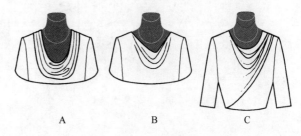

图 7-53　环浪领

穿着者的活动而变化。这类领子通常前后分开设计，即前面设计为环浪造型，而后面为普通领圈，也有前后同时设计为环浪领。常见的环浪领造型如图 7-53 所示。

1. 设计 A

褶裥式环浪设计。领子低垂，两侧均匀设置了一系列的褶裥，悬垂褶纹在前中形成环形波浪纹。后片领子部分可参照前片设计成褶裥式，也可以有多种设计，在此不做示例。

【设计与操作】

① 样板纸置于前片基础纸样下，并在中间夹垫复写纸。如图 7-54（a）所示。

② 在基础纸样上绘画领圈造型线、衣领分割线；顺领圈弧线形态设置剪切线；用划线轮沿轮廓线和剪切线滚压。

③ 沿轮廓线剪裁，制作领子操作纸样；沿剪切线切分操作纸样。如图 7-54（b）所示。

④ 对折样板纸，离纸板上口 6cm 处做横向参照线，自对折边测取领圈弧线长做点为颈侧点参照点；领子操作纸样颈侧点与参照点对齐，与参照线平齐放置。

⑤ 以肩线切分点为旋转点，分别旋转扩展剪切片，展开量视设计松余量而定；过切分点做展开量的中线及中线的垂线，为平行扩展的参照线。

⑥ 分别沿平行扩展的参照线方向将各切分点平行扩展 3～5cm 的褶裥量，用大头针固定切分纸样；绘画轮廓线，下口至弧弯处保持与对折线垂直。如图 7-55（a）所示。

【样板制作】

① 领子上口加放 4cm 左右的折边，下口加放 1.5cm 左右折边量后再加缝份。

② 按规范完成样板制作。如图 7-55（b）所示。领子面料应选用正斜丝缕制作，才能达到理想的环浪效果。

2. 设计 B

非褶裥式环浪设计。领子横向较宽，没有褶裥，前领中部有较多的松余量，悬垂在胸部形成微型环浪褶纹。

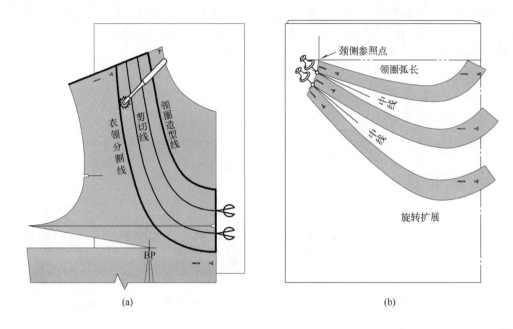

(a)   (b)

图 7-54　设计 A

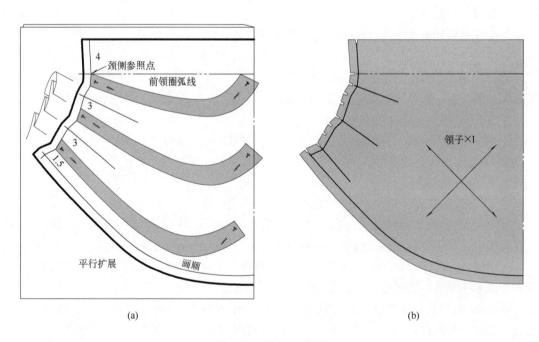

(a)   (b)

图 7-55　设计 A 样板

【设计与操作】

① 在基础纸样上绘画领圈造型线；自颈侧点向前中线画两条弧形剪切线；自前中线垂直 BP 点做剪切线。如图 7-56（a）所示。

② 基础纸样置于对折后的样板纸上，前中线与对折线平齐；沿剪切线自前中线剪切至 BP 点，以 BP 点为旋转点，旋转纸样上部闭合原腋窝褶位，褶量转移至前中。如图 7-56（b）所示。

③ 过颈侧点做前中线的垂线，为领上口；分别自前中线沿剪切线向颈侧点剪切，并以颈侧点为旋转点，旋转剪切片，作扩展；绘画轮廓线。

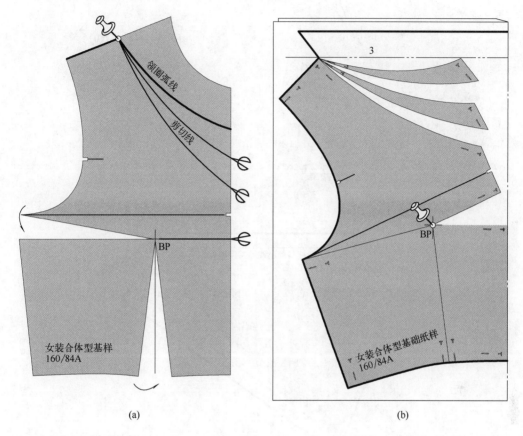

(a)   (b)

图 7-56　设计 B

【样板制作】

领子上口加放 3cm 左右的折边，按规范完成样板制作。

3. 设计 C

不对称设计。右前胸加层斜向左侧肩部收拢为聚褶，沿领圈形成半环形瀑布状垂坠褶纹。

【设计与操作】

① 选用合体型基础样板制作成整片式操作纸样，闭合腰褶位；直接在操作纸样上绘画内层领圈造型线和外加层轮廓造型。如图 7-57（a）所示。

② 沿轮廓线剪裁，制作外加层二次操作纸样；在二次操作纸样上设置剪切线：前中至 BP 点水平线设置 L 形剪切线；左侧设置三条斜向剪切线。如图 7-57（b）所示。

③ 操作纸样置于平铺样板纸上，依序分别自领圈向下剪切各剪切线；先完全闭合腋窝位褶量，展开于前中，再依次展开后面各条剪切线，使上口以右侧颈侧点为基准成水平状。如图 7-57（c）所示。

④ 顺左侧肩线加放聚褶量 8～10cm，肩线中部向上凸 0.5cm 左右；下口顺直画至右侧

腰点。

【样板制作】

领子上口加放 3cm 左右的折边，按规范完成样板制作。应选用正斜丝缕制作效果佳。

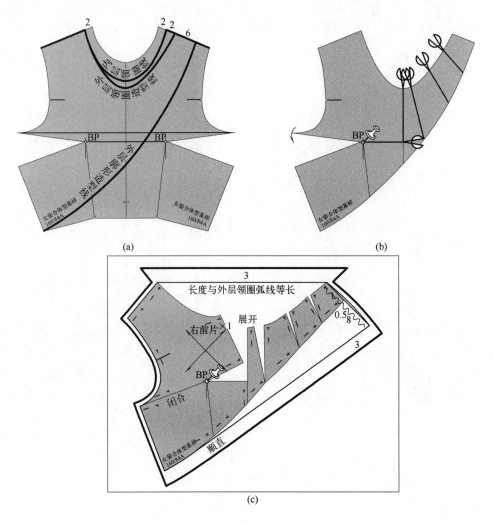

图 7-57　设计 C

第八章

袖子设计

袖子是女装款式变化的重要设计内容。袖子按其结构分类，可分为三大类：装袖、连身袖和插肩袖。按袖子的长度以十分法划分有：一分袖、二分袖、三分袖、四分袖、七分袖和全袖，习惯上一、二分袖称为超短袖，三、四分袖称短袖，七分袖称中袖，全袖即长袖；若按袖子造型（廓形）分类，则有：直袖、泡泡袖、钟形袖、喇叭袖、荷叶袖、花瓣袖、灯笼袖、主教袖、盖肩袖、羊腿袖、环浪褶袖及各种特殊造型袖子。

第一节　袖窿、袖山和袖肥

袖子覆盖于人体手臂上，其结构设计依据就是手臂的结构形态。袖子结构设计的规格主要参考有：袖长依据手臂长；上臂长是袖肘线定位的参考；上臂围是袖肥的依据；袖口参考腕围及手掌围。在结构上袖子与衣身相连接部位是袖子的袖山和衣身的袖窿，袖山高和袖肥构成袖山结构和形态。可见，袖窿、袖山和袖肥的结构关系及规格尺寸是袖子与衣身相适合的关键。另外，三者的配伍关系又直接影响着手臂活动功能、穿着的舒适性能和肩袖部位的外观造型。

一、袖窿、袖山和袖肥的关系

在此先通过图示来分析袖窿、袖山和袖肥三者的基本关系，如图8-1所示。

袖窿（深）：袖窿指衣片肩端点至腋窝部分，造型控制点还包括前胸宽和后背宽，通常以肩端点至腋窝的垂直距离称袖窿深，图中标示为 A。袖肥：袖管最大（宽）处，图中标示为 B。袖山：袖山中点（肩端点对应点）至袖肥线的垂直距离，图中标示为 C。袖头夹角：指肩线与袖子形成的夹角，图中标示为 α。

（一）袖窿 A 确定时

当袖山 C 增大，袖肥 B 则随之减小，袖头夹角 α 渐趋小，袖子成直立状，如图8-1（a）所示。如此结构的袖子，袖山大，袖头夹角较小，与人体肩膀部适合度较好，袖窿下部腋窝处的松余量明显少，外观效果好。但由于袖肥较窄，袖头夹角又小，腋窝底袖子与衣身的夹角就显得太小，对手臂上举的活动幅度会产生较大的限制。

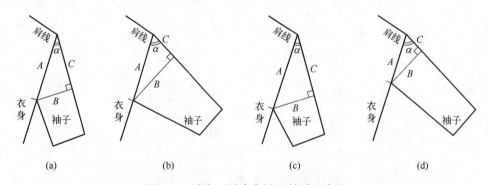

图 8-1　袖窿、袖山和袖肥关系示意图

当袖山 C 减小，袖肥 B 则随之增大，袖头夹角 α 则渐渐增大，袖子与肩线趋向平直，如图8-1（b）所示。这种结构的袖子，袖头夹角大，肩线与袖子趋平直状，袖窿下部腋窝处的松余量明显多，外观可见有较多的褶皱。袖肥较大，则袖子比较宽松，在腋窝底形成的夹角也就很大，手臂上举及前后摆动等运动幅度限制减小，但腋下余裕量过多，穿着者会产生不适感，舒适性降低，且影响外观。

（二）袖肥 B 确定时

当袖山 C 增大，则袖窿 A 随之增大，袖头夹角 α 渐趋减小，袖子成垂立状，如图8-1（c）所示。如此结构的袖子，袖头夹角较小，与人体肩膀部适合度较好，袖窿下部腋窝处的松余量明显少，外观效果好。但由于袖头夹角小，袖窿又较深，腋窝底袖子与衣身的夹角就显得较小，从而直接限制了手臂上举的活动幅度。

当袖山 C 减小，袖窿 A 也随之减小，袖头夹角则渐渐增大，袖子与肩线趋向平直，如图中8-1（d）所示。如此结构的袖子，袖头夹角较大，肩线与袖子趋平直状，较宽松，袖窿下部腋窝处的余裕量明显增多，外观可见有较多的褶皱。袖头夹角大，袖窿相对较浅，在腋窝底形成的衣袖夹角就大，手臂上举及前后摆动限制相对就小，运动幅度较大。但若袖窿过浅，穿着者腋窝会有抵触感，影响舒适性。

通过上述分析，三者的关系可归纳为：袖山与袖窿成正比；袖山与袖肥及袖头夹角成反比。推论可知：袖肥与袖窿成正比关系。同时可获提示：当袖窿较深时，袖肥宜大，袖山宜小；当袖山较大时，袖窿不宜过大，袖肥应适度。

袖窿、袖山、袖肥与贴体度的关系：袖山低（小）的袖子，袖肥宽度大，对应的袖窿应开得深些，袖子和衣身较为宽松；袖山高（大）的袖子，袖肥宽度小，呈窄长型，对应的袖窿相应浅，袖子和衣身较为贴体。认识把握袖窿、袖山和袖肥的关系，对准确处理袖子功能设计、穿着的舒适性和造型美观之间的关系具有普遍的指导意义。

二、袖窿底部与袖山形态关系

袖窿底部与袖山形态关系示意图，如图8-2所示。

（一）圆弧形袖窿底

衣身袖窿深尺寸相对较小时，袖窿底弧线形态呈圆弧，袖山相对加大，则袖肥较窄，袖山弧线起伏度大。因袖山较大，袖头夹角相对小，袖管窄，肩袖部外观效果好，合理规格范围内，穿着舒适度也相对较好，但手臂上举活动幅度却会有所限制。圆弧形袖窿底与袖山，如图8-2中实线所示。

（二）弹头形袖窿底

衣身袖窿相对较深时，袖窿底圆弧形弧度变小，袖山相应减小，则袖肥较大，袖山弧线起伏减小。因袖山减小，袖山夹角增大，手臂上举活动幅度随之增大，衣袖均相对宽松，活动自如。弹头形袖窿底与袖山，如图8-2中虚线所示。

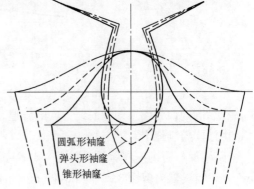

图8-2　袖窿与袖山形态关系

（三）锥形袖窿底

衣身袖窿深尺寸额外加大时，袖窿底弧线形态趋直，而袖山尺寸却变小，故袖肥宽大，袖山弧线起伏趋平缓。因袖山小，袖山夹角大，袖管宽大，外观飘逸。锥形袖窿底与袖山，如图8-2中点划线所示。

第二节　装袖

装袖是指绱装类袖子，又称圆装袖，这类袖子在女装设计中应用最多，造型变化也最丰富。其结构主要有单片袖（直袖）、双片袖及礼服袖等几种，造型变化规律侧重点主要归纳为：袖山顶的造型、袖口的造型、袖子的整体廓形等方面。

一、装袖设计

（一）单片袖

单片袖即直袖，作为袖子的基本结构，设计为袖子基础纸样，详见第五章第二节袖子基础纸样，图5-23。直袖可通过施褶或分割等改变结构，使袖管成微向前曲的形态以适合手臂的屈曲特征。

1. 后侧袖肘褶

为提高袖子的适体性，可在袖子的肘后侧施褶：后侧袖肘线处设置省道，袖中线自袖肘线向前侧偏斜，使袖子形成微曲形态。

【设计与制作】

① 设置剪切线：在直袖基础纸样上，后侧袖肘至中线设置为剪切线；袖肘线以下袖中线设置为剪切线。如图8-3（a）所示。

② 沿剪切线分别剪切至后侧袖肘线与袖中线交点，并以交点为旋转点，旋转剪切片，使袖口重叠，重叠量与前侧袖口至袖肥标线等量。

③ 前侧袖口延伸至袖肥标线，弧线画顺袖口和前侧袖底线。

④ 袖肘褶：以后侧袖肘展开量为褶量，过后侧袖肘中点做褶中线，中点设置为褶尖点；袖肘褶造型为埃菲尔塔形，画顺后侧袖底线，折叠法补画施褶处轮廓线。

⑤ 描绘轮廓线；按规范完成样板制作。如图8-3（b）所示。

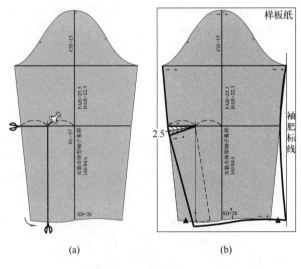

图8-3　袖肘褶袖结构设计

2. 后侧袖口褶结构

在后侧袖口处设置向袖肘线方向的省道，使袖中线偏斜形成微曲造型。

【设计与制作】

① 设置剪切线：过后侧袖肘线中点做中线的平行线至袖口为袖口剪切线；后侧袖肘线以下的袖中线设置为剪切线，如图8-4（a）所示。

② 沿剪切线分别剪切；分别以袖肘线与中线、袖底线的交点为旋转点，旋转剪切片，使后侧袖口展开5cm左右，即袖口褶量。

③ 袖肘线向下3cm左右为褶尖点；袖口褶造型为埃菲尔塔形；以袖口袖中线处的重叠量，前侧袖口向外等量延伸；弧线画顺袖口线，折叠法补画施褶处轮廓线。

④ 描绘轮廓线；按规范完成样板制作。如图 8-4（b）所示。

（二）双片袖结构

双片袖是单片袖分割变化的结构。在后侧袖肘二分之一处设置分割，分割形成两片，即袖片分割。这种双片袖结构，常应用于衬衫、春秋装、外套等。

【设计与制作】

以单片袖基础纸样进行变化设计。

① 过后侧袖肘线中点做袖中线的平行线，为分割线，分为前侧（大）袖片和后侧（小）袖片；设置后侧袖肘线及袖肘线以下的袖中线为剪切线。如图 8-5（a）所示。

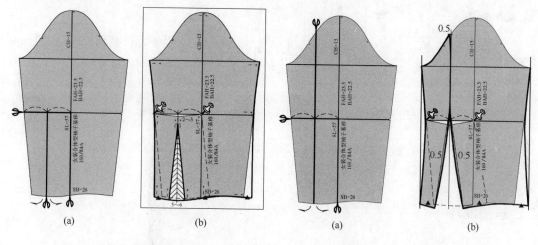

图 8-4　袖口褶袖结构设计　　　　图 8-5　双片袖结构设计

② 后袖肘线以下沿分割线剪切，再分别自分割线沿后袖肘线剪切至后袖底线和袖中线；分别以袖肘线与后袖底线交点、袖中线交点为旋转点，旋转剪切片，旋转量以袖口至袖肥标线为限，前侧片反向旋转量与后侧相同。

③ 以分割线为中线，分别自袖肘线上 5cm 左右连接辅助线，辅助线中部向外凸 0.5cm 左右画顺大小袖片后侧分割弧线；后侧分割线在袖山弧线分割点向后平移 0.5cm 左右做点，过点分别画顺小袖片袖山弧线和小袖片后侧缝弧线。如图 8-5（b）所示。

④ 大袖片袖口大点移至袖肥标线，重新绘画大小袖片袖底弧线；接顺袖口弧线。

⑤ 描绘轮廓线；按规范完成纸样。

（三）礼服袖结构

这是一种结构造型较严谨、适体性较高的袖子，又称制服袖，袖山圆浑饱满，分大小片。适宜套装、西服及大衣等造型较严谨、适体性要求较高的女装款式。

【设计与制作】

① 以相应衣身基础纸样前后袖窿弧线长 AH 规格数据为袖山结构设计直袖基础纸样，制作为操作纸样。

② 在直袖操作纸样上，过后侧袖肘线中点做袖中线的平行线，为后侧分割线，参照前述双片袖，做剪切、旋转操作。如图 8-6（a）所示。

③ 四等分前侧袖肥，过前四分之一处（也可向内偏 1cm 左右）做袖中线的平行线，为前侧分割线，调整分割处的袖山弧线，以前侧分割线袖肥线至袖山弧线的中点为新凹点，

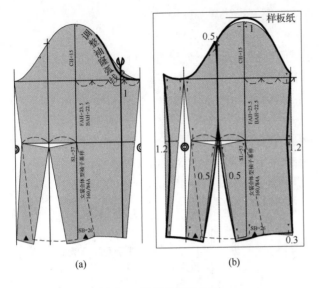

图 8-6 礼服袖结构设计

重新画顺前袖窿对位点至袖底线的袖山弧线；前、后侧袖肥标线上做拼合标记。

④ 裁取 65cm×60cm 样板纸一块，在纸板中部偏前侧画纵向直线为袖中线；操作纸样置于纸板上，大头针固定操作纸样。如图 8-6（b）所示。

⑤ 前侧分割切片移至后侧以袖底标线对接拼合，并固定；大、小袖片前侧缝线在袖肘线处分别凹进 1～1.2cm 弧线画顺。

⑥ 袖山中点向上加 0.5～1cm，具体增加量视袖头吃势和造型而定；参照前述双片袖，绘画后侧缝弧线。

⑦ 在大袖片袖口处前侧缝短进 0.3cm，画顺大、小袖片的袖口弧线。

⑧ 描绘轮廓线；沿轮廓线剪裁，完成纸样。

二、短袖设计

袖子可按十分法划分，袖长短于五分的通称为短袖。

（一）超短袖

超短袖是指袖长在二分以内的短袖。由于袖长往往短于袖山，有些袖子实际上只是部分袖山，故在结构上可分为完整袖山结构和不完整袖山结构。常见的超短袖款式如图 8-7 所示。

1. 设计 A

典型的飞檐型短袖。袖长一般仅为袖山的一半，袖窿下部无袖山。

【设计与操作】

在单片袖操作纸样下垫入样板纸，并用大头针固定纸样；袖山前后对位点向下 1cm 做点，为袖山起点；袖口弧线画顺，如图 8-8（a）所示。

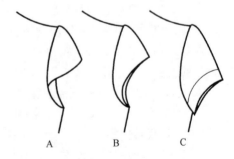

图 8-7 超短袖

【样板制作】

按工艺要求加放缝份；沿缝份线裁去多余纸板；做必要标记、信息，完成样板。袖口工艺处理可卷边、贴边或滚边，贴边须另制作贴边样板。完成的样板如图 8-8（b）所示。

2. 设计 B

飞檐型一分袖，袖长约为袖山一半，有完整袖山，但袖窿底部袖子渐趋为零。

【设计与操作】

参照设计 A 放置样板纸和操作纸样，并用大头针固定；袖长 8cm 左右，自袖肥大过袖中点绘画袖口弧线，如图 8-9 所示。

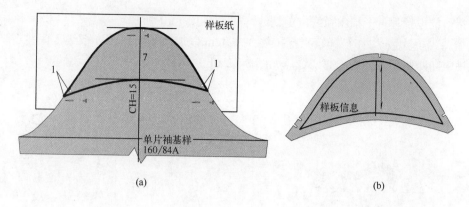

图 8-8　设计 A

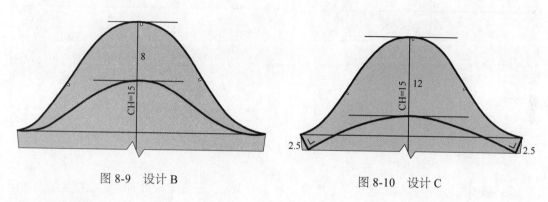

图 8-9　设计 B　　　　　　　　　图 8-10　设计 C

【样板制作】

参照设计 A 按规范完成样板制作。

3. 设计 C

超短二分袖造型。

【设计与操作】

参照设计 A 放置样板纸和操作纸样，并用大头针固定；袖长 12cm 左右，袖底线长 2.5cm 左右；袖山弧线沿原纸样绘画；袖口弧线画顺，袖口折角绘画成直角形态，如图 8-10 所示。

【样板制作】

参照设计 A 按规范完成样板制作。

（二）各类花式短袖

花式短袖主要指各类造型的短袖，如泡泡袖、灯笼袖、花瓣袖、荷叶袖等。常见款式如图 8-11 所示。结构设计采用单片袖基础纸样。

1. 设计 A

灯笼袖。造型特点是泡泡袖头，袖肥放大，袖口收紧，成灯笼形。

【设计与操作】

① 采用单片袖基础结构制作操作纸样。

② 剪切线设置：袖山中点和四分之一处分别设置横向剪切线，袖中线设置为切分线，袖

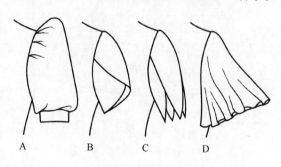

图 8-11　花式短袖

山上部按褶位设置垂直于袖山弧线的剪切线。如图 8-12（a）所示。

③ 沿袖中线切分操作纸样，平行扩展 3 ～ 4cm 以加放袖肥，在样板纸上固定各切片；分别自袖中向两侧剪切各横向剪切线。如图 8-12（b）所示。

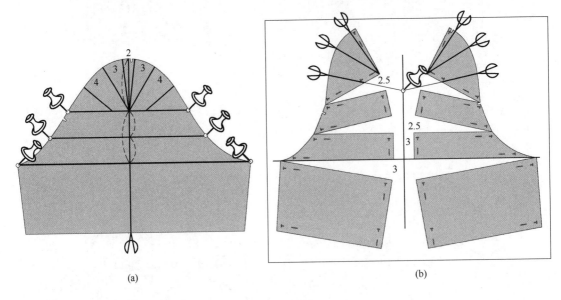

(a)

(b)

图 8-12　设计 A

④ 袖山以上横向剪切线逐次向上旋转展开 2 ～ 3cm，视具体褶量而定，在样板纸上固定各剪切片。袖肥线以下剪切片分别向下旋转展开 3 ～ 4cm，以扩大袖口膨松造型，用大头针固定纸样。

⑤ 袖头切片展开，如图 8-13 所示。袖山最低褶位剪切线延长与中线相交点①，分别以此点为旋转点旋转前后侧剪切片①；同法延长第二褶位剪切线至中线相交点②，分别以此点为旋转点旋转前后侧剪切片②；再延长最高褶位剪切线至中线相交点③，分别以此点为旋转点旋转前后侧剪切片③。逐次展开的量依次渐增，以至最高褶位的剪切片对齐中线。

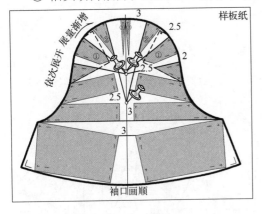

图 8-13　袖头切片展开

⑥ 重新描画袖山弧线，并做褶位及对位标记；绘画袖口弧线，两端适度加放，折角保持垂直状。

⑦ 绘画克夫，宽 2cm，长为袖口大，双层对折。

【样板制作】

按规范完成样板制作。如图 8-14 所示。

2. 设计 B

花蕾袖，仿花蕾造型设计，袖子围裹在袖头部分交叠。

【设计与操作】

① 利用单片袖基础纸样，按实际袖长规格制作操作纸样；在操作纸样上绘画切分线，半

袖山以上为切点，绘画圆弧形造型切分线。如图 8-15 所示。

② 操作纸样下垫入样板纸，拷贝后侧袖子，制作后侧袖子操作纸样；沿后侧切分线切分操作纸样，制作成前侧部分袖子操作纸样。

③ 样板纸上先画一条参照线，前、后侧袖子操作纸样以袖底线与参照线对齐，置于两侧拼合，大头针固定纸样；重新描画袖子轮廓线、做对位标记。如图 8-16 所示。

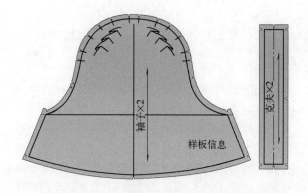

图 8-14　设计 A 样板

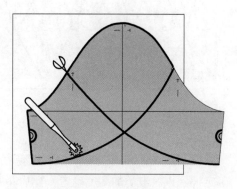

图 8-15　设计 B

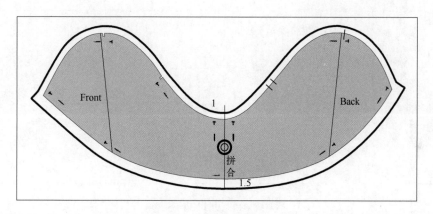

图 8-16　设计 B 样板制作

【样板制作】

按规范完成纸样制作。

3. 设计 C

花瓣袖，这是典型的仿生设计。仿白玉兰花造型，花瓣为四瓣或五瓣，每瓣之间相互交叠，袖底缝拼合为一瓣。

【设计与操作】

① 利用单片袖基础纸样，按实际袖长规格制作操作纸样；在操作纸样上绘画花瓣造型线，袖中花瓣以三分之一袖山为切分点，花瓣尖以袖口四等分定位，袖底花瓣以袖底线为中线对称绘画，各花瓣相互交叠，各交点保持同一水平；袖底线标示拼合记号。如图 8-17 所示。

② 在操作纸样下垫入样板纸，先拷贝袖中与袖底花瓣之间的两侧花瓣，制作操作纸样；沿袖中花瓣和袖底花瓣的造型轮廓线切分纸样，获得袖中花瓣纸样和袖底花瓣操作纸样。

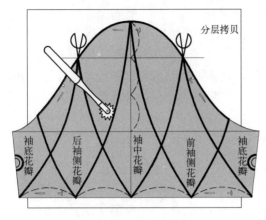

图 8-17　设计 C

【设计与操作】

① 利用单片袖基础纸样，按实际袖长规格制作操作纸样；延伸袖中线，向上 15～20cm 确定波源点。波源的高度确定，视肩膀厚度和荷叶造型调节，通常肩膀较阔厚的可适度增高，如图 8-19 所示。

【样板制作】

将各花瓣置于样板纸上，制作毛样板。前、后侧袖底花瓣的操作纸样以袖底线对齐，拼合。按工艺要求规范制作各花瓣样板。如图 8-18 所示。

4. 设计 D

荷叶袖设计。造型特点是袖口边缘有波浪状垂褶纹，像荷叶而得名。观察波浪状悬垂纹，它是呈辐射状的，均自袖山顶向下，在视觉上可从袖山顶的上面空间中寻找到它们的辐射中心波源。这种空间想象分析方法，对此类辐射状悬垂纹的结构设计有着独到的指导意义。

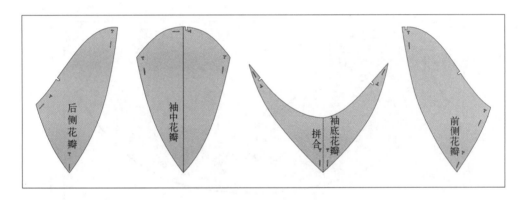

图 8-18　设计 C 样板

② 自波源点向袖口设置辐射状剪切线，剪切线密度通常两侧各设置 4～5 条为宜，以最外侧剪切线过前后对位点附近 1～2cm 为准。

③ 在样板纸上先画一条纵向参照线为袖中线；设定袖山做中线的垂线，为袖肥对照线；依次沿剪切线向袖山弧线方向剪切，自袖中线分别向两侧依次旋转，使前后袖底抵至袖肥参照线，大头针固定各剪切片。如图 8-20 所示。

④ 沿各剪切片边缘绘画袖口轮廓线，袖口两端适度加放，折角保持垂直状。

⑤ 重新画顺袖山弧线；做前后各对位点标记。

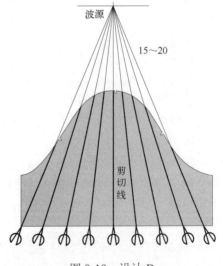

图 8-19　设计 D

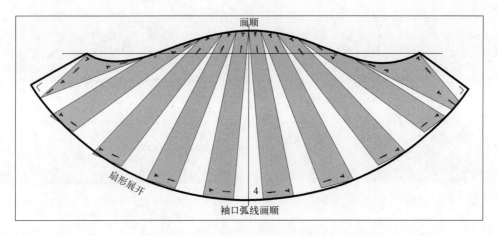

图 8-20　设计 D 样板

【样板制作】

按工艺要求加放缝份，完成样板制作。

三、袖头造型设计

袖头是指袖山肩端部位的造型，在结构上主要变化在袖山上部。这类袖头造型设计是为了强调肩部，通过增高袖山，或加大袖头部分的松余量。造型方法主要有施褶、分割等。主要造型有耸肩袖和盖肩袖。

（一）耸肩袖

耸肩袖是指袖头膨起突出的袖型，通过在袖头施褶或分割使袖头膨起成耸肩的形态，以强调袖子肩端部位。常见的耸肩袖造型款式如图 8-21 所示。

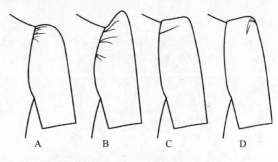

图 8-21　耸肩袖造型

1. 设计 A

普通泡泡袖，在袖山顶部施碎（聚）褶，使袖头膨起成泡状。

【设计与操作】

① 采用单片袖基础纸样制作操作纸样，袖长依实际规格确定；在袖山二分之一处设置横向剪切线，横向剪切线上部袖中线设置为切分线。如图 8-22（a）所示。

② 沿袖中线切分至横向剪切线，再向两侧剪切；以两侧袖山剪切点为旋转点，分别展开两侧袖山切片至袖顶上 2 ～ 3cm，在样板纸上固定操作纸样。如图 8-22（b）所示。

③ 重新绘画袖山弧线；在袖顶部位标记抽褶起止位。

【样板制作】

按规范完成样板制作。

2. 设计 B

经典泡泡袖。造型特点是袖山顶部施褶裥，使袖头显著膨起呈泡泡状。这类袖型的肩宽可适当减窄，使袖山上部泡状明显。

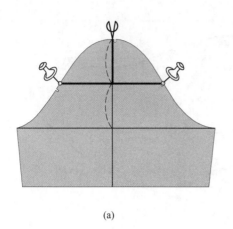

(a)

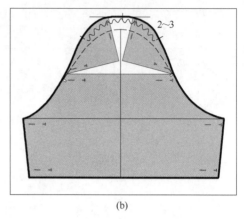

(b)

图 8-22　设计 A

【设计与操作】

①　参照图 8-12 制作操作纸样、设置剪切线、展开切片，袖中线切分至四分之三袖山；剪切后依序展开各切片。

②　切片固定在样板纸上；重新描画袖山弧线，并做褶位及对位标记。如图 8-23（a）所示。

【样板制作】

按规范完成样板制作。如图 8-23（b）所示。

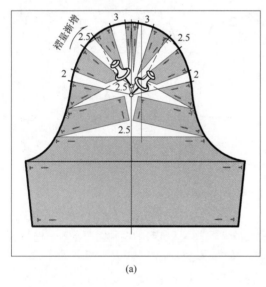

(a)

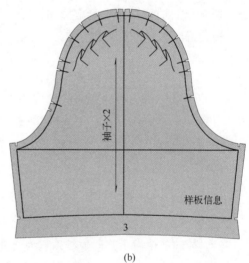

(b)

图 8-23　设计 B

3. 设计 C

褶裥袖。在袖山头设置一对较大的褶裥，使袖头膨起。

【设计与操作】

①　操作纸样制作可参照设计 A；袖山三分之一处设置横向剪切线，横向剪切线以上袖中线为切分线，袖中线两边 4cm 设置褶位，过褶位点向袖中线做垂直状剪切线。如图 8-24（a）所示。

② 沿袖中线切分，再沿横向剪切线向两侧剪切；以两侧袖山剪切点为旋转点，分别旋转展开 4cm 左右；延长褶位剪切线相交于袖中线，切分褶位剪切线，以袖中线交点为旋转点分别展开两侧的上切分片至袖山中点相对接，在样板纸上固定各切片。如图 8-24（b）所示。

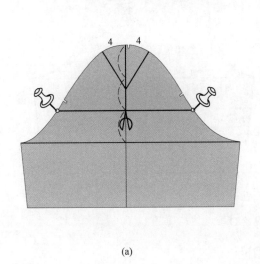

(a)

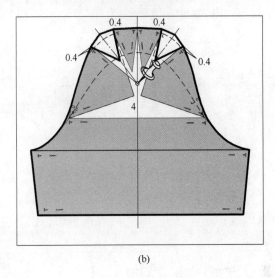

(b)

图 8-24　设计 C

③ 重新描画袖山弧线，并做褶位及对位标记。

【样板制作】

按规范完成样板制作。如图 8-25 所示。

4. 设计 D

对褶袖头。在袖山中间设置一组相对接的褶裥，袖头呈拱形隆起。

【设计与操作】

① 制作操作纸样、设置剪切线。如图 8-26（a）所示。

② 展开剪切片，在样板纸上固定操作纸样。如图 8-26（b）所示。

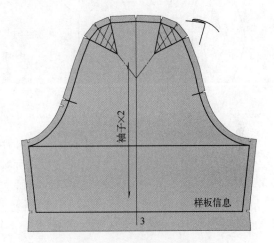

图 8-25　设计 C 样板

③ 原袖山中点向上 4cm 左右做袖肥平行线，袖中点两侧分别以 4cm 连续做两个点。

④ 重新描画袖山弧线，前、后袖山弧线分别与袖顶平行线上两侧所做的对应点相接，新袖山弧线与原袖山弧线原则上应相等；完整袖山顶部轮廓线，绘画对接褶折叠线并做标记。

【样板制作】

按工艺要求规范完成样板制作。

（二）盖肩袖

盖肩袖是指袖山顶部包覆于肩膀上，肩宽相应减窄的一种袖头造型。视觉上袖头部分的造型形态似"帽子"，又称肩帽袖。这种"帽"袖头的造型可运用施褶、分割等方法设计。常见的款式如图 8-27 所示。

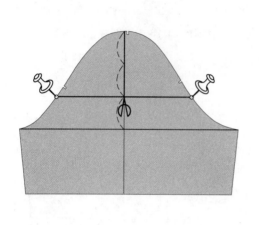

(a)

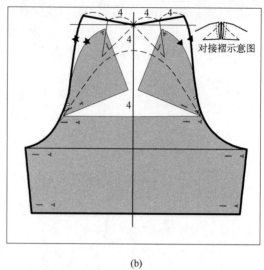

对接褶示意图

(b)

图 8-26　设计 D

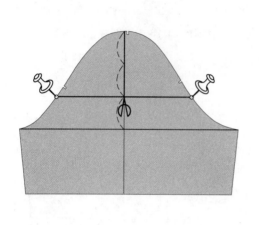

A　　B

图 8-27　盖肩袖

1. 设计 A

袖山头施缝合褶（省）使袖头形成一个窝形，覆盖于肩端形成盖肩。采用单片袖基础纸样设计。

【设计与操作】

① 前后衣片肩端部沿袖窿设置分割线：肩端向内量 3cm 左右做点，分别与前胸宽点、后背宽点顺袖窿弧线做分割线。如图 8-28（a）所示。

② 利用单片袖基础纸样，按实际袖长规格制作操作纸样，并置于样板纸上固定；前后袖窿切片分别自肩端点向下每 3cm 设置与袖窿线垂直的切分线，并与对位点对齐，贴近袖山弧线放置。如图 8-28（b）所示。

③ 剪切各褶位切分线，沿袖山弧线铺排前后各切分片，使各切片展开，展开量即为褶量，袖中点两侧切片上口留空部分为袖中褶量。如图 8-28（c）所示。

④ 绘画各袖头缝合褶（省）造型线，褶（省）长袖中为 4cm，最下一个为 3cm，中间为 3.5cm；沿操作纸样描画袖山弧线。

【样板制作】

按工艺要求加放缝份，完成样板制作。如图 8-28（d）所示。

2. 设计 B

沿肩端袖窿线平行施缝合褶（省）使袖头形成盖肩造型。

【设计与操作】

① 单片袖基础纸样制作操作纸样；参照设计 A 在前后衣片肩端部沿袖窿设置分割线、切分纸样、按对位点对齐，贴近袖山弧线布置切片，适度向外侧偏离，大头针固定。如图 8-29（a）所示。

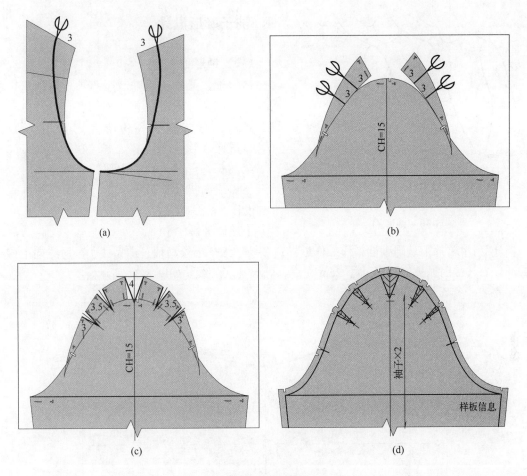

图 8-28　设计 A

② 袖中点向下 5cm 左右做横向参照线，分别自切片外缘向内 3 ～ 4cm 做点，过点绘画袖头造型线，弧线接顺切片肩端点，画顺外侧袖山弧线；描画前后袖山头缝合褶（省）及标示。

【样板制作】

按工艺要求加放缝份，完成样板制作。如图 8-29（b）所示。

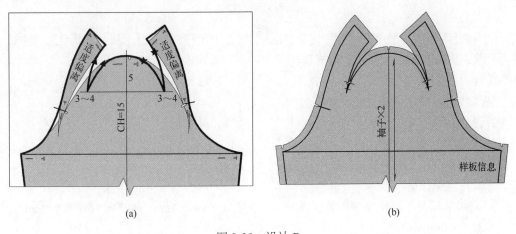

图 8-29　设计 B

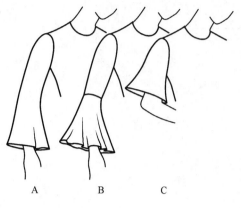

図 8-30 钟形袖

四、袖子廓形设计

（一）钟形袖

钟形袖，又称扩口袖或喇叭袖，即袖口扩大的袖子。这类袖子可以有各种长度，廓形也有多种变化。常见款式如图 8-30 所示。

1. 设计 A

全袖长钟形袖，袖子上部较合体，袖肘线开始至袖口逐渐扩大形成喇叭状。采用单片袖基础纸样设计。

【设计与操作】

① 利用单片袖基础纸样制作操作纸样；在操作纸样上绘画袖子造型线，袖肘线向上移动 2cm 左右，袖肘两侧向内各缩小 2cm 左右，画顺袖底弧线。如图 8-31 所示。

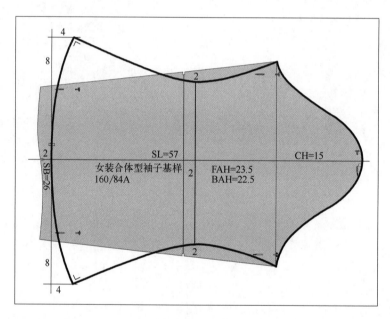

图 8-31 设计 A

② 袖口两侧各加放 8cm 左右，起翘 4cm 左右，弧线画顺袖口，袖口与袖底线的折角保持垂直状；重新描画袖山弧线，做对位标记。

【样板制作】

按工艺要求加放缝份，完成样板制作。

2. 设计 B

该款也是全袖长钟形袖。袖肘线横向分割，袖口扇弧形扩大，均匀分配放松量，形成的喇叭效果更明显。采用单片袖基础纸样设计。

【设计与操作】

① 利用单片袖基础纸样制作操作纸样；袖肘线向上移动 2cm，两侧向内各缩小 2cm 左右。如图 8-32（a）所示。

② 设置剪切线：袖肘线为横向剪切线；袖肘线以下至袖口设置纵向剪切线，剪切线密度通常两侧各设置 3 ~ 4 条为宜。

③ 先沿袖肘剪切线切分，沿轮廓线剪裁袖子上部样板，再沿轮廓线剪裁袖下部纸样。

④ 在样板纸上画一条纵向参照线为袖中线，袖子下部操作纸样置于纸板上，袖中线对齐；自袖口向上沿剪切线剪切纸样；自中线向两侧依次旋转，袖口剪切处展开 4cm 左右，大头针固定各剪切片。如图 8-32（b）所示。

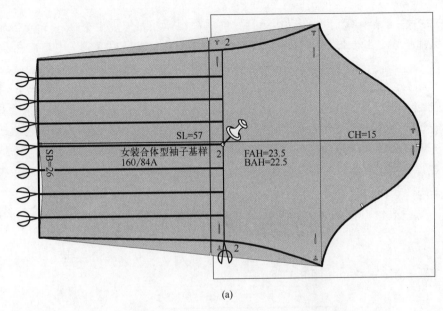

(a)

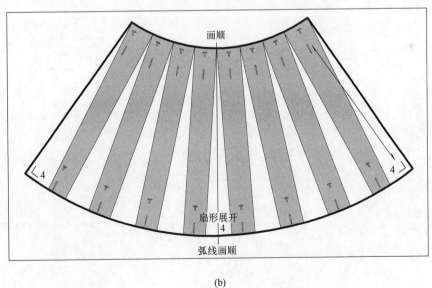

(b)

图 8-32　设计 B

⑤ 弧线画顺袖肘线，沿切片绘画袖口弧线，两侧加放 4cm，折角保持垂直状；做对位标记。

【样板制作】

按工艺要求加放缝份，完成样板制作。袖下部宜选用正斜丝缕面料，喇叭袖口的飘逸效果更好。

3. 设计 C

四分短袖，典型的钟形造型。

采用单片袖基础纸样，旋转纸样法扩展袖子。

【设计与操作】

① 利用单片袖基础纸样制作操作纸样；前后袖山弧线对位点上下 2 ～ 3cm 各设置一个旋转点；原袖肥线上 3cm 做袖肥参照线，袖山上移量与袖口扩展程度成正比。如图 8-33（a）所示。

② 在样板纸上做纵向参照线，基础纸样袖中线对齐纵向参照线。如图 8-33（b）所示。

③ 旋转纸样前后两侧分次操作，自袖山中点沿袖山弧线描画轮廓至第一旋转点；用图钉固定第一旋转点，旋转基础纸样，使袖肥大点向袖肥参照线靠近，约为袖肥线移动量的一半；自第一旋转点延续描画袖山弧线至第二旋转点；再用图钉固定第二旋转点，旋转纸样，使袖肥大点对齐袖肥参照线，自第二旋转点延续描画袖山弧线；前后两侧完成操作后，修正画顺整条袖山弧线。

④ 袖口弧线：袖中点加出 1 ～ 2cm，画顺袖口弧线，袖底线与袖口折角注意保持垂直状。做对位标记。

【样板制作】

按工艺要求制作样板。如图 8-33（c）所示。

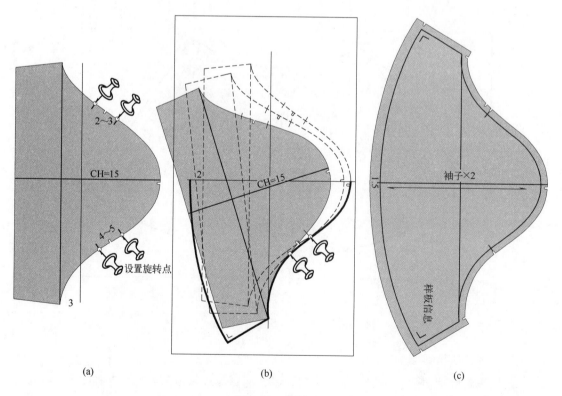

| (a) | (b) | (c) |

图 8-33　设计 C

（二）藕节袖

藕节袖，实为多层袖，分割处多为收缩形态，形成节结。款式设计如图 8-34 所示。

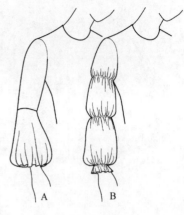

1. 设计 A

双节袖，袖肘线设置横向分割，袖上部纤细，下部袖口的扩展量较大，再收口与内衬缝接，形成膨松造型。

【设计与操作】

① 利用单片袖基础纸样制作操作纸样；袖肘线设置为横向分割线，两侧内缩 2cm 左右；袖口线缩短 3cm 为袖内衬袖口线；向外加长 4cm，为袖口膨松长度方向加放的松量。如图 8-35 所示。

图 8-34　藕节袖

② 袖肘线至袖口设置纵向剪切线，剪切线密度通常两侧各设置 3 ～ 4 条为宜。

③ 在操作纸样袖肘线以下剪切线部分垫入样板纸，拷贝制作袖子下节操作纸样。

④ 参照图 8-32，在样板纸上先画纵向参照线，操作纸样置于样板纸上，袖中线对齐纵向参照线；分别自中线向两侧依次沿剪切线剪切，旋转，扇弧形展开袖口，展开量视造型设计需要而定。

【样板制作】

① 沿袖下节展开的纸样绘画轮廓线，画顺袖肘线、袖口弧线，袖底线与袖口折角注意保持垂直。做对位标记，按工艺要求加放缝份。如图 8-36（a）所示。

② 在操作纸样袖肘线上下分别垫入样板纸，分开拷贝制作袖下节内衬样板和袖上节样板。沿袖子轮廓线及袖肘分割线分别拷贝，按工艺要求加放缝份，制作规范样板。如图 8-36（b）所示。

【样板制作】

按工艺要求规范制作样板。

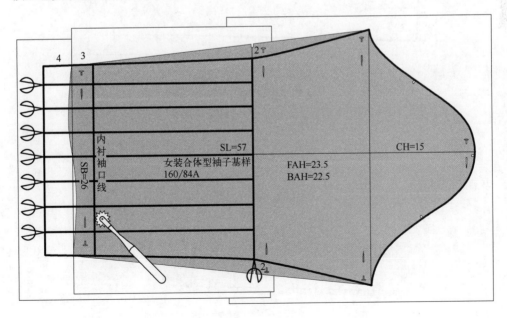

图 8-35　设计 A

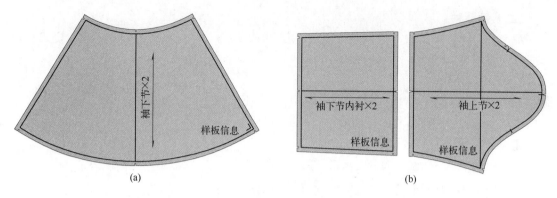

(a)   (b)

图 8-36　设计 A 样板

2. 设计 B

典型藕节造型，三节式袖子，袖口适度扩大，采用松紧带缝缉皱缩形成节结。

【设计与操作】

① 利用单片袖基础纸样制作操作纸样；纸样置于样板纸上，并固定。如图 8-37（a）所示。

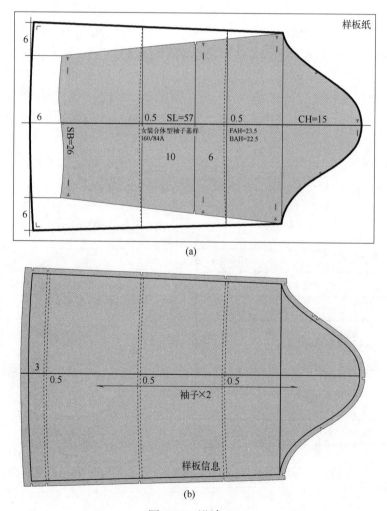

图 8-37　设计 B

② 袖长加长膨松量 6～8cm；袖口两侧各加放 6～8cm，起翘 1～2cm；弧线画顺袖口，直线连接袖底线。

③ 设置松紧带缝缉位：袖肘线向下 10cm，做下平行线，中部向下 0.5cm 画弧线；袖肘线向上 6cm，做平行线，中部向下 0.5cm 画弧线。

【样板制作】

离袖口 3cm 及袖肘线上下标示松紧带缝缉标线。按要求制作规范样板。如图 8-37（b）所示。

（三）灯笼袖

顾名思义灯笼袖就是指袖子的廓形像灯笼。灯笼的造型可分纱灯和多层折叠式灯笼两种，袖长可有各种长度，常见款式见图 8-38。

1. 设计 A

长瓜形灯笼造型，袖肘线以下开始膨大形成灯笼造型，袖口绱装克夫。从结构上分析，它是一种钟形袖，袖口加扇弧形袖口底收缩形成灯笼底。采用单片袖基础纸样设计。

【设计与操作】

① 利用单片袖基础纸样制作操作纸样；操作纸样置于样板纸上，并固定。如图 8-39 所示。

② 袖长减短 4～5cm；袖口两侧各加放 5cm 左右，起翘 3cm 左右，弧线画顺袖口；袖肘线向上移 2cm，两侧缩进 2cm 左右，弧线画顺袖底线，注意与袖口折角保持垂直状。

图 8-38　灯笼袖

③ 克夫样板：克夫宽 4cm，长为腕围加 4cm 叠门；制作成对折样板。

④ 袖口底操作纸样：宽 5～6cm，长为腕围规格做矩形纸样；在袖口底操作纸样上设置剪切线，剪切线密度间隔 2cm 左右为宜。如图 8-40 所示。

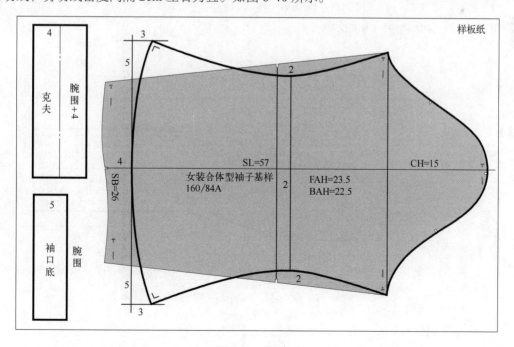

图 8-39　设计 A

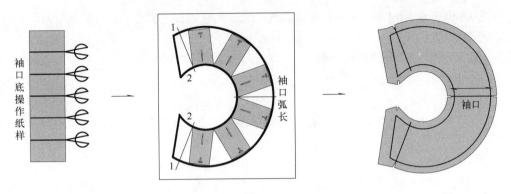

图 8-40　设计袖口底样板

⑤ 剪切、旋转袖口底各剪切片；展开后外圈弧长与袖口弧长相一致，内圈两端各加 2cm 叠门后与克夫长相一致。

【样板制作】

按工艺要求完成样板制作。

2. 设计 B

小灯笼袖。造型特点是袖肥放大，袖口松紧带收紧，成灯笼形。

【设计与操作】

① 参照图 8-33，制作操作纸样；设置旋转点：袖山中点前后 2 ～ 3cm 为第一旋转点，前后对位点下 2cm 为第二旋转点；袖肥线上移 2cm，以减少袖山增加袖肥。如图 8-41（a）所示。

② 分别做前后两侧的旋转操作，完成袖山弧线的造型变化；袖中加长 2cm，绘画袖口弧线。

③ 袖口灯笼底纸样：宽 10cm，长为袖口弧长，对折制作样板。横向中线下 1cm 画袖口松紧带缉线位，如图 8-41（b）所示。

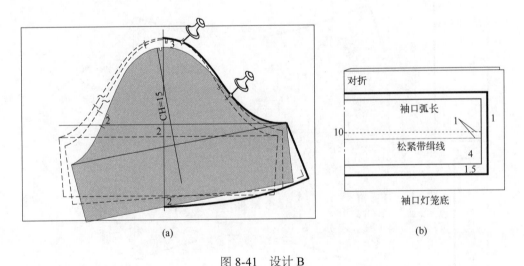

(a)　　　　　　　　　　(b)

图 8-41　设计 B

【样板制作】

按工艺要求加放缝份，完成样板制作。

（四）羊腿袖

袖子上部的袖头夸张性膨大，袖肘至袖口的袖管贴体而纤细，袖子整体廓形似羊腿而得名。常见款式如图 8-42 所示。

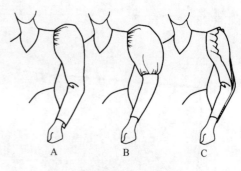

图 8-42　羊腿袖

1. 设计 A

在袖山头施群组褶，袖肥宽大，袖子上部膨大，向下逐渐收小，至袖肘线以下基本为贴体形，袖口以能通过手掌为限。采用单片袖基础纸样设计。

【设计与操作】

① 利用单片袖基础纸样制作操作纸样；绘画袖口及袖底轮廓线。如图 8-43 所示。

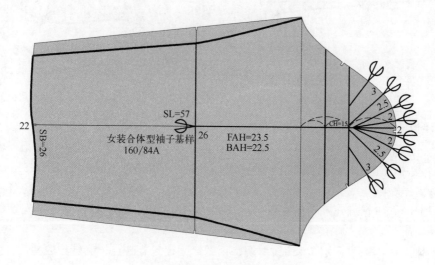

图 8-43　设计 A

② 参照图 8-12，在操作纸样上设置剪切线：袖肘线设置为横向剪切线；袖肘线以上部分的袖中线设置为纵向剪切线；在袖山二分之一、四分之一处分别设置横向剪切线。

③ 设定施褶位：自袖中点向两侧沿袖山弧线依次测量 1cm、2cm、2.5cm、3cm 做点为施褶位，过点做袖山弧线的垂线并设置为剪切线。

④ 先沿袖中线剪切至袖肘线，再分别自袖中向两侧沿横向剪切线剪切。

⑤ 先在样板纸上做纵向参照线，操作纸样袖中线与参照线对齐放置。如图 8-44 所示。

⑥ 分别剪切手袖肘线和以上部分袖中线；两侧袖底线与袖肘线交点为旋转点，用图钉固定旋转点，向外旋转上部剪切纸样，使袖肥线处展开 6cm 左右，以扩展袖肥。

⑦ 参照图 8-13，依次剪切、旋转、展开袖头各剪切片，展开所需褶量，褶量的分配自袖中向两侧渐减。描画轮廓线，做褶位及对位标记。

【样板制作】

按工艺要求加放缝份，完成样板制作。

2. 设计 B

袖子分上下两部分，上部是膨大的灯笼形造型，下部是紧贴手臂的窄袖管。

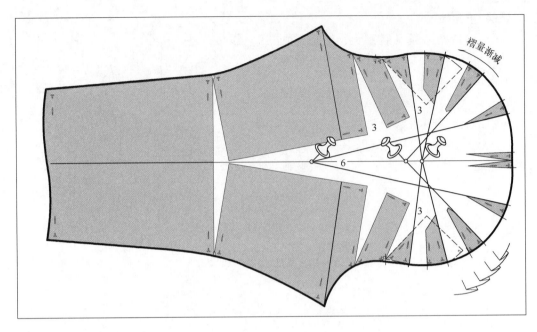

图 8-44　设计 A 样板

【设计与操作】

① 参照设计 A，制作操作纸样、设置剪切线；绘画袖口及袖底轮廓线；袖肘线向上移 2cm 左右，袖中向上 0.7cm 画弧形分割线；增加设置袖肥线为剪切线。如图 8-45（a）所示。

② 先在样板纸上做纵向参照线，操作纸样袖中线与参照线对齐放置；切分袖肘分割线，再沿袖中线向上切分，两侧切片以袖中线为中心平行展开 8cm 左右，固定纸样。如图 8-45（b）所示。

③ 分别自袖中沿两侧横向剪切线剪切，用图钉固定各旋转点，旋转相应剪切片，袖肥线向下展开，袖肥线以上横向剪切线向上展开，提高袖头。

④ 依次沿袖头褶位剪切线切分、旋转切片，展开各褶位所需褶量，褶量自下而上渐增。

⑤ 袖口贴边 4cm；袖上部弧线画顺上部袖肘分割线，与袖底线的折角保持垂直；绘画完整轮廓线，做褶位及对位标记。

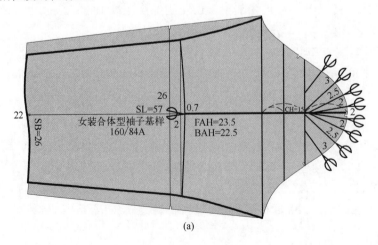

(a)

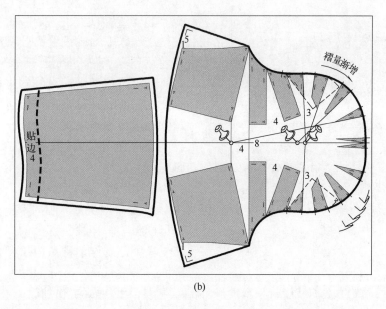

(b)

图 8-45 设计 B

【样板制作】

按工艺要求加放缝份，完成样板制作。

3. 设计 C

此款式与设计 A 廓形相似，袖肘以上为双层，袖头施褶裥，形成膨大的造型，袖头外层覆盖飘逸的装饰边，袖肥宽大，袖肘以下紧包手臂，袖中缝袖口处钉纽扣装饰。采用单片袖基础纸样设计。

【设计与操作】

① 袖肘线向下 4cm 做平行线，为内层袖长；参照设计 A，进行操作纸样制作、绘画袖口及袖底线、设置剪切线、剪切、旋转等步骤操作。如图 8-46 所示。

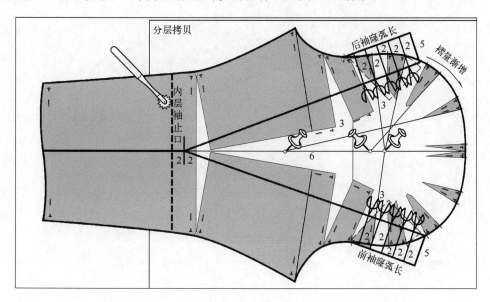

图 8-46 设计 C

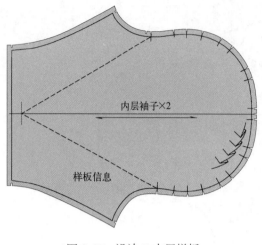

图 8-47 设计 C 内层样板

② 外层袖造型：袖中袖肘线下 2cm 做点，此点以下袖中设置为分割线；过点分别与前后对位点内 5cm 连接斜向直线，分别自前后对位点做斜向直线的平行线；自前后对位点测取衣片袖窿相应部位的弧线长，即对位点至肩端点的弧线长；分别在前后平行线间自上而下间隔 2cm 左右，设置 5 条剪切线。

【样板制作】

① 袖子双层部分加入双层样板纸，分层拷贝样板，制作袖头部分的内层样板。按工艺要求规范制作的袖头内层样板，如图 8-47 所示。

② 沿外层袖轮廓线剪裁后，平行拉开前后两侧纸样，以满足缝份加放；依次自外缘向袖窿剪切各剪切线，并旋转展开。如图 8-48（a）所示。

③ 先拷贝贴边部分，按工艺要求制作完整样板。贴边部分样板，如图 8-48（b）所示。

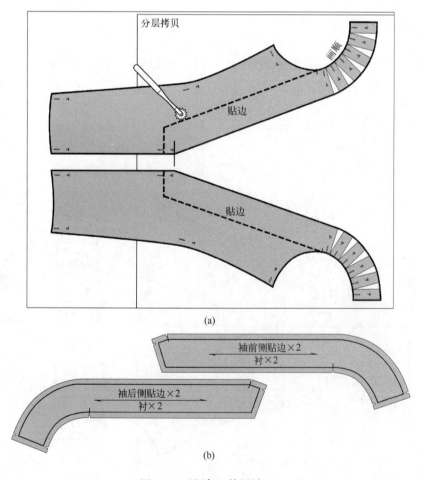

(a)

(b)

图 8-48 设计 C 外层袖子

（五）主教袖

主教袖的造型特别宽松，是教会礼服中常见的袖子造型。通常袖口装克夫，在袖口或袖头加放充裕的褶量，袖肥宽大。如图 8-49 所示。

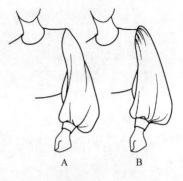

图 8-49　主教袖

1. 设计 A

袖肥宽大，袖口施夸张聚褶，装克夫。采用单片袖基础纸样设计。

【设计与操作】

① 利用单片袖基础纸样，按实际袖长规格制作直袖管的操作纸样。

② 在操作纸样上设置旋转点：袖山弧线中点前后两侧 2cm 左右做点为第一旋转点；前后对位点上、下 2～3cm 分别设置为第二旋转点和第三旋转点。

③ 先在样板纸上做纵向参照线，操作纸样袖中线与参照线对齐放置；袖肥线向上 4cm 做平行线，为袖肥参照线。如图 8-50 所示。

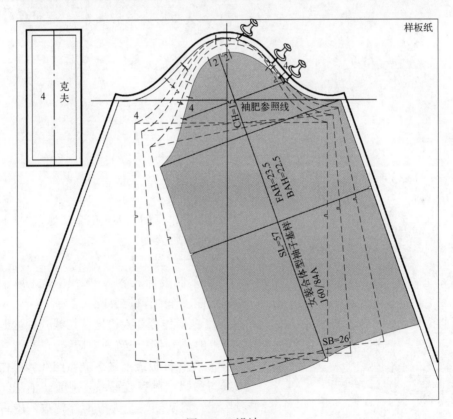

图 8-50　设计 A

④ 袖子两侧分别旋转操作。描画袖中点至第一旋转点的袖山弧线，图钉固定第一旋转点，旋转纸样，使袖肥大点提升至原袖肥线与参照线三分之一处；自第一旋转点续画袖山弧线至第二旋转点，图钉固定第二旋转点，旋转纸样，使袖肥大点提升至原袖肥线与参照线三分之二处；自第二旋转点续画袖山弧线至第三旋转点，图钉固定第三旋转点，旋转纸样，使袖肥大折角提升至袖肥参照线，自第三旋转点续画袖山弧线至袖肥大。

⑤ 完成两侧旋转操作后，调整画顺袖山弧线；沿两侧袖底线直线画至样板纸尽头。

⑥ 绘画克夫，宽 4cm，对折制作样板。

【样板制作】

① 沿轮廓线加放缝份；沿缝份线剪裁纸样，袖口先不做处理。

② 纸样袖底线分别向袖中线对折，两侧袖底净缝线以袖中线平齐，用大针固定纸样。

③ 原袖口线向下加 5～8cm 为后侧袖口，自后侧对折线至前侧对折线绘画袖口 S 形轮廓弧线，注意袖口在对折线处保持垂直状；袖口加放缝份；沿缝份线剪裁袖口。如图 8-51 所示。

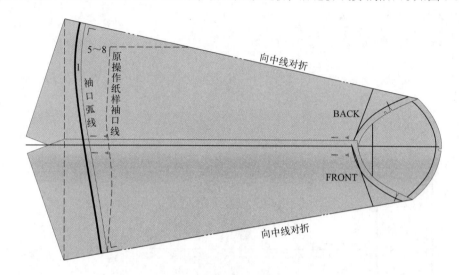

图 8-51　袖口造型

④ 展平样板，完成袖子制作。如图 8-52 所示。

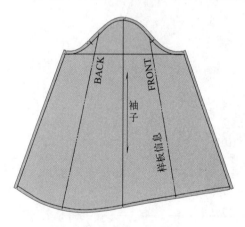

图 8-52　设计 A 样板

2. 设计 B

袖头及袖口加放大量的余裕量，袖头施聚褶，袖口施夸张性聚褶，装克夫。

【设计与操作】

① 参照设计 A 图 8-50、图 8-51 所示，制作净缝纸样，作为操作纸样。

② 在操作纸样上设置剪切线：袖肥线、袖肥线以上的袖山中线设置为剪切线。

③ 先在样板纸上做纵向参照线，操作纸样袖中线与参照线对齐放置；分别剪切袖肥线及袖山段中线；以两侧袖肥大点为旋转点，旋转相应剪切纸样，向上展开 2～3cm，展开量与袖头褶量成正比。

④ 为加大袖头褶量，在袖山前、后对位点至袖中点二分之一处向外加放 2～3cm，重新描画袖山弧线。如图 8-53 所示。

【样板制作】

按工艺要求加放缝份，完成规范样板制作。

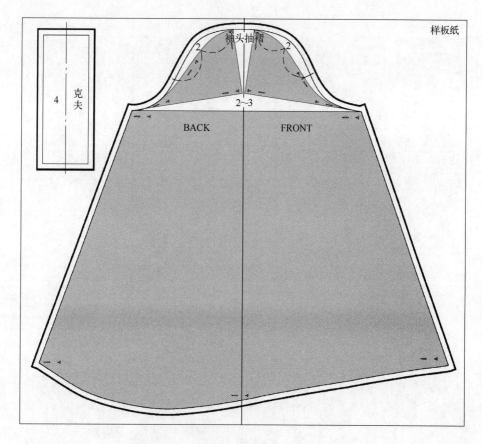

图 8-53 设计 B

（六）环浪袖

在袖子的某些部位施褶、加放余裕量，形成环浪形垂褶纹。环浪袖造型如图 8-54 所示。

1. 设计 A

在袖头施褶裥，并加放充裕的褶量，使袖头上部形成环浪褶纹。

【设计与操作】

① 利用单片袖基础纸样，按实际袖长规格制作操作纸样。如图 8-55（a）所示。

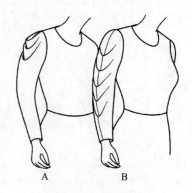

图 8-54 环浪袖

② 在操作纸样上设置剪切线：袖肘线、袖肘线以上部分袖中线设置为剪切线；袖山二分之一、下四分之一处，分别设置为横向剪切线。

③ 设定施褶位剪切线：自袖中点至两侧袖山二分之一横向剪切线交点的上四分之一点、中点，分别设置为第一褶位点、第二褶位点；过褶位点分别做袖山弧线的垂线为剪切线。

④ 沿袖中线剪切至袖肘线，再分别自袖中向两侧沿横向剪切线剪切。

⑤ 先在样板纸上做纵向参照线，操作纸样袖中线与参照线对齐放置；两侧袖底线与袖肘线交点为旋转点，用图钉固定旋转点，向外旋转上部剪切纸样，使袖肥线处展开 5 ～ 6cm，以扩展袖肥。如图 8-55（b）所示。

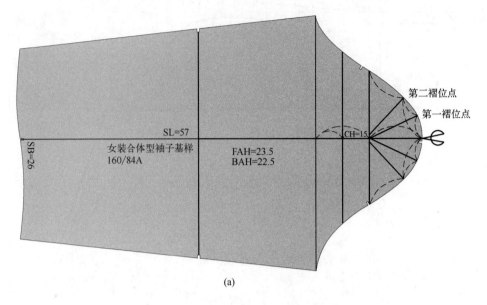

(a)

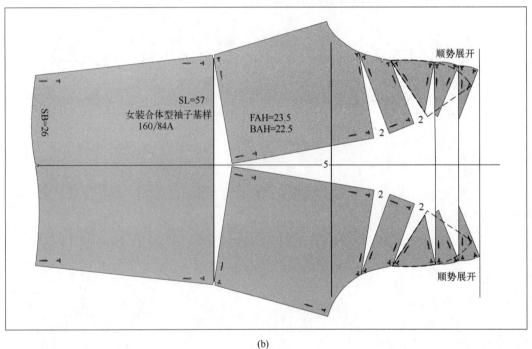

(b)

图 8-55　设计 A

⑥ 分别以横向剪切线的袖山弧线剪切点为旋转点，旋转相应剪切片，依次展开 2cm 左右。

⑦ 再分别剪切袖山褶位剪切线；分别以袖山弧线剪点为旋转点向上顺势展开各切片，使袖山弧线成顺直状，前后对应切片下缘平齐。

⑧ 连接两侧第二褶点对应切片与袖中线交点设置为旋转点；分别旋转上部切片向上展开褶量 4～5cm，如图 8-56（a）所示。

⑨ 沿第一褶位点切片向中线连线，交点设置为旋转点，并以此为旋转点再分别旋转切片向上展开褶量 4～5cm；依次同法操作第二、三褶位点切片，至袖山中点两侧 8cm（视褶量而定）。

⑩ 袖中切点连线下 5～6cm 做点，分别连接前、后袖中切点；描画完整轮廓线，做对位标记。如图 8-56（b）所示。

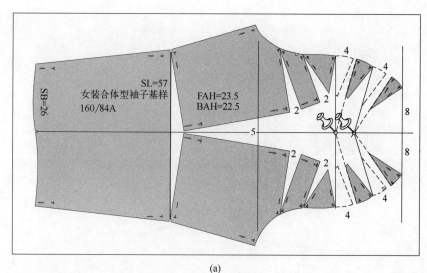

(a)

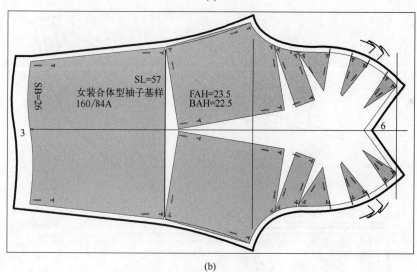

(b)

图 8-56　设计 A 样板

【样板制作】
按工艺要求完成样板制作。

2. 设计 B
典型环浪袖造型。袖中缝分割，通过展开方法加放余裕量，在袖中形成层叠式环浪垂纹。

【设计与操作】
① 利用单片袖基础纸样，按实袖长规格制作操作纸样。

② 在操作纸样上设置剪切线：袖中线设置为分割线；根据环浪纹方向，自袖底线向袖中线相对设置斜向剪切线，密度视环浪层次设计需要而定。如图 8-57 所示。

③ 沿袖中线切分袖子操作纸样，再依次自袖中向两侧沿剪切线剪切。

④ 先在样板纸上做两条纵向参照线，间隔至少两倍缝份量，操作纸样袖中分割线分别与纵向参照线对齐放置；图钉固定袖口与中线交点为旋转点，分别向两侧偏转，使最下剪切口离参照线 1～1.5cm。如图 8-58 所示。

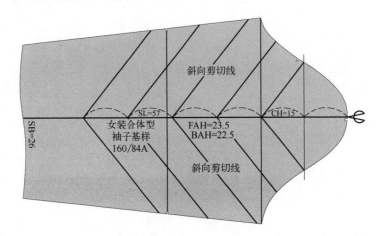

图 8-57　设计 B

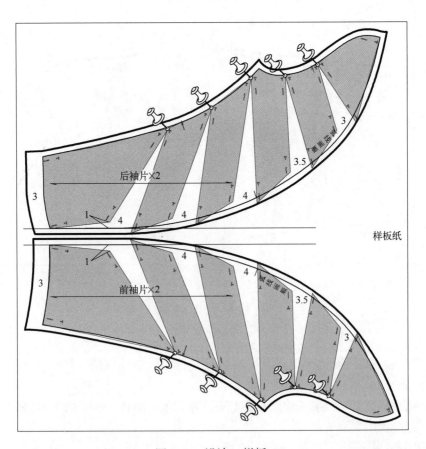

图 8-58　设计 B 样板

⑤ 依次以袖子两侧外缘剪切点为旋转点，旋转相应剪切纸样，使纸样向两旁展开，展开量 3～4cm，可视环浪纹层叠效果的设计而定。展开量越大，环浪层叠堆积效果越明显。

⑥ 描画轮廓线，袖中轮廓沿各剪切片最外点弧线画顺，做对位标记。

【样板制作】

按工艺要求加放缝份，完成样板制作。

第三节　连身袖

连身袖就是袖子与衣身相连的袖子，根据结构特征不同可分为平肩式、斜肩式、斜袖式。传统的中式服装袖子就是一种典型的连身袖，即中式袖。中式服装衣身与袖子，甚至是左右衣片完全相连为整体，即一片式，在前中裁开为门襟。中式连身袖的特点是袖子自颈侧点成水平状，即平肩式，通常无袖中缝，袖长方向为横丝缕。这种中式连身袖，因无肩斜，袖子平直，穿着时在人体前肩与胸部之间、后肩与背部之间会出现自颈侧斜向侧腋的皱褶纹，腋下部也有较多的余裕皱褶纹，影响外观效果。鉴于此，就有了现代改良的中西合璧的较适合人体肩部的斜肩式和斜袖式连身袖造型结构。斜肩或斜袖式连身袖后袖山与前胸（后背）间及腋下部的余裕量会相对减少，相应的皱褶纹就会明显减少，外观得到改善。但随着斜袖式袖子的斜度增大，手臂向上活动的幅度也会受到限制，外观效果与活动幅度就成为一对矛盾。为解决这对矛盾，当袖子斜度较大时，在腋下部，胸宽（背宽）点以下设置剪切或分割，插入袖裆，以增大腋部的松余量，减缓对手臂上举幅度的牵制。连身袖也同样可以运用分割、施褶等各种技术手段，设计出变化多样、富有个性、不同风格的袖子造型。

一、平肩式（中式）

平肩式连身袖是典型的中式袖。这类袖肩袖平直，包括斜肩平袖，所谓斜肩平袖是指肩部有一定斜度，肩端点至袖口仍为平直状。这类袖子造型通常较宽松，在腋下袖底部位有较多余裕量，手臂活动自如，穿着舒适无羁绊。平肩式连身袖款式，如图 8-59 所示。

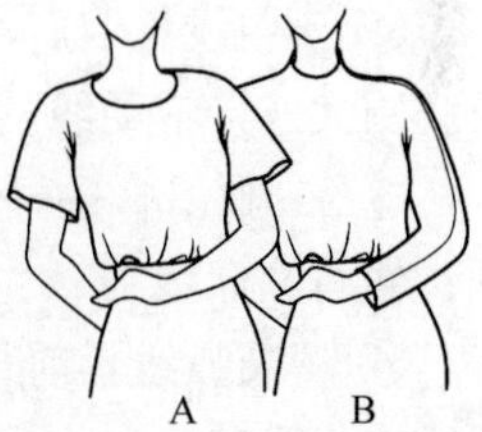

1. 设计 A

传统中式连身袖，短袖造型，无袖中缝，衣身前后均无中缝，套头衫结构。采用合体型上衣基础纸样设计。

图 8-59　平肩式连身袖

【设计准备】

操作纸样制作：拷贝合体型上衣基础纸样，前后片以中线平齐，颈侧点对齐，相叠并固定。

样板纸：长按双倍衣长加 10cm 左右，宽为双倍袖长（肩宽＋袖长）加 10cm 左右，截取样板纸；先以横向宽度方向对折，再将长度方向对折，即双对折。

【设计与操作】

① 横开领加大 2～3cm，先在操作纸样上标示，再置于双对折样板纸上；中线与纵向双对折边平齐，颈侧标示点与横向对折边平齐，并固定纸样。如图 8-60 所示。

② 后腰节平齐画腰节线，向下量取下衣长规格做中线的垂线为后底摆线（虚线表示）。

③ 后底摆向下 2～3cm 做前底摆线；胸围大四分之一做中线的平行线至下平线，与腰节线交点向内收 1～2cm 为侧腰点，底摆处适度加宽 1～2cm。

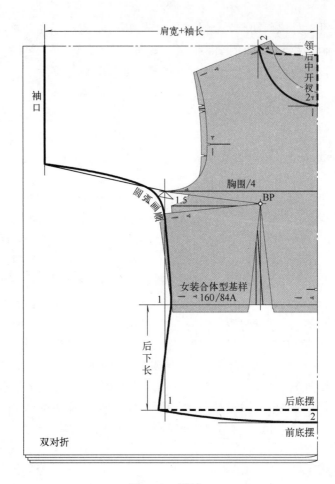

图 8-60　设计 A

④ 自中线量取肩宽加袖长规格，做横向对折边的垂线为袖口线，量取袖口大做点，过点与胸围大连接辅助线。

⑤ 绘画轮廓线：腋下圆弧画顺至袖口，向下顺至侧腰点，再顺连至底摆；前底摆弧线画顺；做对位标记。

⑥ 领圈弧线：前直开领加深 2cm，重新绘画前领圈弧线；自后颈点至颈侧点绘画后领圈弧线（虚线表示）；领后中设置开衩位。

【样板制作】

① 按工艺要求加放缝份：袖口折边缝份 3cm 左右；底摆折边缝份 4cm 左右；领圈为内缝 0.6 ~ 0.8cm；袖底至侧胁为 1cm。

② 先沿袖口线、袖底至侧胁缝、前底摆弧线一起剪裁四层纸板；再自前颈窝点沿前领圈弧线剪裁上二层纸板至颈侧点，掀开纸板沿后领圈弧线剪裁下二层纸样；最后沿后底摆线剪裁下二层样板纸。

③ 按规范制作完整样板。

2. 设计 B

斜肩连身袖，肩部顺肩斜，肩端点至袖口呈平直状，即斜肩平袖。肩至袖中为合缝，连身领，后背领圈开衩式套头衫。采用合体型基础纸样设计。

【设计准备】

操作纸样制作：参照设计 A。

样板纸：长按衣长加 10cm，宽双倍袖长（肩宽 + 袖长）加 10cm，裁剪取 2 张样板纸，宽度方向对折，双层对折边平齐相叠。

【设计与操作】

① 相叠后的操作纸样置于双层对折样板纸上，中线与对折边平齐，颈侧点离纸板边缘 5 ~ 6cm，大头针固定纸样。如图 8-61 所示。

② 参照设计 A 画腰节线、后底摆线、前底摆线、确定胸围大及侧腰点等；过肩端点做中线的垂线，量取袖长规格，做中线的平行线为袖口线；袖口大作点，过点与胸围大连接辅助线。

③ 连身领造型：横开领加大 3cm 左右，颈侧点向上 4cm，再向内 2cm 左右作点，过点做中线的垂线，为后领圈线（虚线表示）；前颈点向上 4 ~ 6cm，绘画前领圈弧线。

④ 参照设计 A 绘画袖底及侧缝线、完整轮廓线；做对位标记。

【样板制作】

按规范完成样板制作。

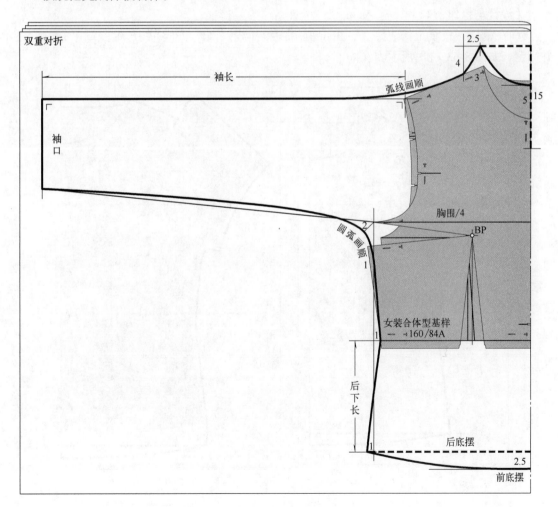

图 8-61　设计 B

二、斜肩式

斜肩式就是袖子顺肩斜，这类袖子肩部合体，腋部褶皱衣纹相对较少，外观效果有所

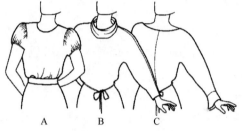

图 8-62 斜肩式连身袖

改善，袖中多为合缝。如图 8-62 所示。

1. 设计 A

斜肩式短袖。袖子顺肩斜，肩端处自胸宽点至背宽点设置分割施抽褶，袖口施抽褶滚边收口。采用合体型上衣基础纸样设计。

【设计准备】

操作纸样制作：拷贝合体型上衣基础纸样制作操作纸样；操作纸样前后片以中线平齐，颈侧点对齐，相叠并固定。

样板纸：衣长加 10cm 为长，双倍袖长（肩宽 + 袖长）加 10cm 为宽，裁取两张样板纸，宽度方向对折，双层相叠；再裁取 1 张单层样板纸，衣长加 10cm 为长，袖长（肩宽 + 袖长）加 10cm 为宽。

【设计与操作】

① 在单层样板纸上沿边缘 2 ~ 3cm 画纵向参照线，操作纸样中线与参照线平齐放置，并固定。如图 8-63（a）所示。

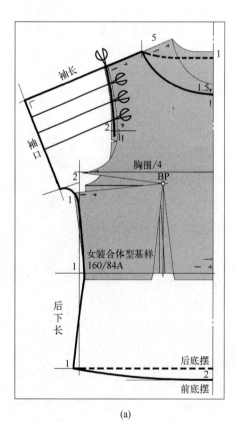

(a)

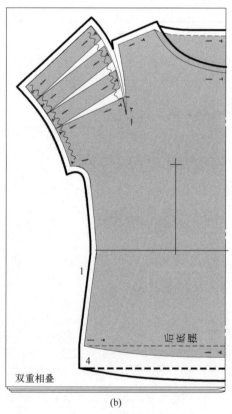

(b)

图 8-63 设计 A

② 后腰节平齐画腰节线，向下量取后下长做中线的垂线为后底摆线（虚线表示）；前中向下 2cm 做前底摆线；前胸围大向内 1cm 做中线的平行线至下平线，与腰节线交点向内 1cm 为侧腰点，底摆加放 1 ～ 2cm。

③ 顺肩斜线延伸为袖中线，自肩端点量取袖长规格，做袖中线垂线为袖口线，量取袖口大；再与胸围大（腋点）向下 2cm 做垂线。

④ 绘画领圈弧线：横开领加宽 5cm，后颈点下移 1cm，前颈点下移 1.5cm。

⑤ 设置剪切线：自肩端点至胸宽点下 1cm 设置分割线，胸宽点向上 2cm 处向袖口线画垂线为剪切线，再至袖中线之间均匀设置两条平行剪切线。

⑥ 沿后领圈弧线、袖中线、袖口线、侧缝线、前底摆线剪裁纸板，制作操作纸样。

⑦ 操作纸样置于双重相叠的对折样板纸上，中线与对折边平齐，颈侧点离纸板边缘 5 ～ 6cm，大头针固定。如图 8-63（b）所示。

⑧ 自肩端点沿分割线剪切至胸宽点下；依次沿剪切线向袖口剪切，以袖口线上的各剪切点为旋转点，旋转各剪切片，展开量视具体褶量而定。

【样板制作】

① 按工艺要求加放缝份，底摆折边缝份 4cm 左右；领圈、袖口部位内缝可 0.6 ～ 0.8cm；其他部位均为 1cm。

② 先沿后领圈、肩袖线、袖口线、袖底至侧胁缝、前底摆弧线一起剪裁四层纸板；再自颈窝点沿前领圈弧线剪裁上两层纸板；最后沿后底摆线剪裁下两层纸板。

③ 按规范制作完整样板。

2. 设计 B

斜肩式连身长袖，袖子顺肩斜延长，袖中合缝，筒形高领。采用宽松型上衣基础纸样设计。

【设计准备】

参照设计 A 制作操作纸样，裁取样板纸。

【设计与操作】

① 操作纸样前后片以后腰节平齐，置于双重相叠的对折样板纸上，中线与对折边平齐，颈侧点离纸板边缘 2 ～ 3cm，大头针固定；参照设计 A 绘画底摆线（虚线表示）、前底摆线、侧缝造型线。如图 8-64 所示。

② 顺肩斜线延伸画袖中线，自肩端点量取袖长，做袖中线垂线为袖口线，量取袖口大，再与胸围线向下 3 ～ 4cm 点连接辅助线；腋下圆弧接顺袖底与侧缝。

③ 领圈弧线：横开领加宽 3.5cm，前颈点向下 1 ～ 2cm；后颈点向下 1cm 左右，绘画领圈弧线；绘画完整轮廓线，做对位标记。

【样板制作】

按规范完成样板制作。注意前后领圈、底摆部位的纸板剪裁；领子样板宜制作成整片式。

3. 设计 C

斜肩式长袖，袖子顺肩斜，无中缝，整片式袖子，衣身前后中线均为合缝。其造型结构与设计 B 基本相似，采用合体型上衣基础纸样设计。

【设计准备】

操作纸样制作：参照设计 A。

样板纸：按双倍衣长加 10cm 为长，袖长（肩宽＋袖长）加 10cm 为宽，裁取样板纸，长度方向对折。

图 8-64 设计 B

【设计与操作】

① 操作纸样以肩斜线与样板纸横向对折边平齐放置，后颈点离边缘 3 ～ 4cm，大头针固定；沿纸样中线在纸板上画直线。如图 8-65 所示。

② 参照设计 B 绘画腰节线、领圈弧线、后底摆线、前底摆线，确定胸围大及侧腰点。

③ 自肩端点量取袖长，做对折边的垂线为袖口线，量取袖口大，再与胸围线向下 3 ～ 4cm 点连接辅助线。参照设计 B 绘画完整轮廓线，做对位标记。

【样板制作】

参照设计 A，规范制作完整样板。注意前后领圈和底摆部位上下层纸板的剪裁。

设计 C 的面料丝缕可有两种设计，面料折叠方法不同，则衣身的丝缕就不一样。

第一种折叠方法，即以前述袖中对折方法制作的样板，领圈、底摆部位前后分别标示，剪裁时前后片分步划样剪裁。前后衣身中缝均为合缝，或前中设置门襟。此法裁剪的裁片前后衣身均为倾斜丝缕，袖中为横丝缕。

第二种折叠方法，先以后中线对折，再以肩斜方向，袖中线双层翻折，形成双重折叠。则后中直丝缕，前中为对称倾斜丝缕，前中可合缝或设置门襟，两袖子也为对称倾斜丝缕。

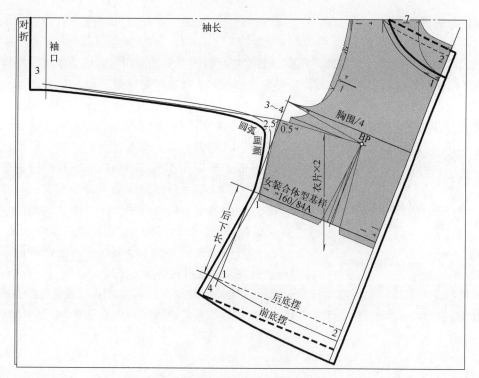

图 8-65　设计 C 袖中对折法

或以前中为对折直丝绺，后中缝为对称倾斜丝绺。此折叠法，前后衣片及袖子连成整片，即整片式衣身样板。样板纸（面料）折叠方法，如图 8-66 所示。

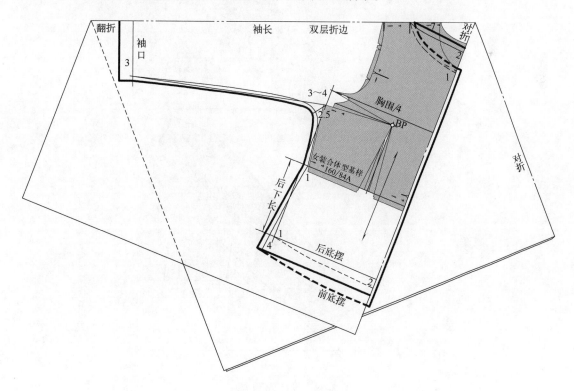

图 8-66　设计 C 袖中斜折法

三、斜袖式与插袖裆

斜袖式的袖子与肩线呈一定倾斜角度，通常依肩斜线设置袖子斜度。这类袖子肩部较合体，腋部随余裕量减少，皱褶纹也较少，外观效果较好，袖中多为合缝。

袖子斜度低于肩斜，腋部余裕量会相应减少，同时袖底与衣身侧胁缝夹角也随之减小。当斜度增大，致袖肥与袖窿下侧胁部分出现重叠，重叠越多，对手臂运动幅度的影响越大，

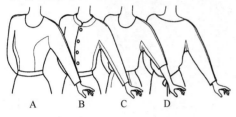

图 8-67　插袖裆连身袖

特别是对手臂上举的牵掣。为此，针对斜度较大的斜袖式连身袖，在腋下袖底与衣身侧胁夹角处加插袖裆或结合分割结构处理，增加袖底与侧胁部分的余裕量，以适应手臂上举的功能要求。常见的斜袖式插袖裆连身袖款式，如图 8-67 所示。

斜袖式袖子结构设计时，为方便准确设定袖子斜度，可运用袖斜度测定尺。

袖斜度测定尺制作：利用直角三角尺原理，延长肩斜线为直角边，以肩端点为对位点，取直角边长定寸10cm，做直角，对位点相对直角边读数尺寸为袖子斜度设定值，如图 8-68（a）所示。

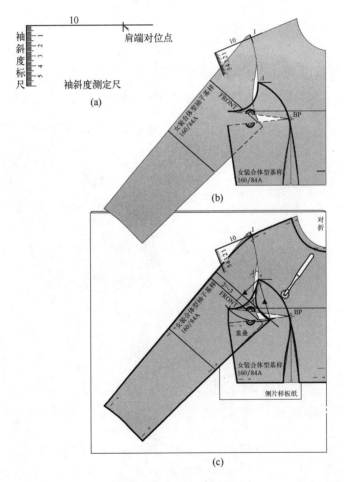

图 8-68　设计 A 前衣片

袖斜度测定尺使用：袖子操作纸样袖中点与肩端点对齐，袖中线倾斜至斜度测定尺设定值刻度。袖斜度越大，袖底与袖窿侧肋部分重叠越多，则对手臂的活动影响越大。原则上，袖斜度一般不宜超过 5cm。

1. 设计 A

袖子斜度较大，通过结合衣身袖窿公主线分割结构处理，避免了袖底与侧肋部分的重叠，这类结构又可称作部分连身袖。采用合体型上衣基础纸样和单片袖基础纸样设计。

【设计准备】

操作纸样制作：拷贝合体型上衣基础纸样及单片袖基础纸样制作操作纸样，沿袖中线切分，袖子分为前后片。

样板纸：按实际需要裁取样板纸，前衣片样板纸对折。

【设计与操作】

（1）前衣片

① 前侧袖子操作纸样袖中点向上 0 ～ 1cm（提高量与袖斜度成比）与衣片肩端点对齐，根据具体款式设计需要确定袖斜度；衣片公主分割线胸宽点作为分裂点，标示 A，自 A 点分别绘画公主造型线及侧肋部分轮廓线。衣袖分裂点的设置，原则上在袖窿弧线上，胸（背）宽点以下 0 ～ 3cm，随宽松度确定，较宽松的可适度降低。如图 8-68（b）所示。

② 操作纸样前中线与对折边平齐放置，纸样上方留足空间，大头针固定；袖肥线向上抬升 2 ～ 3cm，袖肥线抬升量与袖斜度成正比；确定横、直开领，绘画领圈弧线。如图 8-68（c）所示。

③ 圆弧法确定袖肥：以 A 点为圆心，以 A 点至衣片胸围大（腋）点距离为半径，画圆弧交袖肥线，即为袖肥大。

④ 绘画轮廓线：自肩线至袖口画轮廓线，肩端处弧线画顺；自 A 点画衣片袖窿弧线的对称弧线至袖肥大，再接顺袖底弧线；做对位标记。

（2）后衣片

① 后中线为拼合缝，操作纸样置于单层样板纸上固定；参照前衣片设定后侧袖子的斜度；袖肥线与前片一样提升 2 ～ 3cm。如图 8-69 所示。

② 后中胸围线处撇进 1cm，腰围线处撇进 2cm，弧线画顺后中缝造型线。

③ 肩胛点下 3cm 做中线的垂线设置育克分割，袖窿线偏内 1cm 设置为转折点（代分裂点），标为 A，A 点下 0.7cm 为肩胛收褶量，并标为 A′，胸围加放 1cm；参照前袖窿圆弧法确定后袖肥；绘画育克分割与袖窿底部造型线。

【样板制作】

① 拷贝制作前侧片样板：在侧片部分垫入一层样板纸及复印纸，单层制作侧片样板，用划线轮沿侧片轮廓线滚压；图钉固定 BP 点，旋转闭合腋窝位褶量。

② 参照前侧片，拷贝制作后衣片样板。

③ 按工艺要求加放缝份，制作完成的前后片样板，如图 8-70 所示。

2. 设计 B

连身斜袖，肩线段缝合，而袖中无缝，在袖底、侧肋设置分割线，腋下形成联通式插档，使腋下有充足的余裕量，减缓对手臂上举时的牵掣。采用合体型基础纸样设计。

【设计准备】

操作纸样制作、样板纸准备，参照设计 A。

【设计与操作】

① 参照设计 A 确定袖斜度，并固定操作纸样。如图 8-71（a）、（c）所示。

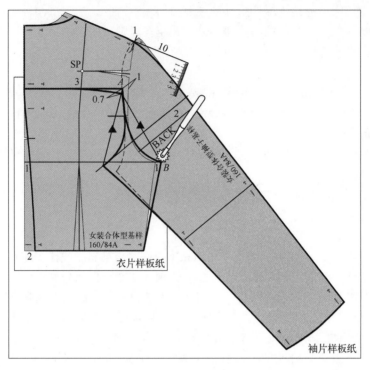

图 8-69　设计 A 后衣片

② 在袖窿弧线上离胸、背宽点 2～3cm 设置分裂点 A，自 A 点设置袖底分割线至袖口 B 点；自 A 点至侧腰点内 5cm C 点设置分割线。

③ 参照设计 A 绘画肩袖造型线及完整轮廓线，并做对位标记。

【样板制作】

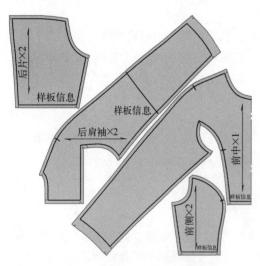

图 8-70　设计 A 前后片样板

① 前片先沿袖底、侧胁分割线切分操作纸样袖子及侧胁部分；切分后的袖底和侧胁纸样在样板纸上以 A 点相对接相向布置，胸围大点与袖肥大点相对平齐，离 1～2cm，大头针固定纸样；沿切分片绘画联通式袖插裆轮廓线，袖底腋下段弧线画顺。如图 8-71（b）所示。

② 参照前片切分后袖底与后侧片、相向布置袖底与后侧切片并固定、绘画联通式袖插裆轮廓线。如图 8-71（d）所示。

③ 拼合袖中线制作整片式样板：分别沿前、后衣片轮廓线剪裁纸样；先在样板纸上画纵向参照线，前中线对齐参照线放置前片纸样；沿前片袖中线画参照线；后片纸样袖中线沿纸板袖中参照线对接布置，袖口平齐，大头针固定。描画轮廓线：肩端 4～5cm 范围，前后肩斜线交合处弧线画顺；沿纸样轮廓描画样板轮廓线。如图 8-72 所示。

④ 按工艺要求加放缝份，按规范制作完整样板。

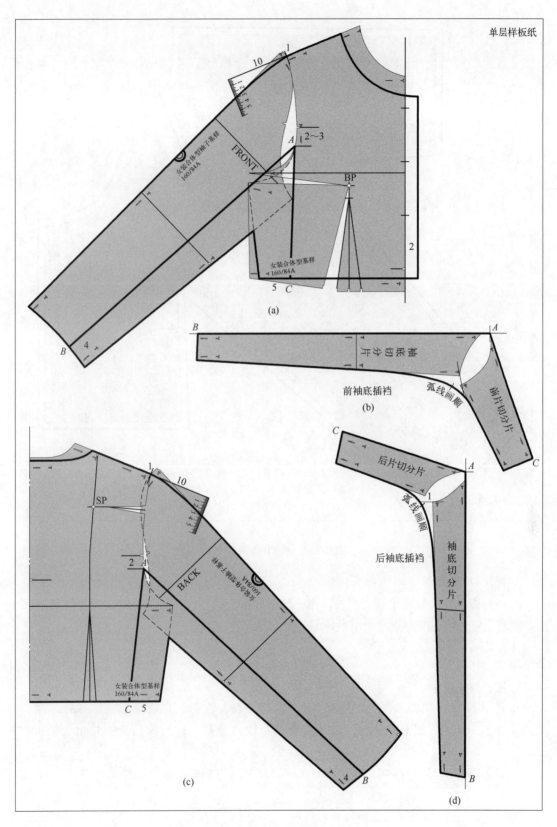

(a)

(b)

前袖底插裆

弧线画顺

前片切分片

袖底切分片

后片切分片

弧线画顺

后袖底插裆

袖底切分片

(c)

(d)

图 8-71　设计 B

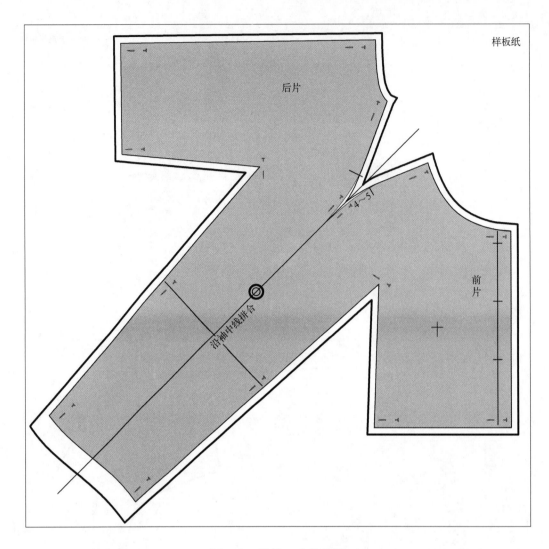

图 8-72　设计 B 衣片样板

3. 设计 C

袖中缝连身袖，袖底设置分割线，在袖底形成拼合袖裆，使腋下保持有充足的余裕量，以减缓对手臂上举时的牵掣。采用合体型基础纸样设计。

【设计准备】

参照设计 A。

【设计与操作】

① 参照设计 A 确定袖斜度，放置并固定操作纸样；在前衣片袖窿弧线外 1cm 左右，胸宽点下 2 ～ 3cm，设置分裂点 A，自 A 点至袖口设置分割线；前胸凸量 1.5cm。如图 8-73 所示。

② 袖肥线抬升 1 ～ 2cm，参照设计 A 绘画分裂点下袖窿、袖底轮廓造型线；在袖底线做拼合标记。

③ 参照前衣片确定后衣片袖斜度，设置分裂点 B、袖底分割线；绘画后片衣袖腋下轮廓造型线；在袖底线做拼合标记。如图 8-74（a）所示。

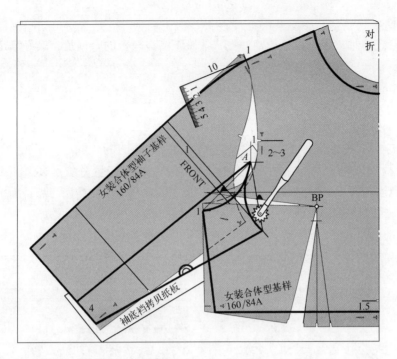

图 8-73　设计 C 前片

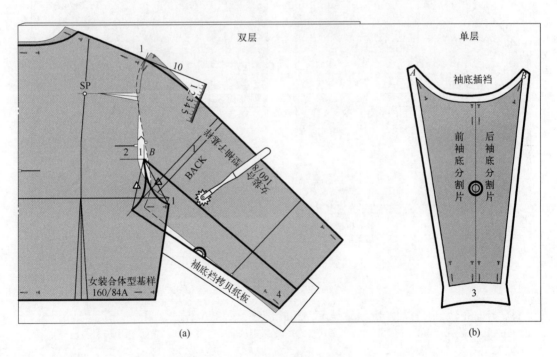

图 8-74　设计 C 后片及袖插裆

【样板制作】

在袖底分割部分垫入纸板，先拷贝袖底分割部分；前后袖底分割纸样以袖底线对接拼合构成一片式袖裆结构。如图 8-74（b）所示。也可以前后分开制作袖底插裆样板，则袖底缝合。按工艺要求加放缝份，完成样板制作。

4. 设计 D

袖中缝合连身袖，腋下插菱形袖底裆，使腋下富有较多的余裕量，较好满足了手臂上举活动幅度需要。采用宽松型基础纸样设计。

【设计准备】

参照设计 A。

【设计与操作】

① 参照设计 A 确定袖斜度、放置并固定操作纸样。

② 前片袖裆分割线：在袖窿弧线上离胸宽点 2 ～ 3cm 设置分裂点 A，自 A 点至袖底线与侧胁线交点连辅助线；辅助线两侧 1cm 左右处作点 D 和 C，为插裆切点，画平行分割线至分裂点 2cm 左右处做圆弧连接；绘画完整轮廓线。如图 8-75（a）所示。

③ 后片袖裆分割线：在后袖窿弧线上离背宽点 2cm 左右设置分裂点 B，分别测量前片衣袖切点 D 和 C 至前腰线和袖口线的距离，并对应确定后片袖裆的衣袖切点；分裂点处圆弧画顺。如图 8-75（b）所示。

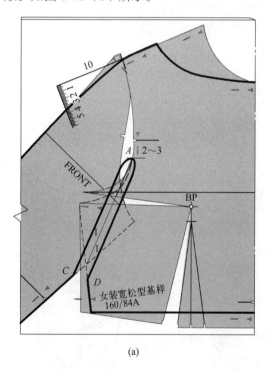
(a)

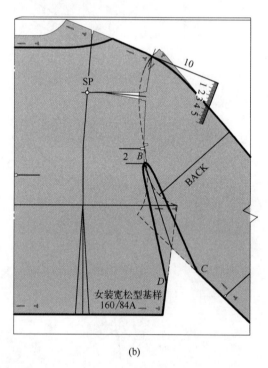
(b)

图 8-75　设计 D

④ 参照设计 A 画肩袖轮廓线，绘画完整轮廓线，做对位标记。

【样板制作】

① 分别沿袖裆分割线切分操作纸样袖底和腋部分；在样板纸上先画纵向参照线，剪切片如图 8-76（a）所示布置。

② 袖底切片在上，腋部切片在下；后片切片置左侧，前片切片置右侧。参照线两侧切片分别以 A、B 点相对接，前后袖底、腋点末端相对接，原胸围大与袖肥大展开 4 ～ 6cm。

③ 沿切分片绘画袖裆轮廓线；加放缝份、剪裁、做标记，完成的样板如图 8-76（b）所示。

④ 按工艺要求加放缝份，按规范制作完整样板。

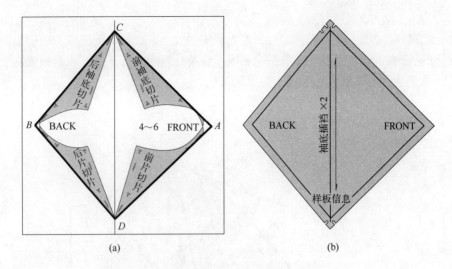

图 8-76 设计 D 袖底裆

第四节 插肩袖

插肩袖指袖子与衣片肩部相连,外观上表现为袖子的袖头部分插入衣身。按其插入形式分为全插、半插、前插或后插等几种;按袖子插入部分的造型线形态分为鞍形、弧形和瓢形等三种;按袖中分割造型分为有中缝和无中缝;按肩缝造型也可分为有肩缝和无肩缝。

一、全插式插肩袖

袖子完全插入衣身肩部,即衣身肩部与袖山部分相连。多见于外套、大衣类款式。常见的插肩袖造型如图8-77所示。

1. 设计 A

全插式马鞍形插肩袖,肩袖分割线形态呈S形,弧弯度较大,造型像马鞍。采用合体型基础纸样和单片袖基础纸样设计。

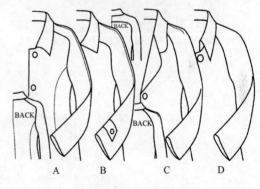

图 8-77 插肩袖

【设计准备】

操作纸样制作:拷贝合体型基础纸样,单片袖基础纸样沿袖中线切分为前、后片。

样板纸:按实际需要裁取样板纸。

【设计与操作】

(1)前片

① 在样板纸上画纵向参照线,操作纸样前中线与参照线对齐放置;前侧袖子操作纸样袖中点上调1cm左右,与肩端点对接布置,采用袖子斜度测定尺确定插肩袖斜度,大头针固定纸样。如图8-78(a)所示。

② 袖肥线抬升1~2cm;在袖窿弧线胸宽点下1~2cm处确定衣袖分裂点,标示A;颈侧点下3cm左右为肩袖分割点,自领圈弧线分割点过A点至胸围大,绘画衣片肩袖造型线,

造型线形态为 S 形，做对位标记。

③ 圆弧法确定袖肥：以 A 点为圆心，过衣片胸围大点画圆弧交袖肥线，确定袖肥大。

④ 绘画轮廓线：自颈侧点至袖口画轮廓线，肩端处画顺；自 A 点画衣片袖窿底部弧线的对称弧线至袖肥大，再接顺袖底弧线；做对位标记。

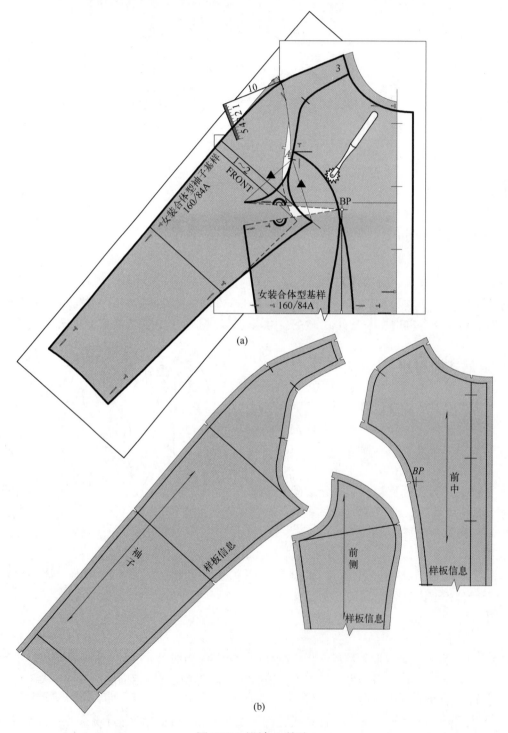

图 8-78　设计 A 前片

【样板制作】

拷贝制作前插肩袖样板：在肩袖部分垫入一层样板纸及复印纸，用划线器沿袖子轮廓线滚压。按工艺要求加放缝份，完成样板制作。如图 8-78（b）所示。

（2）后片

参照前衣片进行后衣片的设计与操作步骤。颈侧点下 2cm 左右领圈分割点；背宽点下 1cm 为分裂点，标示 *B*。参照前衣片完成后片样板制作。如图 8-79 所示。

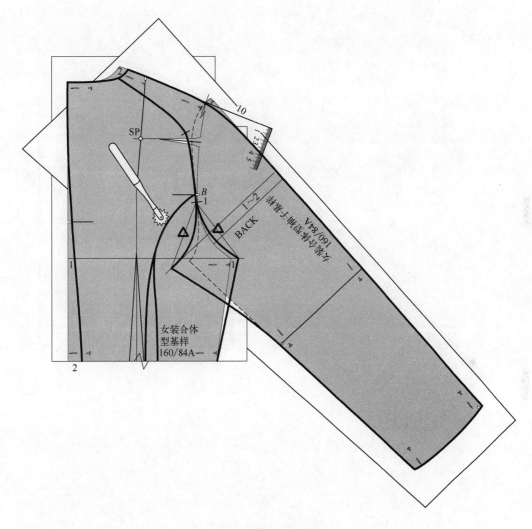

图 8-79　设计 A 后片

2. 设计 B

全插式马鞍形插肩袖，前插肩至前颈窝，后背插肩从后中线开始，形成典型的育克式马鞍造型。采用合体型基础纸样和单片袖基础纸样设计。

【设计准备】

参照设计 A。

【设计与操作】

① 参照设计 A 布置操作纸样、确定袖斜。

② 前片：袖肥线向上移 1cm 左右；胸宽点下 2cm，袖窿线内 0.5cm 为分裂点，标示 A；自颈窝点过 A 点至胸围大，绘画肩袖分割造型线；以 A 点为圆心，圆弧法确定袖肥大；参照设计 A 对称法画袖山弧线、连顺袖底弧线；绘画完整轮廓线，做对位标记。如图 8-80 所示。

③ 后片：参照前衣片的设计与操作步骤。背宽点下 1cm 为分裂点，标示 B；自后中线后颈点下 7cm 过 B 点画后片肩袖分割造型线；绘画完整轮廓线，做对位标记。如图 8-81 所示。

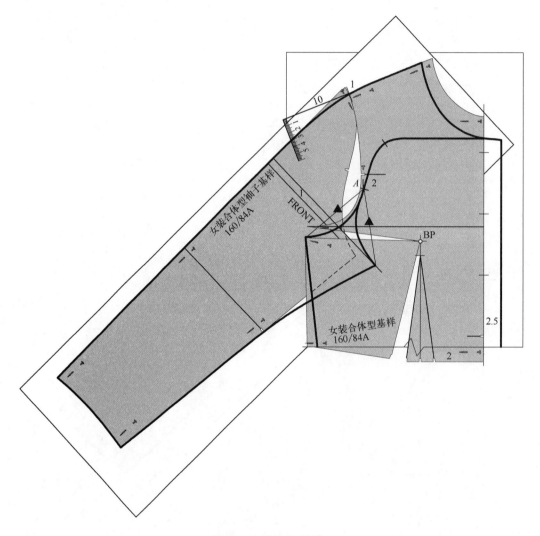

图 8-80　设计 B 前片

【样板制作】

参照设计 A 制作完整样板。

3. 设计 C

全插式弧形插肩袖，袖斜度大，肩袖分割线弧弯度较缓，肩线以下袖子为整片式无中缝。采用合体型基础纸样和单片袖基础纸样设计。

【设计准备】

参照设计 A。

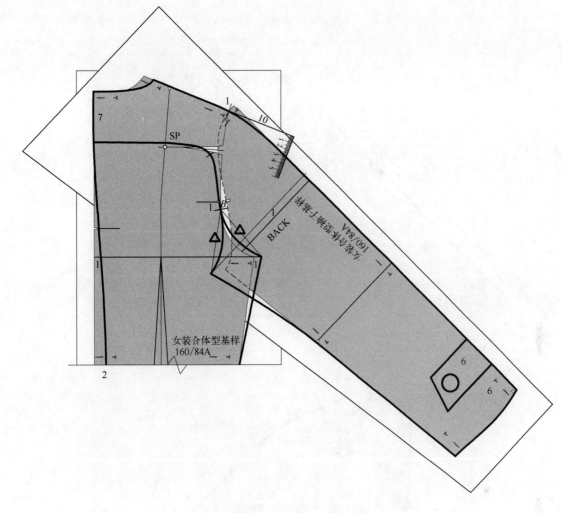

图 8-81　设计 B 后片

【设计与操作】

① 参照设计 A 布置操作纸样、确定袖斜度 3cm 左右。如图 8-82（a）所示。

② 前片袖肥线向上抬升 1cm 左右；胸宽点下 2cm 左右，袖窿线内 0.5cm，设置为分裂点，标示 A；颈侧点下 4cm 为分割点，自领圈弧线，过 A 点绘画前片肩袖 S 形造型线，弧度相对较缓，做对位标记；以 A 点为圆心，圆弧法确定袖肥大；参照设计 A 绘画完整轮廓线。

③ 参照前衣片进行后衣片的设计与操作步骤，背宽点下 1cm 左右为分裂点，标示 B，颈侧点下 2.5cm 左右自后领圈弧线，过 B 点绘画后片肩袖分割造型线；绘画完整轮廓线，做对位标记。如图 8-82（b）所示。

【样板制作】

① 参照设计 A 拷贝插肩袖部分轮廓线，制作二次操作纸样。

② 在样板纸上画纵向参照线，前后插肩袖操作纸样以中线与参照线对齐、袖口平齐，布置于参照线两侧，大头针固定纸样；沿纸样描画整片式插肩袖轮廓线。

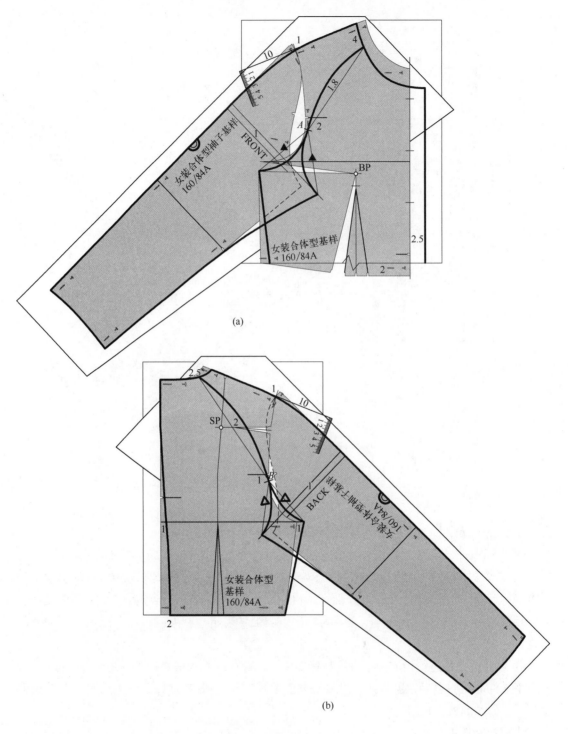

女装合体型袖子基样
160/84A

FRONT

女装合体型基样
160/84A

(a)

女装合体型
基样
160/84A

女装合体型袖子基样
160/84A

BACK

(b)

图 8-82　设计 C

③ 按工艺要求加放缝份，如图 8-83 所示。

④ 按规范制作完整样板。

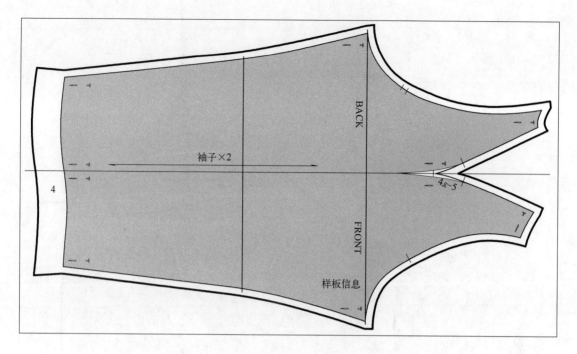

图 8-83　设计 C 插肩袖样板

4. 设计 D

斜插式造型，肩袖分割线呈斜向，肩袖中线无合缝，为整片式结构。采用宽松型基础纸样和单片袖基础纸样设计。

【设计准备】

操作纸样制作：拷贝宽松型基础纸样及单片袖基础纸样。

样板纸：按实际需要裁取样板纸。

【设计与操作】

① 前后片操作纸样以颈侧点对齐、肩线相合，对接布置；顺肩线画直线为袖中线参照线，袖子操作纸样袖中点对齐肩端点，中线对齐参照线放置，大头针固定纸样。如图 8-84所示。

② 袖肥线抬升 4 ~ 6cm；在袖窿弧线离胸宽点下 4cm、背宽点下 2cm 确定衣袖前后分裂点，分别标示为 A、B。

③ 确定横、直开领，绘画领圈弧线；离颈侧点前 4cm，后 3cm，设定为插肩分割线切点；分别自领圈弧线切点，过前后分裂点绘画前后衣片插肩分割造型线，造型线弧线呈斜向顺直。

④ 分别以分裂点为圆心，圆弧法确定袖肥大，对称法画插肩袖弧线至袖肥大，再接顺袖底弧线；做对位标记。

【样板制作】

先用划线器拷贝插肩袖衣袖重叠部分轮廓，衣袖分离后，按工艺要求、规范制作完整样板。

图 8-84　设计 D

二、半插、前插或后插式插肩袖

半插式即部分插肩，袖头覆盖于肩部，又称盖肩袖，袖头造型圆浑，肩宽相应变窄，更彰显女性的柔和个性。常见的瓢形肩造型就是运用部分插肩的结构塑造。应用于款式优雅精致的外套居多，这类款式较合体，袖肥相对较纤细，袖中设置合缝。

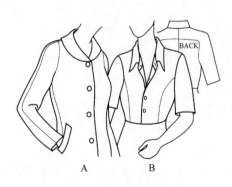

图 8-85　半插、后插式插肩袖

所谓前插或后插式是指袖子前侧和后侧的造型结构不相同。前插式就是袖子前侧为插肩结构，而后侧是装袖结构；反之，后插式就是后插肩，前装袖。这类结构袖中为合缝，但也可以不分割，设计为无中缝。插肩部分的肩袖造型线形态同前述插肩袖一样；而装袖部分与普通装袖的造型结构相同，也可以在袖山上部适当加放"吃势"。示例款式设计如图 8-85 所示。

1. 设计 A

典型的半插式插肩袖，瓢形袖头造型，袖中分割，袖管细窄，较合体。采用合体型基础纸样和单片袖基础纸样设计。

【设计准备】

操作纸样制作：拷贝合体型基础纸样及单片袖基础纸样制作操作纸样，沿袖中线切分，袖子分为前后片。

样板纸：按实际需要裁取样板纸。

【设计与操作】

① 在样板纸上画纵向参照线，操作纸样前片中线与参照线对齐放置；前侧袖子操作纸样袖中点上调 1cm 左右与前衣片肩端点对齐布置，采用袖子斜度测定尺确定插肩袖斜度 4cm 左右，在袖子纸样下顺袖子斜向插入样板纸，大头针固定纸样。如图 8-86（a）所示。

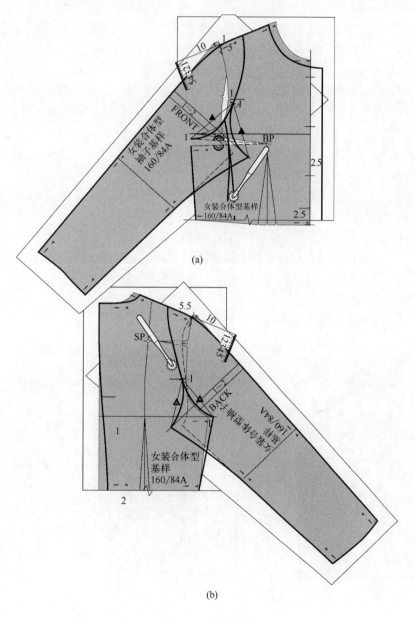

图 8-86　设计 A

② 袖肥线向上抬升 1 ~ 2cm；离胸宽点下 1cm，向内 1cm 设定衣袖分裂点，标示 A。

③ 确定插肩位：肩端点向内移动 5 ~ 6cm 做点为插肩位，自插肩位过 A 点至胸围大，绘画插肩袖袖窿部分造型线。

④ 以 A 点为圆心，圆弧法确定袖肥大；对称法画分裂点以下段袖山弧线至袖肥大，再接顺袖底弧线；绘画完整衣袖轮廓线，做对位标记。

⑤ 参照前衣片进行后衣片的设计与操作步骤。以袖窿弧线背宽点内 1cm 为衣袖分裂点；肩端点向内移动 5 ~ 6cm 为插肩位，注意前后对应。如图 8-86（b）所示。

【样板制作】

先拷贝袖子样板，分离衣袖，按工艺要求、规范制作完整样板。

2. 设计 B

后插式插肩袖造型，袖子后侧是马鞍形插肩袖结构，而前侧是装袖，袖中无合缝，也可设计为有袖中缝。该款式为短袖，前片公主线造型。

【设计准备】

参照设计 A，袖子为单片袖基础纸样制作。

【设计与操作】

① 前侧为装袖结构，前衣片袖窿无变化。如图 8-87（a）所示。

② 袖子为整片式，参照设计 A，布置后衣片和袖子操作纸样、确定插肩袖斜度，固定纸样；袖肥线抬升 1 ~ 2cm。如图 8-87（b）所示。

③ 背宽点下 1cm 左右确定衣袖分裂点；后颈点下 7cm 左右，自后中线过分裂点绘画衣片袖窿部分马鞍形造型线；圆弧法确定袖肥大。

④ 前侧袖子因袖山抬高，需要调整袖山弧线。自袖山中点至原袖肥线引辅助线，再以此辅助线等长，自袖山中点至新袖肥线做辅助线，重新绘画袖山弧线；绘画轮廓线，做对位标记。

【样板制作】

按工艺要求规范制作完整样板。

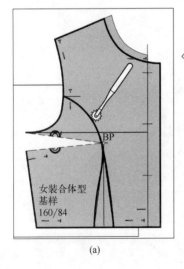
(a)

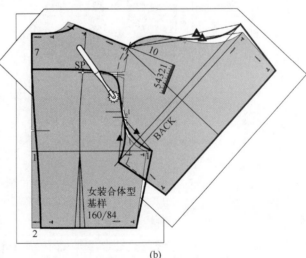
(b)

图 8-87　设计 B

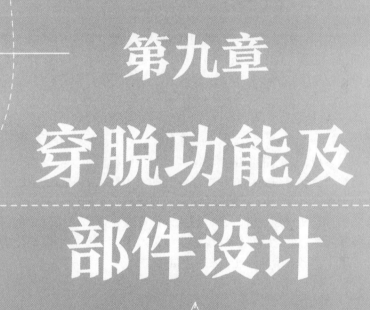

第九章

穿脱功能及部件设计

穿脱功能是服装的基本功能，也是必备功能。就服用功能而言，服装首先得穿脱方便，才能发挥保暖、防护、活动、审美等各种服用功能。因此，穿脱功能是服装整体设计中不可或缺的重要设计内容。穿脱功能设计的部位、部件主要有领圈、袖口、衣摆（口）、腰口、脚口等，而这些部位都是服装造型轮廓的边缘，无不体现着服装款式造型和风格特征。细节决定成败，在考虑穿脱功能设计的同时，功能部位的外观造型尤显重要。要处理好服用功能与外观审美的关系、局部细节与整体造型的统一协调，不能只考虑美观而忽视功能，或单纯突出功能设计不顾外观形态，功能与审美必须兼顾。穿脱功能设计原则：方便穿脱，既有利服用功能发挥，又符合审美需要。穿脱和活动功能的设计方法主要是加放松量与开衩。

服装除衣身、领、袖等主要构成部分外，口袋也是十分重要的部件，属于部件设计。在服装各部位都可设计口袋，口袋的设计首先考虑的是功能，其次是装饰性，同时更应符合服装款式造型和风格，必须处理好局部与整体的协调统一。

第一节　缘口设计

缘口，服装造型的轮廓边缘部位。主要有领口、袖口、摆口、腰口和脚口，即五大缘口部位。它是人体穿脱服装的通道，更是服装穿脱功能设计的重点部位所在，一定程度上缘口设计就是服装的穿脱功能设计。

一、领口

领口，头颈的伸出部位，其穿脱功能须满足头部伸出方便，又需适合颈部，兼备保暖、防护、生理等服用功能和美观合宜的审美要求。领口的穿脱功能最低要求是容纳头围，颈围小于头围，单纯以头围设计领围，则穿着后领围在颈项处空隙过大，影响保暖、防护等服用功能。若使领围适合头颈，则须设计开衩，以满足头围。领口的开衩主要是指前门襟，是服装重要的部件之一，门襟设计具体见本章第二节。领口部位的部件就是领子，关于领子设计在第七章已做全面阐述，在此不再赘述。

二、袖口

袖口，上肢的伸出部位，其穿脱功能需要满足手掌至上臂的伸出方便，又需适应不同袖长相对应的上肢部位，兼备实用美观的服用要求。袖口的设计往往决定着袖子的整体廓形，按袖口廓形可划分为窄袖口和宽袖口两大类。袖口规格的设计根据不同袖长参考相应上肢部位的围量尺寸，如上臂围、手腕围或手掌围。当窄袖口小于手掌围规格时，袖口就必须设计开衩。克夫是绱装在袖口处的部件，它起收窄袖口的作用，且通常与袖口开衩结合设计。

常见的袖口造型有：直口式、扩口式、豁口式、袖衩式、松紧式、贴边式和克夫式等。如图 9-1 所示。

袖口的边缘止口处理工艺，主要有折边、卷边、贴边、镶边和滚边等。不同的工艺处理方法，在结构上无特别变化和要求，区别体现在缝份的加放上有不同的标准。折边和卷边一般应用于直线型或曲弧变化较小的袖口，折边或卷边的宽度视实际设计效果而定，缝份沿原袖口轮廓线平行加放；曲弧变化较大的袖口应采用贴边、镶边、滚边或装克夫等，缝份通常按内缝标准加放，滚边则不需要再加放缝份。

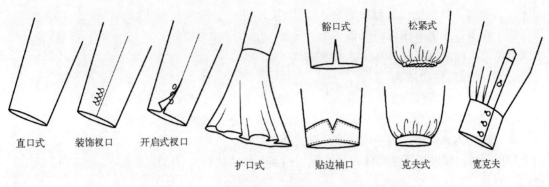

直口式　　装饰袖口　　开启式袖口　　　扩口式　　贴边袖口　　克夫式　　宽克夫

豁口式　　松紧式

图 9-1　袖口造型

三、摆口

摆口，上衣称衣摆、底摆；裙装称裙摆或裙口。从穿脱功能而言，摆口需要满足的是人躯体的进出，人体围度最大的部位是胸围或臀围。从造型设计而言，摆口是体现造形廓形特征的关键部位，如 H 型、A 型等，都是以摆口的大小来衡量的，H 型是指摆口与上部的胸或腰的尺寸基本相同，呈直身形态；而 A 型则是摆口呈扩大形态，其尺寸大于上部的腰或胸。当廓形为倒 A 型或合体贴身造型时，则需进行穿脱及活动功能的设计完善，即开衩设计。摆口开衩位置通常为两侧、后中或前中，不对称造型设计时，也可以设于偏侧位。

摆口造型有：直口式、豁口式、广口式、波浪式、饰边式、松紧式、登闩式等。

摆口的边缘止口处理工艺与袖口类似，有折边、卷边、贴边、镶边和滚边等。摆口运用折边和卷边的居多，折边或卷边的宽度视实际设计效果而定，直线型的摆口折边或卷边宽度通常随意，而有一定曲弧变化的部位，则宜窄不宜宽。其余缝份处理同袖口。

四、腰口

腰口，特指下装的腰口，是腰部的伸出部位，其穿脱功能是需要满足人体腰部以下部位特别是臀部的穿脱方便，同时适合腰部，兼备保暖、防护、生理及支撑下装等服用功能和造型美观的审美要求。通常来说，人体腰围小于臀围，从穿脱功能而言，腰口必须完善穿脱功能的设计，除松紧或串带系扎外，需要有开衩。腰口部位的服装部件是腰头，它通常与腰口开衩整体设计，开衩位置可以设置在前中、后中、两侧及偏侧位。

常见的腰口（头）造型有：无腰（头）式、装腰式、连腰式、高腰式、低腰式、松紧式、串带式等。腰口的闭合方式主要有拉链、纽扣、扎钩或系带等。

腰口的缘口工艺处理技法，有折边、贴边、滚边和装腰头等。折边主要运用于松紧式、串带式等连腰的处理，折边缝份视实际需要直接沿原腰口线平行加放；贴边或装腰头时，缝份按内缝标准加放，滚边则不需要加放缝份。

高腰和低腰造型，如图 9-2 所示。高腰式和低腰式腰口在结构上需要做相应的处理，所谓高腰是指位于腰节线以上的腰口，低腰则是位于腰节线以下的腰口。依据腰口

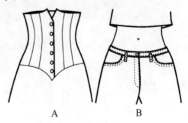

A　　　　　B

图 9-2　高、低腰口设计

的定位、腰口与其所处位置对应的人体腰部形态，进行腰口部位相应结构的设计。高腰式的腰口位于腰节以上乳下围以下部位，相对应部位的围度比腰围大；同理，低腰式的腰口是低于腰节位的，相对应部位的围度也大于腰围。

（一）高腰式腰口结构

高腰造型，腰口线高于腰节线以上，通常位于腰节以上 5cm 至乳下围之间。

高腰造型结构设计，如图 9-3 所示（示例款式为育克分割高腰式连腰结构）。

腰口线：自正常腰口线平行上移至设计要求尺寸。

腰围尺寸：腰围规格按高腰口所处位置的实际尺寸调整，前后片腰围按（腰围 /4±1cm）分配。

施褶：通过褶量的调整塑造腰部适体性。腰节处褶量最大，向上褶量渐减，以适合人体腰部的结构特征。具体调整方法，以腰口所处部位测量的尺寸与原腰围规格的差，计算出各褶位的调整量。

腰口贴边：以前后各样板依次消除腰口褶量后拼合的形态绘制。

（二）低腰式腰口结构

低腰造型，腰口线低于腰节线以下，通常位于脐眼与三分之二直裆之间。

低腰造型结构变化设计，如图 9-4（a）所示（示例款式为低腰装腰结构）。

腰口线：自正常腰口线平行下移至设计要求尺寸。

腰围尺寸：腰围规格按低腰口所处位置的实际尺寸调整，前后片腰围按（腰围 /4±1cm）分配。

施褶：前片可不施褶，通过前中撇量调整腰口尺寸；后片可适当设置短省道，以调整腰口尺寸。

腰头：前后片以侧缝拼合，消除褶量，平行绘制腰头，里襟侧加放搭门。如图 9-4（b）所示。

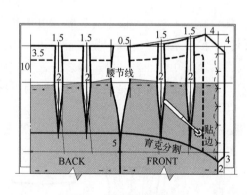

图 9-3　高腰结构设计

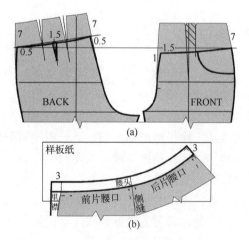

图 9-4　低腰结构设计

五、脚口

脚口，下肢的伸出部位，其穿脱功能需要满足下肢至脚掌的伸出方便，既适合不同裤长相对应的下肢部位，又兼顾实用、美观要求。脚口造型与裤装整体廓形有着密不可分的关系，以裤管的廓形划分为窄裤管和宽裤管两大类。窄裤管的脚口宜小，其规格参考不同裤长相应下肢部位的围量尺寸，窄裤管的长裤脚口最小尺寸以满足足掌围为限，若要小于足掌围时，脚口就须设计开衩。

脚口的造型与袖口相仿。脚口的边缘止口处理工艺与袖口基本相同。而脚口使用更多的是折边和卷边，结构处理上多以直接加放为主。但若脚口规格过大或过小，脚口两侧非直角形态时，则需做对称加放缝份处理。

第二节 门襟设计

门襟，服装上开衩设计部位的通称，特指上衣领口的开衩部位，是服装重要的部件之一，处于视觉中心位置，是服装穿脱功能的主要设计部位。

一、门襟的结构与术语

门襟基本结构，如图 9-5 所示。

① 门襟：开衩部位的总称；专指相叠门襟的上层。

② 里襟：相叠门襟的下层。

③ 挂面：上衣门（里）襟的贴边。

④ 门（里）襟头：相叠门襟的上端部分，又称驳头。

⑤ 搭门：相叠门襟的重叠量，也称叠门。

⑥ 门（里）襟止口：门（里）襟边缘。

⑦ 纽扣：钉于里襟上的门襟闭合配件。

⑧ 扣眼：开在门襟上的纽扣洞眼，也称纽眼。

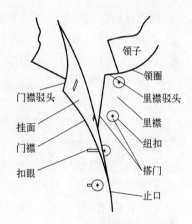

图 9-5 门襟结构与术语

二、门襟的分类

按设计目的分：功能性、装饰性。

按开衩方向分：直（纵）开式、横开式和斜开式。

按对称性分：对称、非对称。

按门襟结构分：交叠式、盖叠式、对襟式。

按止口造型分：直线型、曲线型。

按外观效果分：暗（纽扣）门襟、明门襟。

按门襟功能分：贯通式、敞开式、半开式、豁口式。

按挂面工艺分：翻折门襟、内贴门襟、明贴门襟。

按闭合方式分：纽扣、拉链、粘扣带（魔术贴）、风钩及系扎。

上衣门襟，以贯通式居多。贯通式是指领口与摆口连通敞开，服装以围裹式穿脱；半开式服装的领口与摆底不相通，采取套头式穿脱。门襟的方向、结构、造型设计变化丰富，闭合方式灵活多样，且常与领子结合设计，融合为一体。常见门襟设计，如图 9-6 所示。

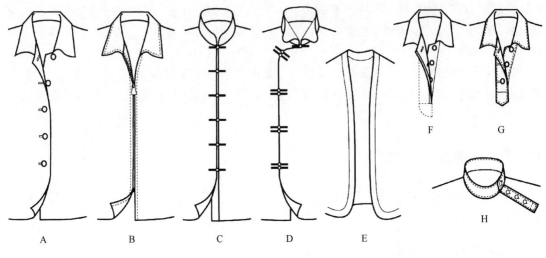

图 9-6　上衣门襟设计

1. 设计 A

贯通式交叠门襟，采用纽扣方式闭合；挂面工艺可以是翻折、内贴或明贴，案例为翻折门襟。交叠门襟的搭门量，门襟、里襟两侧相等，通常自中线平行加放。这种门襟应用广泛，明、暗均可，位置以前中居多，也可设计在后中或不对称设计。

【设计与操作】

① 将样板纸一侧边缘按挂面宽度（以搭门三倍以上估算，5 ～ 7cm）翻折；沿折边 2cm 叠门量平行画前中参照线；纸样前中线与参照线对齐放置；虚线画挂面。如图 9-7（a）所示。

② 描画轮廓线，挂面按照门襟止口线对称画出，做纽扣位及对位标记。

【样板制作】

按工艺要求加放缝份，完成样板制作。前片门襟部分样板，如图 9-7（b）所示。

2. 设计 B

贯通式对接门襟，即对襟，采用拉链方式闭合，门襟止口宜直线型设计，无搭门量，挂面以内贴居多。这种门襟一般多应用于夹克，拉链可以是隐藏式或裸露式，位置以前中居多，也可以设置在后中或不对称造型。

【设计与操作】

① 隐藏式拉链门襟以前中线为止口。如图 9-8（a）所示。

② 在门襟部位下垫入纸板，按门襟挂面设计宽度沿前门襟轮廓线拷贝制作。

③ 裸露式则自前中线缩进裸露拉链的宽度，为止口线。如图 9-8（b）所示。

3. 设计 C

贯通式盖叠对襟，采用布纽扣（特殊工艺扣）、拉链等方式闭合，挂面以内贴居多。盖叠式门襟搭门量只在里襟加放，自中线平行加放，而门襟止口与中线平齐。这是一种中式门襟，位置以前中居多，也可设计为不对称造型。

【设计与操作】

① 先将样板纸一侧边缘分别按门里襟挂面设计宽度翻折；沿里襟纸板翻折边以搭门量画平行线为前中参照线，门襟纸板翻折边、操作纸样前中线与参照线平齐放置。如图 9-9 所示。

② 描画轮廓线，做纽扣位及对位标记。按工艺要求加放缝份，完成样板制作。

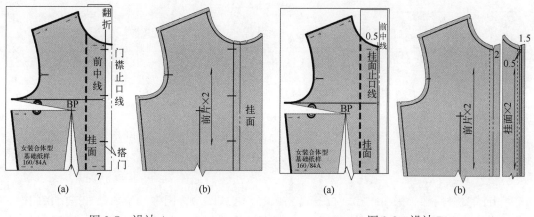

图 9-7　设计 A　　　　　　　　　　图 9-8　设计 B

4. 设计 D

不对称设计，门襟位置偏于一侧。止口造型可视具体款式设计，譬如旗袍的斜襟、琵琶襟等。

【设计与操作】

① 先将里襟侧样板纸边缘按挂面宽度翻折。

② 门襟样板纸上画纵向参照线；操作纸样前中线、里襟纸板翻折边与参照线平齐；门襟挂面样板纸置于门襟部位下。如图 9-10 所示。

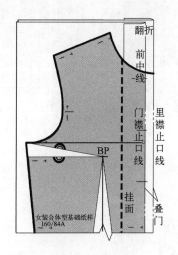

图 9-9　设计 C

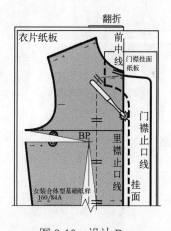

图 9-10　设计 D

③ 绘画门襟造型线，对称法标示门襟位，设定纽扣位。

④ 绘画挂面造型线，做对位标记。

【样板制作】

先拷贝制作门襟挂面。

按工艺要求加放缝份，完成样板制作。如图 9-11 所示。

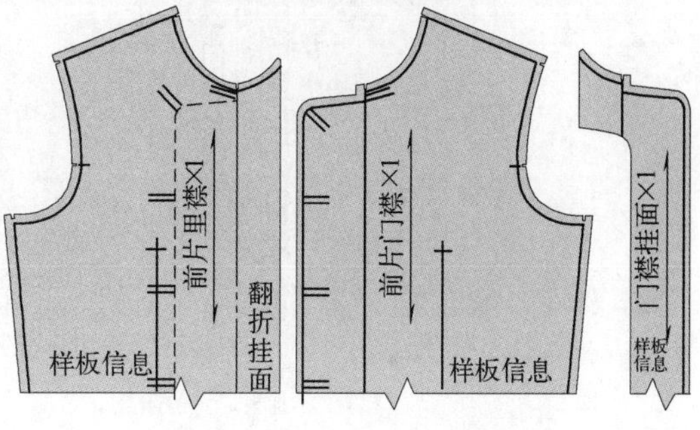

图 9-11　设计 D 门襟样板

5. 设计 E

敞开式门襟，一般为前开门襟，不闭合，挂面背贴、明贴均可。这种门襟通常应用于背心、披肩、短上衣等。

【设计与操作】

直接在操作纸样上绘画门襟及挂面的造型线。如图 9-12 所示。

【样板制作】

在门襟部位下垫入纸板先拷贝门襟挂面；通常后片领圈相对应有贴边，利用后领圈拷贝制作。

6. 设计 F

半开式交叠门襟，采用纽扣、拉链、魔术贴等方式闭合，门襟挂面内贴。搭门量门襟、里襟相等。这种门襟应用广泛，位置、造型设计灵活多样。案例为门襟止口滚边，暗纽扣闭合。

【设计与操作】

① 前片样板纸对折，操作纸样前中线与对折边平齐放置。如图 9-13（a）所示。

② 前中线向内 1.5cm 画平行线至开衩止口，距此线 0.6cm 再画平行线，在两平行线之间设置剪切线，为开衩切口；绘画轮廓线，做纽扣位及对位标记。

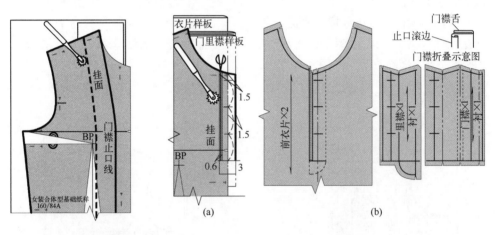

图 9-12　设计 E　　　　　　　　　　图 9-13　设计 F

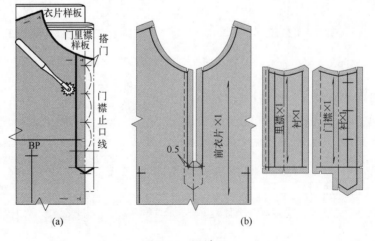

图 9-14　设计 G

【样板制作】

① 在门襟部位操作纸样下垫入双重对折的纸板，对折边外露出中线 1.5cm，拷贝制作门襟、里襟及挂面；暗门襟止口加放滚边缝份，采用折叠法加门襟舌。

② 按工艺要求加放缝份，完成样板制作襟。前片及门襟、里襟样板如图 9-13（b）所示。

7. 设计 G

半开式门襟设计，门襟交叠、明贴，采用纽扣、拉链、搭粘片等多种方式闭合。这种门襟应用广泛，位置、造型设计灵活多样。

【设计与操作】

① 前片样板纸对折，操作纸样前中线与对折边平齐放置；固定纸样。如图 9-14（a）所示。

② 前中线向内 1.5cm 画平行线至开衩止口，绘画门襟宝剑头造型；做纽扣位及对位标记。

【样板制作】

在门襟部位操作纸样下垫入双重对折的纸板，对折边外露出中线 1.5cm，拷贝制作门里襟及挂面。按工艺要求加放缝份，完成样板制作。如图 9-14（b）所示。

8. 设计 H

半开式交叠斜门襟，采用纽扣方式闭合，门襟、里襟挂面明贴。这种门襟常应用于套头式上衣的肩线及前胸部，极富俄罗斯风格。

【设计与操作】

① 前片样板纸对折，操作纸样前中线与对折边平齐放置，固定纸样。如图 9-15（a）所示。

② 颈侧点下 3cm，画领圈线的垂线，开衩长 10cm 左右，加长封口 2cm 左右，明贴门襟宽 2.5cm；离平行线 1cm 左右设置剪切线，为开衩切口。

③ 绘画轮廓线，做纽扣位及对位标记。

【样板制作】

在开衩部位操作纸样下垫入纸板，拷贝制作门襟；里襟直接绘画，如图 9-15（b）所示。

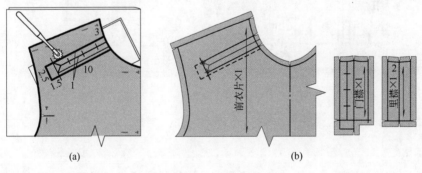

图 9-15 设计 H

第三节 开衩设计

开衩是服装穿脱和活动功能设计的主要手段。服装缘口部位不利于穿脱、影响穿着者活动时，就可通过在相应部位设计开衩，满足功能需要。同时开衩也可出于装饰目的应用于女装设计中。

一、袖口开衩

袖口开衩即袖开衩，以功能设计为主，特别在紧袖口设计时，开衩是必不可少的。非紧袖口的设计中，开衩以装饰性为多。常见的袖开衩设计如图 9-16 所示。

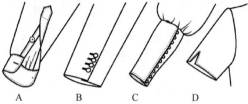

图 9-16　袖口开衩

1. 设计 A

衬衫袖口开衩，采用纽扣方式闭合为主。门襟、里襟明贴，叠门量一般为 2 ～ 3cm，即门襟宽。这种开衩常与袖克夫整体设计，位置一般在后侧，开衩长一般在 10 ～ 14cm 之间，纽扣 1 ～ 2 档，视长度而定，开衩短于 10cm 时可不设置纽扣。袖衩封口端造型可以是宝剑头形或方形等。克夫宽度通常为 4 ～ 8cm，或更宽，纽扣可视宽度增加设计为多档。

【设计与操作】

① 在袖子操作纸样袖口绘画克夫、开衩。如图 9-17（a）所示。

② 后侧袖口三分之一处确定开衩位，画袖衩剪切线，末端为 Y 形；离剪切线 0.8cm 画门襟造型，门襟封口端宝剑头造型；袖口设褶裥二个，褶裥量 3 ～ 6cm。

③ 克夫宽 5cm 画中线的垂线，克夫长以腕围加松量再加叠门量确定；克夫两端多为圆角，也可以为其他造型。绘画轮廓线，做纽扣位及对位标记。

【样板制作】

① 在门襟部位操作纸样下垫入纸板，拷贝制作门襟；里襟可直接绘画。

② 按工艺要求加放缝份，完成样板制作。门襟、里襟及克夫样板，如图 9-17（b）所示。

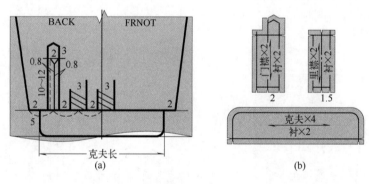

图 9-17　设计 A

2. 设计 B

西服袖典型的袖衩设计，假开衩钉装饰扣。这类袖衩不能真正开启，仅为装饰，位置在袖口后侧缝上。具体设计可参照礼服袖结构。

【设计与操作】

① 袖子操作纸样置于样板纸上；在袖口后侧缝上直接绘画袖衩，自袖口量取袖衩长一般为 10cm 左右，袖衩段向外加搭门 2 ～ 3cm，袖口折边缝份 3 ～ 4cm。如图 9-18（a）所示。

② 大袖片为门襟即袖衩上层，下层小袖片为里襟，门襟袖口做折角处理；绘画轮廓线，做纽扣位及对位标记。

【样板制作】

按工艺要求完成样板制作。如图9-18（b）所示。

3. 设计C

羊腿袖的开衩设计，通常为盖叠门襟，采用加纽扣方式闭合。这类袖子袖口段紧贴手臂，通过开启袖衩才能穿脱，位置可以在袖子后侧、袖中或袖底缝上，但其长度视袖口紧贴段长度设计。

【设计与操作】

① 确定衩位，在里襟一侧平行加叠门量；分别画门襟、里襟、袖口贴边。如图9-19（a）所示。

② 按工艺要求规范制作样板。门襟、里襟、袖口贴边样板。如图9-19（b）所示。

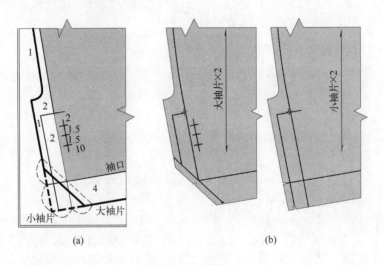

图9-18　设计B

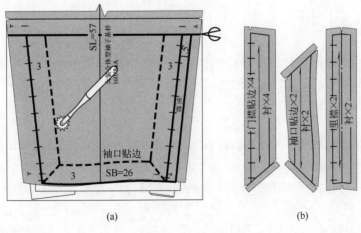

图9-19　设计C

4. 设计D

普通短袖的袖衩，豁口式设计。这类袖衩一般不设计闭合，功能与装饰性兼顾，袖衩较小，位置在袖子中或袖底缝，通常结合袖口造型整体设计。这种豁口式开衩也常见于摆口，以适应局部活动需要。

【设计与操作】

① 在袖子操作纸样袖口处直接绘画袖衩。如图 9-20（a）所示。

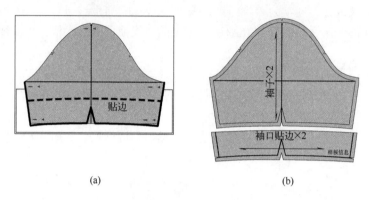

(a)   (b)

图 9-20　设计 D

② 绘画贴边、轮廓线，做对位标记。

【样板制作】

在袖口部位垫入纸板拷贝贴边制作样板；按工艺要求完成样板制作。如图 9-20（b）所示。

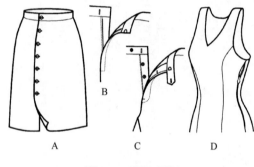

图 9-21　腰口开衩

二、腰口开衩

腰口开衩是下装的穿脱功能设计，如裙子、裤子的腰口开衩。腰口开衩以半开式为主，而围裙就是典型的贯通式门襟。另外，腰头松紧设计时通常不设置开衩，是通过宽松满足穿脱功能。常见的腰口开衩设计如图 9-21 所示。

1. 设计 A

围裙的贯通式开衩设计，可采用纽扣、拉链等多种方式闭合。这类开衩与上衣门襟相似，但通常以盖叠式设计为主，对称或不对称。具体可参照上衣贯通盖叠式门襟的结构设计。

2. 设计 B

裙装常见的盖叠式开衩设计，属暗门襟，采用拉链加风钩或纽扣的方式闭合。这类开衩通常设置于后中缝或侧缝，开衩长一般为 13 ～ 16cm。拉链式开衩设计中，在结构上不需特别的改变，门襟侧只需确定开衩位，可不做门襟贴边；在里襟侧直接加对折里襟。

3. 设计 C

裤装常见的盖叠式开衩设计，采用拉链、纽扣加风钩的方式闭合。位置在前中，开衩较长，一般开至臀围线，为 14 ～ 17cm。

【设计与操作】

① 在裤装操作纸样前中部位下垫样板纸直接绘画门襟、里襟。门襟侧垫单层纸板，里襟侧为对折纸板。如图 9-22（a）所示。

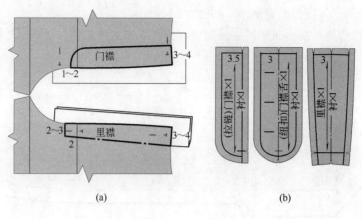

图 9-22　设计 C

② 门襟贴边：沿前中轮廓线绘画门襟贴边，上口宽 3 ～ 4cm，下端等宽，圆弧造型。采用纽扣闭合时，贴边宜稍宽些。

③ 里襟：上口宽 3 ～ 4cm，下端宽 2 ～ 3cm，对折纸板，对折边依里襟宽度放置，并固定；沿前中轮廓线描画里襟轮廓线，做对位标记。

【样板制作】

① 按工艺要求加放缝份。采用纽扣闭合时，须在门襟贴边外再加对折门襟舌片，用于开纽眼，门襟舌片对折边离门襟止口 0.5cm 左右，即比门襟略窄，设置纽扣 2 ～ 3 档。

② 按工艺要求规范制作样板。门、里襟样板如图 9-22（b）所示。

4. 设计 D

连衣裙的开衩设计，采用拉链方式闭合，多为细齿或隐形拉链。这类开衩通常位于侧胁，也可在前后中缝，其特点是贯穿于腰部较细处，一般无叠门、无里襟。结构上无需特殊处理，直接在开衩部位按实际需要确定开衩长度，开衩部分适度增加缝份。

三、摆口开衩

摆口开衩是指在上衣、下装等底摆设置的开衩，如裙口衩、西服后背衩等。这类开衩的位置、闭合方式均十分灵活，往往服从于整体设计的需要，功能性和装饰性兼具。常见的摆口开衩设计如图 9-23 所示。

1. 设计 A

贯通式围裙开衩设计。参照上衣门襟设计。

2. 设计 B

旗袍裙侧开衩设计，这类开衩多为豁口式，即无叠门。位置也可以是前面、后

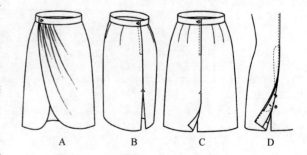

图 9-23　摆口开衩

面或不对称设计。应用比较广泛，除了裙装，上衣、裤装脚口都可应用。

【设计与操作】

① 在裙装操作纸样侧缝直接确定开衩止口，开衩部分加放折边缝份4cm 左右，向上延

伸 2～3cm，采用圆弧线接顺缝份差。如图 9-24 所示。

② 开衩底摆折角：翻折拐角两边的缝份，斜向除去交叠部分。可采用几何画法，或捏合法，画出斜向折合缝线。

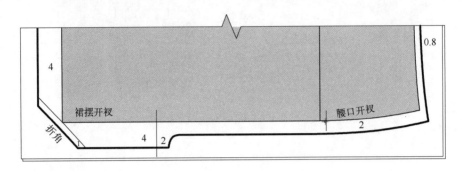

图 9-24　设计 B

3. 设计 C

裙装下摆的盖叠式开衩设计。这种开衩也可应用于上衣，如后背开衩、侧开衩等。

【设计与操作】

① 在裙装操作纸样开衩部位确定开衩止口，门襟侧开衩部分加放折边缝份 4cm 左右；里襟侧先加搭门 3cm，再加折边缝份 4cm，向上延伸 2～3cm，采用圆弧线接顺缝份差。

② 裙衩底摆折角：参照设计 B。加放缝份，完成样板制作。如图 9-25 所示。

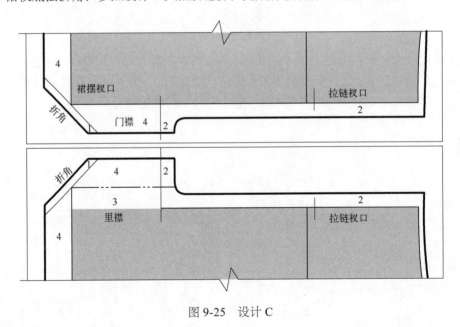

图 9-25　设计 C

4. 设计 D

上衣后背盖叠式开衩设计。这类设计适用于后背中缝的开衩，包括各类外套、大衣等，叠门加放于里襟侧。这类开衩可采用纽扣、魔术贴等方式闭合，该示例为纽扣闭合式暗门襟设计。而应用于短上衣时通常不设计闭合，门襟贴边为折边处理，与设计 C 结构基本类似。

【设计与操作】

① 在操作纸样开衩部位确定开衩止口，一般位于腰节线下 2～4cm。纽扣闭合暗门襟，在门襟贴边外增加双层门襟舌片，门襟贴边宽 7cm 左右。如图 9-26（a）所示。

② 里襟侧加叠门 4cm，再加缝份 5cm，向上延伸 3～4cm，采用圆弧线接顺缝份差。

【样板制作】

① 在门襟纸样部分垫入双层纸板，拷贝门襟贴边；门襟舌片封口以下部分单层，作为贴边，封口以上为对折舌片；离门襟止口 0.5cm 为对折线，对称绘制门襟舌片。如图 9-26（b）所示。

② 制作完成的内衬贴边、门襟贴边及舌片样板，按工艺要求加放缝份，完成样板制作。

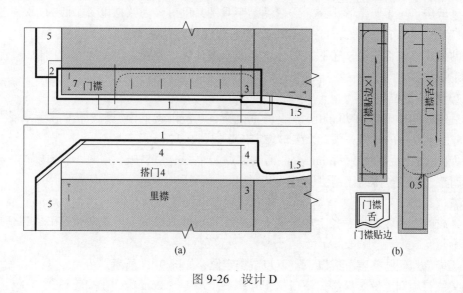

图 9-26　设计 D

第四节　口袋设计

口袋是服装部件设计的重要内容之一，虽然口袋的主要功能是盛物，但它与女装整体风格却有着密不可分的关系，特别是上衣的口袋，它处于视觉中心，是女装款式的重要表征。所以，口袋设计不能只考虑功能而忽视外观，功能与外观审美必须兼顾。

口袋的造型丰富多彩，千变万化，总的可分为明袋和暗袋；按功能分为实用袋和装饰袋。从结构角度可归纳为：贴袋、挖袋、插袋和组合造型四大类。

一、口袋的功能与定位

口袋的主要功能是盛物，而取物需要用手，也就是说口袋功能应包括用手提取的便利，另一方面口袋又兼具护手的功能。所以，袋口及袋体的规格在满足内容物品的功能时，还须考虑手掌围、手掌长的尺寸，口袋定位与用手提取方便、插手手感舒适的关系。

上衣口袋主要分大袋和小（胸）袋，大袋是指腰节线以下的口袋，而小袋是指胸部的口袋。下装口袋主要有前侧袋与后袋。

猎装及特殊功能服装，常见在袖子、裤管等部位设计口袋。这类设计主要是出于特殊功能的需要，口袋造型结构相对独特。出于装饰目的而设计的口袋，不需太考虑实用性，甚至可以作假口袋。

（一）口袋规格

口袋规格设计需要考虑功能与比例审美的关系，满足功能兼顾整体比例，达到和谐。

上衣大袋：袋口满足手掌围，一般为 13～16cm；袋深满足手掌长，15～18cm。

上衣胸袋：袋口满足手掌四指宽，一般为 10～12cm；袋深满足虎口至指尖，11～13cm。

纵（斜）向插袋：袋口参照上衣大袋，可适当加大；袋深指插袋下口至袋底，为上衣大袋深的 2/3 左右，10～14cm。

下装后袋：可参照上衣小袋。袋口满足手掌围，也可降为四指围，一般为 10～13cm；袋深满足手掌虎口至指尖长，11～14cm，不宜过深，以臀部坐姿时不垫底为限。

明贴袋规格应优先服从于服装整体比例关系设计袋口宽、袋深及袋底宽的口袋整体造型比例，兼顾手掌的尺寸。

（二）口袋定位

口袋定位同样须考虑功能和比例两方面因素，功能因素就手与袋口位的关系，比例是指口袋位与服装整体的比例关系。上装口袋定位，如图 9-27 所示。

胸袋位：胸围线以上 2～6cm，外侧离胸宽点 2～3cm。袋口较大或较小，或前胸较宽松时，可适度调整，以使整体的比例协调。

大袋位：腰节线以下 7～10cm，袋中点定位以胸宽点延长线向内 1～2cm。袋口较大或较小，或前衣片较宽松；长上衣、短上衣时，可适度调整袋中点或袋位高低，以适应整体的比例协调。

侧插袋位：侧胁缝腰节线以下。下装口袋定位，如图 9-28 所示。

侧袋位：原则上裤装插袋口下口位于臀围线上下 1～2cm 间，上口可设封口 1～4cm，视袋口大小而定。斜插袋上口倾斜度为 3～5cm，上口也可设封口 1～4cm。

横向袋口以腰口线至臀围线 1/2 处作参考定位。袋口通常宜小，一般不超过前烫迹线。

后袋位：以后腰口线下 5～8cm，离侧缝线 4～5cm。当袋口较大或较小，或裤片较宽松时，可适度调整，以使整体的比例协调。设置后袋后，可对原腰褶位做调整，以离袋口内 2cm 左右确定省尖位，做腰口线的垂线为省中线，移动调整后腰口省（褶）位。

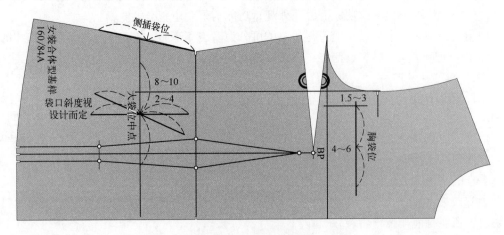

图 9-27　上装口袋定位

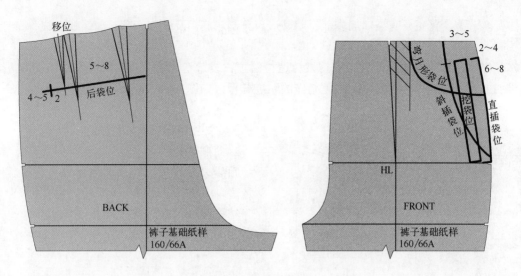

图 9-28　下装口袋定位

二、口袋的造型与结构

（一）贴袋

贴袋就是将袋布直接缝缉于衣片上形成的口袋。按造型可为平贴和立体、有袋盖和无袋盖；按工艺不同又可分为明贴和暗贴。如图 9-29 所示。

| 平贴袋 | 带袢平贴袋 | 枪型平贴袋 | 花苞型平贴袋 | 有盖平贴袋 | 平贴暗袋 |

| 暗裥贴袋 | 明裥有盖贴袋 | 抽褶立体贴袋 | 单折琴箱立体贴袋 | 双折琴箱立体贴袋 | 箱盒型立体贴袋 |

图 9-29　贴袋造型

1. 平贴袋

平贴袋直接缝缉于衣片上，可分明贴与暗贴两种。暗贴，又称内贴袋，是指袋布贴于衣片背面，在正面可见袋布（袋形）的缝缉线迹。平贴袋主要有方形、圆弧形、倒角形、宝剑头形等几何造型。

平贴袋的造型：袋口大，袋深、袋底宽规格视造型设计比例关系确定，与女装整体比例相协调。造型变化主要有袋口加袋盖、明贴边、分割、施褶及装饰工艺，如缉线、边缘镶嵌、贴绣等。

平贴袋的结构：袋体即袋布依据设计造型绘画，袋口卷（折）边或贴边处理；袋口折边直接加放，周边加放折边缝份。规范制作的贴袋样板，如图9-30（a）所示。

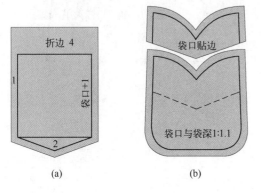

不规则袋口，贴边以袋口形态拷贝制作贴边样板。如图9-30（b）所示。

2. 褶裥贴袋

贴袋表面施褶，如裥、抽褶等，施褶后使贴袋富有浮雕的立体感，又可增加袋容量。

结构设计：在袋布施褶位设剪切线，运用剪切、扩展、加放等原理操作，变化口袋造型结构。

【设计与操作】

① 依据口袋造型制作操作纸样，在施褶位设置剪切线，并剪切至袋底。如图9-31（a）所示。

图9-30 平贴袋样板

② 袋底剪切点设置为旋转点，向两侧对称展开设计褶量；重新描画轮廓线，周边加放缝份，做对位标记。如图9-31（b）所示。

③ 袋口明贴边，直接加放翻折边及缝份，制作样板。完成的样板，如图9-31（c）所示。

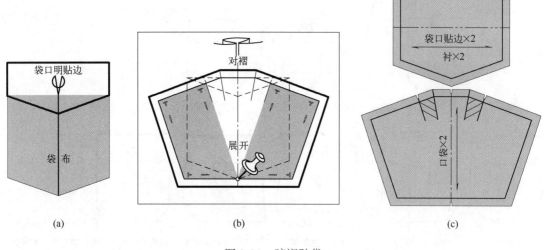

图9-31 暗裥贴袋

3. 立体贴袋

口袋全部或部分贴浮于衣片，呈现立体效果。这类口袋内容空间较大，功能性、装饰性都很强。

（1）单折琴箱型

口袋周边离空，具伸缩性，随袋内容物的增加而鼓胀呈现立体效果。案例为经典中山装大袋。

【设计与操作】

① 依据口袋的平面结构制图拷贝制作操作纸样，袋口降低2cm，图9-32（a）所示。

② 沿操作纸样袋口加放折边1.5cm；两侧及底边平行加折边2cm和缝份1cm；袋两底角做折角处理。

③ 袋盖面周边加放缝份；袋盖里上口不加缝份，宜减0.2cm，其余沿边加放1cm缝份。如图9-32（b）所示。

（2）双折琴箱型

口袋周边双折叠式离空，伸缩效果好，内容量大，立体感强。

【设计与操作】

① 依据口袋的平面结构图拷贝制作操作纸样，袋口降低2cm，如图9-33（a）所示。

② 沿操作纸样袋口加放折边1.5cm；两侧及底边平行加双折边3cm和缝份1cm；袋两底倒角均做双折角处理。如图9-33（b）所示。袋盖同上例。

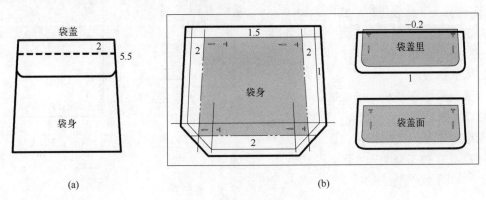

(a)　　　　　　　　　　　　(b)

图9-32　单折琴箱型立体袋

（3）箱盒型

口袋周边竖立，凸出衣片，成箱盒型。

【设计与操作】

① 依据口袋的平面结构制图制作操作纸样，袋口降低2cm，如图9-34（a）所示。

② 沿操作纸样袋口加放折边1.5cm；两侧加折边上1.5cm下3cm，底边平行3cm，三边再各加放缝份1cm；袋两底角做垂直竖立折角处理。如图9-34（b）所示。

③ 袋盖同上例。

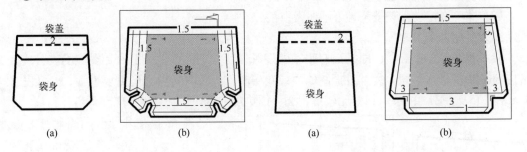

(a)　　　　　(b)　　　　　　(a)　　　　　(b)

图9-33　双折琴箱型立体贴袋　　　　图9-34　箱盒型立体贴袋

（二）挖袋

挖袋是在衣片表面开挖袋口，再在里面缝制形成口袋，按袋口的造型分有袋盖和无袋盖；

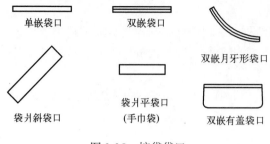

图9-35 挖袋袋口

按袋口工艺又可分为单嵌、双嵌和袋爿。如图9-35所示。

1. 单嵌挖袋

单嵌条袋口，通常无袋盖，内袋布采用里子面料制作，袋口下层袋布须加面料的袋口（底）垫。

【结构设计】

① 袋口嵌条对折制作，单嵌一般宽1～1.5cm，袋嵌条周边加放缝份。袋嵌条须选用直丝绺面料，内粘黏合衬。如图9-36（a）所示。

② 避免袋里布外露，应加袋口垫，也称袋底垫，必须选用面料，与袋里布相接。一般宽度为5～7cm，袋口两端各加2cm。

③ 袋布，又称袋里布。宽度为袋口宽两端各加2cm，长为2倍袋深，减去袋口垫部分。如图9-36（b）所示。

2. 双嵌挖袋

双嵌与单嵌在结构上是相同的，只是这种袋口为两条袋嵌，也可以有袋盖。

双嵌可以是两条单嵌条，视缝制工艺的不同也可以制作整条式，嵌条两边向中相对折。如图9-37所示。

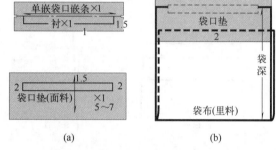

图9-36 单嵌挖袋结构

图9-37 双嵌条及袋盖

双嵌袋盖上口缝份宜增多，1.5cm左右。

袋布同单嵌挖袋，有袋盖时可不加袋口垫。

3. 袋爿挖袋

袋爿袋类似于单嵌袋，即袋口有较宽的袋爿，西服上的手巾袋是一种典型的袋爿袋。其结构与单嵌袋基本相同。袋爿对折制作，或双层制作，袋爿宽视造型需要设计，一般宽2～5cm；外套及大衣上的袋爿相对比较宽，袋爿周边加放缝份。如图9-38所示。

内袋布采用里子面料制作，参照图9-36（b）。袋口下层袋布须加面料的袋口（底）垫。

（三）插袋

插袋是指在合（分割）缝中嵌入式

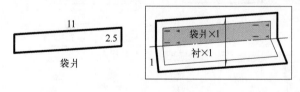

图9-38 袋爿挖袋

缝制形成的口袋，按形态分直插袋、斜插袋和弧形插袋。如图 9-39 所示。

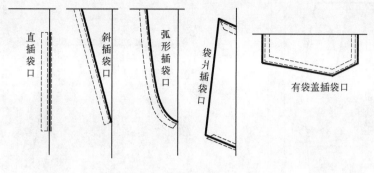

图 9-39　插袋

1. 下装直插袋

嵌缝于裙装与裤装侧缝的插袋称直插袋。双层内袋布直接分别与侧缝缝合形成袋口，袋口下层袋布须加面料袋底垫；上层袋布袋口宜加袋口贴边，或不加缝份由侧缝袋口缝份直接折边。具体结构与设计制作如图 9-40 所示。

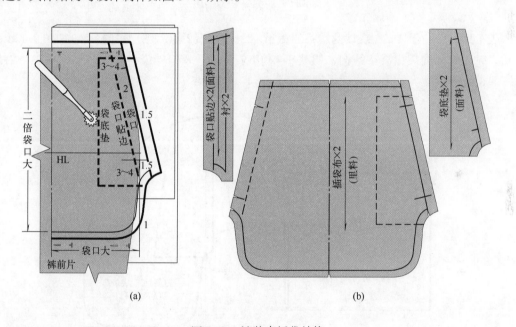

图 9-40　裤装直插袋结构

2. 下装斜插袋

斜插袋也是嵌缝于裙装与裤装侧缝的口袋，其袋口有一定的倾斜，缝制工艺方法有所区别。袋口处双层袋布的结构有所变化，上层袋布沿袋口加贴边（面料），下层面料袋底垫宽度须宽过袋上口斜度。具体结构与设计如图 9-41 所示。

3. 上衣插袋

上衣插袋的方向有横向、纵向或斜向，取决于袋口所处的合缝（分割）缝的方向。这类袋多为暗袋，袋口隐藏于缝合缝中。也可有袋盖或袋嵌等，但一般也都是嵌缝于袋口缝合缝内的。

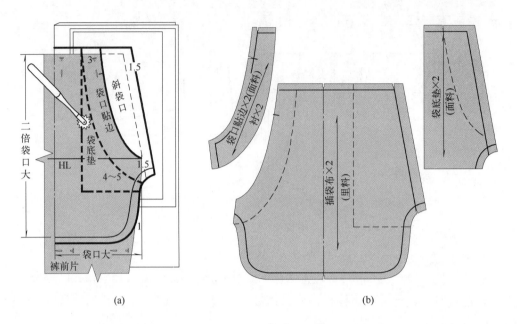

(a)　　　　　　　　　　　　　　　　　(b)

图 9-41　裤装斜插袋结构

　　袋布直接接缝于袋口，袋口两端各加 2cm，二倍袋深加缝份制作袋布样板。如图 9-42（a）所示。纵向或斜向袋口袋布结构，如图 9-42（b）所示。袋口无袋呀或袋呀过窄时，下层袋布应加袋口垫。

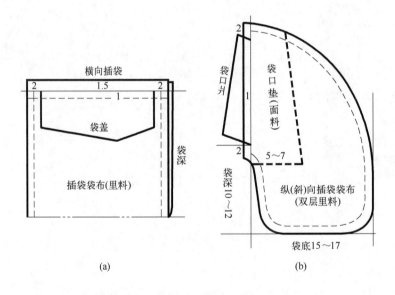

(a)　　　　　　　　　　　　　　(b)

图 9-42　上衣插袋结构

（四）组合造型

　　所谓组合造型是指结合多种造型或工艺技法的口袋，如挖袋与贴袋组合，插袋与贴袋组合。如图 9-43 所示。

　　组合造型的口袋通常是多重造型重叠，其结构相对复杂。设计时需分析组合方式、不同造型结构的重叠关系。准确分解后，分别设计各层裁片结构，制作样板。

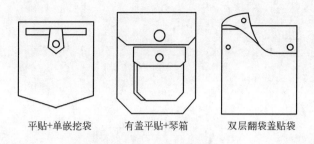

平贴+单嵌挖袋　　　　　有盖平贴+琴箱　　　　　双层翻袋盖贴袋

图 9-43　组合造型口袋

双层翻袋盖贴袋结构设计示例，如图 9-44 所示。内层袋袋口外翻形成外层袋的袋盖，袋身均有里子；外层袋口稍低于内层袋口；外层袋身、袋盖为面料，其他均为里料。

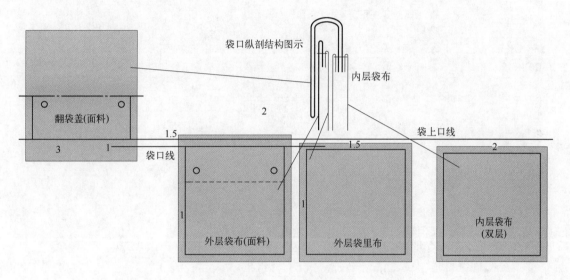

图 9-44　双层贴袋结构

（五）装饰袋

装饰袋是指只具有口袋的外观造型而无实用功能。装饰袋在外观上与功能袋别无二致，甚至在工艺技法上也基本相同，但它常常只是有袋盖、袋片而无袋口或袋布；有袋口却无内袋布；有袋体却无袋口。前面介绍的各类口袋都可应用于装饰袋的造型。

第十章

裙 装

裙装属下装，在女装设计中款式变化极为丰富，尤其是裙装廓形，更是设计师演绎时尚和引导流行的重要媒介之一。裙装廓形是指裙子腰口由臀围线至裙摆的轮廓形态，它的造型变化主要表现为加放或缩小、提高或降低裙摆，合体或宽松等。裙装廓形通常可分为：H形（筒形）、A字形、喇叭（大A字）形、O形（球形、花苞形）、鱼尾形及复合形。裙装按其长度又可分为：超短裙、短裙、标准长度、中长裙、长裙和拖地裙。按工艺结构分类有：西装裙、旗袍裙、圆裙、褶裥裙、多片裙、层裙（蛋糕裙）、高（低）腰裙及装腰裙和连腰裙等。腰口开衩或不开衩均可，开衩位可以是前后中缝、侧缝或腰口任意位置。裙摆也可开衩或不开衩，开衩位可以是前后中缝、侧缝或裙摆任意位置。裙装的穿着方式有：套筒式、围裹式和背带式。

第一节　直身裙

　　直身裙呈H形，又称一步裙、直筒裙等。常见的有西装裙、旗袍裙、筒裙等经典款式。

　　直身裙是裙装的基本款式，结构设计以裙装基础纸样稍做外轮廓和内部调整即可。如图10-1所示为常见的直身裙款式。

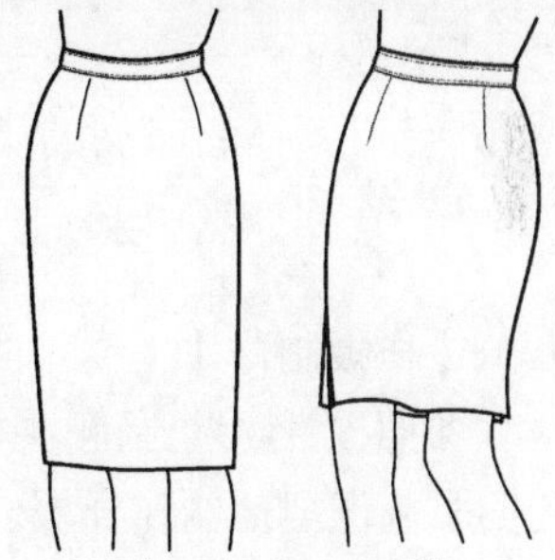

　　1. 设计A

　　西装裙，H廓形，通常西装裙长度在膝关节上下5～10cm，即标准裙长，侧腰或后中腰口开衩，后中裙摆开衩。

　　【设计准备】

　　操作纸样制作：采用裙子基础纸样。

　　样板纸：前片对折样板纸，后片单层。

　　【设计与操作】

　　① 裙子结构基本无变化，在基础纸样上直接绘制。如图10-2（a）所示。

图 10-1　直身裙

　　② 考虑前腹及后腰体型，腰口省量可做适度调整，即前片省量减少1cm，而后片加大1cm（则前片可改为单个省道），后片二个省道各加大0.5cm。

　　③ 后中设置腰口开衩装拉链，开衩止口至臀围线；后中裙摆设置开衩，满足下肢运动功能设计，开衩止口原则上不能高于臀围线下15cm；开衩里襟加放搭门2～3cm。

　　【样板制作】

　　腰头宽4cm，里襟端加搭门3cm。按工艺要求制作规范制作样板。后裙片样板开衩门里襟部分翻折有所不同，以标记区别。如图10-2（b）所示。

　　2. 设计B

　　旗袍裙，H廓形，长度变化灵活，在膝关节上或下5～10cm，或直至小腿以下都常见。两片式结构，侧腰口开衩；通常裙摆宜收窄，两侧设置开衩。

　　设计准备、操作及样板制作，参照设计A。

　　【操作要点】

　　① 裙长减短，侧缝内收2～3cm，如图10-3所示。

　　② 腰口调整省位及省量，裙摆侧缝适度起翘。

　　③ 两侧裙摆设置开衩，以满足步行与运动，开衩止口宜低，一般不高于臀围线下15cm。

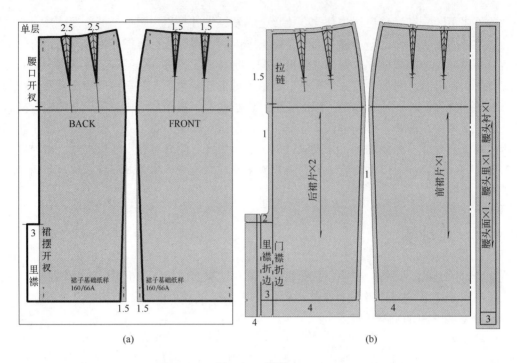

图 10-2　设计 A

【样板制作】

参照设计 A 绘制腰头样板；豁口式衩口，加放折边缝 3cm，底摆加放折边缝 3cm。按工艺要求制作规范制作样板。

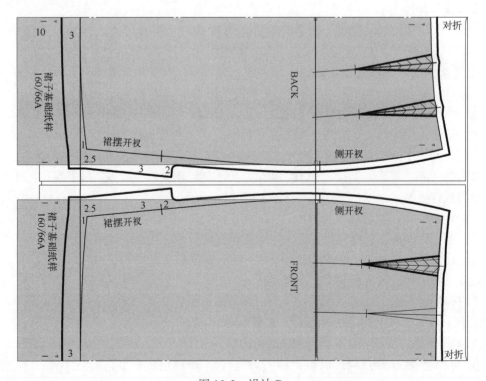

图 10-3　设计 B

第二节　A字裙

这类裙子都属于裙摆扩大造型，统称A字裙，又称扩口裙、喇叭裙，结构上也称斜裙。常见款式如图10-4所示。

1. 设计A

裙摆适度扩大，称扩口裙。一般可在基础纸样的基础上直接加放裙摆扩大量；或设置纵向剪切线闭合一个腰褶，展开裙摆，使侧缝倾斜。

【设计准备】

操作纸样制作：采用裙子基础纸样，制作操作纸样。

样板纸：前片样板纸对折，后片平铺。

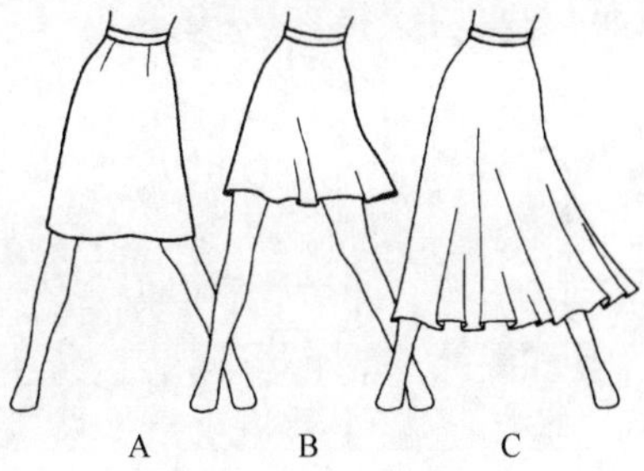

【设计与操作】

① 后片：运用剪切、旋转、闭合操作，使裙摆扩展；裙摆侧依据造型需要可适度加放；原腰褶位移至腰口中部。

② 前片：参照后片扩展、加放裙摆、移动褶位，如图10-5所示。

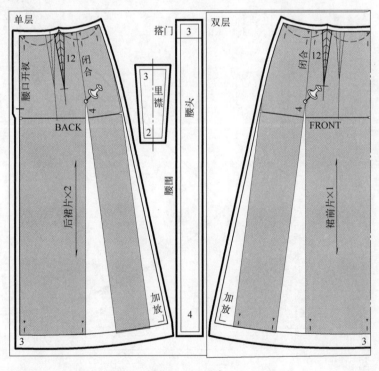

图10-4　A字裙设计

图10-5　设计A

【样板制作】

按工艺要求加放缝份。裙里子样板，参照裙面样板适度减短长度拷贝制作。规范制作完整样板。

2. 设计B

喇叭裙，又称小A裙，裙摆扩大量较大，腰部褶量全部闭合。再继续扩展裙摆，加大扩

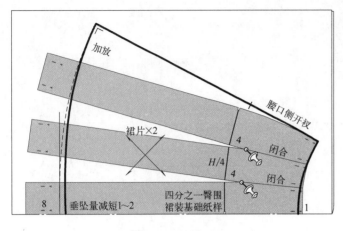

图 10-6　设计 B

展量，使侧缝倾斜度变大，如45°，故又称斜裙，面料多选用正斜丝缕裁制。

设计准备、操作及样板制作，参照设计 A。

【操作要点】

① 自省尖向裙摆分别引剪切线；自摆口沿剪切线剪切，依次旋转闭合省道；裙摆侧缝处适度加放；描画轮廓线，如图 10-6 所示。

② 当需要更大裙摆，如侧缝斜度大于 45°，或更大斜度时。在各剪切片自裙摆到腰口再设置剪切线，以腰口切点为旋转点，依次旋转、展开各剪切片。如图 10-7 所示。

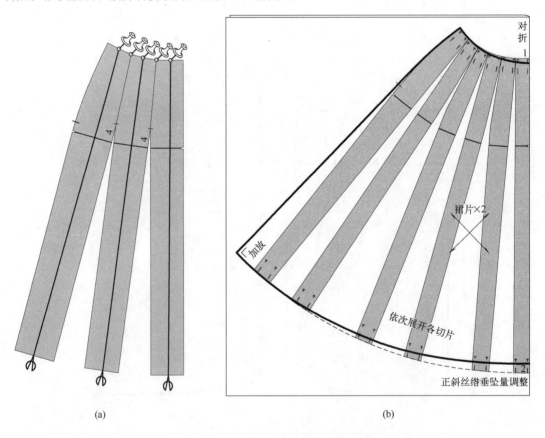

(a)　　　　　　　　　　　　　　　(b)

图 10-7　设置剪切线和旋转点扩大裙摆

【样板制作】

① 中线方向设置为正斜丝缕方向；考虑正斜丝缕的悬垂特性，为使悬垂褶纹明显自然，腰口宜适度降低，在裙摆中线处可适度减短，以免中部垂坠过长，垂坠量的调整与面料悬垂性和裙长成正比，重新画顺裙摆弧线。

② 参照设计 A，按工艺要求规范制作完整样板。

3. 设计 C

圆裙，裙摆特别夸张，超过 180°，甚至更大，如 360°、540°、720° 等。这类裙子在结构设计上，可运用几何画法直接绘制。

【设计要点】

① 对折边为裙中线，做垂线为上平线，交于 A 点，自 A 点向下量取 [裙长 - 腰头宽] 为下平线，即裙长线；自 A 点向上，取 [腰围 /2π]，即腰口圆弧的半径 r，作点 O。如图 10-8 所示。

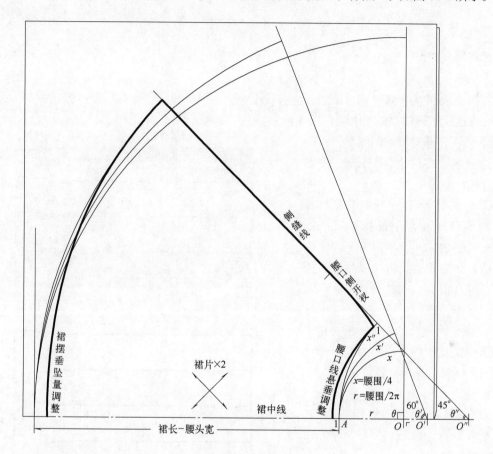

图 10-8　设计 C

② 作圆心角 $\theta \left[\theta = \dfrac{180 \times x}{2\pi r} \right]$，即侧缝线；以 O 点为圆心，分别过 A 点、裙长线做圆弧交于侧缝线，为腰口弧线和裙摆弧线。

③ 分别在中线裙摆、腰口处做垂坠量调整处理；侧腰处宜做撇进 1cm 左右；绘画轮廓线。

第三节　褶裥裙

褶裥裙通过运用各种施褶造型技法，以变化裙子的外轮廓和内部结构造型。常见的褶裥裙款式，如图 10-9 所示。

1. 设计 A

图 10-9　褶裥裙

典型的百褶裙，装腰设计。顺裥，褶裥间隔可疏可密，褶裥量可大可小或上下不等量，裙长更可长可短，设计灵活。样板设计时也可以不用基础纸样，直接绘制。

【设计准备】

操作纸样制作：以裙长减腰头宽为长，四分之一臀围为宽做矩形，制作操作纸样。

样板纸：样板纸对折。

【设计与操作】

① 示例款式为十六个裥，前后正视各设七个，两侧各设一个。操作纸样臀围线四等分，过等分点设置剪切线。如图 10-10（a）所示。

② 腰头设置臀腰差消除量：按四个褶位分配，即每个为 1.5cm，中线及侧缝位各半。

③ 分别沿剪切线切分操作纸样，并剪除腰口臀腰差消除量；对折纸板，离对折边 3cm（半褶量）固定中间剪切片，沿臀围线依次以褶裥量平行展开各剪切片。如图 10-10（b）所示。

④ 侧缝再向外加褶量；绘画裙子轮廓造型线及褶裥线；侧缝线标示拼合标记；侧腰口设置开衩。

2. 设计 B

双裥裙，正面设两个工字阴裥，臀围线以上部分缝缉；后片设置腰省，侧腰口设置开衩。

设计准备、操作及样板制作，参照设计 A。

【操作要点】

① 前后片原外侧腰褶闭合，裙摆打开；后片内侧腰褶移至腰口中点。如图 10-11（a）所示。

② 前中腰褶向外平移 2cm，并设置剪切线。

③ 前片二次操作纸样置于对折纸板上，剪切、旋转平行展开加放褶量。如图 10-11（b）所示。

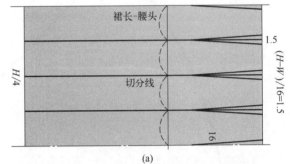

(a)

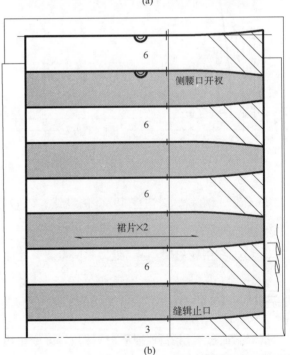

(b)

图 10-10　设计 A

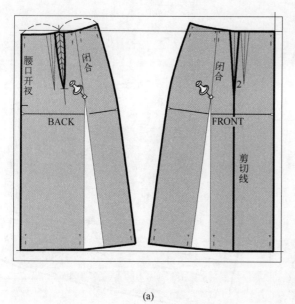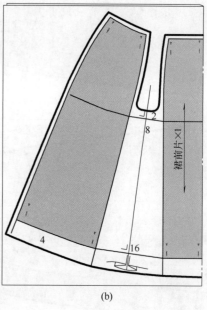

(a)　　　　　　　　　　　　(b)

图 10-11　设计 B

3. 设计 C

群组褶裥裙，裙子正面设置有两组褶裥，前后片造型相同，侧缝设置腰口开衩。

设计准备、操作及样板制作，参照设计 B。

【操作要点】

① 制作四分之一裙操作纸样，在中褶位设置三条平行剪切线，间隔 3cm，原褶量平分，如图 10-12（a）所示。

② 操作纸样置于对折纸板上，在第一条切线与臀围线交点做切线的垂线，为平行扩展参照线；剪切、平行扩展加放褶量；裙摆外侧适度扩放。如图 10-12（b）所示。

4. 设计 D

单侧施褶，腰头不对称造型。育克分割连腰设计，偏侧位开衩，开衩位设置褶裥。

设计准备、操作及样板制作，参照设计 B。

【操作要点】

① 后片腰口降低；设置育克分割线；绘画贴边；分割后，闭合原腰褶，如图 10-13（a）所示。

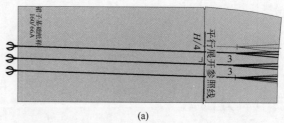

(a)

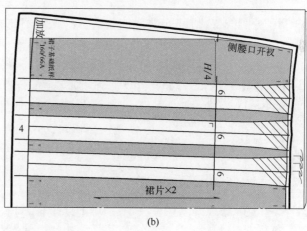

(b)

图 10-12　设计 C

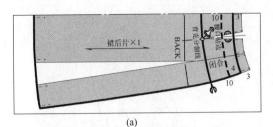

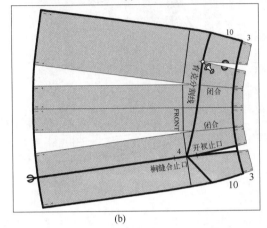

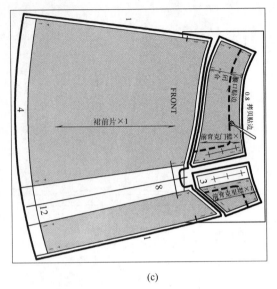

图 10-13　设计 D

② 前片腰口降低；设置育克分割线、剪切线；闭合左侧原腰褶，如图 10-13（b）所示。

③ 切分纸样后，扩展加放褶量；开衩里襟侧加放搭门；绘画贴边。如图 10-13（c）所示。

第四节　分割裙

裙子分割线按其形态分为纵向、横向、斜向及自由线型等几种。纵向分割后裙子成多片，称多片裙；横向分割后成多节裙，也可称多层裙；斜向是指呈一定倾斜度的分割线；曲弧状

图 10-14　分割裙设计

样板纸：平铺样板纸。

分割称为自由线型分割线。常见的分割裙款式如图 10-14 所示。通常裙子分割后，原腰褶应转移进分割线内，或闭合，不再设置单独的明显的腰褶。

1. 设计 A

A 字形短裙。斜向分割，前裙摆不对称；一侧开衩，另一侧为插袋，袋口装饰袋盖，无腰设计。

设计准备、操作及样板制作，参照设计 A。

【设计准备】

操作纸样制作：采用四分之一臀围前后无偏差裙子基础纸样，制作整片（两片）式操作纸样。

【操作要点】

① 操作样板前片腰褶闭合，右侧腰口设置开衩；左侧设置插袋，袋口 15cm，绘袋盖；绘画裙摆轮廓线；自袋口向裙摆设置四条斜向分割线；腰口贴边 4cm。如图 10-15 所示。

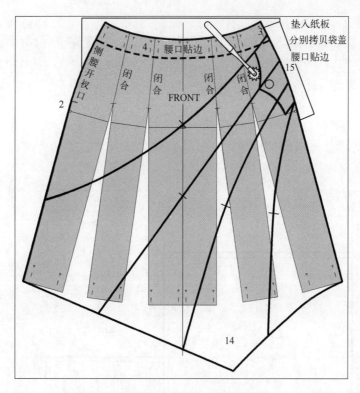

图 10-15　设计 A 前片

　　② 后片腰褶闭合；对应前片袋口上下端位设置斜向分割线；腰口贴边 4cm。如图 10-16 所示。

　　③ 做袋盖、贴边样板；切分纸样，按规范制作完整样板。

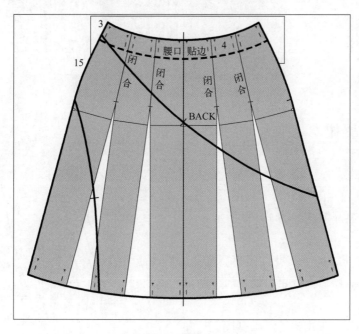

图 10-16　设计 A 后片

2. 设计 B

多层长裙，又称蛋糕裙。三节裙，裙摆装饰木耳边；各层参照黄金分割比例确定，装腰设计。

设计准备、操作及样板制作，参照设计 A。

【操作要点】

① 设定裙长及横向分割（预留层间缝份），上层旋转闭合原腰褶，如图 10-17 所示。

② 向下层外侧加放各层抽褶量，抽褶量根据上层下口宽度 60% 左右估算；依次加放 14cm、23cm；裙摆木耳边为对折结构，可按第三层下口的两倍计算。

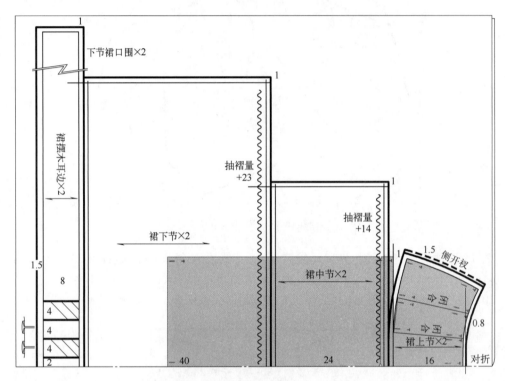

图 10-17　设计 B

第五节　围裹裙

围裹裙又称围裙，指围裹方式穿着的裙子。这类裙子的腰口属贯通式门襟，通常采用系、扎、扣及拉链等方式闭合。常见款式如图 10-18 所示。

1. 设计 A

波浪褶围裹裙，前侧交叠，门襟侧施褶，形成悬垂波浪，无腰头，腰口交叠止口处装饰布盘花。

【设计准备】

操作纸样制作：采用裙子基础纸样。

样板纸：后片样板纸对折，前片平铺。

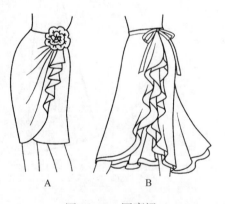

图 10-18　围裹裙

【操作要点】

① 后片参照普通直身裙结构直接制作样板，不做示例。

② 前片门襟（右侧）：过两侧腰褶位画门里襟造型止口；自门襟腰口设置五条剪切线，如图 10-19（a）所示。

③ 前片里襟（左侧）自侧腰褶位绘画造型线；分别拷贝里襟、贴边，制作样板；完成的样板，如图 10-19（b）所示。

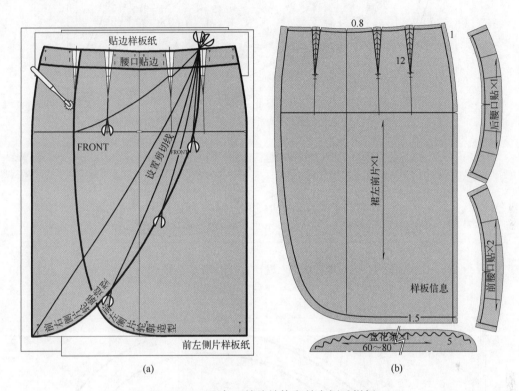

(a)　　　　　　　　　(b)

图 10-19　设计 A 前片结构和前左侧毛样板

④ 前门襟制作成二次操作样板；沿各条剪切线按展开方向要求依次剪切，在平铺纸板上运用旋转展开原理，扩展各剪切；描画褶中线，按实际折叠效果画褶根轮廓线；最外侧波浪褶量依效果加放，画顺外缘轮廓线。如图 10-20 所示。

2. 设计 B

围裹式圆裙。后面为圆裙结构，前面螺旋状收短至前侧系结止口，双层裙，外裙稍短，带式系结腰头。采用几何法直接绘制。

【设计要点】

① 样板纸对折，双层对折边相叠，在纸板上直接绘画结构设计。如图 10-21 所示。

② 左侧：留足裙长，画对折边的垂线，交点设置为圆心；自圆心做 45° 斜线为后中线；以腰围 /2π 为半径作圆，即腰口线；左侧以腰口圆半径加裙长为半径做四分之一圆，为内层裙裙摆线，在后中线减短 8cm 再做四分之一圆为外层裙裙摆线。

③ 右侧：自圆心做 45° 斜线为前中线；腰口线下交点设置为交叠止口，并向内让进 1cm 预留缝份；自圆心量取 55cm，为前部内层裙长，与前中线交点为外层裙长；分别自交叠点弧线接顺左侧内外裙底摆。

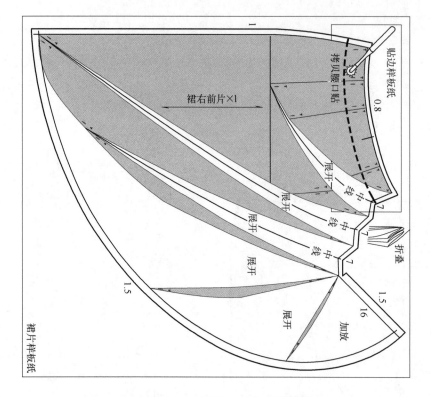

图 10-20　设计 A 前右侧片

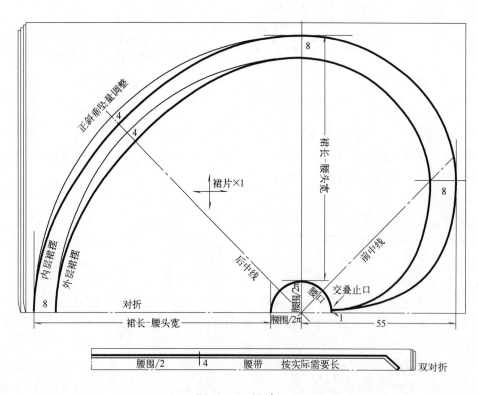

图 10-21　设计 B

④ 在后中线做正斜垂坠量的调整，分别重新画顺内外层裙摆线。

⑤ 系带腰头样板结构，双对折制作，宽 4cm，长按实际需要设定。

⑥ 按工艺要求规范制作完整样板。

第六节　花苞（球形）裙

花苞裙，廓形像花蕾，含苞待放。中部膨凸，造型夸张，也形似气球，故又称球形裙。这类裙通过施褶、扩展额外加放夸张松量，使局部形成膨凸造型。常见款式如图 10-22 所示。

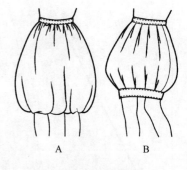

图 10-22　花苞裙

1. 设计 A

典型气球裙造型。裙面加放夸张褶量，通过抽褶收缩再与内衬裙缝合，形成向内悬吊而裙体膨凸的造型，装腰设计。

【设计准备】

操作纸样制作：采用四分之一臀围制作裙子基础纸样。

样板纸：裙面、内衬裙样板纸对折，双层相叠。

【设计与操作】

① 操作纸样与对折边平齐放置；内衬裙裙长缩短 5cm 左右，直接拷贝制作内衬裙样板，如图 10-23 虚线所示。

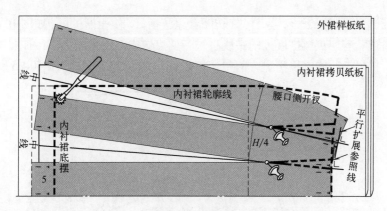

图 10-23　设计 A

② 操作纸样通过剪切、旋转、闭合原腰褶位，扩展裙摆；过原褶尖点做展开处的中线，并在腰口处做各中线的垂线为平行扩展参照线。

③ 沿平行扩展参照线扩展，裙摆侧直接加放扩展，扩展量视具体设计造型需要确定；裙底摆加纵向膨松量；绘画轮廓造型线，摆侧注意拐角垂直。如图 10-24 所示。

【样板制作】

直接绘制腰头结构；按工艺要求加放缝份，规范制作完整样板。

2. 设计 B

花苞造型，腰口及裙摆施夸张活褶，采用底摆登闩收缩形成裙体膨凸的造型，装腰设计。

设计准备、操作及样板制作，参照设计 A。

【操作要点】

① 内衬裙长缩短；外裙长加长纵向膨松加放量；均匀设置纵向褶位剪切线，原腰褶量分配至各剪切线；制作二次操作纸样。如图 10-25（a）所示。

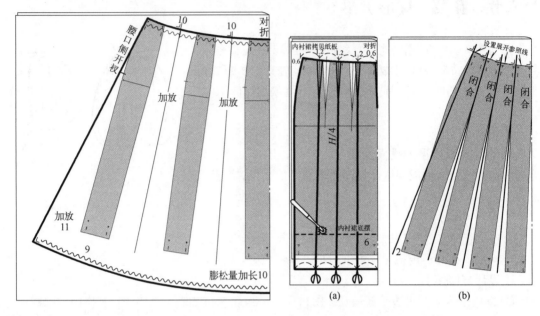

图 10-24　设计 A 样板　　　　　　　　　　　　　　　　图 10-25　设计 B

② 操作纸样置于样板纸上，剪切、旋转闭合原腰褶量，使裙摆扩展。如图 10-25（b）所示。

③ 在腰口过各剪切点做扩展处的中线；过各切点做中线的垂线为平行扩展参照线。

④ 沿平行扩展参照线扩展褶量，前中和裙侧各加放一半褶量。如图 10-26 所示。

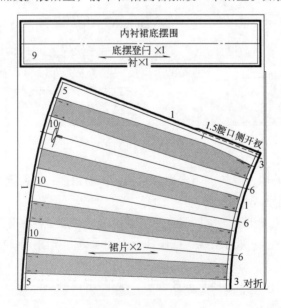

图 10-26　设计 B 样板

⑤ 对折绘画裙摆登闩结构,宽度 9cm,长以衬裙摆围确定。
⑥ 按工艺要求加放缝份,规范制作完整样板。

第七节　鱼尾裙

　　鱼尾裙是指裙子中部收缩而裙摆扩展,形似鱼尾造型的裙子。这类裙子一般为长裙或超长裙,不宜做短裙。裙子收缩部位通常在膝关节至小腿肚之间,收缩过大行走会掣制,收缩太少又会影响整体造型效果,设计时应综合考虑外观造型优美与活动幅度之间的关系。鱼尾裙常见的造型款式,如图 10-27 所示。

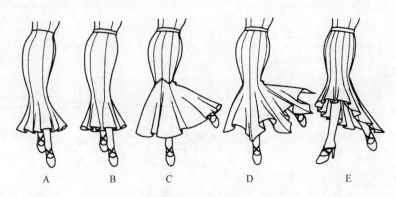

图 10-27　鱼尾裙

1.设计 A
　　典型鱼尾裙造型。纵向分割,六片结构,膝关节处(中裆位)收紧,裙摆扇形展开,连腰设计。
【设计准备】
操作纸样制作:采用四分之一臀围无前后偏差制作裙子操作纸样。
样板纸:裙中片样板纸对折,侧片纸板平铺。
【设计与操作】
　　① 连腰设计,腰口向上加 4cm;向下量取裙长做下平线;操作纸样裙摆线向上 10cm 为中裆位,即鱼尾裙收紧处;中裆以下画内衬裙摆线,如图 10-28(a)所示。

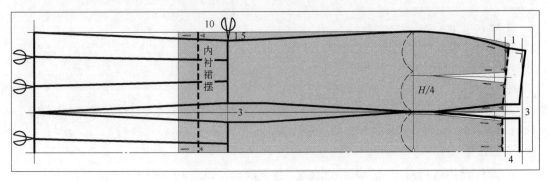

(a)

图 10-28

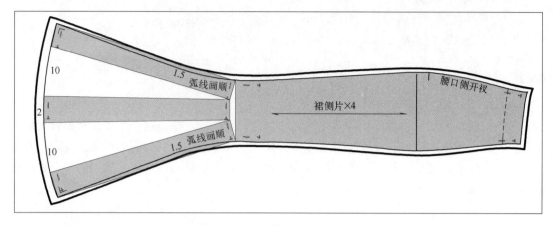

(b)

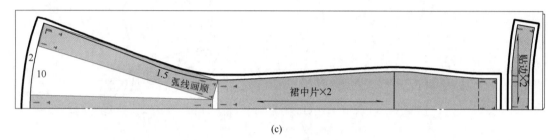

(c)

图 10-28　设计 A

② 设置分割线：臀围三分之一处设置分割位，侧腰点缩小 1cm，原腰褶量移动至分割位；分割线中档处收 3cm；侧缝处收 1.5cm；绘画分割造型线及轮廓线。

③ 设置剪切线：中档线以下裙摆部分，中片纵向设置一条剪切线，侧片设置两条。

④ 在内衬裙部位下垫入样板纸，沿操作纸样轮廓拷贝制作内衬裙样板。

⑤ 制作二次操作纸样：分别沿轮廓线、分割线剪裁；沿剪切线剪切纸样；拷贝腰口贴边。

⑥ 二次操作纸样侧片在平铺纸板上布置，裙摆切分片扇形展开。如图 10-28（b）所示。

⑦ 沿操作纸样轮廓描画裙片造型线，裙摆两侧弧线凹进 1.5cm 左右。

⑧ 裙中片操作纸样在对折纸板上布置，中线与对折边平齐；裙摆切分片扇形展开，并固定；裙摆侧弧线凹进 1.5cm 左右，描画完整轮廓线；贴边分割片拼合成整片。如图 10-28（c）所示。

【样板制作】

内衬裙样板参照原基础纸样结构，制作为前后两片式，无分割缝，腰口设褶裥。按工艺要求加放缝份，规范制作完整样板。

2. 设计 B

插摆衩鱼尾裙，六片分割，在每条分割缝的中档线以下部分插入三角形摆衩，装腰头。

设计准备、操作及样板制作，参照设计 A。

【操作要点】

① 对照设计 A 调整中档、设置分割线、绘画腰头。如图 10-29（a）所示。

② 采用扇形几何画法直接绘画三角摆衩。如图 10-29（b）所示。

③ 按工艺要求加放缝份；规范制作完整样板。

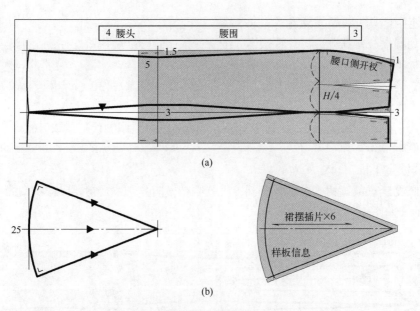

(a)

(b)

图 10-29　设计 B

3. 设计 C

裙摆较夸张，八片分割，相邻裁片中裆位对称斜向分割，侧腰口开衩，装腰头。

设计准备、操作及样板制作，参照设计 A。

【操作要点】

① 腰口调整为单省，侧腰点和中腰点缩小 1cm。如图 10-30（a）所示。

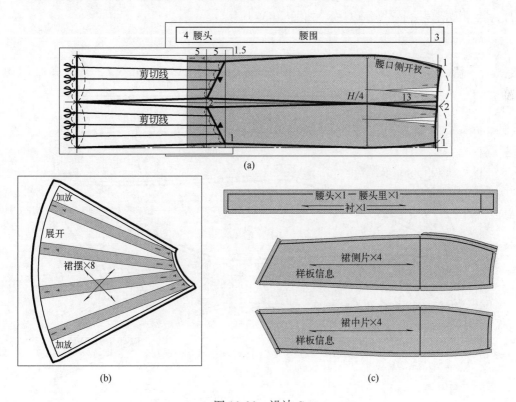

(a)

(b)

(c)

图 10-30　设计 C

② 设定中档及收紧量，设置斜向分割线及纵向剪切线。

③ 剪切裙摆分割部分，切片置于样板纸上，依序旋转扩展各剪切片，两侧裙摆再加放扩展量，如图 10-30（b）所示。

④ 加放缝份，规范制作完整样板。裙上部毛样板，如图 10-30（c）所示。

4. 设计 D

金鱼尾造型，裙摆造型夸张。裙子宜长，八片分割，后中缝设置腰口开衩，装腰头。

设计准备、操作及样板制作，参照设计 C。

【操作要点】

① 参照设计 C 绘画裙子造型及分割；设置中档横向分割线及裙摆纵向剪切线；裙底摆画成双三角形。如图 10-31 所示。

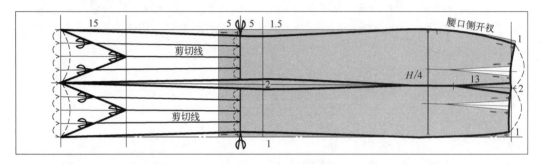

图 10-31　设计 D 结构

② 分别操作裙侧片和中片。剪切裙摆分割部分，切片置于样板纸上，依次对称扩展各剪切片；绘画裙摆鱼尾形轮廓造型线，如图 10-32 所示。

③ 加放缝份，规范制作完整样板。

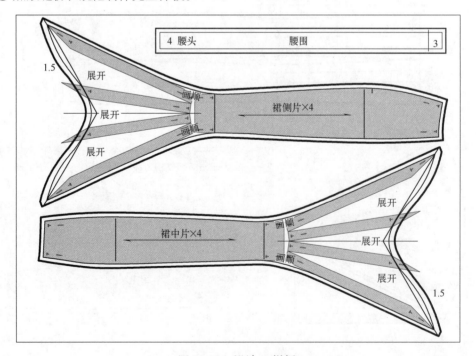

图 10-32　设计 D 样板

5. 设计 E

前短后长的夸张裙摆造型，后部裙摆长至拖地，12 片分割，后中缝设置腰口开衩，装腰头。

【操作要点】

① 前后裙片侧缝对接布置，以臀围六等分设置分割参照线；调整腰口褶量，如图 10-33 所示。

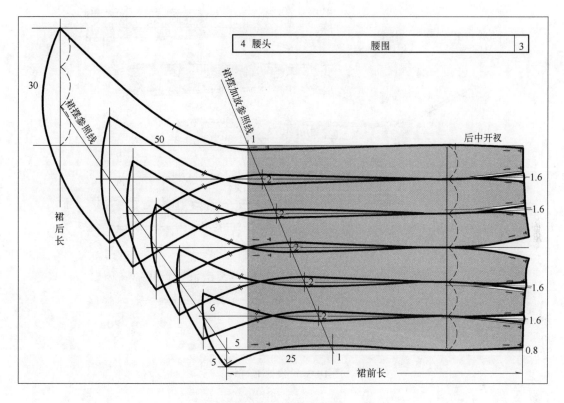

图 10-33　设计 E 结构

② 操作纸样裙摆后中点至前中上 25cm 左右设置斜向的裙摆加放参照线；在与各纵向裙片分割线交点处收小 2cm 左右。

③ 操作纸样裙摆前中向下 5cm 做点，后中向下 50cm 左右，做垂线为后中裙摆辅助线；向外 30cm 做点，为裙底摆后中点，前三分之一点与前中下 5cm 点连接辅助线为裙摆造型参照线；依次过裙摆造型参照线与各裙片分割参照线相交点做垂线为各分割片裙摆造型辅助线。

④ 前中片底摆加放 5cm，自前中线绘画前中片裙摆造型线，裙摆内侧加 6cm；第二分割裙片以纵向分割参照线为对称绘画裙摆造型线，依次交替绘画各分割裙片的底摆造型线至后中裙片。

⑤ 依次过裙摆造型参照线与各裙片分割参照线相交点做垂线为各分割片裙摆造型辅助线。

⑥ 前中片底摆加放 5cm，自前中线绘画前中片裙摆造型线，裙摆内侧加 6cm；第二分割裙片以纵向分割参照线为对称绘画裙摆造型线，依次交替绘画各分割裙片的底摆造型线至后中裙片。

⑦ 按工艺要求加放缝份，规范制作完整样板。如图 10-34 所示。

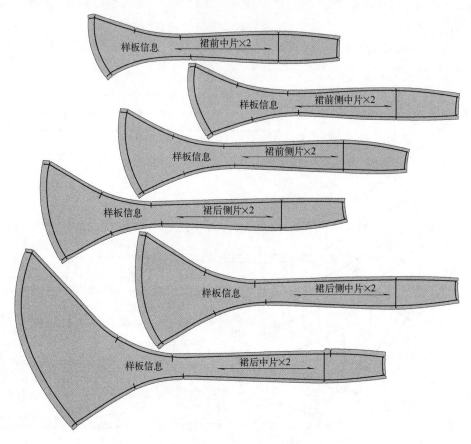

图 10-34 设计 E 样板

第十一章

裤 装

裤和裙组成下装两大类。裤装按长度可分为：超短裤、短裤、百慕大短裤、中裤、中长裤、长裤和超长裤。裤装基本廓形有：筒（H）形、锥形、喇叭形和灯笼形。裤装按款式分有：西裤、细腿（铅笔）裤、直筒裤、喇叭裤、锥形（萝卜）裤、灯笼裤、牛仔裤、裙裤和马裤等。裤装腰头可分为装腰、连腰、无腰和背带几种；裤装腰线也可以有高腰和低腰设计。裤装腰口开衩或不开衩均可，开衩位可以是前后中缝、侧缝或腰口任意位置。

第一节　西裤

西裤，裤装基本款式，如图 11-1 所示。常见款式变化主要是裤腿管的变化，如细腿裤、直筒裤、喇叭裤等。

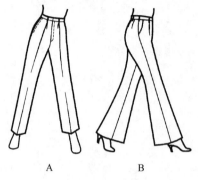

图 11-1　西裤

1. 设计 A

普通西裤，适体造型，脚口比中裆略窄；细腿裤通常放松量相应少，中裆较贴体，脚口小；直筒裤则是指中裆与脚口等大，裤管直筒状的西裤，这类裤宽松、合体均相宜，也可以设计为非常宽松至夸张的肥大宽腿裤。这类裤子的腰头设计较灵活，主要为装腰，也有连腰和无腰，腰口及腰头部分的结构设计可参考裙装腰口及腰头。

【设计准备】

操作纸样制作：采用裤子基础纸样。

样板纸：样板纸平铺。

【设计与操作】

① 在样板纸上做两条纵向平行参照线，注意控制间距；裤子基础纸样前后片中线与参照线对齐放置，并固定，如图 11-2 所示。

② 裤长：自腰口线向下量取［裤长 - 腰头宽］，腰头宽通常为 4cm。

③ 中裆围：一般普通西裤中裆以基础纸样为准。细腿（铅笔）裤造型时可适度缩小，两侧各 0.5 ～ 1cm。

④ 脚口：普通西裤脚口宜小于中裆，每侧小 0.5 ～ 1.5cm；前脚口中线处向上缩短 0.5cm左右，而后片则向下增长 0.5cm。

⑤ 串带袢定位：五个袢的设置，前腰褶位、后片靠侧缝腰褶位和后中；后中位可以并排增加一个，即六个袢；七个袢的设置，前腰褶位、侧缝、后腰中点和后中。

⑥ 袋位：西裤一般为直插袋或斜插袋，侧缝封口自腰头向下 2 ～ 3cm，袋口 12 ～ 15cm。

⑦ 腰口开衩：多为前开衩，以臀围线下 1cm 左右定位。

⑧ 腰褶调整：依据具体款式臀围、腰围差，按［腰围 /4 ±（0.5 ～ 1）cm］分配腰围，调整腰褶量。

⑨ 主要部件：前开衩门襟，宽 3 ～ 4cm，长过止口下 1 ～ 2cm，下端圆弧造型；里襟，上端宽 3 ～ 4cm，下端 2 ～ 3cm，长过止口下 2 ～ 3cm；腰头宽 4cm，长为腰围规格，里襟侧加搭门 3 ～ 4cm；裤袢宽 1 ～ 1.5cm，长 4 ～ 5cm。

【样板制作】

先拷贝制作门襟等主要部件；袋布等参照第九章直插袋、斜插袋相关内容。按工艺要求加放缝份，规范制作完整样板。主要样板如图 11-3 所示。

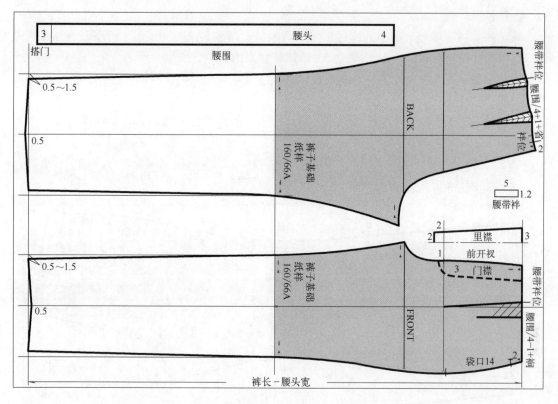

图 11-2　设计 A

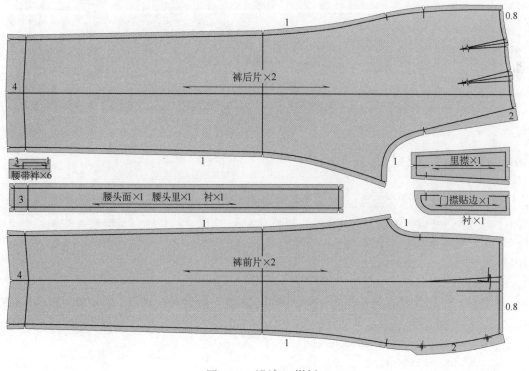

图 11-3　设计 A 样板

2. 设计 B

喇叭裤。裤子中裆处收窄，脚口扩展形似喇叭而得名。这类裤子通常规格较合体，大腿中部或中裆部位相对紧缩，与扩展的脚口形成较明显的对比，成喇叭形。

设计准备、操作及样板制作，参照设计 A。

【操作要点】

① 中裆线上下 4 ～ 5cm 分别做平行线，为中裆部位内外侧缝弧线接顺范围。如图 11-4 所示。

② 放大脚口规格；前脚口中线处凹进，后片凸出，弧线画顺，调整量与脚口大成正比。

③ 画顺内外侧缝线。参照设计 A，绘画各主要部件。

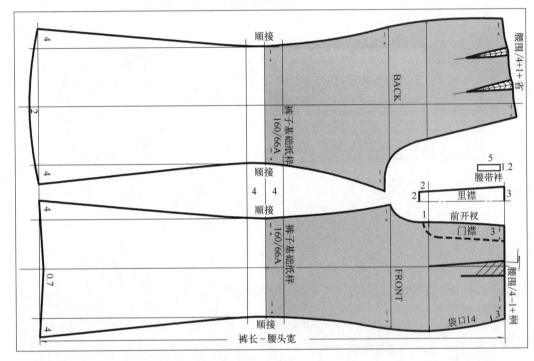

图 11-4 设计 B

第二节 裤长设计

裤长以裤脚口所处下肢的位置划分长度设计分类：大腿 1/3 以上，称超短裤；大腿 1/3 与 1/2 之间为短裤；膝关节位置称百慕大短裤；膝关节以下为中裤，或七分裤；小腿肚以下，踝关节以上称中长裤，或九分裤；踝关节以下至足跟为标准长裤；超过脚跟的为超长裤。常见裤长变化款式如图 11-5 所示。

1. 设计 A

超短裤。低腰设计，前片纵向分割，腰口前中及分割缝设置开衩，装拉链，裤长至横裆线下 5cm 左右，无腰头。

【设计准备】

操作纸样制作：采用裤子基础纸样。

样板纸：样板纸平铺。

【设计与操作】

① 低腰设计，原则上以腰口下 1/3 直裆为限，自腰口向下量取 8cm，画腰口线；横裆线向下 5cm 做裤长线，如图 11-6（a）所示。

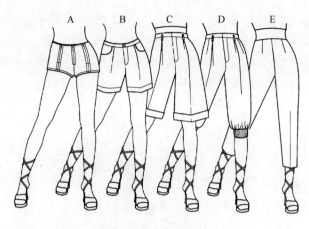

② 前后片侧缝向内各缩进 1cm；前中腰口降低 1cm，画顺腰口线；前挺缝线设置为分割线，腰口收褶 1cm；后腰口与原腰口线平行画弧线，后中撇进 0.5cm。

③ 腰口线下 3～4cm，沿腰口线平行画贴边线。

图 11-5　裤长设计

④ 后裆落裆 2.5～3cm，画顺后窿门弧线；后脚口内侧向下 3～4cm，缩进 0.5cm，使后下裆缝与前片等长，画顺后脚口弧线。

⑤ 前脚口内侧缩进 0.5cm，中线处缩短 0.5cm；绘画完整轮廓线，并做标记。

【样板制作】

拷贝制作腰口贴边样板，分割缝、侧缝拼合；依次拷贝制作前片分割片；按工艺要求加放缝份，规范制作完整样板。主要样板如图 11-6（b）所示。

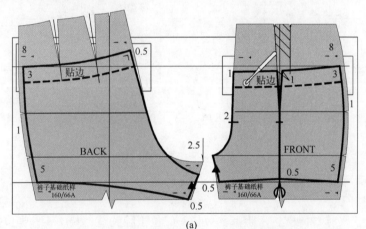

(a)

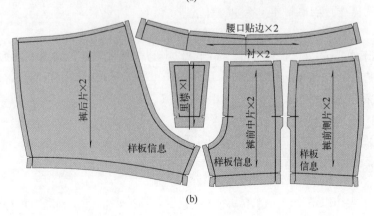

(b)

图 11-6　设计 A

2. 设计 B

普通短裤。裤长一般在大腿中部，膝关节以上 10～20cm，装腰头。

设计准备、操作及样板制作，参照设计 A。

【操作要点】

① 腰口降低；前后腰口各设置 1 个缝合褶。如图 11-7 所示。

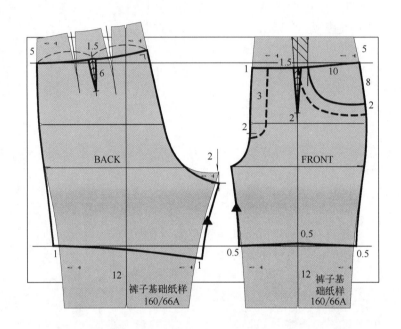

图 11-7　设计 B

② 前片绘画弧形插袋口，袋口宽 10cm，腰口下 8cm；设前腰口开衩位；脚口加大；中线处缩短。

③ 后裆下调 2cm；前脚口两侧加 0.5cm，后脚口两侧加 1cm；绘画完整轮廓线。

④ 按规范制作完整样板。

3. 设计 C

百慕大短裤，又称沙滩裤、水手裤。裤长一般位于膝关节，装腰头，脚口翻折卷边。

设计准备、操作及样板制作，参照设计 A。

【操作要点】

① 裤长位于中裆或以下 1～5cm，横裆线以上结构基本不变，如图 11-8 所示。

② 前后脚口加大 1.5cm；前中缩进，后中增长；平行绘制脚口翻折卷边，加放缝份。

③ 按规范制作完整样板。

4. 设计 D

牧人裤，又称中裤，即七分裤。装腰头，脚口松紧带。

设计准备、操作及样板制作，参照设计 A。

【操作要点】

① 裤长位于中裆以下 10～15cm，横裆线以上结构基本不变，如图 11-9 所示。

② 前后中裆处两侧各加放 2cm；脚口与中裆等大，松紧带宽 5cm。

③ 按工艺要求规范制作完整样板。

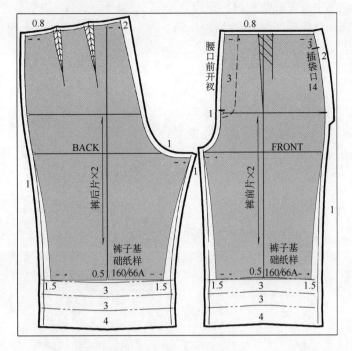

图 11-8　设计 C

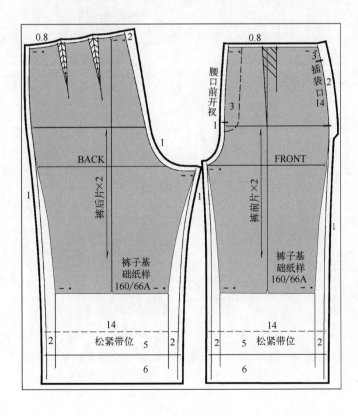

图 11-9　设计 D

5. 设计 E

赛车手裤，也称中长裤或九分裤。裤长至踝关节上 5 ～ 10cm，规格合体，脚口较小。
设计准备、操作及样板制作，参照设计 A。

【操作要点】

① 裤长位于中裆以下 35 ～ 40cm，腰口适度降低 2 ～ 3cm，前后腰口各设 1 个缝合褶，如图 11-10 所示。

② 腰口设置后中开衩，止口臀围线上 2cm；侧插袋，袋口 13cm，上封口 2cm。

③ 前后中裆处收紧，脚口根据实际尺寸调小。

④ 按工艺要求规范制作完整样板。

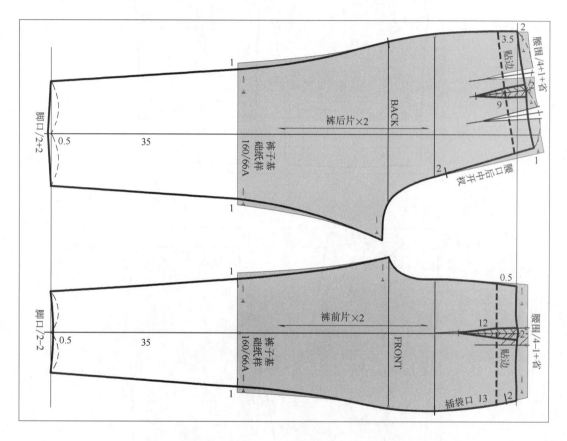

图 11-10　设计 E

第三节　休闲裤

休闲裤，款式造型变化丰富，功能多样性，较适合各类非正式场合穿着，符合现代人轻松随意的生活情趣。主要款式有牛仔裤、宽腿裤、裙裤、锥形裤等。

一、牛仔裤

牛仔裤（紧身裤）。其基本特点在于低腰，中裆以上紧身。常见款式如图 11-11 所示。

一般适用于制作牛仔裤的面料应具有一定弹性，故臀围宽松量控制在 2 ～ 4cm 之间。在裤装基础纸样上做必要调整，修改制作牛仔裤基础纸样。

牛仔裤基础纸样：

【设计与制作】

① 腰口线可适度降低 2 ～ 4cm，前后腰口褶量调整为 1 ～ 2cm；后窿门斜线倾斜 1cm，注意保持拐角的垂直，如图 11-12（a）所示。

② 前、后中线各自重叠 1cm 左右，即臀围缩小 4cm。

③ 臀围线相应降低 1cm；后裆缩进 1cm 左右。

④ 前后中裆两侧各缩进 0.5cm。

调整制作完成的牛仔裤基础纸样如图 11-12（b）所示。

图 11-11　牛仔裤

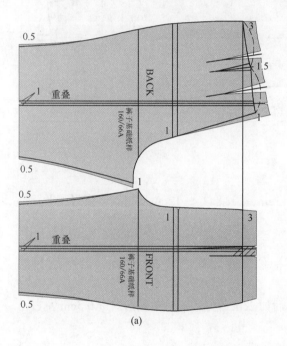 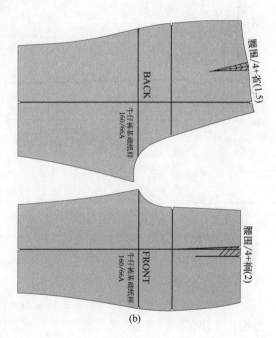

(a)　　　　　　　　　　　　　(b)

图 11-12　牛仔裤基础纸样

1. 设计 A

经典牛仔裤。前片月牙形插袋，前中开衩；后片育克分割，贴袋；贴身细腿。

【设计准备】

操作纸样制作：采用牛仔裤基础纸样。

样板纸：平铺。

【设计与操作】

① 裤子基础纸样前后片中线与参照线对齐放置，并固定，如图 11-13 所示。

② 裤长：自腰口线向下量取（裤长 – 腰头宽）。

③ 前片腰口调整：前中撇进 1.5cm，侧腰撇进 0.5cm，消除原褶量。

④ 后片育克分割：侧腰下 3 ～ 5cm 与后腰中点下 7cm 画分割线，原腰褶闭合。

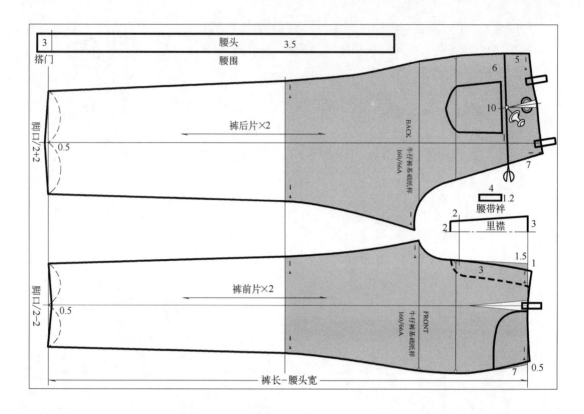

图 11-13　设计 A

⑤ 后袋位：离侧缝 4 ~ 6cm，袋口 10 ~ 11cm，袋深 11 ~ 12cm；袋口与分割线平行，低下 1cm 左右；贴袋造型视具体设计而定。

⑥ 前插袋：侧腰向下 6 ~ 7cm，自前烫迹线画月牙形袋口。

⑦ 串带袢定位：通常为 6 个袢，前腰褶位、后片靠侧缝 3 ~ 5cm，后中位并排两个。

⑧ 脚口小于中裆，可按脚口 /2 前减 2cm，后加 2cm 确定；脚口中线前短进 0.5cm 左右，后增长 0.5cm。

⑨ 绘画完整轮廓线；绘画门襟、里襟、腰头及带袢；完整标记。

【样板制作】

先拷贝制作部件样板，并配备袋布；按工艺要求加放缝份，规范制作完整样板。主要样片毛缝样板，如图 11-14 所示。

2. 设计 B

低腰喇叭牛仔裤。前片月牙形插袋，前中开衩；低腰，贴袋，细腿小喇叭，装腰设计。设计准备、操作及样板制作，参照设计 A。

【操作要点】

① 腰口降低；自腰口向下确定裤长；调整腰口，消除原褶量；如图 11-15 所示。

② 设定前后袋位及造型；定位串带袢。

③ 脚口按实际尺寸绘制；前中线处短进，后中增长。

④ 绘画完整轮廓线，内外侧缝线中裆线上下 5cm 范围画顺。

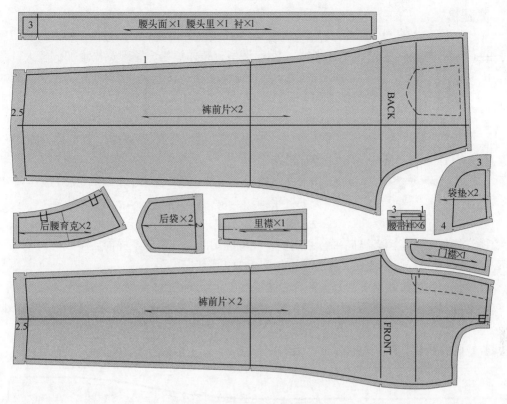

图 11-14　设计 A 样板

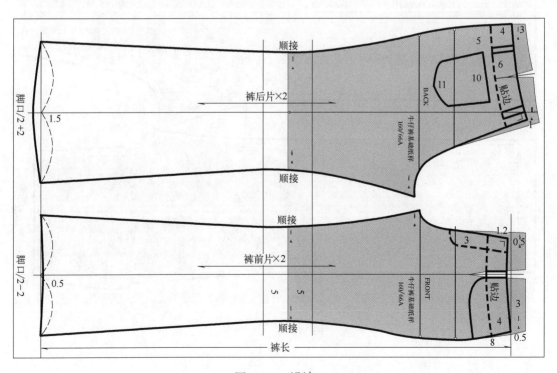

图 11-15　设计 B

二、宽腿裤

图 11-16　宽腿裤

　　H 形或 A 字形造型，整体宽松，臀围宽松量加放较大，腰口褶量相对较大，腰口设计装腰，或松紧；裤管宽松甚至特别肥大。如图 11-16 所示。

　　1. 设计 A

　　直筒裤管，宽松造型，前中开衩，装拉链，直插袋，装腰设计。

【设计准备】

操作纸样制作：采用裤装基础纸样，前后中线切分。

样板纸：平铺。

【设计与操作】

　　① 在样板纸上做两条纵向平行参照线，注意控制间距；切分纸样前后中线分离平行展开 2cm，沿参照线平行居中放置，并固定，如图 11-17 所示。

　　② 裤长：自腰口线向下量取（裤长 – 腰头宽），做下平线。

　　③ 重新调整腰口褶位及褶量；前后中档处两侧各加放 1cm 左右；直筒裤管造型，脚口规格与中档相等。

　　④ 绘画完整轮廓线，并做标记；绘画各部件。

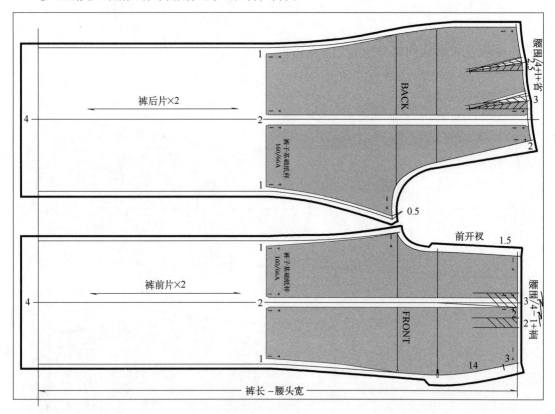

图 11-17　设计 A

【样板制作】

按工艺要求加放缝份，规范制作完整样板。

2. 设计 B

阔口裤管，宽大造型，直插袋，松紧腰，外系腰带装饰。

设计准备、操作及样板制作，参照设计 A。

【操作要点】

① 沿操作纸样前后中线切分展开，在纸板上沿参照线平行居中放置。如图 11-18 所示。

② 侧缝线自臀围线向上顺延至腰口，后中加放 1cm；腰口平行向上加松紧腰宽 4cm。

③ 加宽后裆、中裆、脚口；绘画完整轮廓线。

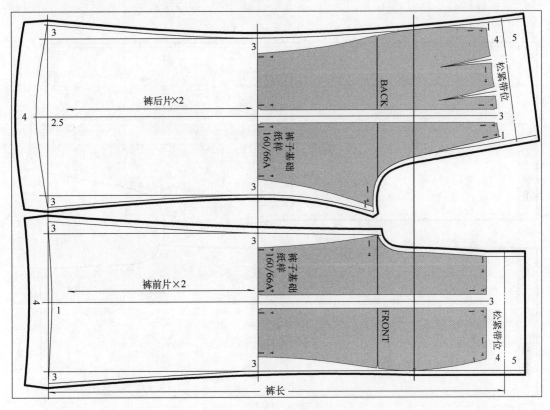

图 11-18　设计 B

三、裙裤

裙裤。其廓形为梯形（也称 A 字形），外观上更像裙子，脚口宽大如裙摆，其结构还是裤子的特征，即有前后裆和裤脚管。鉴于裙裤的这一特点，样板结构设计时可运用两种方法：一种是采用裤子基础纸样设计；另一种是采用裙子基础纸样设计。常见款式如图 11-19 所示。

1. 设计 A

宽松型长裙裤。裤腰口施褶，裤管直筒宽松，直插袋，装腰设计。

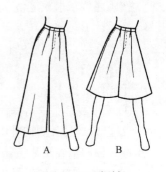

图 11-19　裙裤

【设计准备】

操作纸样制作：采用裤装基础纸样，前后中线切分。

样板纸：平铺。

【设计与操作】

① 切分操作纸样前后中线，平行展开 2cm，在样板纸上布置，并固定，如图 11-20 所示。

② 裤长：自腰口线向下量取（裤长－腰头宽）；重新调整腰口褶位及褶量。

③ 分别过前后侧缝臀围大向脚口做垂线；后裆加宽 0.5cm 左右；前后中裆内侧加放 2cm；直筒裤管造型，脚口与中裆规格相同；分别过脚口中点做中线的平行线为前后片烫迹线。

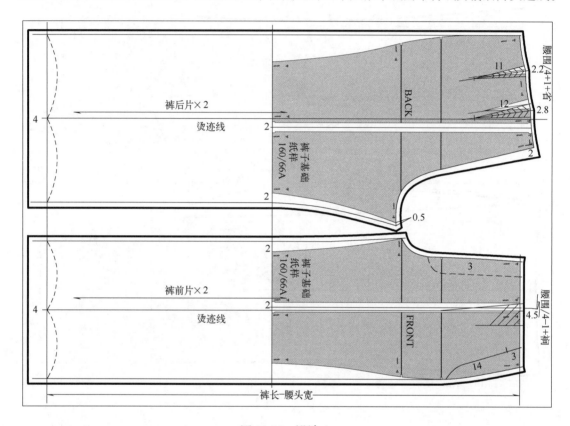

图 11-20　设计 A

【样板制作】

按工艺要求加放缝份，规范制作完整样板。

2. 设计 B

宽大造型，裤口夸张扩展，形似裙摆，直插袋，前开衩，装腰设计。

设计准备、操作及样板制作，参照设计 A。

【操作要点】

① 沿中线切分前后操作纸样，平行展开，并水平放置；量取裤长线。如图 11-21 所示。

② 以后裤片外侧切片中线与臀围线交点为旋转点，旋转闭合腰褶量 2.8cm 左右，使后侧腰点提升和褶量缩小，重新调整前后腰口褶位和褶量。

③ 分别过前后侧缝臀围大向脚口做垂线，扩大脚口；自前小裆大向脚口引垂线为前脚口

大；后裆加宽 0.5cm 左右，后中裆内侧加放 4～5cm，画顺内侧缝。

④ 前侧腰点提高 1～2cm，直线绘画前后侧缝线，并与裤长规格等长；绘画脚口弧线，脚口线侧缝交角保持垂直。

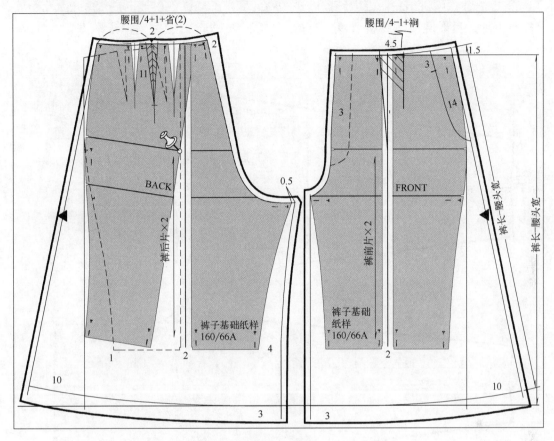

图 11-21　设计 B

四、膨松裤

膨松裤，指局部有膨松造型的裤子。如图 11-22 所示。

1. 设计 A

锥形裤，又称萝卜裤。腰部施褶量较大，使裤子上部形成宽松膨胀的形态，与细窄的脚口形成明显的对比，整体廓形上粗下细，因像纺锤而得名。这类裤子为塑造上部膨大形态，可通过运用各种褶裥、缝褶、抽褶及环浪褶等，在腰口及裤子上部加放较大的宽松余裕量。

【设计准备】

操作纸样制作：采用裤装基础纸样，前后中线切分。

样板纸：平铺。

【设计与操作】

① 在样板纸上做两条纵向平行参照线，注意控制间距；

图 11-22　膨松裤

前后中线切分操作纸样沿参照线平行居中放置；自腰口线向下量取（裤长－腰头宽）做裤长线；以裤长线与中线交点为旋转点，分别旋转各切片，使臀围扩展，扩展量视具体造型需要确定，用大头针固定。如图11-23所示。

② 后侧腰点缩进1cm，后中腰点缩进2cm，重新画后窿门斜线，注意与腰口线拐角保持垂直状；重新调整前后腰口褶位及褶量，腰口褶全部为缝缉褶，缝缉长度后7cm，前8cm。

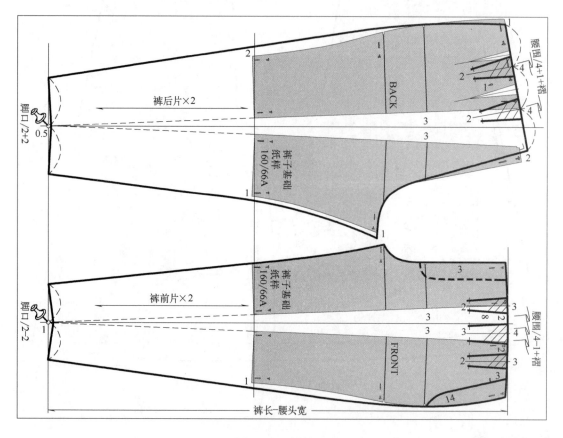

图11-23 设计A

③ 后片后裆加宽1cm，中裆内侧加放1cm，外侧加放2cm；前片中裆外侧加放1cm；前后脚口按(脚口/2±2cm)分配，中线处缩短0.5～1cm；绘画完整轮廓线，并做标记。

【样板制作】

按工艺要求加放缝份，规范制作完整样板。

2.设计B

灯笼裤。裤子整体宽松，无外侧缝，脚口采用克夫收小形成灯笼造型，松紧腰设计。

设计准备、操作及样板制作，参照设计A。

【操作要点】

① 沿中线切分操作纸样，平行展开放置，前后片臀围线处侧缝相接，成为整片式裤管。如图11-24所示。

② 腰口向上 4cm 做上平线，向下量取裤长；松紧带位宽 6cm。

③ 加宽后裆、中裆、脚口；脚口设开衩 7 ~ 8cm。

④ 脚口后中部增长，弧线画顺；脚口克夫长度为脚掌围加放松量和搭门量，对折绘制。

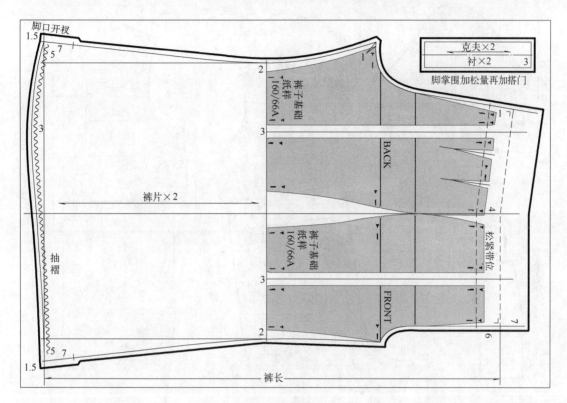

图 11-24　设计 B

第四节　连衣裤

连衣裤，也称连身裤，即衣裤相连，包括背带式裤子，常见款式如图 11-25 所示。

1. 设计 A

连衣裤，夹克式短上衣，翻领，短袖，长西裤，上下连接处松紧腰。结构采用裤子基础纸样和上衣基础纸样相对接设计。

【设计准备】

操作纸样制作：裤装基础纸样、上衣合体型基础纸样及相匹配的单片袖基础纸样。

样板纸：后衣片、领子样板纸对折；前衣片挂面部分翻折；其他平铺。

【设计与操作】

① 操作纸样布置：上衣前中线与裤子前中对齐，腰节处平行分离 3 ~ 6cm，作为连衣裤结构加放的运动松裕量；后

图 11-25　连衣裤

裤片后腰中点加 2cm 左右，后中臀围大点与后衣片中线斜向对齐；腰节处平行分离（与前片一致），并固定，如图 11-26（a）所示。

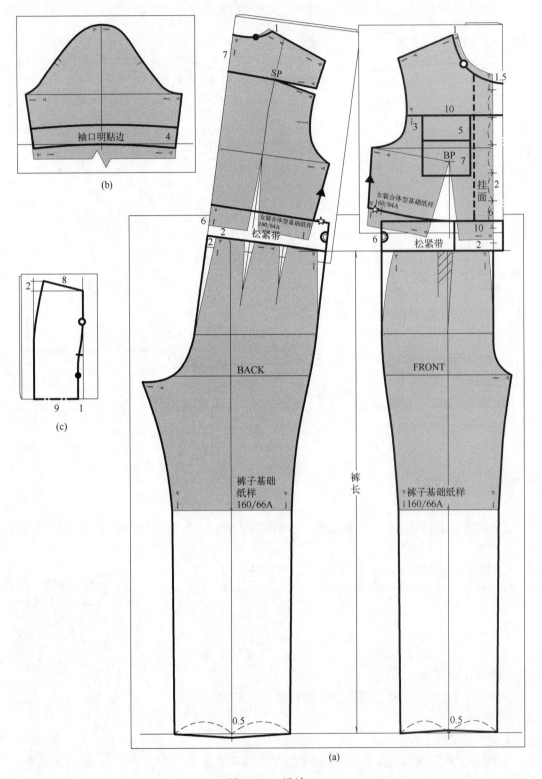

图 11-26　设计 A

② 前衣片腋下位胸褶闭合，褶量全部转移至腰褶位；后颈点向下 7cm 设置育克分割线；衣片前中平行加放搭门 2cm，挂面宽 6cm；前后裤片腰口以上 6cm 平行画松紧腰。

③ 门襟纽扣定位；腰带二档，门襟领口下 2cm 五档均分。

④ 前后侧缝及前中臀围大顺直延伸至腰带，并于腰带处做拼合标记。

⑤ 后衣片侧胁缝与前衣片侧胁缝等长，画顺衣片腰口线，调整前后腰带侧腰处的偏差量，与衣片腰口尺寸相一致。

⑥ 前育克分割以第二档纽扣定位；方形胸袋离袖窿线 2～3cm，袋口宽 10cm，袋深 12cm，袋盖宽 5cm。

⑦ 裤管直筒造型，脚口前中线减短 0.5cm，后中增长 0.5cm。

⑧ 袖子为单片袖短袖，袖口贴边 4cm。如图 11-26（b）所示。

⑨ 前后横开领加宽 1cm，前开领加深 1.5cm，绘画领圈弧线。

⑩ 参照第七章翻领结构设计，绘画翻领造型结构，如图 11-26（c）所示。

【样板制作】

剪裁分离样板，按工艺要求加放缝份，规范制作完整样板。

全部净样板，如图 11-27 所示。

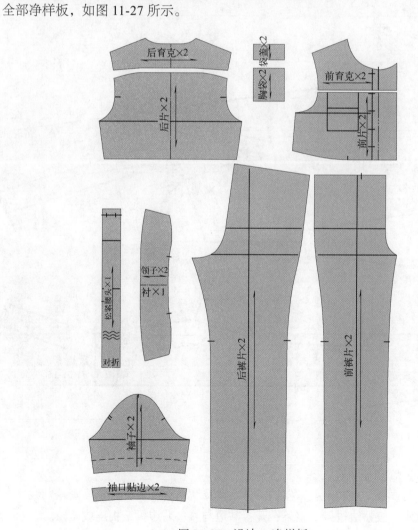

图 11-27　设计 A 净样板

2. 设计 B

背带裤。上衣部分为前护胸、后护腰式背带，前护胸背带采用弹簧式环扣扣接，后护腰分割缝施抽褶，下装部分为短裤，腰口两侧肋开衩，手枪形贴袋，脚口明贴边。

设计准备、操作及样板制作，参照设计 A。

【操作要点】

① 参照设计 A 布置纸样：腰节处衣片与裤片留空，后腰中点加放。如图 11-28 所示。

② 胸围线上 3 ～ 4cm，宽至 BP 点，做护胸上平线，至腰节线上 4cm，绘制护胸造型。

③ 绘画前后片背带造型及背带扣位，后片背带与后护腰整体绘画。

④ 绘画贴袋；设置侧开衩、扣位；绘画开衩贴边。

⑤ 设置后护腰圆弧形分割线，分割线离后中线 6.5cm 设置褶裥 2.5cm，对应在护腰上设置斜向剪切线，以重叠该褶裥量；护腰外侧再设置一条剪切线，上口重叠 1cm 左右。

⑥ 设定裤长；后裆、脚口适当加宽；后裆下落 2cm，描画完整轮廓线及脚口明贴边。

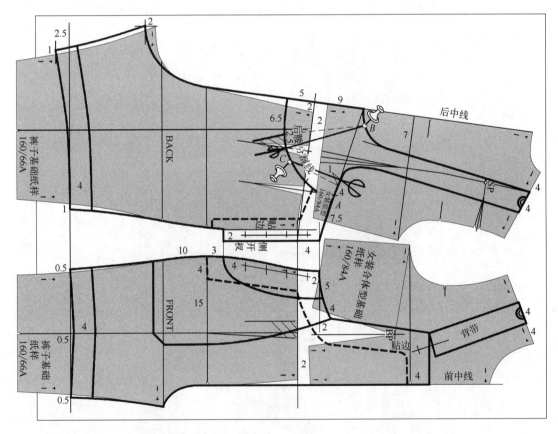

图 11-28　设计 B

【样板制作】

① 剪切后护腰样板，旋转重叠，使护腰分割线及腰口线缩短，重新描画轮廓线。

② 前后裤片脚口按贴边拼接成整条；开衩贴边与腰口贴边拼接相连成整条。

③ 按制作规范完成样板。净样板如图 11-29 所示。

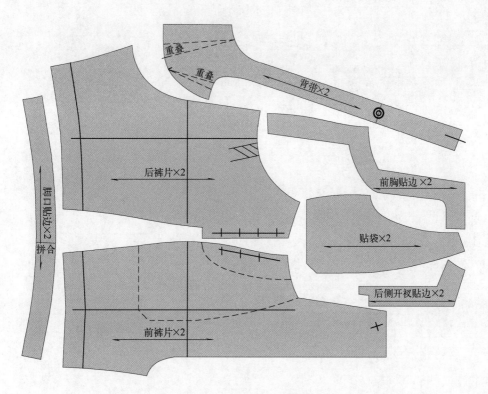

图 11-29 设计 B 净样板

第十二章

衬 衫

衬衫又名衬衣,即衬内的服装,穿着在外套内,夏季亦可直接外穿。鉴于衬衫的穿着特点,把既可内穿又可外穿的服装都归类为衬衫,成为女装的一大类。这类服装通常没有里子,原则上为单衣。规格设计时宽松量加放一般较小,长度规格也适度比外套短,但休闲类的外穿衬衫或特殊造型的衬衫例外。

衬衫按其功能分内穿衬衫和外穿衬衫;按其风格可分为普通(正式)衬衫、休闲衬衫;衬衫袖长可按十分法划分,即无袖、1~2分(超短)袖、3~4分袖(短袖)、6~7分袖(中袖)、9分袖(中长袖)、全袖(长袖);衬衫领型通常有无领、翻(扁)领、企领、驳领等。

第一节　普通衬衫

普通衬衫相对于休闲衬衫,又称正式衬衫,内穿外穿均可,领子造型常见为扁领。规格设计以合体居多,内穿功能衬衫一般为长袖,外穿功能时可设计为各种袖形。常见款式,如图 12-1 所示。

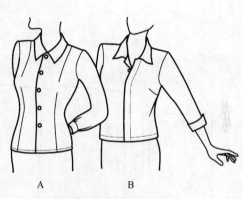

图 12-1　普通衬衫

1. 设计 A

典型女式衬衫。扁领,施腰褶和肩褶,单片袖,窄克夫。

【设计准备】

操作纸样制作:选用合体型上衣基础纸样,及与之相匹配的单片袖基础纸样。

样板纸:后片样板纸对折,前片样板纸门襟挂面部分翻折,袖子样板纸平铺。

【设计与操作】

① 后片中线与样板纸对折边平齐,并固定;离颈侧点4cm设置肩褶位剪切线,闭合原褶量,肩省1.5cm;描画完整轮廓线,直接制作样板。如图 12-2(a)所示。

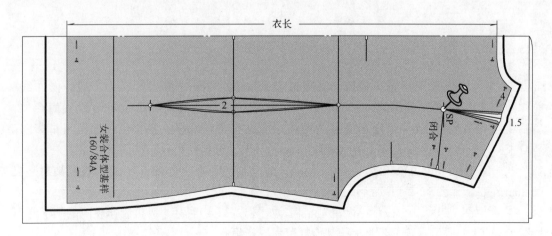

图 12-2

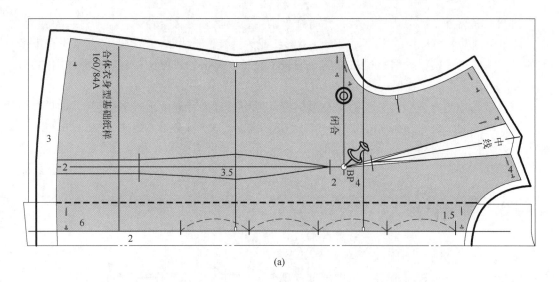

(a)

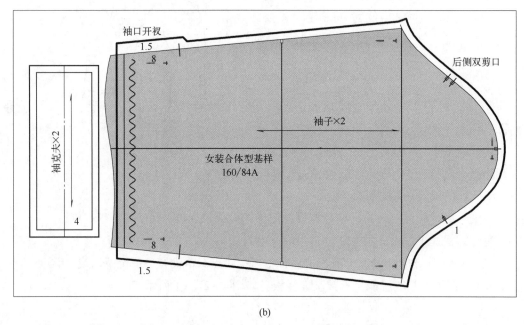

(b)

图 12-2 设计 A

② 前片样板纸按挂面宽翻折，沿翻折边量取搭门2cm，画平行线为中线，操作纸样前中线与纸板中线对齐放置，并固定；与后肩褶位对应，离前侧颈点4cm设置肩褶位，肩褶尖点离BP点4cm；绘画通底褶造型线；描画完整轮廓线。纽扣位：上档纽扣离门襟驳口1.5～2cm，下档纽扣离底摆（1/3衣长−2cm），五档扣均分；挂面宽6cm左右。

③ 按设计需要设置袖长线，克夫宽4cm，袖口加放褶量4～6cm；袖底缝设置袖口开衩，长8cm左右。如图12-2（b）所示。

④ 参照图7-30（a），设计绘画翻领结构，如图12-3（a）所示。对折制作规范的领子样板，如图12-3（b）所示。按工艺要求和制作规范完成样板制作。

⑤ 前后衣片样板如图12-3（c）所示。

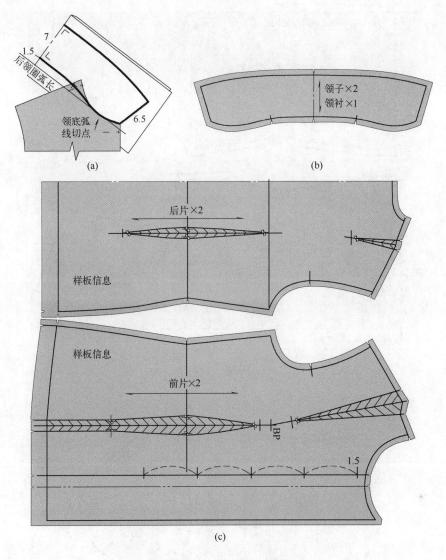

图 12-3　设计 A 领子及样板

2. 设计 B

中袖衬衫。两用扁领（即敞开关合两用），暗门襟，衣长稍短，侧肋缝斜向施胸褶，七分袖，袖口翻卷贴边。

设计准备、操作及样板制作，参照设计 A。

【操作要点】

① 前片里襟样板纸和贴边样板纸分别翻折 6 ～ 7cm；胸围线至腰围线中部偏下处设置褶位，旋转闭合腋下褶量，转移至剪切位；衣长调整；绘制侧缝、底摆、挂面；定扣位。如图 12-4 所示。

② 调整袖长，绘画袖口折边，如图 12-5（a）所示。

③ 暗门襟挂面结构：下档纽扣下 4cm 以下单层，以上部分折叠形成门襟舌片，舌片翻折止口缩进 0.3cm 左右，详见暗门襟挂面结构示意图。如图 12-5（b）所示。

④ 参照图 7-30，设计绘画翻领结构。如图 12-5（c）所示。

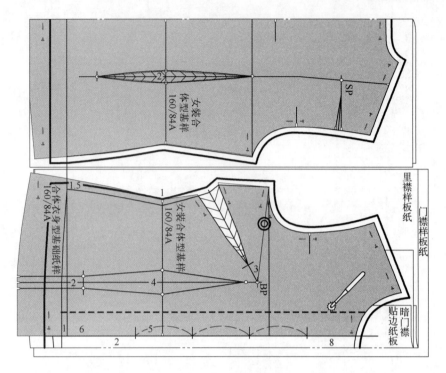

图 12-4 设计 B

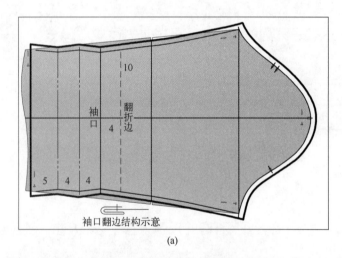

(a)

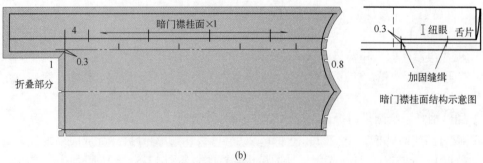

(b)

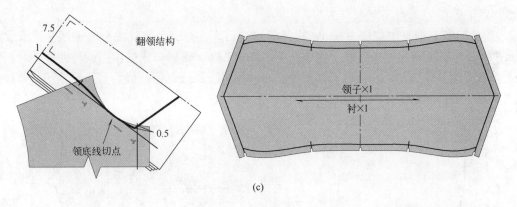

图 12-5　设计 B 袖子及部件

第二节　休闲衬衫

　　休闲类衬衫一般为外穿衬衫，规格通常较宽松，款式变化丰富多彩，特别是夏季女装，对流行元素的运用，更体现款式变化的多样性，展示设计风格和个性特征，如男式风格造型、中式元素等。休闲衬衫具有代表性的款式，如图 12-6 所示。

图 12-6　休闲衬衫

1. 设计 A

男式风格衬衫，企领，门襟明贴边，弧形衣摆，长袖，装克夫。

【设计准备】

操作纸样制作：选用半身型基础纸样，及与之相匹配的单片袖基础纸样。

样板纸：样板纸对折，前片样板纸里襟挂面部分翻折，袖子样板纸平铺。

【设计与操作】

　　① 后片操作纸样中线与样板纸对折边平齐放置，并固定，按设计衣长做下长线；肩宽、后背均加 2.5cm，胸围加放 1cm，过胸围大点做垂线至下平线，腰节收进 1cm；过肩胛点做垂线，绘画后育克分割线，肩褶量直接撇除融入分割线；底摆侧缝提高 10cm，过底摆中点做辅助线，绘画底摆造型线；横开领加宽 1cm，描画完整轮廓线。如图 12-7（a）所示。

　　② 离前片样板纸翻折边 1.75cm（搭门）画直线为前中线，前片操作样板中线与样板纸中线平齐，后片腰节线延长，胸凸量 1.5cm，固定纸样；门襟明贴边宽 3.5cm，做中线平

行线。

③ 前肩宽、胸宽均加放 2.5cm，胸围加放 1cm，过胸围大做垂线至下平线，腰节收进 1cm；延长后衣长线与底摆侧缝提高位；前中加长 2cm，侧缝与底摆中点做辅助线，绘画底摆造型线；横开领加宽 1cm，直开领加深 2cm；离肩线 3cm 做平行线为复司分割线，描画完整轮廓线，并做标记。

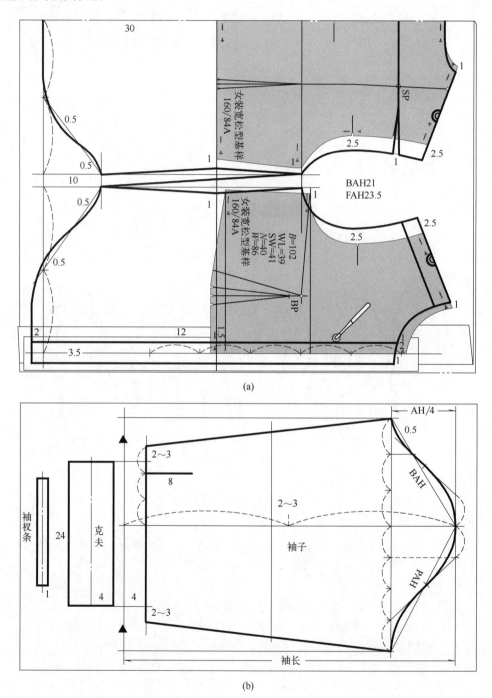

图 12-7　设计 A

④ 纽扣定位：上档扣位颈窝点上 1cm 左右，下档扣腰节下 12 ～ 14cm，六档均分。

⑤ 参照直袖结构设计直接绘制袖子：按袖长规格做袖长线；实测前、后袖窿弧线 AH，袖山按 AH/4 确定；后侧袖口三分之一处设置开衩，长 8cm 左右；袖克夫宽 4cm，对折绘画；袖衩条 1cm 左右，对折绘画，如图 12-7（b）所示。

⑥ 分别拷贝前肩、后背分割部分，在对折纸板上拼合成复司；描画轮廓线，制作规范样板，如图 12-8（a）所示。

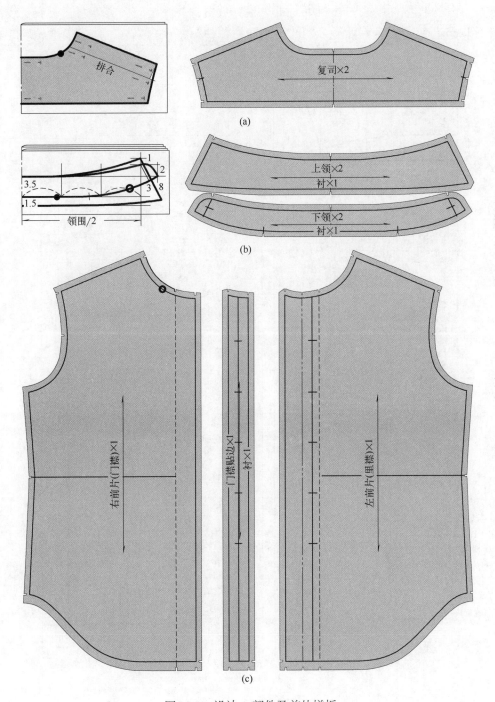

图 12-8　设计 A 部件及前片样板

⑦ 参照图 7-25（a），绘制男式企领造型结构，如图 12-8（b）所示。

⑧ 按工艺要求和规范制作完整样板。前衣片毛样板，如图 12-8（c）所示。

2. 设计 B

男式企领，育克分割，门襟明贴边，弧形衣摆，贴体造型，长袖，装克夫。

设计准备、操作及样板制作，参照设计 A。

【操作要点】

① 后片操作纸样中线与样板纸对折边平齐放置，并固定，按实际衣长做衣长线；后颈点下 12cm，绘画后育克弧形分割线，原肩褶位褶量移至育克分割线，描画轮廓线。如图 12-9 所示。

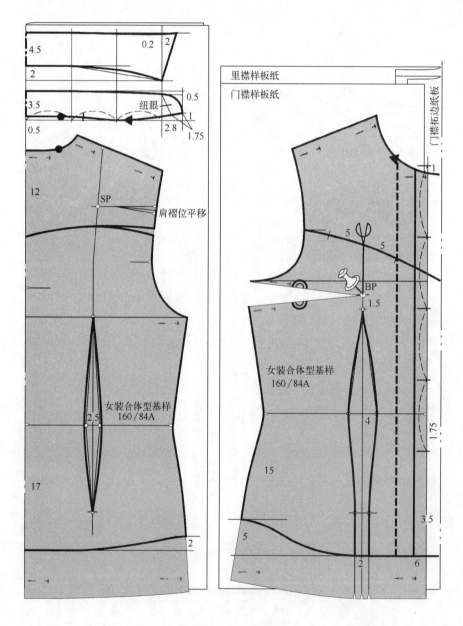

图 12-9　设计 B 衣片

② 参照图 7-25（a），绘制男式企领造型结构。

③ 前片样板纸沿翻折边量取搭门 1.75cm，画平行线为中线，操作纸样前中线与纸板中线对齐放置，并固定；门襟明贴边宽 3.5cm，里襟挂面 6cm。

④ 纽扣定位：上档颈窝点上 1cm 左右，下档腰节下 4～5cm，五档均分。

⑤ 前育克分割：袖窿胸宽点，前中第二、三档纽扣之间，画弧形分割线；自分割线至 BP 点设置剪切线。

⑥ 通底腰褶，腰节处 4cm，底摆 2cm，褶尖离 BP 点 1.5cm。

⑦ 按袖长规格做袖长线，后侧 5cm 处设置开衩，长 8cm 左右；袖克夫宽 4cm，对折绘画；袖衩条 1cm 左右，对折绘画，如图 12-10 所示。

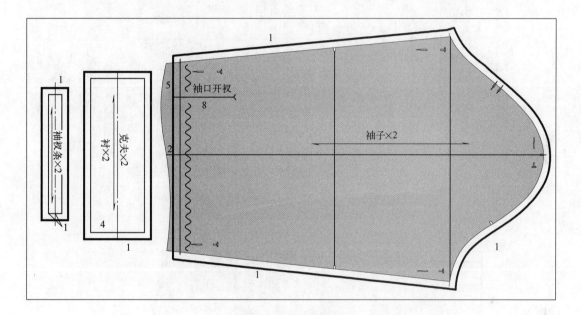

图 12-10　设计 B 袖子

【样板制作】

分割剪裁，分离育克与衣身；剪切、旋转、闭合腋窝褶位，按规范制作完整样板，如图 12-11 所示。

3. 设计 C

纵向分割造型，分割线偏向侧胁，分割内设置斜胸褶，驳领，七分袖，短上衣。

设计准备、操作及样板制作，参照设计 A。

【操作要点】

① 纸样布置，衣长设定，撇门操作，设置公主分割线，如图 12-12 所示。

② 闭合侧胁褶转移至袖窿；前中公主分割线向 BP 点设置胸褶剪切线。

③ 定扣位；调整领口；绘画领子翻折线；参照图 7-42、图 7-43，绘制驳领造型。

④ 绘画后中缝、侧缝及底摆，完整轮廓线。

⑤ 采用单片袖基础纸样制作操作纸样；设定袖长、袖口，袖口中施缝缉褶；绘画袖口贴边，如图 12-13 所示。

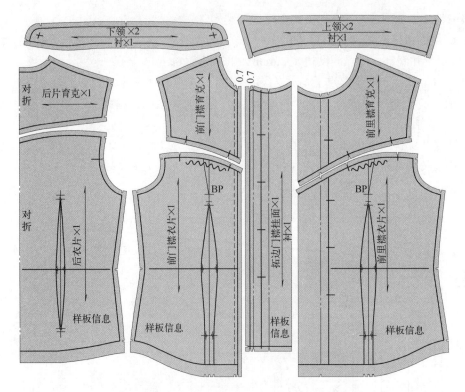

图 12-11　设计 B 衣身、领子部分样板

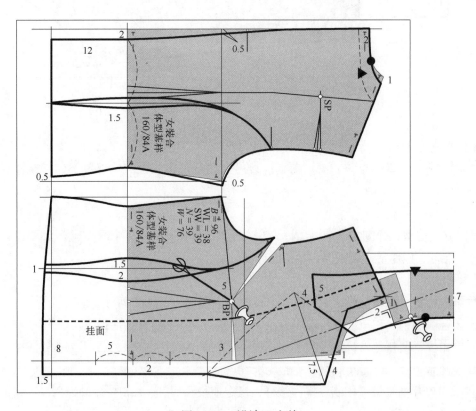

图 12-12　设计 C 衣片

⑥ 按规范制作完整样板。部分样板如图 12-14 所示。

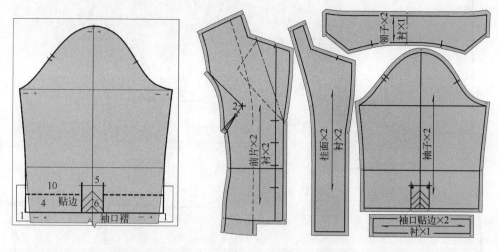

图 12-13　设计 C 袖子　　　　　　　图 12-14　设计 C 部分样板

4. 设计 D

套头式衬衫。V 字敞开式翻领，泡袖头宽克夫灯笼袖造型，整体宽松。

设计准备、操作及样板制作，参照设计 A。

【操作要点】

① 采用合体型基础纸样，操作纸样中线与样板纸对折边平齐放置，并固定；沿腰口做腰节线，按下长做衣长线；后肩不施褶，肩端点缩进 1cm；描画轮廓线，直接制作样板。如图 12-15 所示。

② 前片操作纸样中线与样板纸对折边平齐放置，后腰节线延长，胸凸量 2cm，并固定；前下长加长 2cm；肩端缩进 1cm，袖窿胸围线与后片平齐，即前袖窿加深；直开领至胸围线下 2cm 左右，绘画 V 形领圈造型线；绘画完整前片轮廓线。

③ 在平铺样板纸上做纵向参照线，袖子操作纸样中线与参照线对齐放置，并固定，参照图 8-12、图 8-13，设计泡袖头结构；袖口扩展：自袖中、袖肘线剪切，运用旋转、扩展操作，展开袖口，袖中增加 4cm 左右膨松量，弧线画顺袖口线；袖口开衩 8cm；描画完整轮廓线，并做袖山褶位标记；袖口克夫宽 7cm，对折制作样板。

④ 领子结构：后中宽 7cm，领底起翘 2cm，领角长 11cm。

⑤ 按工艺要求和规范制作完整样板。

5. 设计 E

应用中式元素设计的衬衫，是典型的中西合璧设计。中式元素有斜门襟、立领及盘绕式布纽扣，现代元素为斜插式荷叶短袖、施腰省、侧胁省等。

设计准备、操作及样板制作，参照设计 A。

【操作要点】

① 前、后片操作纸样中线分别与样板纸对折边平齐放置，并固定；设定衣长线；衣摆侧缝起翘 3cm，侧开衩 8cm。如图 12-16 所示。

② 自侧胁向 BP 点斜向设置侧胁省位，胸褶量全部转移至侧胁省位，省尖离 BP 点 3cm，绘画弹头型省道造型线；设置腰节梭形省，省量 3.5cm，省尖离 BP 点 1.5cm。

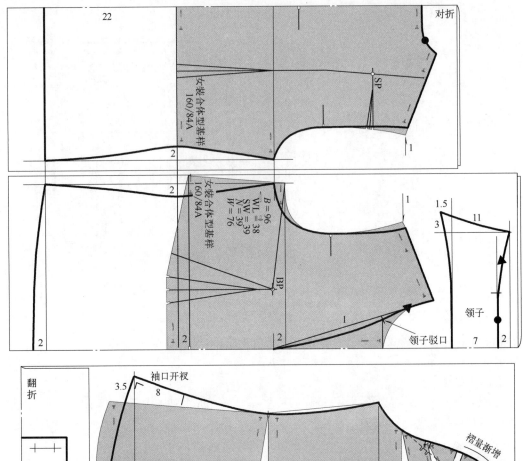

图 12-15 设计 D

③ 后片衣摆侧缝加放 1cm，起翘 3cm，侧开衩 8cm；自后领圈离侧颈点 3cm 处向袖窿底画分割线；设置梭形腰褶，褶量 2cm；描画轮廓线。

④ 前肩线与后肩线等长；自前领圈离侧颈点 4cm 处向袖窿底画分割线；侧胁胸围线下 3cm 与颈窝点下 0.5cm 做辅助线，绘画斜襟造型线：斜襟头凸 1.5cm，后段凹 2.5cm 左右。

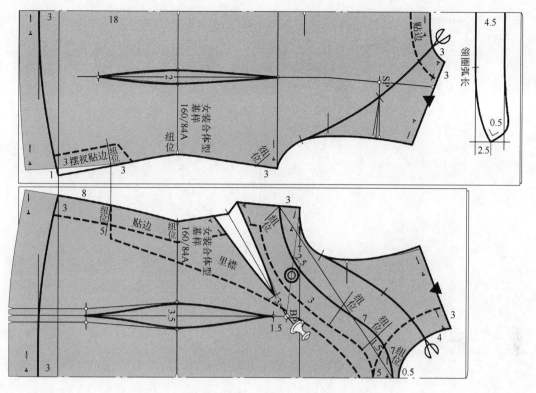

图 12-16　设计 E 衣片结构

⑤ 纽扣（袢）位：沿领圈为第一档；斜襟头离前中线间隔 7cm 定第二、三档，纽位方向与斜襟造型线成垂直状；第四档以斜襟角平分线方向定位，纽袢与后片侧胁对应定位；腰节线、侧缝开衩位定为第五、六档，方向与侧缝垂直。

⑥ 自颈窝点下 5cm，侧开衩止口向内 5cm，绘画里襟弧形造型线，里襟胸部止口原则上不能盖过 BP 点。

⑦ 贴边宽 3～4cm，沿斜襟、侧胁画门襟贴边；沿领圈描画领圈贴边；绘画完整轮廓线。

⑧ 参照图 7-18 所示，绘画立领结构。分别沿前、后肩袖分割线剪裁，制作操作纸样。

⑨ 按实际袖长制作短袖操作纸样，并固定于样板纸上；前、后衣片肩袖分割切分片分别以袖窿线与操作纸样相应袖山弧线对位点对齐放置，并固定；重新描画轮廓线。如图 12-17（a）所示。

⑩ 沿轮廓线剪裁，制作二次操作纸样。如图 12-17（b）所示。

⑪ 在二次操作纸样上设置剪切线：袖中线；过袖山二分之一点做袖肥线的平行线交两侧袖山弧线，分别过交点做中线的平行线为剪切线。

⑫ 二次操作纸样置于样板纸上；沿袖中剪切线自袖口向上剪切，以袖山中点为旋转点，使袖头肩线合拢，袖口展开；两侧剪切线分别做旋转、扩展操作，袖底线袖口处再适度加放；画顺袖口弧线；描画完整袖子轮廓线。如图 12-17（c）所示。

⑬ 先拷贝贴边部分，并按各结构相关样板做纸样拼合；斜门襟贴边以斜襟方向确定直丝缕。

⑭ 按工艺要求和规范制作完整样板。如图 12-18 所示。

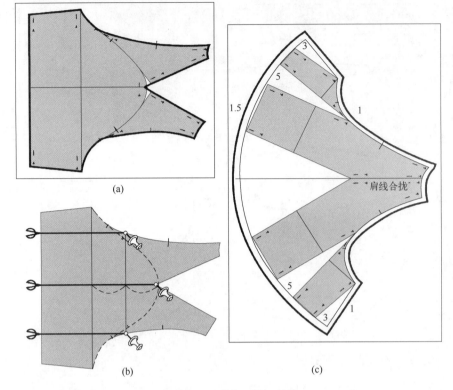

(a)

(b)

(c)

图 12-17 设计 E 袖子结构

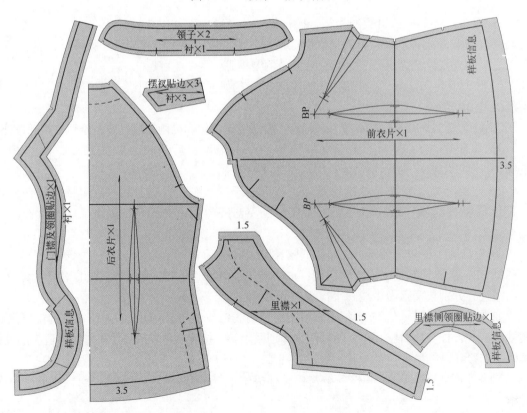

领子×2
衬×1

摆衩贴边×3
衬×3

样板信息

BP

前衣片×1

3.5

BP

门襟及领圈贴边×1
衬×1

后衣片×1

1.5

里襟×1

1.5

里襟侧领圈贴边×1

样板信息

样板信息

1.5

3.5

肩线合拢

1.5

图 12-18 设计 E 衣片部分样板

第十三章

外　套

外套，相对衬衫（内穿服装）而言就是外穿服装的统称。鉴于外套的服用功能，袖子以长袖为主，但也可有短袖或无袖，如马甲就是典型的无袖外套。外套的宽松设计幅度较大，合体、宽松、宽大均可；衣长设计变化多样，短至腰节，长至拖地，视款式造型设计而定；各种领子都可运用于外套款式，立领、企领、驳领，更有各种特殊的领子造型；分割设计也是外套款式变化的主要设计元素；各种口袋等部件，其功能性、装饰性都是外套整体设计的重要组成部分。

按外套服用功能、造型和结构特点可分为五大类：夹克（短上衣）、两用衫（春秋装）、西服、马甲和大衣。

第一节　夹克

这类外套衣长相对较短，一般在腰节线以下、臀围线以上区间，故也通称短上衣。常见款式如图 13-1 所示。

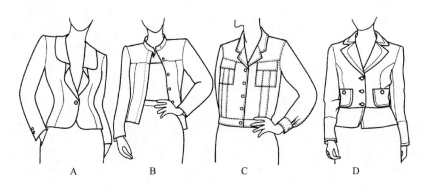

图 13-1　短上衣

1. 设计 A

短上衣，波浪翻领，通底式腰褶，合体造型，双片袖。

【设计准备】

操作纸样制作：选用合体型上衣基础纸样，及与之相匹配的礼服袖基础纸样。

样板纸：后衣片样板纸对折，前片和袖子样板纸平铺。

【设计与操作】

① 操作纸样后片中线与样板纸对折边平齐放置，并固定；沿操作纸样腰节线画腰节线，腰节线向下量取下长做衣长线；肩部不施褶，横开领加宽 1.5cm；设置梭形腰褶 2cm，下褶尖延至衣摆，描画轮廓线。如图 13-2 所示。

② 在前衣片样板纸上先画纵向参照线，操作纸样中线与纵向参照线平齐放置；前胸凸量 3cm；叠门 2.5cm 做平行线；前中后下长线下 2cm 做衣长线。

③ 前横开领加宽 1.5cm，直开领至腰节线上 3cm，做辅助线，中部凹进 1.5cm，画领圈弧线；绘画领子造型线，并绘画廓形线及波浪垂褶效果线。

④ 绘画圆弧形底摆造型线；设置腰褶 3cm，腰褶下端延至底摆，上端褶尖离 BP 点 1.5cm，设置剪切线；描画完整轮廓线。

⑤ 沿轮廓线剪裁纸板制作前片二次操作纸样；将前片二次操作纸样置于样板纸上，沿腰

褶造型线剪裁至 BP 点，并以 BP 点为旋转点，旋转纸样，闭合原腋下胸褶量，使腰褶展开，重新描画腰褶上部，褶尖离 BP 点 1.5cm；描画挂面造型线。如图 13-3（a）所示。

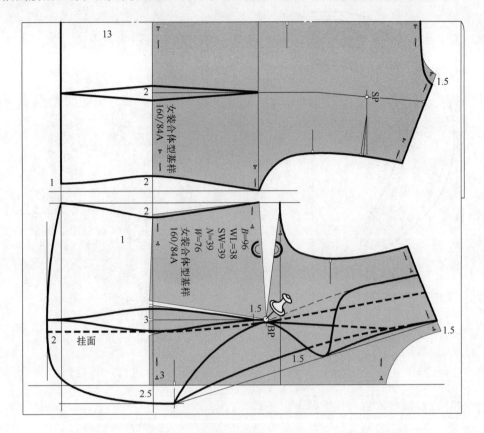

图 13-2　设计 A 衣身

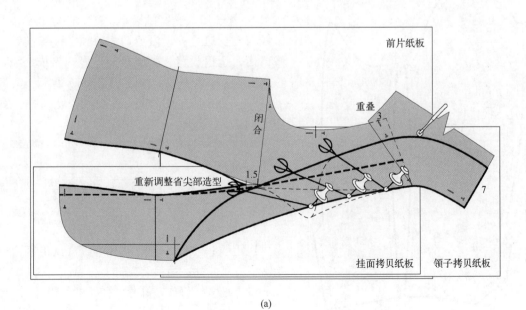

(a)

图 13-3

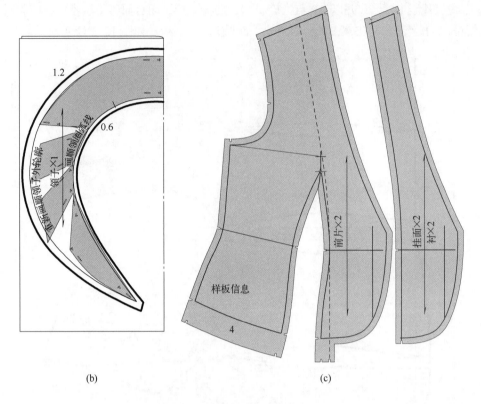

图 13-3　设计 A 前片领子

⑥ 后片样板侧颈点与前片侧颈点相对接，肩端点处重叠 3cm 左右，并固定；绘画领子轮廓造型线；依据波浪褶纹方向设置三条剪切线。

⑦ 先拷贝领子，制作领子二次操作纸样。

⑧ 领子二次操作纸样置于对折样板纸上，后中线与对折边平齐，沿剪切线自领子外缘向领底线剪切，运用放置、扩展操作，展开领子外缘，重新描画领子造型线。如图 13-3（b）所示。

⑨ 再分别完成挂面、前片样板制作，如图 13-3（c）所示。

⑩ 采用礼服袖基础纸样直接制作袖子样板。如图 13-4 所示。

⑪ 按工艺要求和规范配制里子样板，制作完整样板。

2. 设计 B

短上衣，立领，暗门襟，前后育克 T 字形分割造型，双片袖，袖口装克夫。

设计准备、操作及样板制作，参照设计 A。

【操作要点】

① 基础纸样放置、衣长延长；领口加大；如

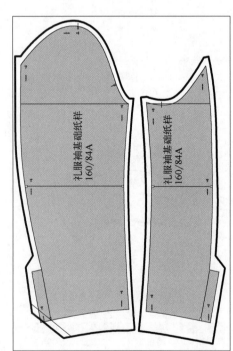

图 13-4　设计 A 袖子

图 13-5（a）所示。

②后片自肩端点量取，双片袖袖山中点至分割点的弧长减吃势的尺寸，定位育克分割位，原肩褶位褶量移至分割线。

③前横开领，直开领各加大 1cm；胸宽点下 1cm 设前片育克分割线。

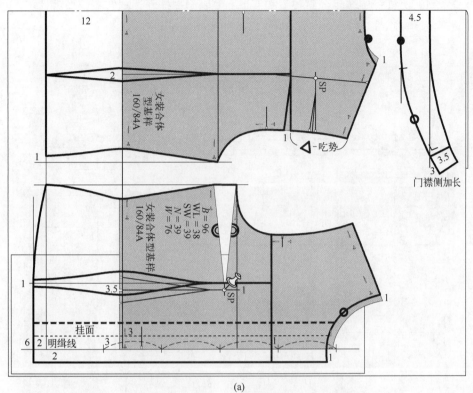

(a)

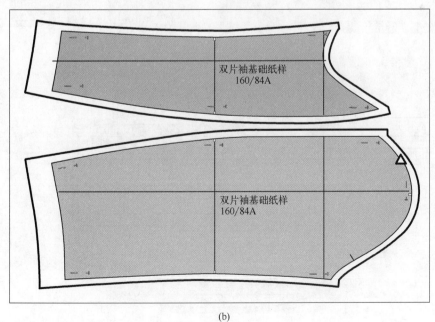

(b)

图 13-5　设计 B

④ 参照原腰褶标线，分别设置前后片育克下纵向分割线。

⑤ 参照图 7-18 所示，设计绘制立领结构，顺领底线门襟侧加长 3cm 左右。

⑥ 采用双片袖基础纸样直接制作袖子样板。育克分割应与袖子分割位相互对应。如图 13-5（b）所示。

⑦ 分割剪裁纸样；旋转闭合原腋下胸褶量；复制门襟挂面，制作暗门襟舌片。

⑧ 按规范制作衣片、领子样板，如图 13-6 所示。

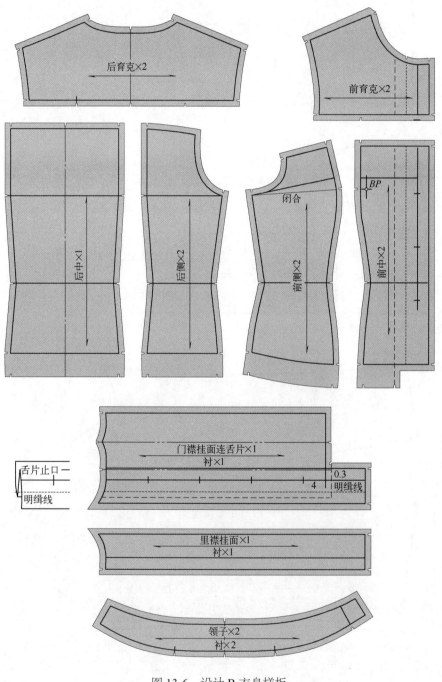

图 13-6　设计 B 衣身样板

3. 设计 C

典型的夹克款式，分割线明缉线，牛仔风格。驳领，明贴胸袋，前胸斜向育克分割，育克下两条纵向分割；后背育克及纵向分割，底摆装登闩，单片袖后侧分割。

设计准备、操作及样板制作，参照设计 A。

【操作要点】

① 参照设计 A，放置操作纸样；前片以 BP 点为旋转点，前胸做撇门 1cm 倾斜操作。

② 设置衣长线、登闩宽及纽扣位；横开领加宽；后育克分割定位参照设计 B，前育克倾斜；设置育克下纵向分割线后片一条，前片二条；绘画胸袋，袋体分割。如图 13-7 所示。

③ BP 点平齐向上 4.5cm，与叠门线交点为驳领翻折点，横开领加大 2cm，离侧颈点 2cm 做点为颈侧翻折点；双点划线连接上下翻折点为翻折线，参照图 7-42、图 7-43 所示方法，设计绘画驳领造型结构。

④ 分割剪裁纸样。衣片及部件净样板，如图 13-8 所示。

⑤ 单片袖基础纸样，袖长减短；减小袖山以扩大袖肥，旋转法缩短袖山：过袖山六分之一点做中线的垂线，垂线与前后袖山弧线交点设置为旋转点；以前后旋转点分别旋转纸样，使前后袖肥大点提升至新袖肥线，重新画顺袖山弧线。如图 13-9 所示。

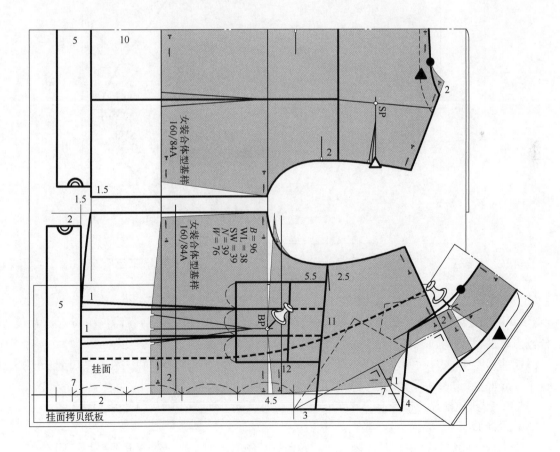

图 13-7　设计 C

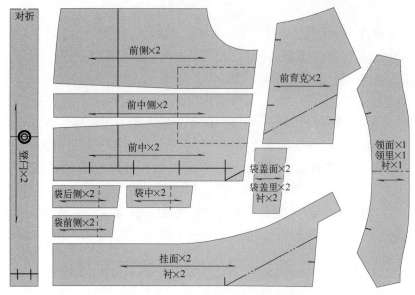

图 13-8　设计 C 衣片及部件净样板

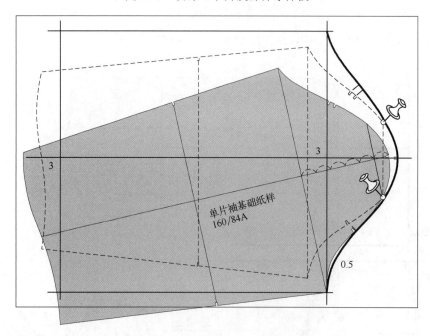

图 13-9　旋转法缩短袖山

⑥ 以后育克分割线至肩端点的袖窿弧长加吃势尺寸，自袖山中点向后测量确定袖子后侧分割点，过点做垂直袖口的分割标线。如图 13-10（a）所示。

⑦ 袖口：袖大片后侧设置褶裥二个；袖口与克夫长尺寸相符合，克夫长 = 袖口围长 − 褶裥（5cm）；绘画袖后侧分割线，完整轮廓线。

⑧ 分割剪裁袖片，按规范完成样板制作。袖子毛样板如图 13-10（b）所示。

4. 设计 D

短上衣，驳领，公主分割，腰节横断，贴袋；领驳外缘、贴袋外缘及腰节以下门襟止口装饰镶边；双片袖，袖下段横向分割。

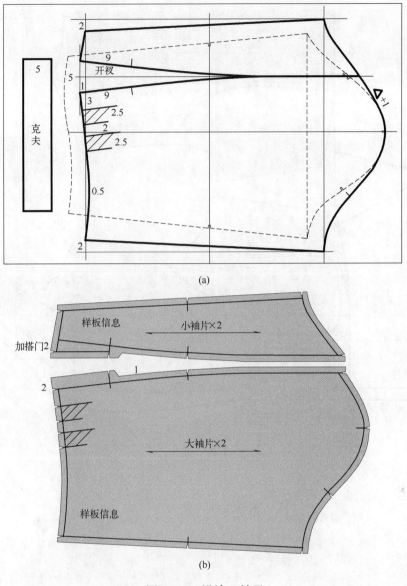

图 13-10　设计 C 袖子

设计准备、操作及样板制作，参照设计 A。

【操作要点】

① 参照设计 B 放置操作纸样；设定衣长、横开领、公主线分割点；腰节横向分割，腰下底摆侧腰点起翘 1cm；分别绘画分割造型线及轮廓造型线；前片腰节线上 5cm 确定袋口位，绘画镶边贴袋，袋口 13cm，镶边宽 1.2cm。如图 13-11 所示。

② 撇门量 1cm；叠门 2.5cm；BP 点平齐向下 2cm 左右，与叠门线交点为驳领翻折点，横开领加大 1.5cm，离侧颈点 2cm 做点为驳领颈侧翻折点，连接翻折线；参照设计 A，设计绘画驳领造型结构；设定扣位及贴袋位；挂面离颈侧点 4cm，翻折点以下宽 8cm，翻折点下 2cm 处截断；绘制驳头、领驳镶边分割造型线。

③ 分割剪裁纸样，闭合前侧片腋下褶位。衣片部分净样板，如图 13-12（a）所示。

④ 采用双片袖基础纸样，设定袖口横向分割线及装饰镶边线。如图 13-12（b）所示。

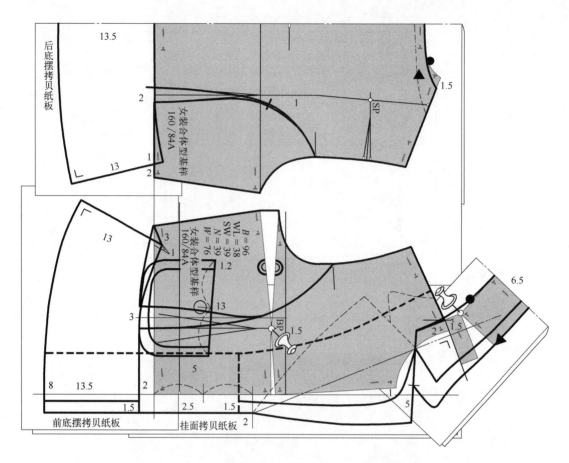

图 13-11 设计 D

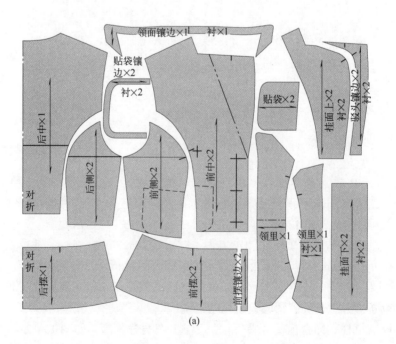

(a)

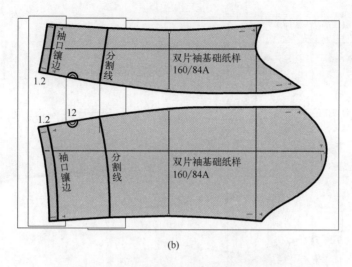

图 13-12　设计 D 衣身部分净样板和袖子结构

第二节　两用衫

两用衫，又称春秋衫，即春秋两季服用的女装，通常应配夹里。这类女装款式丰富，合体、宽松造型灵活。就其服用功能分析，衣长不宜过短，有别于短上衣，一般长过臀围线；作为外套，其内容量因季节、地域气候的不同而不同，通常应能内容贴身内衣外加一两件毛衣。两用衫示例款式如图 13-13 所示。

图 13-13　两用衫

1. 设计 A

方形领圈，合体造型，公主分割，横向腰带式分割，腰部外加一层装饰，单片袖。

【设计准备】

操作纸样制作：选用合体型衣身基础纸样，及与之相匹配的单片袖基础纸样。

样板纸：后衣片样板纸对折，前片和袖子样板纸平铺。

【设计与操作】

① 后片操作纸样中线与样板纸对折边平齐放置，并固定，腰节线向下量取下长做衣长线；横开领加宽 3cm，不施肩褶；腰节线上下 2cm 分别画腰部腰带式分割线；自背宽点，结合原腰节褶位绘画公主分割造型线，腰节处褶量 2cm；横向分割线下 8 ～ 10cm 做平行线画腰部装饰层造型线；绘画完整轮廓线。如图 13-14（a）所示。

② 在前衣片样板纸上先画纵向参照线，前片操作纸样中线与纵向参照线平齐放置，搭门 2cm 做平行线；后下长线下加 2cm 做前衣长线。

③ 横开领加大 3cm，直开领至胸围线以上 4cm，绘画方形领圈造型；腰节线上下 2cm 分别画平行线，为腰部腰带式分割线；BP 点偏外 1cm 设置公主分割位，自胸宽点绘画公主分割造型线，腰节处收量 4cm，底摆处 2cm。

④ 离中线 5cm，自腰节分割线做中线平行线，长 10cm，侧缝端 8cm，绘画腰部装饰层

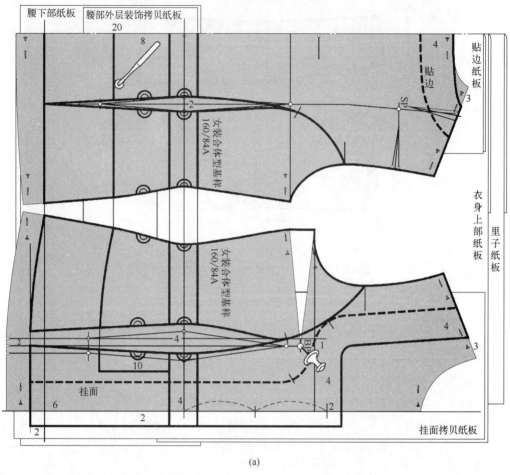

(a)

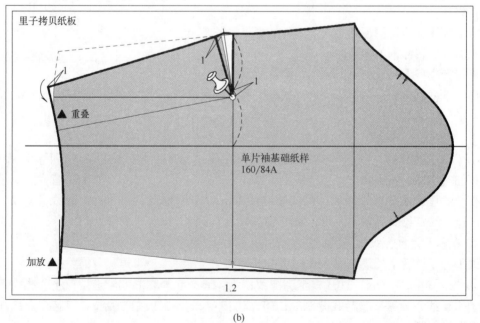

(b)

图 13-14　设计 A

造型线，侧缝与后片相对应。

⑤ 绘画挂面，离颈侧点4cm，下段宽6cm；绘画完整轮廓线，分割部位分别做拼合标记。

⑥ 在袖子样板纸上做纵向参照线，单片袖基础纸样中线与参照线对齐放置；过前侧袖肥大做中线平行线为袖肥大标线。如图13-14（b）所示。

⑦ 袖肘省：后侧袖肘线中点偏内1cm设置为省尖点，过点做中线平行线，设置为剪切线，省尖点外袖肘线设置为剪切线；分别沿剪切线向省尖点剪切；旋转袖口后侧剪切片，以前侧袖口大至袖肥大标线等量为限，使后侧袖口重叠，袖肘线处展开；展开量再加1cm左右为省量，画袖肘省中线和省造型线；后侧袖口向外延伸1cm，补画省根处轮廓线；弧线画顺袖口和前侧袖底线。

⑧ 先拷贝制作挂面、贴边、腰下部、腰部装饰层及里子等样板；沿轮廓线、分割线剪裁纸样，按拼合标记拼合相关切分片，完整相应样板；腰部装饰层需配里子，前侧折边3cm。

⑨ 按工艺要求完成缝份加放，规范制作完整样板。面子毛样板，如图13-15所示。

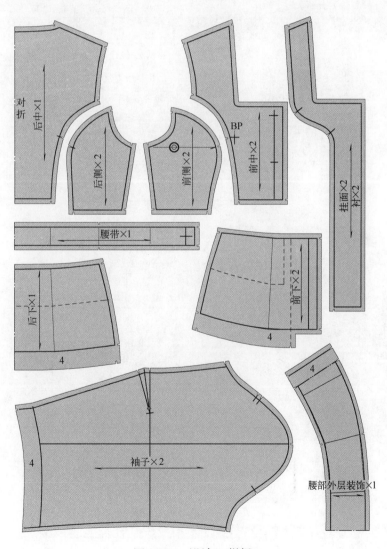

图 13-15　设计 A 样板

⑩ 里子前后片不设置分割线，改为省道，前侧胁设置横向省，省量应适度减小；里子样板缝份量原则上比面子样板多 0.5cm，具体可视面料特性做相应调整。里子毛样板如图 13-16 所示。

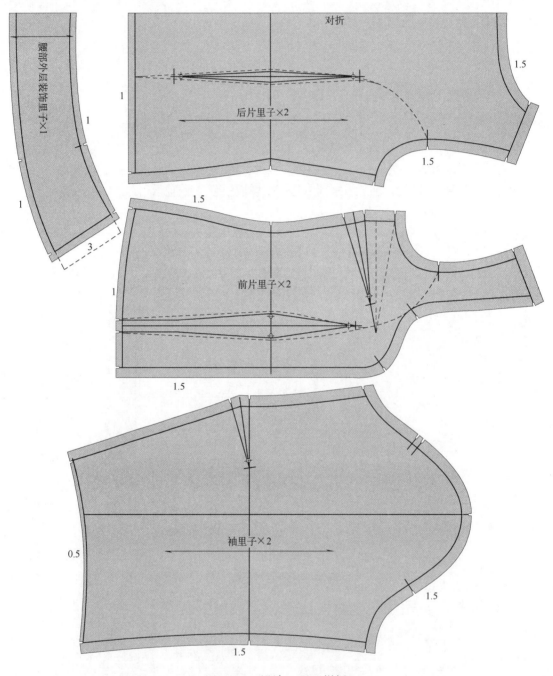

图 13-16　设计 A 里子样板

2. 设计 B
驳领，双嵌线斜挖袋，宽松造型，衣长较长，单排七档纽扣，公主分割，双片袖。
设计准备、操作及样板制作，参照设计 A。

【操作要点】

① 对照设计 A 放置纸样，设定衣长、撇门、叠门、扣位、袋位、分割线等。如图 13-17 所示。

② 横开领加大 2cm，离颈侧点 2.5cm 为颈侧翻折点，与上档扣位连接翻折线，参照图 7-42、图 7-43 所示设计方法绘画驳领造型结构。

③ 分割纸样，闭合前侧片腋下褶位；前片部分净样板如图 13-18 所示。

④ 双片袖基础纸样，袖口设开衩。按工艺要求加放缝份，如图 13-19 所示。

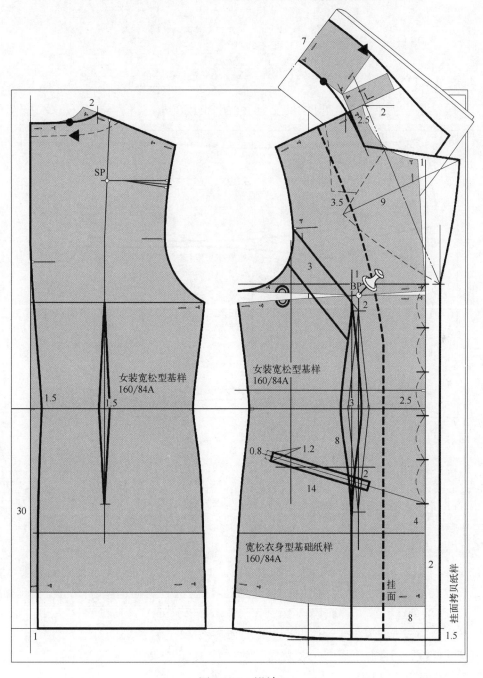

图 13-17　设计 B

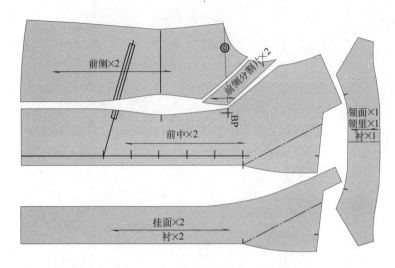

图 13-18　设计 B 前片部分净样板

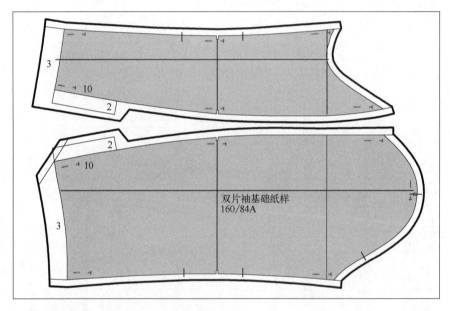

图 13-19　设计 B 袖子

3. 设计 C

蟹钳形驳领，圆领角，方驳头，宽松造型，有盖挖袋，双排三档纽扣，三开身结构，前侧公主分割，BP 点位腰省，礼服袖。

设计准备、操作及样板制作，参照设计 A。

【操作要点】

① 宽松型基础纸样放置时前后腋点胸围大预留 1.5 ~ 2cm，补足后中缝及侧缝撇除量。

② 设定衣长、扣位、袋位；参照图 7-42、图 7-48 蟹钳形驳领结构设计方法，处理撇门、翻折线；绘画驳领造型结构，如图 13-20 所示。

③ 绘画后中缝造型线、前后片侧缝造型线及前片分割造型线。

④ 剪裁样板，闭合腋下褶位。衣片部分净样板，如图 13-21 所示。

⑤ 参照设计 B 图 13-19，采用礼服袖基础纸样制作袖子样板。

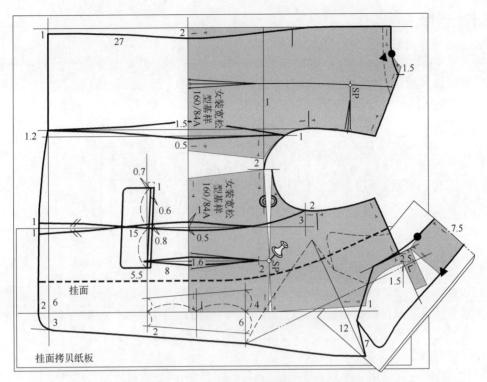

图 13-20 设计 C

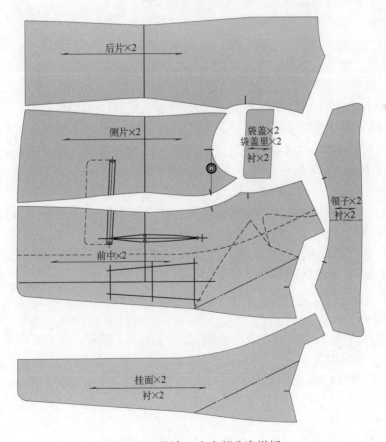

图 13-21 设计 C 衣身部分净样板

第三节　西服

西服，又称西装、小西服。以套装和职业装居多，通常较合体，造型结构严谨，风格简洁，端庄优雅，适合较正式场合穿着。这类女装的结构多运用"三开身"结构，驳领、双片袖或礼服袖，衣长变化灵活，分割造型以公主线为主，后中常设分割线。常见款式如图 13-22 所示。

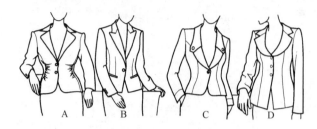

图 13-22　西服

1.设计 A

圆驳角，尖领角，驳口位较高，翻折点低于胸围线；门襟圆摆，袖窿公主分割，在乳下部位设置聚褶；后背公主分割，无中缝；合体造型，衣长较短。

【设计准备】

操作纸样制作：选用合体型衣身基础纸样，及与之相匹配的双片袖基础纸样。

样板纸：后中样板纸对折，其他平铺。

【设计与操作】

① 纸板上先做横向参照线为腰节线，后片操作纸样与腰节参照线平齐，与纸板对折边对齐；自腰节线向下量取后下长做下长线；横开领加宽 1.5cm；不设肩褶，背宽点上 2cm 为公主线分割点，结合原褶位绘画公主分割造型线。如图 13-23（a）所示。

② 领座 2.5cm，后领宽 7cm，后颈点下 2cm 绘画后翻领外缘效果线。

③ 前中自下长线向下 2cm；前门襟搭门 2cm，腰节线为下档纽位，再向上 10cm 为上档纽位，即翻折点；以 BP 点为旋转点做前胸撇门倾斜操作，撇门量 1cm；横开领加大 1.5cm，颈侧翻折点 2cm（领座 -0.5cm），参照图 7-42、图 7-43 所示方法设计绘画驳领造型结构。

④ BP 点向外 2cm 设置公主分割线参照线，腰节处收 4cm，下摆处 2cm，自袖窿胸宽点下 2cm，绘画公主分割造型；绘画门襟圆角底摆。

⑤ 前中片腰节下 6cm，至翻折点以下部分，设置若干条横向剪切线，间距 2～3cm；挂面翻折点下宽 8cm，上离颈侧点 4cm，弧线画顺；绘画完整轮廓线。

⑥ 参照图 13-19 所示，采用礼服袖基础纸样制作袖子样板。

【样板制作】

① 先拷贝制作领子、挂面样板；沿轮廓线、分割线剪裁纸板；侧片腋下褶位做闭合操作，调整画顺侧片胸部轮廓线。

② 在纸板上固定操作纸样；自外侧向前中剪切横向剪切线并依次分别旋转展开加放抽褶量。前衣片样板制作，如图 13-23（b）所示。

③ 里子样板，以净样板为基础制作。前片公主分割线可做调整，原分割线拼合，设置为省道，省量可比原分割线收褶量少；腋下胸褶量设置为侧缝横向省道。

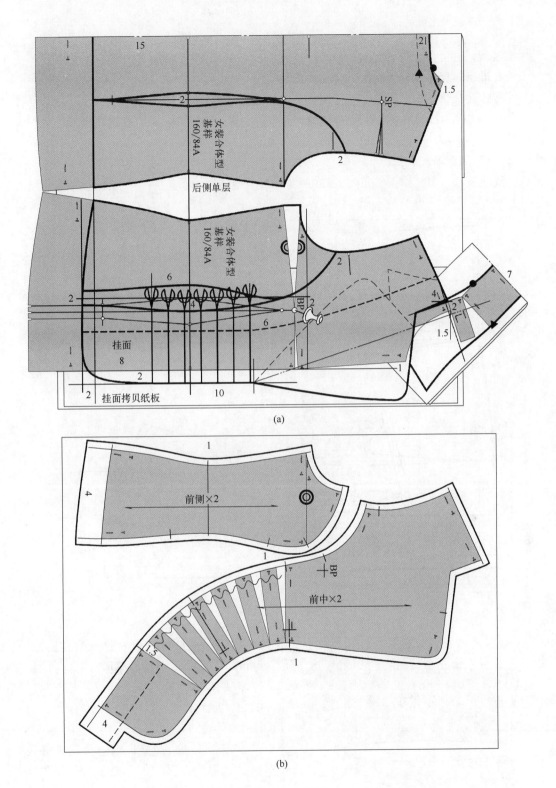

女装合体型基样
160/84A

后侧单层

女装合体型基样
160/84A

挂面
8

挂面拷贝纸板

(a)

前侧×2

前中×2

BP

(b)

图 13-23　设计 A

④ 里子样板缝份原则上应比面子样板多 0.5cm 左右；底摆折边缝份比面子少 2 ～ 4cm。

⑤ 按工艺要求加放缝份，规范制作完整样板。

2. 设计 B

戗驳领，圆驳角，低翻折点，单排一档纽扣；"三开身"结构，礼服袖。

设计准备、操作及样板制作，参照设计 A。

【操作要点】

① 参照图 13-20，在样板纸上布置前后片纸样，腋下预留 2cm；因腰部宽松量适度加大，胸腰差量变小，前片胸凸量宜减少 1cm 左右。如图 13-24 所示。

② 设定前后衣长、扣位、袋位；做撇门处理、设置驳领翻折线，参照图 7-44 所示方法设计绘画戗驳领造型结构；参照图 13-20，绘画后背缝造型线、前后侧胁分割造型线。

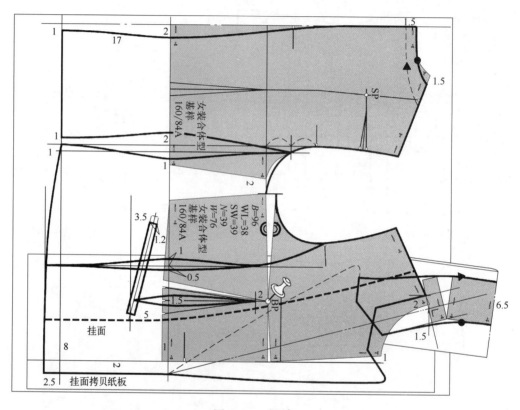

图 13-24　设计 B

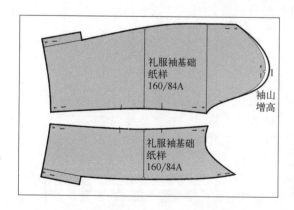

图 13-25　设计 B 袖子

③ 采用礼服袖基础纸样，袖山中点加高 1cm，增加袖山吃势量。如图 13-25 所示。

④ 按常规配制里子；按工艺要求加放缝份，规范制作完整样板。

3. 设计 C

领驳，驳口交叠，宝剑头领角加装饰扣，低翻折点，单排一档纽扣；四开身结构，后中分割缝，门襟圆摆造型；双片袖，袖口横向分割。

设计准备、操作及样板制作，参照设计 B。

【操作要点】

① 参照设计 B 布置纸样，设定衣长、扣位，操作撇门，调整领圈。如图 13-26（a）所示。

② 参照图 7-42、图 7-43 所示方法绘制驳领造型结构，驳头与领角交叠，领角宝剑头造型。

③ 分别绘画前后片公主分割造型线、侧缝线、参照设计 B 绘画后背缝。

④ 以双片袖基础纸样，袖山中点加高；袖口设横向分割。如图 13-26（b）所示。

⑤ 剪裁纸板，前侧片闭合腋下褶位；衣片净样板如图 13-27（a）所示。

⑥ 前中、前侧及后侧里子样板可拼合成整片，腰部设置省道，袖窿分割点处设置褶裥。如图 13-27（b）所示。

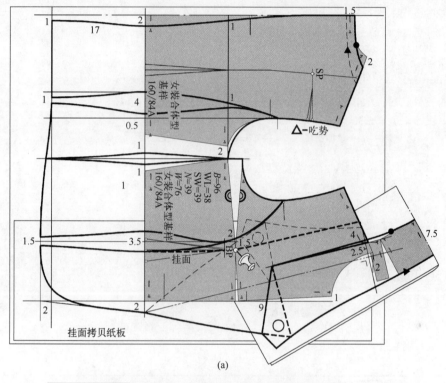

(a)

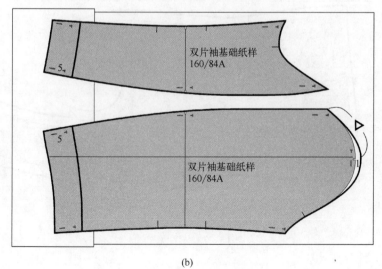

(b)

图 13-26　设计 C

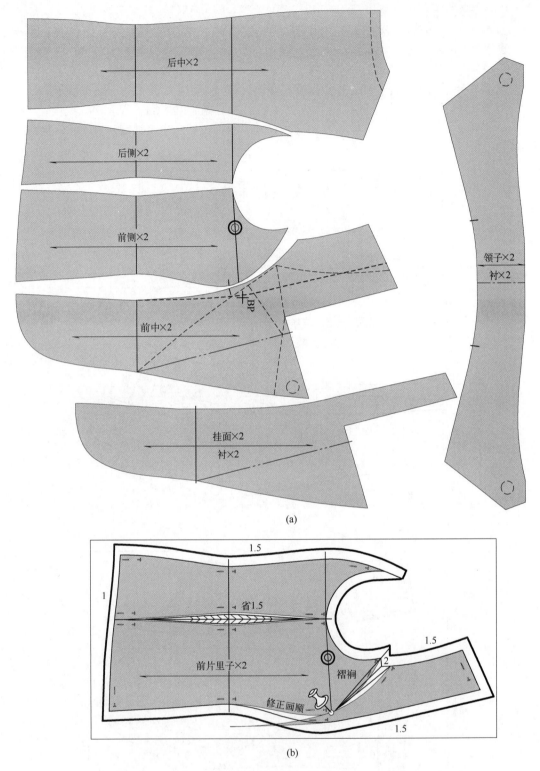

（a）

（b）

图 13-27　设计 C 样板

4. 设计 D

弧形翻折驳领，贯通式公主分割线；"四开身"结构，衣长较长，双片袖。

设计准备、操作及样板制作，参照设计 B。

【操作要点】

① 参照设计 B 布置纸样，侧缝处留足空间；做前胸撇门倾斜操作，撇门量 1cm；设定下长、门襟搭门、纽扣位。如图 13-28 所示。

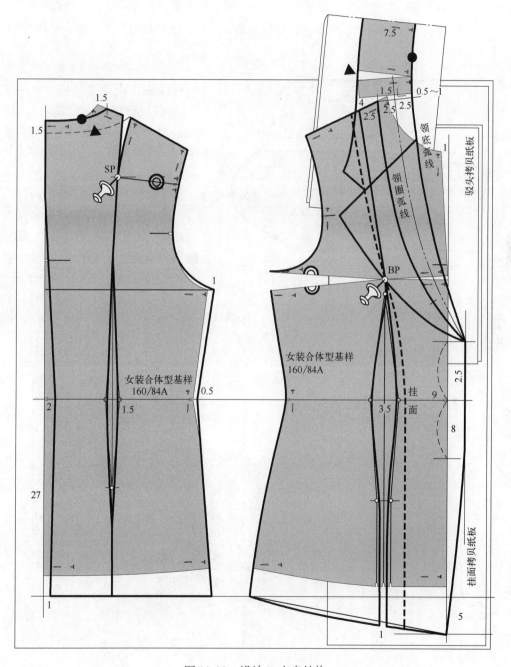

图 13-28　设计 D 衣身结构

② 后横开领加大 1.5cm，领座 3cm，后领宽 7.5cm，翻领后中盖叠 1.5cm，绘画后领圈及后领外缘翻折效果线；参照设计 B 绘画后背缝，腰节处缩进 2cm，底摆缩进 1cm；以后片褶位标线为基准，自肩线绘画贯通式分割造型线。

③ 颈侧翻折点 2.5cm（领座 -0.5cm），自颈侧翻折点至门襟翻折点画弧形翻折线，弧度视驳领造型而定；绘画领驳造型线；自侧颈点至门襟翻折点绘画弧形分割线（前领圈线），以翻折线为对称轴，绘画弧形分割线的对称状弧线为领底弧线；过颈侧点做翻折线的垂线与领底弧线交点为颈侧点对称点，鉴于领圈弧线与领驳弧线的弧度不同，对称点应向上移 0.5 ～ 1cm 的调节量，以此为原点设置驳领倾斜矩形，并做倾斜操作绘画领子轮廓线。

④ 过 BP 点原褶位线为分割线位，自肩线绘画贯通式公主分割造型线，腰节处收 3.5cm，底摆处收 1cm。

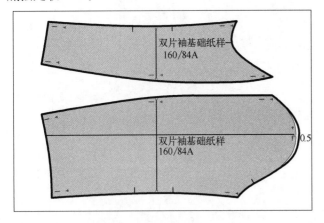

图 13-29　设计 D 袖子

⑤ 挂面下段翻折点以下宽 9 ～ 10cm，上端离颈侧点 4cm，弧线画顺；绘画完整轮廓线。

⑥ 采用双片袖纸样设计，袖山中点向上加 0.5cm，以增加袖山吃势量。如图 13-29 所示。

【样板制作】

① 先拷贝制作领子、驳头及挂面部分；沿轮廓线、分割线剪裁纸板，腋下褶位做闭合操作。前中、挂面及驳头部分制作二次操作纸样。

② 门襟分割线调整方法：将前中、挂面操作样板分别与驳头样板翻折点对齐，约 7cm 处缝份相对接布置，并在纸板上固定。如图 13-30（a）所示。

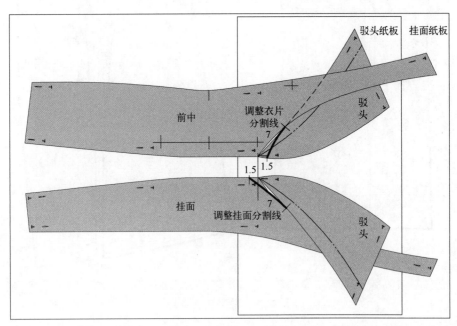

(a)

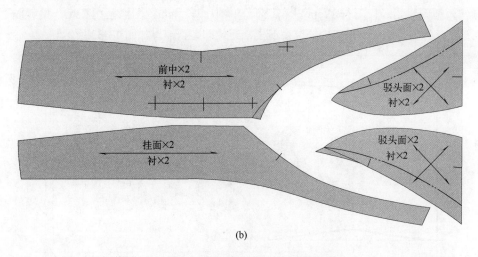

(b)

图 13-30　门襟翻折点处分割线调整

③ 前中翻折点向上提升 1.5cm，自 7cm 相接处重新画顺前中和驳头轮廓线；挂面翻折点向下降 1.5cm，自 7cm 相接处重新画顺挂面和驳头轮廓线。

④ 沿调整后的轮廓线分别剪裁制作前中和挂面样板，如图 13-30（b）所示。

⑤ 按工艺要求加放缝份，规范制作完整样板。

第四节　马甲

马甲，也称坎肩、背心，为无袖上衣，有内穿和外穿之分。内穿时，较合体，衣长较短，穿于外套之内，如西装的配套马甲；外穿时，规格相对宽松，衣身长短随意。款式造型与普通外套相仿，领子、口袋、门襟、分割等都变化丰富，肩宽、衣长、底摆造型变化更灵活。从服用功能而言，马甲更具装饰性，因此，深受大家青睐。马甲设计款式，如图 13-31所示。

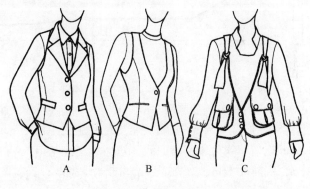

图 13-31　马甲

1. 设计 A

驳领，窄肩，前侧分割，门襟底摆八字造型，单排三档纽扣，袋爿挖袋；后中分割，衣长较短。

【设计准备】

操作纸样制作：选用合体型基础纸样。

样板纸：样板纸平铺。

【设计与操作】

① 在样板纸上布置操作纸样前后片，考虑腰部松量，前胸凸量减 0.5cm 左右；做前胸撇门

倾斜操作，撇门量 1cm；下长 12cm 做衣长线，前中加长 4cm；门襟搭门 2cm，腰节线下 5cm 为下档纽位，向上各 7.5cm 设二档纽位，最上档纽位即翻折点。如图 13-32 所示。

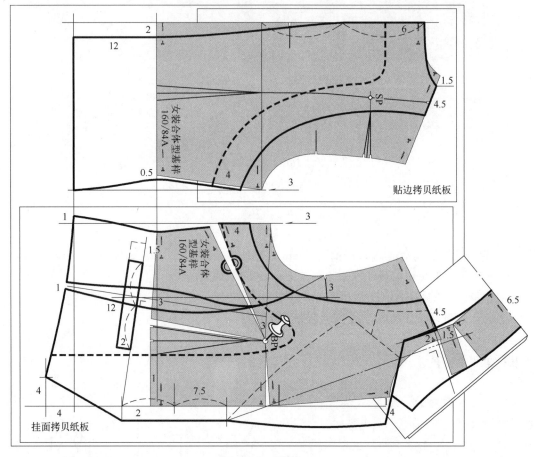

图 13-32 设计 A

② 横开领加大 1.5cm，领座 2.5cm，后领宽 6.5cm，后中翻领盖叠 1.5cm；颈侧翻折点 2cm（领座 -0.5cm），参照图 7-42、图 7-43 所示方法设计绘画驳领造型结构。

③ 窄肩宽 4.5cm；袖窿降低 3cm；胸宽点向内 3cm 做中线平行线，下档纽位与腰节线下 1.5cm 连辅助线为袋位参照线，过两线交点与 BP 点内 3cm 连辅助线为分割线位，腰节处收 3cm，底摆收 1cm，自胸宽点绘画分割造型线；袋片宽 2cm，袋口大 12cm。

④ 后中缝腰节以下收进 2cm，绘画后中缝。

⑤ 前挂面与袖窿贴边整体绘画，后领圈与袖窿贴边连为整体；绘画完整轮廓线。

【样板制作】

① 先拷贝制作领子、挂面、贴边及袋嵌样板；沿轮廓线、分割线剪裁纸板，腋下褶位做闭合操作。设计 A 净样板，如图 13-33 所示。

② 贴边、里子样板，如图 13-34 所示。按工艺要求加放缝份，规范制作完整样板。

2. 设计 B

无领，V 字领圈造型，窄肩，前后公主线分割，门襟底摆八字造型，单排一档纽扣，双嵌线挖袋；后中不分割，衣长较短。

设计准备、操作及样板制作，参照设计 A。

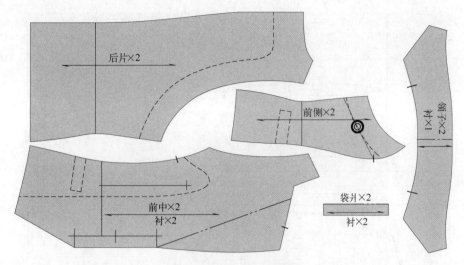

图 13-33　设计 A 净样板

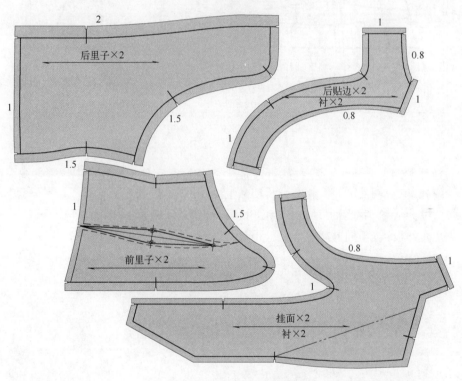

图 13-34　设计 A 里子样板

【操作要点】

① 参照设计 A 布置前后片纸样，考虑腰部松量，前胸凸量减 1cm 左右；设定衣长线、搭门、纽扣位。如图 13-35 所示。

② 横开领加大 2.5cm，窄肩宽 5cm；颈侧点与纽扣位门襟止口连辅助线，中部凹进 1cm 画领圈弧线；门襟底摆撇进 3cm，外凸 0.5cm 画顺门襟止口线。

③ 袖窿降低 3cm；BP 点向内 2cm 做中线平行线，自胸宽点绘画分割造型线，腰节处收 3cm，底摆处 1cm；设定袋位，袋口大 12cm，双嵌条袋口宽 1.2cm。

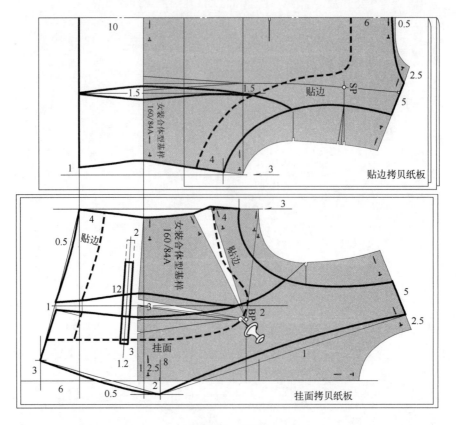

图 13-35　设计 B

④ 后横开领加大 2.5cm，窄肩宽 5cm；后片褶位标线向外 1.5cm 做中线平行线，自袖窿背宽点水平位绘画分割造型线，腰节处收褶量 1.5cm。

⑤ 参照设计 A 绘画挂面、袖窿及底摆贴边；绘画完整轮廓线。

⑥ 衣片净样板，如图 13-36 所示。

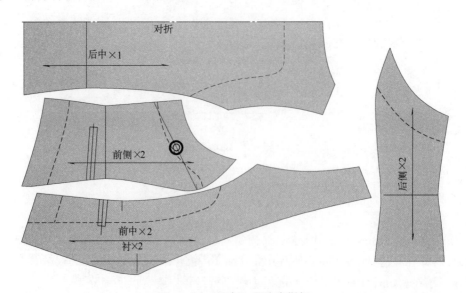

图 13-36　设计 B 衣片净样板

⑦ 里子样板制作时，先分别把前后片公主线分割拼合，前片腰褶量调至 2cm，后片腰褶量调至 1.2cm，里子净样板，如图 13-37 所示。

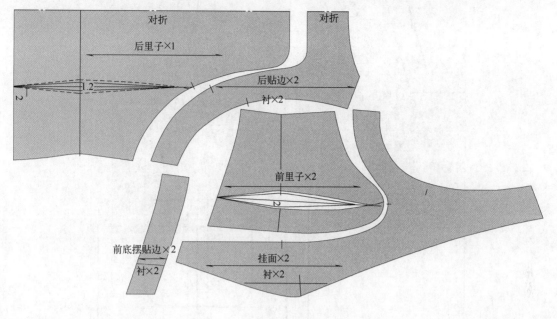

图 13-37　设计 B 里子净样板

3. 设计 C

系带式马甲，宽松造型，褶裥立体贴袋，门襟圆摆，单排三档纽扣；袖窿、底摆及门襟边缘均采用包边工艺；无肩部，采用后背串带过肩在前胸系扎形成吊带。

设计准备、操作及样板制作，参照设计 A。

【操作要点】

① 在样板纸上布置前后片纸样，胸凸量减少 1cm；腰节线下 18cm 做衣长线，前中加长 2cm；门襟搭门 2cm，在腰节线处设置第一档纽扣位，以下间隔 4cm，设置第二、三档纽扣位。如图 13-38 所示。

② 袖窿降至腰围线上 4cm；胸宽点上 2cm，BP 点标线外 2.5cm，内 3cm，与门襟上档纽扣位止口连接辅助线，绘画门襟及前胸至袖窿造型线；门襟底摆圆弧造型。

③ 立体贴袋造型：离前中线 5cm，袋深腰节线下 12cm，袋口腰节线上 4cm，袋口大 16cm，袋中设置暗裥 3cm；腰节以上为整体袋盖，袋盖及袋底为圆角造型，上端为系带串口。

④ 后背宽点做中线垂线，离后中线 6cm 为背带穿道，宽 3cm；绘画完整轮廓线。

【样板制作】

先拷贝制作立体袋、袋盖样板；沿轮廓线剪裁纸板；按工艺要求配制里子（可采用双层面料），加放缝份，边缘滚条为正斜面料，规范制作完整样板。毛样板如图 13-39 所示。

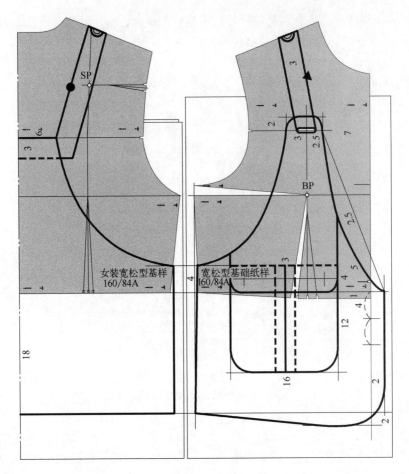

女装宽松型基样
160/84A

宽松型基础纸样
160/84A

SP

BP

图 13-38　设计 C

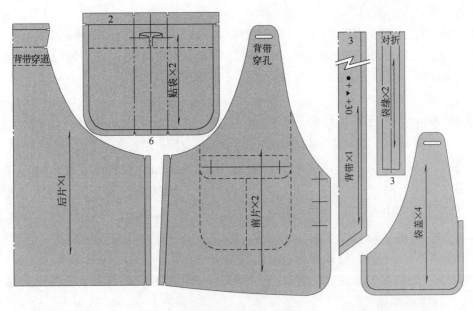

背带穿道

贴袋×2

背带
穿孔

后片×1

前片×2

背带×1

●+▲+30

对折

袋缘×2

袋盖×4

图 13-39　设计 C 样板

第五节　大衣（风衣）

大衣是指长过大腿中部，至踝关节的外套，包括风衣，也可称长上衣。规格上一般较宽松，整体直身型造型的居多，也可以是合体或夸张飘逸的廓形。衣身结构"四开身"或"三开身"均可，分割线设计较常见，比较注重领子、口袋、门襟等主要部件及装饰细节上的设计。大衣设计款式如图13-40所示。

图13-40　大衣（风衣）

1. 设计A

典型的风衣款式，企领，插肩袖，袖口襻；左前胸加装饰层，斜袋爿挖袋；双排四档纽扣，后中开衩。

【设计准备】

操作纸样制作：选用宽松型上衣基础纸样，及与其相匹配的单片袖基础纸样；沿袖中线切分制作前后两片式袖子操作纸样。

样板纸：样板纸平铺。

【设计与操作】

① 在样板纸上布置前衣片操作纸样，考虑腰部宽松度前胸凸量宜减少1cm；前袖山中点分别与衣片肩端点对接布置，袖山中点提高1cm，袖斜4cm，袖肥线提高1cm，大头针固定；下长70cm做衣长线，前中加长2cm；门襟搭门8cm，BP点上1cm设置为上档纽扣位，腰节线以下25cm设置下档纽扣位，之间四档纽位均分。如图13-41所示。

② 前横开领加大2cm；直开领加深2.5cm；驳头宽12cm，驳角为圆角，绘画门襟止口造型线；沿门襟止口2.5cm定外排纽扣位，以中线对称确定内排纽扣位。

③ 前袖窿降低消除原腋下胸褶量；袖窿腋点至领圈线颈侧点下4cm，绘画插肩造型线，胸宽点下4cm为衣袖分裂点；自分裂点下2cm，上档纽位下3cm，BP点向内3cm定点，至前颈中点绘画前胸加层的造型线。

④ 以分裂点为圆心，运用圆弧法确定袖肥大，对称绘画分裂点至袖肥大的弧线；袖中肩端点下向外凸0.8cm，袖口上6cm，袖襻5cm，固定襻离中线2cm。

⑤ 侧腰缩进1cm，下摆大35cm，起翘1.5cm；绘画完整轮廓线。

⑥ 袋位：过胸宽点做中线平行线，与腰节线下10cm交点为袋中点，袋口大16cm，袋爿宽4cm，倾斜2cm。

⑦ 在样板纸上布置后衣片纸样，后袖山中点分别与衣片肩端点对接布置，袖山中点提高1cm，袖斜4cm，袖肥线提高1cm，大头针固定纸样。如图13-42（a）所示。

⑧ 后中腰节缩进1.5cm，平行至底摆，腰节线以上弧线至后颈点；后开衩位与前下档纽扣位平齐，搭门加放4cm，绘画后背造型线；胸围大腋下加放0.7cm左右。

⑨ 后横开领加宽2cm，自领圈线离颈侧点3cm，至胸围大绘画插肩造型线，背宽点下2cm为衣袖分裂点；参照前侧袖绘制方法，绘画后侧袖结构，袖口襻宝剑头造型，标示拼接符号；底摆侧胁起翘1.5cm。绘画完整轮廓线。

⑩ 在对折样板纸上直接绘画企领，领底弧线长与领圈弧线长相等；圆领角，底领高5cm，外领高7cm。如图13-42（b）所示。

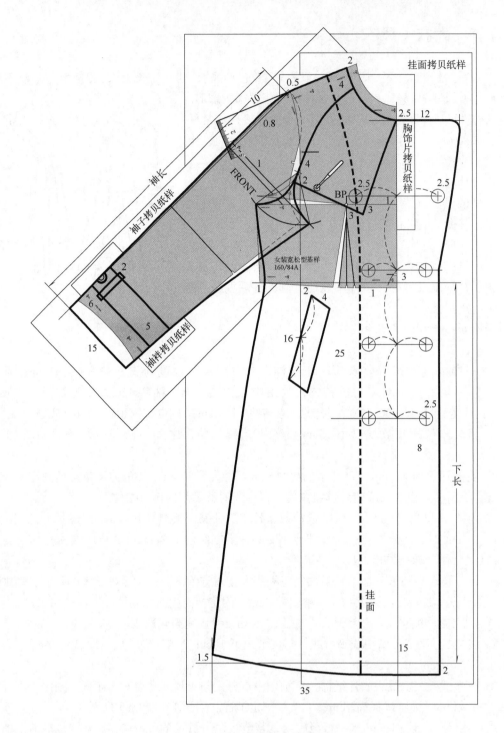

图 13-41　设计 A 前片

【样板制作】

① 先拷贝挂面、前胸加层部分、袋嵌等，制作样板。

② 在袖子部分插入纸板，拷贝剪裁袖子样板；再剪裁衣片样板。

③ 按工艺要求配制里子，加放缝份，规范制作完整样板。

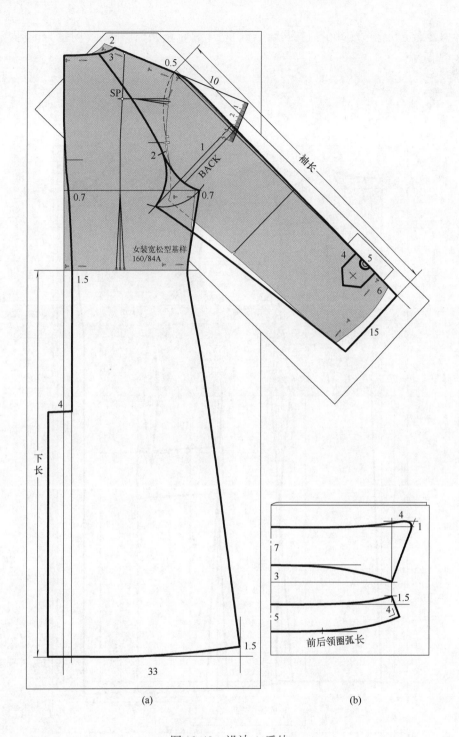

图 13-42 设计 A 后片

2. 设计 B

戗驳领，单排三档纽扣，有盖挖袋；"三开身"合体造型，衣长至膝关节稍上，礼服袖。
设计准备、操作及样板制作，参照设计 A。

【操作要点】

① "三开身"结构，参照图 13-20 所示，在样板纸上布置前后片操作纸样，腋下预留

2cm；考虑腰部宽松量适度减少前胸凸量 1cm 左右；做前胸撇门操作，撇门量 1cm，固定纸样。如图 13-43 所示。

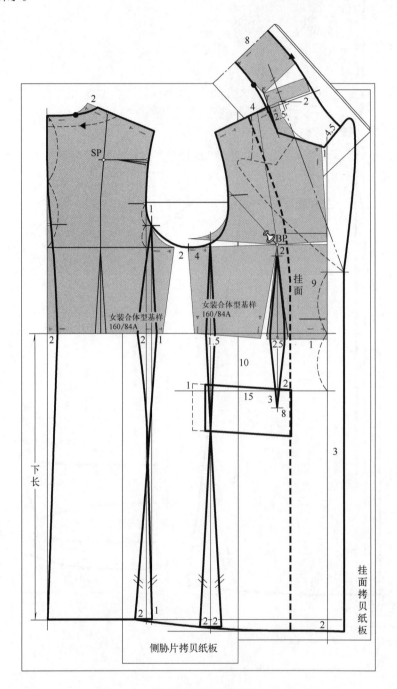

图 13-43　设计 B

② 设定衣长、纽扣位；调整领圈，绘画门襟止口及挂面；后肩不设褶，横开领加大 2cm；后背缝腰节处缩进 2cm；参照图 7-46 所示方法设计绘画戗驳领造型结构。

③ 设置枣核形腰褶，褶量 2.5cm，褶尖 BP 点下 2cm，下褶尖低于袋口位 3cm；腰节线下 10cm 确定袋位，袋口前端离褶边线 2cm，后端袋口倾斜 1cm，袋口大 15cm，袋盖宽 8cm。

④ 前胸围大向内 4cm 设置分割线，腰节处收 2cm，底摆适度加放。

⑤ 分割剪裁纸样，闭合腋下褶位。

⑥ 采用礼服袖基础纸样设计袖子，袖山中点加高；如图 13-44 所示。

⑦ 配制里子；按规范完成完整样板。

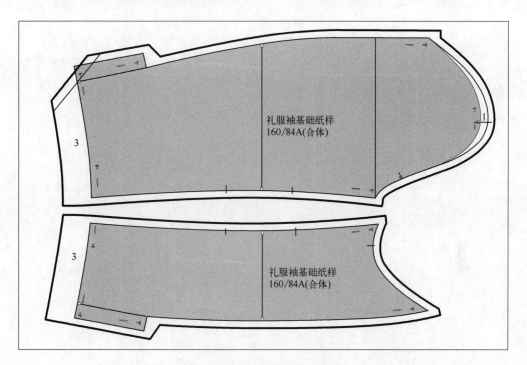

图 13-44　设计 B 袖子样板

第十四章

连衣裙与
晚礼服

裙子连接上衣，称为连衣裙。连衣裙分为两类：有腰线连衣裙和无腰线连衣裙。有腰线连衣裙指腰节分割，上为上衣，下为裙子；无腰线连衣裙指腰节不分割，衣片上下相连，也可视作长上衣。鉴于连衣裙的结构特点，在廓形上属组合造型，集上衣和裙子的变化、组合于一体，其款式变化就更为丰富多彩。通常连衣裙以夏装为主，也有秋冬装；紧身、合体、宽松随意；有袖无袖均可；各类领子都适宜；分割造型灵活，公主线、高腰线（乳下）、低腰线、直线和自由线型都常见。

晚礼服，又称小礼服，特指社交场合上穿着的女装，其主要款式以连衣裙居多。与普通连衣裙相比，更注重整体设计与穿着场合氛围的协调，更多地运用装饰手法和夸张的廓形塑造，更多地采用新材料和特殊工艺技术。因此，这类女装比较适宜运用立体裁剪法设计和制作。对款式造型相对简洁、结构也不太复杂的晚礼服，采用纸样法设计造型结构和制作样板还是比较便捷的。纸样法结构变化灵活、造型直观、样板准确的优势在晚礼服的设计中也能较好发挥。

第一节　有腰线连衣裙

连衣裙腰节部位设计有分割线，即腰线，通常可分为低腰、高腰和正常腰节位三种形式。如图 14-1 所示。这类连衣裙选用基础纸样时，腰节线在正常位置的，采用半身型上衣基础纸样和裙子基础纸样相接的方法较方便，而腰节分割线低于或高于正常腰节位，选用全身型上衣基础纸样更方便。

1. 设计 A

正常腰位，腰节横断，腰部丝带装饰，穿脱设计为侧腰开衩。上衣无袖无领，大圆弧领圈造型，肩部分割镶嵌木耳饰边，衣身公主分割，腰节以下为褶裥裙，裙长至膝。

【设计准备】

操作纸样制作：选用贴体型上衣基础纸样。

样板纸：样板纸对折。

【设计与操作】

① 操作纸样前后中线分别与样板纸对折边平齐放置，并固定；横开领加大 7cm，前直开领加深 8cm，后颈点向下 7cm，绘画领圈造型线。如图 14-2 所示。

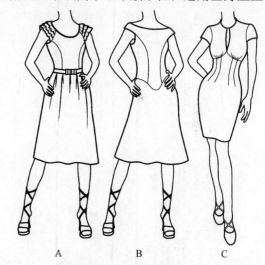

图 14-1　有腰线连衣裙

② 自前颈侧点向外 8cm 确定肩线长；前领圈颈侧点下 7cm，至胸宽点设置分割线，后领圈颈侧点向下 5cm 至背宽点设置分割线；BP 点向外 1cm，自胸宽点设置公主分割线，腰节处褶量 3.5cm；自背宽点，设置后片公主分割线，腰节处收褶量 2cm；绘画公主分割造型线。

③ 腰节线以下裙子部分结构，参照图 6-50 所示，直接绘制褶裥裙结构。前后片各设置 5 个裥，共 10 个，褶裥量每个 8cm，裥间距按（腰围 /10）计算，侧缝处半间距；侧腰开衩。

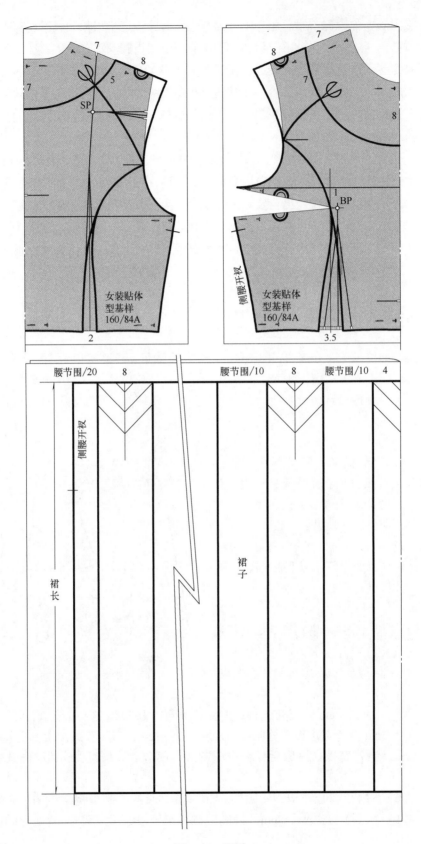

图 14-2　设计 A

【样板制作】

① 沿轮廓线、分割线剪裁纸板；前侧片腋下胸褶做闭合操作；前后肩部分割片以肩线对接，在双层纸板上布置，分别绘画肩部分割片轮廓线和装饰边轮廓；沿袖窿领圈方向设计两条纵向分割线，分割线两端分别均匀分布，依序标示 A、B、C；肩线设置为剪切线，顺其方向两侧各设置两条剪切线，剪切线两端分别均匀分布。如图 14-3（a）所示。

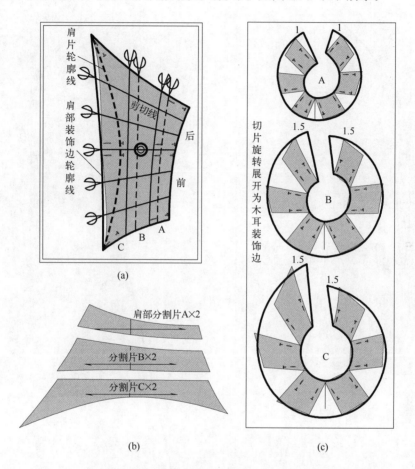

(a)

(b)

(c)

图 14-3　设计 A 肩部分割及装饰边样板

② 拷贝分割片，沿分割线剪裁纸板，制作分割片 A、B 和 C。如图 14-3（b）所示。

③ 拷贝装饰边纸样，沿纵向剪切线剪切各分割片，再分别剪切横向剪切线，通过旋转、扩展操作，使各切片展开，重新绘画轮廓线，制作装饰边样板。如图 14-3（c）所示。

④ 按工艺要求加放缝份，规范制作完整样板。

2. 设计 B

低腰连衣裙，大横开一字型领圈造型，上衣公主分割，低腰弧线育克分割；肩端落肩形成盖肩超短袖；裙子为小 A 字造型，长至膝下，侧腰开衩。

选用合体型衣身基础纸样，及相匹配的单片袖基础纸样。操作及样板制作，参照设计 A。

【操作要点】

① 设定裙长、领圈造型、落肩调整、腰部育克分割弧线，如图 14-4 所示。

② 前后公主分割线均由原褶位向外平移 1cm，前褶量 3cm，后褶量 2cm，分别自袖口绘

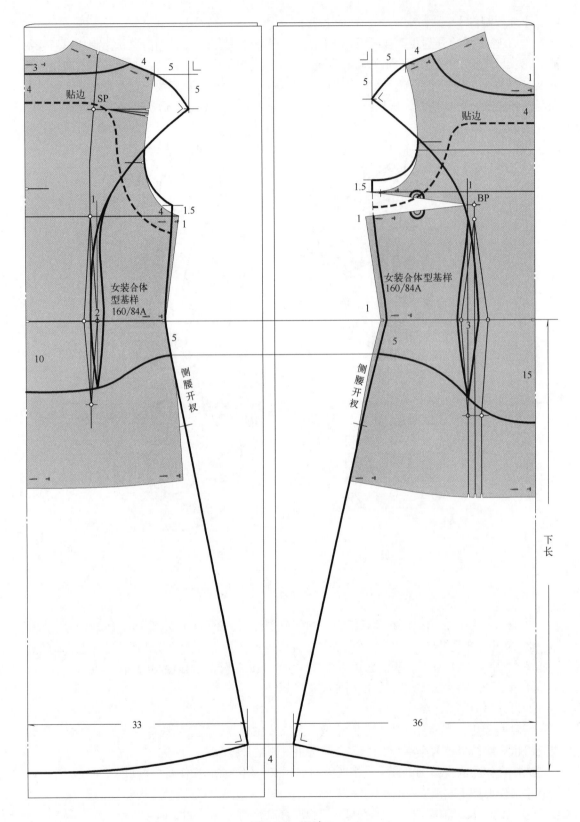

图 14-4 设计 B

画前后片公主分割造型线。

　③ 调整胸围、腰围、袖窿尺寸；设定下摆宽与起翘；绘画完整轮廓线；绘画袖口和领圈整体式贴边。

　④ 前侧片腋下胸褶位做闭合操作。

　⑤ 按工艺要求加放缝份，规范制作完整样板。

3. 设计 C

高腰连衣裙。腰节横向分割提升至乳下，在分割线乳下部位设置抽褶，敞开式连身领，二分袖，直身裙，长至膝关节稍上，侧腰开衩。

设计准备、操作及样板制作，参照设计 B。

【操作要点】

　① 裙长延长、分割线设置、裙摆造型、领口绘制，如图 14-5 所示。

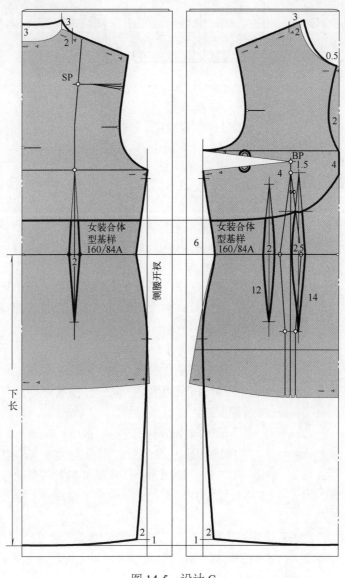

图 14-5　设计 C

② 前片省道调整为两个，位置大小如图 14-5，后片不变。

③ 短袖设计造型，如图 14-6（a）所示。两侧拐角需保持垂直。

④ 衣裙分离后，前侧片腋下胸褶做闭合，重新描画轮廓线，标示聚褶符号；分别绘画、拷贝制作领子前后领圈贴边样板。如图 14-6（b）所示。

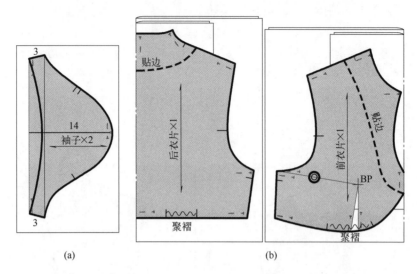

(a)   (b)

图 14-6　设计 C 上衣样板

第二节　无腰线连衣裙

无腰线连衣裙的上衣与下部裙子腰部无横向分割线，成为整片式，可视为加长的上衣结构，通常采用全身型基础纸样设计。常见款式如图 14-7 所示。

图 14-7　无腰线连衣裙

1. 设计 A

无腰线，项圈形吊带露背连衣裙，前胸圆弧形分割，并在前中设置褶裥；裙上口装饰性镶边分割，裙摆部横向分割作为面料对比或拼色设计。

【设计准备】

操作纸样制作：选用贴体型基础纸样，原腋下褶位闭合，褶量全部转移至腰褶位，制作操作纸样。

样板纸：样板纸对折。

【设计与操作】

① 前护胸及后颈背带部分与裙子部分纸板分别对折；前裙中线加放褶量 7cm，操作纸样前后中线分别与样板纸对折边平齐放置，并固定；腰节线向下量取下长做裙长线，前中加长 2cm。如图 14-8 所示。

② 前中颈点向下 7.5cm，画领圈弧线；再向下 4cm，画领圈平行状弧线，为项圈背带造型线；肩线向下 9.5cm，袖窿提升 1.5cm，绘画前胸造型轮廓线，沿上缘轮廓线 3cm 画镶边分割线；自前中项圈分割线至侧腰点设置圆弧形分割线至裙中线。

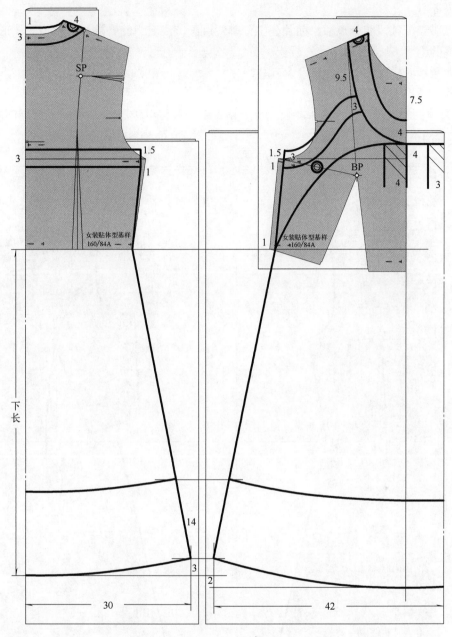

图 14-8　设计 A

③ 前胸围缩进 1cm，顺操作纸样侧缝线延伸至底摆，前底摆宽 42cm 左右；裙摆起翘 3cm，绘画前底摆弧线；中间褶量 3cm（对半），间隔 4cm 再设置褶裥 4cm。

④ 后颈点向上 1cm，背带后中宽 3cm，颈侧宽 4cm；绘画轮廓线，并标示拼合符号；袖窿提升 1.5cm，做胸围线平行线，再向下 3cm 做平行线为镶边分割。

⑤ 底摆宽 30cm 左右，起翘 3cm；前后底摆向上 14cm 绘画与底摆平行的横向分割线，绘画完整轮廓线。

【样板制作】

领圈及背带部分，后腰及前胸镶边部分采用双层面料。按工艺要求规范制作完整样板。

2. 设计 B

圆弧形领圈领，四分短袖，前片公主分割线过腰节线变为缝合褶，后片施枣核形腰省，裙摆为扩口造型，长至膝下。

设计准备、样板制作，参照设计 A。

【操作要点】

① 贴体型上衣基础纸样腋下褶位闭合，褶量全部转移至腰褶位；裙子基础纸样外侧腰褶闭合。如图 14-9 所示。

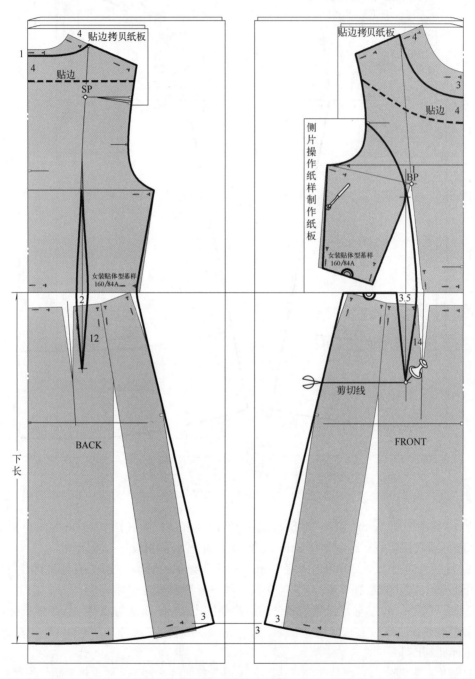

图 14-9　设计 B 结构

② BP 点向外 1cm 做中线的平行线，自胸宽点至腰节设置公主分割线，腰节处收褶量 3.5cm，腰节线下 14cm 设置褶尖点，绘画公主分割造型线；过褶尖点向侧缝线设置横向剪切线，侧片腰口标示拼合符号；底摆侧加放 3cm 以扩大裙摆，绘画完整轮廓线。

③ 采用单片袖基础纸样制作短袖样板，如图 14-10（a）所示。

④ 前片分割后，侧片腰口与裙侧腰口对接拼合；沿横向剪切线剪切至褶尖点，并旋转上部切片，使公主分割线 BP 点最狭窄处分离 1.2cm 左右，为预留分割线缝份，这样侧缝切点处会有少量重叠。如图 14-10（b）所示。

⑤ 在侧缝底摆向下相应加出侧缝处的重叠量。如图 14-10（c）所示。

【样板制作】
按工艺要求规范制作完整样板。

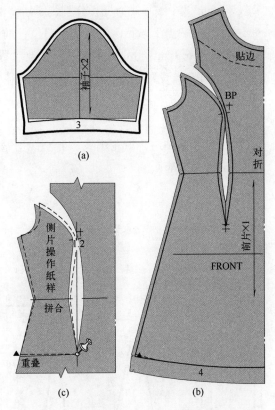

图 14-10　设计 B 样板

第三节　晚礼服

晚礼服，主要指适合于社交场合穿着的连衣裙，包括婚纱。这类连衣裙造型相对高雅、隆重、夸张，结构及层次关系相对复杂，其整体造型结构与普通连衣裙还是相似的，也分有腰线和无腰线两种结构。针对较夸张的造型，通常需要特殊的内衬支撑。常见的晚礼服款式如图 14-11 所示。

图 14-11　晚礼服

1. 设计 A

无肩露胸背上衣，膨松三层 A 字裙。上衣公主线分割，下裙低腰横向分割，后中开衩设计；外裙采用抽褶技法塑造层次，内衬裙设置装卸式横向环形鱼骨支撑外裙膨松的 A 字造型。

【设计准备】
操作纸样制作：选用贴体型基础纸样。
样板纸：前中样板纸对折，其他平铺。
【设计与操作】
① 操作纸样前片中线与样板纸对折边平齐放置，后片中线与前中平行，腰节线平齐；腰

节线下 8cm 做中线垂线为低腰分割线。如图 14-12（a）所示。

② 前胸宽点下 4cm，为前胸上口位；前后胸围缩进 0.5cm；前后侧腰点缩进 0.5cm；后中胸围线向下 3cm，分别绘画前胸上口及后背造型线。

③ 过 BP 点设置公主分割线，腰节处收褶 4cm，腰口收褶 3cm；在后片原褶位设置分割线，上口收 0.5cm，腰节处收 2.5cm，腰口收 1cm；绘画分割造型线，绘画完整轮廓线。

【样板制作】

① 先拷贝贴边，沿轮廓线、分割线剪裁纸板，前侧片做胸褶闭合操作。衣片净样板如图 14-12（b）所示。

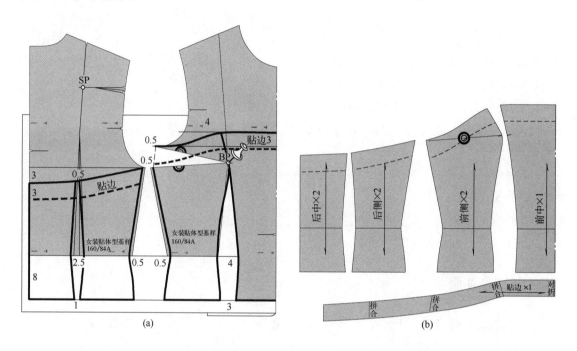

图 14-12　设计 A 上衣

② 上口贴边各段纸样拼合制作成整片样板，拼合处注意修整接顺。

③ 内衬裙样板运用扇弧几何画法直接绘制。对折样板纸，对折边为中线，裙长宜短于外裙 10cm 左右，腰口以上以腰口尺寸为准。在裙面上做外裙抽褶固定缝缉线标示和装卸式鱼骨串道标示线。如图 14-13（a）所示。

④ 外裙样板运用几何法画圆直接绘制。双对折样板纸，画四分之一正圆；每层抽褶长度加放 15～17cm，作为膨松垂坠松量；并标示抽褶缝缉线。如图 14-13（b）所示。

⑤ 上衣部分按工艺要求配制里子、加放缝份；按内裙所设鱼骨撑位实际围长配装三条尼龙织带型鱼骨。

⑥ 按工艺要求规范制作完整样板。

2. 设计 B

单肩低腰，前中低腰 V 字形分割造型，后中分割，设置鱼骨支撑；扩口裙造型，侧腰开衩。

设计准备、样板制作，参照设计 A。

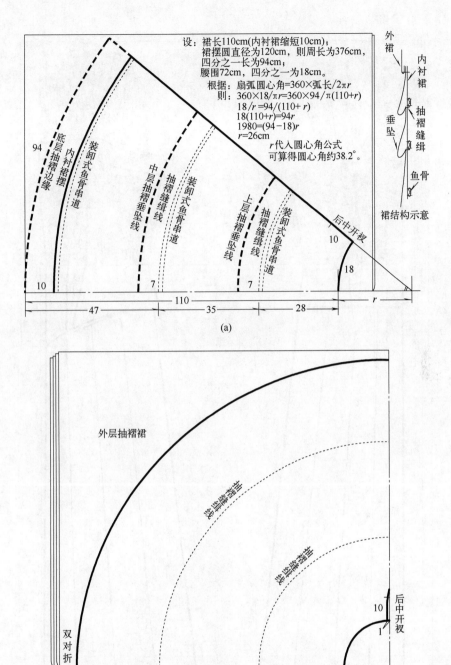

设：裙长110cm(内衬裙缩短10cm)；
裙摆圆直径为120cm，则周长为376cm，
四分之一长为94cm；
腰围72cm，四分之一为18cm。
根据：扇弧圆心角=360×弧长/2πr
则：360×18/πr=360×94/π(110+r)
18/r=94/(110+r)
18(110+r)=94r
1980=(94-18)r
r=26cm
r代入圆心角公式
可算得圆心角约38.2°。

94

底层抽褶边缘
内衬裙摆
装卸式鱼骨串道
中层抽褶缝缉线
抽褶缝缉垂坠线
装卸式鱼骨串道
上层抽褶垂坠线
抽褶缝缉线
装卸式鱼骨串道

后中开衩

外裙
内衬裙
垂坠
抽褶缝缉
鱼骨
裙结构示意

10
7
7
18
10
r

47
110
35
28

(a)

外层抽褶裙

双对折

后中开衩
10
1

47
35+16
28+16
26

(b)

图14-13　设计A下裙结构

【操作要点】

① 上衣与裙子样板纸平铺，操作纸样前后中线平行，腰节线平齐布置，并固定；设定裙长、腰节线、低腰分割线。如图14-14所示。

② 前胸宽点下4cm，为胸上口参照线；肩端点向内1cm，肩带宽3cm；后中胸围线向下3cm；分别绘画前后单肩及前胸上口造型线。

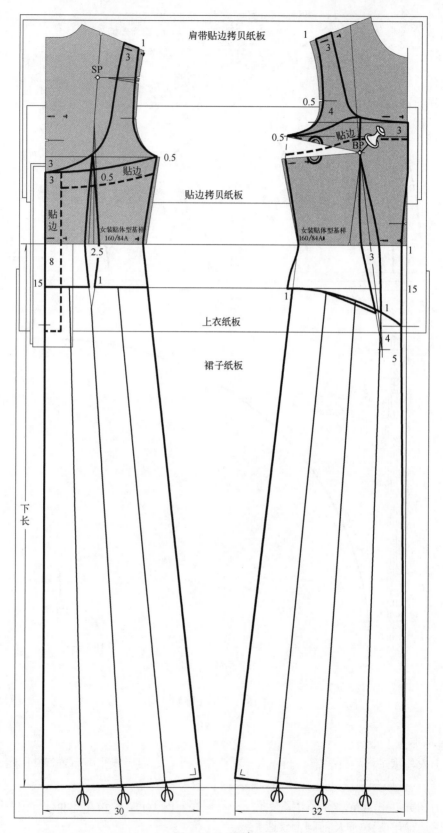

肩带贴边拷贝纸板

贴边拷贝纸板

上衣纸板

裙子纸板

图 14-14 设计 B

③ 前中设置分割线，腰节处收 1cm；过 BP 点至横向分割线离前中 4cm，分割点下 5cm 设置分割线，腰节处收 3cm，横向分割线处收 1cm，绘画分割造型线。

④ 后片原褶位设置分割线；分别自前后腰下横向分割线至裙摆均匀设置三条剪切线。

【样板制作】

① 先拷贝肩带及上口贴边；上衣部分直接制作净样板，如图 14-15 所示。

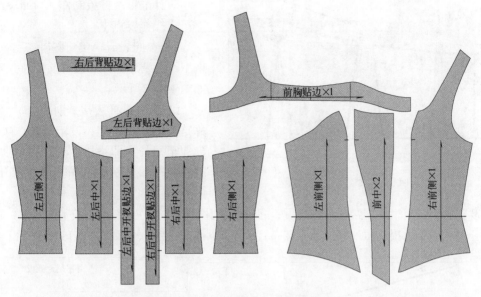

图 14-15　设计 B 上衣净样板

② 裙子二次操作纸样在对折样板纸上布置，并固定；自裙摆向腰口沿剪切线剪切，分别依次旋转各剪切片，扩展裙摆，扩展量视裙摆造型需要而定，重新描画轮廓线。如图 14-16 所示。

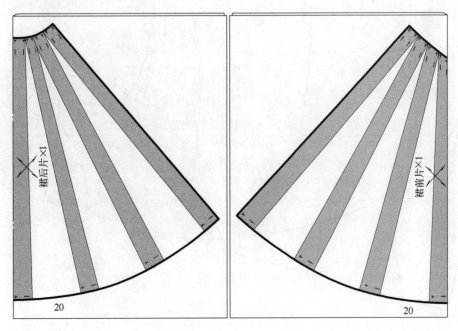

图 14-16　设计 B 裙子样板

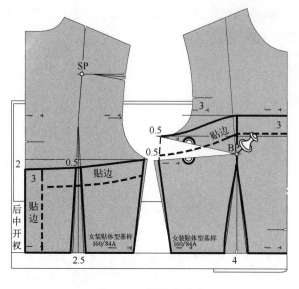

图 14-17　设计 C 上衣

③ 按工艺要求规范制作完整样板。

3. 设计 C

正常腰节横断，无肩，公主线分割，下裙 A 字廓形，多层交叠，花瓣造型，侧腰开衩。

设计准备及样板制作，参照设计 A。

【操作要点】

① 参照设计 A 绘画前胸后背上口造型线及贴边；分别设置前后片分割线，如图 14-17 所示。

② 裙子纸样腰褶分别闭合，制作对称整片式操作纸样；设定裙长，顺侧缝延伸至裙长线即裙摆，注意拐角垂直，完整轮廓线即为内裙样板。如图 14-18 所示。

③ 在内裙样板上逐层绘画外裙造型；各层外裙片自前中至左侧腰部分交叠。

④ 外裙各层以相应裙片侧腰点对接布置，下口侧缝适度扩展，如图 14-19 所示。

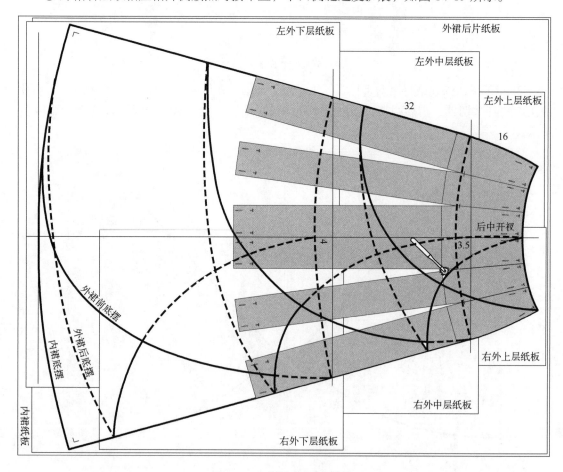

图 14-18　设计 C 裙子结构

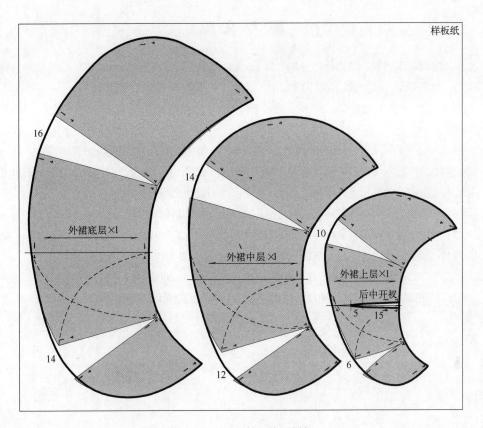

图 14-19　设计 C 外裙样板

参 考 文 献

［1］ 张文斌.服装工艺学：结构设计分册［M］.北京：中国纺织出版社，1990.

［2］ 戴鸿.服装号型标准及其应用［M］.2版.北京：中国纺织出版社，2001.

［3］ 威尼弗雷德·奥尔德里奇，经典女装制板［M］.白路，王学，译.北京：中国纺织出版社，2003.

［4］ 中屋典子，三吉满智子.服装造型学技术篇［M］.北京：中国纺织出版社，2007.

［5］ 小野喜代司.日本女式成衣制板原理［M］.赵明，王璐，译.北京：中国青年出版社，2012.

［6］ 张宏仁.服务企业板房实务［M］.2版.北京：中国纺织出版社，2009.

［7］ 吴厚林.新概念女装纸样法样板设计［M］.北京：中国纺织出版社，2009.

［8］ 吴厚林.中式袖结构设计研究［J］.纺织学报，2007（4）：91-94.

［9］ 吴厚林.驳领结构设计［J］.纺织学报，2008（9）：103-107.

［10］ 吴厚林.女装板型结构设计方法：200910095482.2［P］.2009-7-22.

［11］ 吴厚林.裤装板型与裤装结构设计技法：200910095482.2［P］.2009-7-22.